普通高等教育“十一五”系列教材
PUTONG GAODENG JIAOYU SHIYIW

SHUDIAN XIANLU YUNXING WEIHU
LILUN YU JISHU

输电线路运行维护理论与技术

主　编　陈景彦　白俊峰
副主编　张嘉伟　赵　强
编　写　毕春丽　陈建华
主　审　刘树堂

中国电力出版社
CHINA ELECTRIC POWER PRESS

内 容 提 要

本书由浅入深，由理论到实践，全面、系统地介绍了输电线路运行维护这一知识体系。全书分为三篇，共14章。第一篇为电力系统基础知识，包括线路电气基础知识、供配电网络的等值电路、导线和电缆的力学计算；第二篇为线路运行，包括输电线路雷击跳闸与防治、外力、输电线路的鸟害与防治、输电线路覆冰分析与防治、污闪、输电线路风偏网络与防治；第三篇为线路维护，包括线路检修概述、高压架空线路的巡视、架空输电线路检修及抢修、带电作业。本书符合现行各电压等级架空线路、绝缘架空线路和电缆线路的设计规程、运行规程、施工验收规范等一系列规程、规范。

本书可作为高等学校相关专业课程的教材，也可供从事输电线路设计、运行、检修等有关工程技术人员参考。

图书在版编目（CIP）数据

输电线路运行维护理论与技术/陈景彦，白俊峰主编．—北京：中国电力出版社，2009.10（2022.1重印）

普通高等教育“十一五”规划教材

ISBN 978-7-5083-9447-3

Ⅰ.输… Ⅱ.①陈…②白… Ⅲ.①输电线路－电力系统运行－高等学校－教材②输电线路－维护－高等学校－教材 Ⅳ.TM726

中国版本图书馆CIP数据核字（2009）第167472号

出版发行：中国电力出版社
地　　址：北京市东城区北京站西街19号（邮政编码100005）
网　　址：http://www.cepp.sgcc.com.cn
责任编辑：陈　硕（010－63412532）
责任校对：黄　蓓
装帧设计：赵丽媛
责任印制：钱兴根

印　　刷：北京天泽润科贸有限公司
版　　次：2009年10月第一版
印　　次：2022年1月北京第十次印刷
开　　本：787毫米×1092毫米　16开本
印　　张：16
字　　数：383千字
定　　价：38.00元

前 言

20 世纪 90 年代开始，随着我国经济的高速发展，用电需求每年呈现 15%以上的增长，同时社会对电能的质量要求也进一步提高。因而，为了适应社会发展的需要，使得输电网的建设能够跟上电源建设的步伐和要求，全国的输电网正在蓬勃发展着。输电线路的安全与输电质量的优劣直接关系到国民经济的发展，影响到人民的生活水平。所以，输电线路的运行与维护技术需要不断地发展和创新。

为了在输配电线路运行与检修的技术方面与世界接轨，我国的各大电网公司都在积极吸引高端人才。与此同时，高校在线路运行与维护方面的本、专科甚至是研究生课程也需要不断地提高教师素质、加深教材深度，以期形成从理论到实践、由浅入深、从低压线路到高压线路、从线路的安全运行到紧急故障的维修和排除等方面的全面、系统的知识体系。这也是本书编写的主要特点。

全书分为三篇，共 14 章。第一篇从线路运行时整个电力系统的状态、导线与电缆的运行状态、绝缘子的运行状态等方面，详细阐述了输电线路各个部件在运行过程中的电气与力学特性，同时包括电力系统的基础知识介绍及继电保护知识的扩充。第二篇分析了我国输电线路发生较多、影响较大的故障起因及影响因素，提出了一系列有针对性的防治措施。第三篇从巡视和检查线路的各种电气、力学故障方面以及各种事故的预防与紧急抢修工作等，全面分析了线路巡检过程中的各种情况和准则。

本书由东北电力大学陈景彦、白俊峰主编，广州大学刘树堂主审。第一篇由陈景彦、张嘉伟编写，第二篇由白俊峰、赵强、陈建华编写，第三篇由陈景彦、白俊峰、毕春丽编写。全书由陈景彦统稿。在本书编写过程中，编者参考了部分专家、学者的专著和研究成果，在此表示衷心的感谢!

编者衷心期望我国学术界与工程界继续携手在输电线路运行与维护技术领域跨进世界先进行列。由于编者水平有限，书中难免存在疏漏之处，诚盼读者指正。

编者

2009 年 9 月于东北电力大学

目　录

第三篇 线 路 维 护

第一篇 电力系统基础知识

第1章 线路电气基础知识

1.1 电力生产常识

1.1.1 电力系统和电力网

一、电力系统及组成

发电厂生产电能，变电所、电力线路输送、分配电能，电动机、电炉、家用电器等用电设备消费电能。由发电、输电、变电、配电、用电设备及相应的辅助系统组成的电能生产、输送、分配、使用的统一整体称为电力系统。也可这样描述，电力系统是由电源、电力网（以下简称电网）以及用户组成的整体。

二、电力系统的额定电压

所谓额定电压，就是发电机、变压器和电气设备等在正常运行时具有最大经济效益时的电压。国家规定了标准电压等级系列，有利于电器制造业的生产标准化和系列化，有利于设计的标准化和选型，有利于电器的互相连接和更换，有利于备件的生产和维修等。

电力系统的额定电压是线路上的平均电压，按照用电设备的额定电压来规定。因此，它与用电设备的额定电压等值。

为了使电气设备的生产实现标准化和系列化，发电机、变压器及各种电气设备都规定有额定电压。我国规定的电气设备额定电压见表1-1。

表1-1 电气设备的额定电压

受电设备额定电压/V	额定端电压（线电压）/V		
	发电机	变压器	
		一次绕组[①]	二次绕组[②]
220	230	220	230
380	400	380	400
3000	3150	3000及3150	3150及3300
6000	6300	6000及6300	6300及6600
10 000	10 500	10 000及10 500	10 500及11 000
35 000		35 000	38 500
60 000		60 000	66 000
110 000		110 000	121 000
220 000		220 000	242 000
330 000		330 000	363 000

①变压器一次绕组栏内3150、6300、1050V电压适用于和发电机端直接连接的升压变压器及降压变压器。

②变压器二次绕组栏内3300、6600、1100V电压适用于短路电压值在7.5%以上的降压变压器。

在电力线路中有两方面因素导致各点电压不是恒定的：一方面是电能经线路、变压器传输时，会产生电压损耗；另一方面由于负荷的变化，电压损耗也随之变化。因此，在运行中只能使所有用电设备的运行电压尽量接近额定电压，这需要采取许多措施，其中对用电设备、发电机、线路和变压器等设备的运行电压做了特殊的规定：

(1) 规定了用电设备允许运行的电压偏移值。

(2) 电力线路的电压损耗不超过10%。

(3) 带直配负荷的发电机额定电压比线路额定电压高5%。

(4) 输入电能的变压器一次绕组相当于用电设备，因此，一次绕组的额定电压应等于用电设备的额定电压。但当变压器直接与发电机连接时（即升压变压器），其一次侧额定电压就应与发电机额定电压相等。变压器二次侧额定电压是空载时的电压，从发电机（即供电端）角度来看，二次侧额定电压应比线路额定电压高5%，再加上变压器本身电压损耗5%，所以二次侧额定电压要比线路额定电压高10%。

三、联合电力系统及优越性

把几个地区性电力系统通过输电线路连接起来，组成的更大电力系统称为联合电力系统。联合电力系统的特点是装机容量大，为系统内安装经济性好的大机组创造条件。联合电力系统内的多种发电形式，优势互补，也能合理利用资源，提高运行经济性。联合电力系统还能减少个别机组故障的影响，提高供电的可靠性和电能质量。利用东西部地区的时差、南北地区季节差和负荷的不同性质，可以错开高峰负荷出现的时间，并且可以错开检修时间，提高设备利用率。

四、电力系统的功率平衡

交流电的瞬时功率不是一个恒定值，功率在一个周期内的平均值叫做有功功率，又叫平均功率。它是指在电路中电阻部分所消耗的功率，以字母P表示，单位为W（瓦特）。

作为特殊商品的电能其生产、输送、分配和使用同时进行，不能大量储存，即发出的和消耗的有功功率、无功功率时时刻刻都处于平衡中，这时系统的电压、频率保持稳定。如果电力系统中有功功率不平衡将引起频率波动。供大于求时将引起系统频率上升，供不应求时将引起系统频率下降。无功功率不平衡将引起电压抖动，供大于求时电压上升，供不应求时电压下降。

五、电力系统中发电机的并列运行

为了保证电能质量，且做到经济、稳定运行，希望电力系统内所有发电机都并列运行。系统的容量越大，每个用户用电所占的比例就越低，它们的投入或切除对系统频率和电压的影响也就越小。所以，大电网对每个用户用电设备来说，相当于无穷大，其具体表现是电压、频率基本恒定，内阻抗趋于零。发电厂中同步发电机均装有同期装置，检查发电机与电网的相序、频率、电压相量相同时，将发电机并入电网。

六、电能质量

衡量电能质量的两个主要指标是频率、电压的变化。频率变化是电网稳定运行的指标。频率降低，电机转数下降，它所带动的机器和机械生产效率就会降低。我国和世界大多数国家电力系统标称频率为50Hz，美国和日本的部分地区为60Hz。一般规定电力系统频率偏差允许值为0.2Hz，当系统容量较大时，偏差值可放宽到－0.5～＋0.5Hz。实际运行中，我国各跨省电力系统频率都保持在－0.1～＋0.1Hz的范围内，这点在电网质量中最有保障。

电压变化是衡量负荷吞吐能力的指标。电压变化过大，将造成系统中的电气设备额定电压偏移过大，运行特性劣化，可使照明灯光变暗，设备启动困难，耗损增加。

为了保证用电设备的正常运行，在综合考虑了设备制造和电网建设的经济合理性后，对各类用户设备规定了如下的允许偏差值，此值为工业企业供配电系统设计提供了依据。

电压偏差计算式为

电压偏差(%)＝(实际电压－额定电压)/额定电压×100%

电力系统在正常运行条件下，用户受电端供电电压的允许偏差为：

(1) 35kV及以上高压供电和对电压质量有特殊要求的用户为额定电压的－5%～＋5%；

(2) 10kV及以下高压供电和低压电力用户为额定电压的－7%～＋7%；

(3) 低压照明用户为额定电压的－10%～＋5%。

此外，衡量电能质量的还有电压波动和闪变、公用电网谐波限值及三相电压不平衡度等指标。电压波动和闪变是指在系统中存在着大量的整流设备，如电弧炉、电弧焊机、晶闸管控制的电动机等冲击负荷对附近用户的照明和生产过程产生的不良影响。公用电网谐波限值见表1-2。对于三相电压的不平衡度要求为：公共连接点正常电压不平衡度允许值为2%，短时不得超过4%。

表1-2　公用电网谐波电压限值

用户供电电压/kV	电压总谐波畸变率/%	各次谐波电压含有率/%	
		奇次	偶次
0.38	5	4	2
6或10	4	3.2	1.6
35或66	3	2.4	1.2
110	2	1.6	0.8

1.1.2 电网不正常情况运行

电网不正常情况运行主要有电压崩溃、频率崩溃、设备过负荷、非同步运行、次同步谐振、低频振荡、自励磁、同步发电机短时失磁异步运行等，对供电影响较大。

1.1.3 电网类型及变电所

一、电网的组成

由输配电线路和变电所组成的电网其任务是输送和分配电能，是电力系统的一个重要组成部分，是发电厂和用户之间不可缺少的中间环节。

二、电网的分类

电网按电网结构方式的不同分为开式电网和闭式电网；按供电范围的不同分为地方电网和区域电网；按电压等级高低，可分成低压、高压、超高压和特高压电网等。

(1) 开式电网和闭式电网。凡是用户只能从单方向得到电能的电网称为开式电网。开式电网的优点是接线简单、运行方便、造价低；缺点是可靠性差，如线路故障或检修都会造成部分用户停电。凡是用户可以从两个及以上方向同时得到电能的电网称为闭式电网（见图1-1)。配电线路接成环网，用户的电源可从两条线路上得到，每个配电用户处有三个环网开关，两个接在两端线路上，一个接用户变压器；另外还可将三个环网开关和配电变压器放在一个箱子中，做成箱式变电所，现在这种用电方式已在我国城区得到广泛应用。闭式电网的优点是安装方便、外形美观、检修方便、供电可靠，缺点是造价高、经济性差。

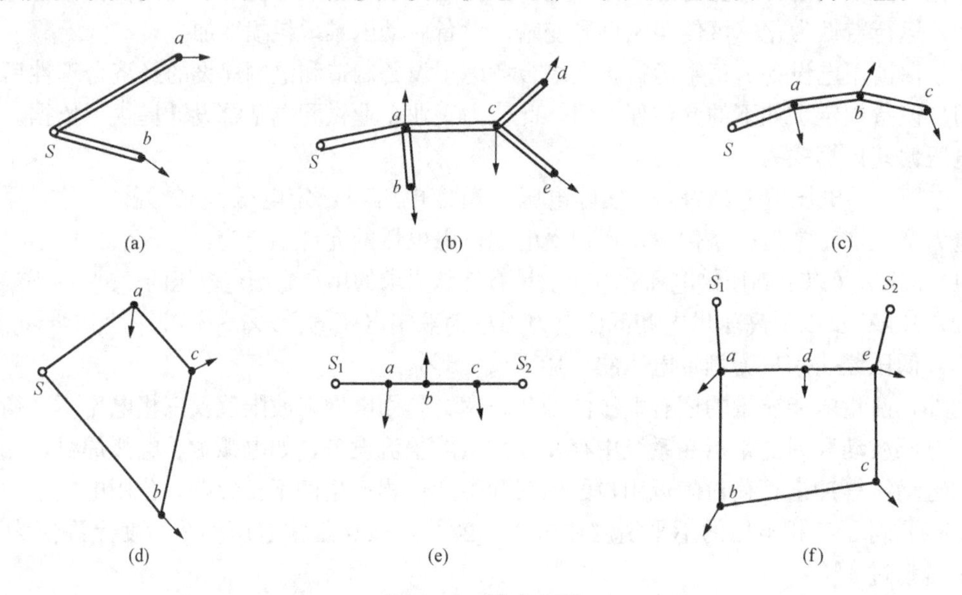

图 1-1　闭式电网

(a) 双回路放射式供电网；(b) 双回路干线式供电网；(c) 链式供电网；(d) 环式供电网；(e) 两端供电网；(f) 两端供电环网

(2) 地方电网和区域电网。地方电网一般指运行电压在 110kV 或 63kV 以下，送电距离较近，容量较小的电网。区域电网一般指运行电压在 110kV 或 63kV 以上、送电距离较远、容量较大、供电范围较广的电网。

(3) 低压、高压、超高压和特高压电网。电压等级在 1kV 以下的电网，称为低压电网；电压等级在 1～330kV 之间的电网，称为高压电网；电压等级在 330～1000kV 之间的电网称为超高压电网；1000kV 及以上的电网称为特高压电网。目前我国常用输配电线路的电压等级为 6、10、35、110、220、330、500、750kV。

三、输电线路

输电线路是连接发电厂与变电所（站）的传送电能的电力线路。

输电线路按传播电流种类分为交流输电线路和直流输电线路；按架设方式分为架空输电线路和电力电缆输电线路。

(1) 架空交流输电线路。架空输电线路的主要组件包括基础、杆塔、导线、绝缘子、金具、防雷保护设备（包括架空避雷线、避雷器等）及接地装置。输电线路的附属设备有绝缘地线、载波通信等。

(2) 直流输电线路。最简单的直流输电系统包括两个换流站和直流线路。换流站的直流端分别接直流线路的两端，交流端分别接两个交流系统。换流站装有换流器，实现交流和直流间的变换。

从电力系统Ⅰ向电力系统Ⅱ输电时，换流站Ⅰ把电力系统Ⅰ（送电端）送来的三相交流电流变换成直流，通过直流线路送到换流站Ⅱ，再把直流电流变换成三相交流电流送入电力系统Ⅱ。由交流电变换成直流电和由直流电变换成交流电分别称为整流和逆变。高压直流输电主要适用于远距离大功率输电，如海底电缆输电，可实现不同额定频率或相同额定频率异步运行的交流系统之间的联络以及用于地下电缆向用电密度高的城市供电。

直流输电的优点是：①输送功率相同时，其线路造价低、线损较小、运行费用较低；②两端交流电力系统不需要同步运行，输电距离不受电力系统同步稳定性的限制；③线路的电流、功率易于调节、控制。其缺点是直流输电线路使用的换流设备造价高、投资大、目前尚无成熟技术。

（3）电力电缆输电线路。电力电缆输电线路又分为地下电缆线路和架空绝缘线路。它由电缆、电缆附件及线路构筑物3部分组成。电缆是线路的主体，用来传输和分配电能；电缆附件（如电缆头、电抗器等）起连接电缆、绝缘和密封保护作用；线路构筑物（如引入管、电缆杆、电缆井及电缆进线室等）用来支持电缆和安装电缆。在国际上已普遍采用架空绝缘线路，近年来国内也已在10kV以下低压线路上使用。在人口密集的居民区街道、工厂内部的线路走廊，以及比较狭窄的地段使用绝缘导线，通过实际运行证明其优点很多、线路故障机会明显减少。

四、变电所及类型

变电所的主要作用是变换电压，另外还有集中、分配、控制电力流向和调整电压的作用。发电厂的发电机和用户的电气设备的额定电压都较低，为了把电能送到较远地区，减少输送过程中的损耗。发电厂内的升压变压器把电压升高，而后经输电线路把电力输送到用电地区的降压变电所，用户使用的电能一般都要经过数次降压。

变电所按规模、构造形式、在系统中作用和值班方式有四种分类方式。

（1）按变电所规模分类。变电所的规模一般用电压等级、变压器容量和出线回路数来表示。电压等级通常用变压器高压侧额定电压来表示，如35、110、220、330、500kV变电所。变压器容量用几台变压器和每台变压器的额定容量来表示。所以，主变压器的总容量就是该变电所的容量。各级电压出线回路数，通常指由各级电压母线向外出线的回路数。

（2）按变电所构造分类。变电所分为室外、室内、地下和箱式等多种。

1）室外式：将仪表、继电器、直流电源及配电开关柜等辅助设备安装在室内，变压器、断路器等主要设备均安置在室外。这种变电所特点是占地面积大、建筑面积小。

2）室内式：主要电气设备均置于室内。这种变电所占地面积小、建筑面积大；在城市居民密集和土地狭窄地区或海岸、盐湖、化工厂及空气污秽地区较适用。

3）地下变电所：顾名思义，这种变电所建在地下。为将电力输送到城市中心，在人口和工业高度集中的大城市、建筑物密集区，常采用地下变电所。

4）箱式变电所：可以标准化生产、工厂组装，安装简单，操作、维修也方便，一般用在环网供电的配电线路的配电点。

（3）按变电所在系统中作用分类。变电所分为枢纽（区域）变电所、地区（地方）变电所和用户变电所。

1）枢纽变电所是系统中的重要变电所。这种变电所有两个以上电源的汇集、分配和交换。穿越功率大，形成电力交换中心，但并不直接向用户供电，只是高压向中压供电，通常采用自耦和三绕组变压器。

2）地区变电所是供给一个地区用电的变电所。这种变电所多属于受电变电所，没有或很少有穿越功率，通常采用三绕组变压器，即高压受电、中压转供电、低压直配电，接线方式则根据其用电负荷性质和供电范围而定。

3）用户变电所也是终端变电所，是从系统中引入高压电源，经变换后将低压电源直接供给用户。这种变电所接线简单、供电范围小，变压器通常采用双绕组。

（4）按变电所值班方式分类。变电所可分为有人值班和无人值班变电所。

五、变电所设备

变电所的设备分为一次设备和二次设备。一次设备主要有变压器、开关电器、母线、绝缘子、电缆、消弧线圈、电抗器、互感器、避雷器和接地装置等，其作用是直接汇集、传输、分配电能。变电所的二次设备有测量仪表、监察装置、信号装置、继电保护、自动装置、操作控制装置和直流电源等，其作用是对一次设备进行测量、监察、保护、操作和控制。

1.2 电力系统中性点运行方式及其特点

电力系统的中性点接地是一种工作接地。它具有以下的特点：

（1）保证系统在正常及故障情况下具有适当的运行条件；

（2）保证电气设备绝缘所需的工作条件；

（3）保证继电保护、自动装置和过电压保护装置的正确动作。

1.2.1 中性点接地方式分类

电力系统中性点接地方式有两大类：一类是中性点直接接地或经过低阻抗接地，称为大接地电流系统或有效接地系统；另一类是中性点不接地，经过消弧线圈或高阻抗接地，称为小接地电流系统。其中采用最广泛的是中性点不接地、中性点经过消弧线圈接地和中性点直接接地3种方式。

一、中性点不接地系统

当中性点不接地的系统中发生一相接地时，接在相间电压上的受电器的供电并未遭到破坏，它们可以继续运行，但是这种电网长期在一相接地的状态下运行，也是不能允许的，因为这时非故障相电压升高，绝缘薄弱点很可能被击穿，而引起两相接地短路，将严重地损坏电气设备。所以，在中性点不接地电网中，必须设专门的监察装置，以便使运行人员及时发现一相接地故障，从而切除电网中的故障部分。在中性点不接地系统中，当接地的电容电流较大时，在接地处引起的电弧就很难自行熄灭。在接地处还可能出现所谓间隙电弧，即周期地熄灭与重燃的电弧。由于电网是一个具有电感和电容的振荡回路，间歇电弧将引起相对地的过电压，其数值可达2.5～3倍线路相电压。这种过电压会传输到与接地点有直接电连接的整个电网上，更容易引起另一相对地击穿，而形成两相接地短路。在电压为3～10kV的电网中，一相接地时的电容电流不允许大于30A，否则电弧不能自行熄灭。在20～60kV电压级的电网中，间歇电弧所引起的过电压数值更大，对于设备绝缘更为危险，而且由于电压较高，电弧更难自行熄灭。因此，在这些电网中，规定一相接地电流不得大于10A。

中性点不接地系统的优点是当线路不太长时发生单相接地可继续运行，而不需跳闸（一般不超过2h）。其缺点是最大长期工作电压与过电压均较高，存在电弧接地过电压的危险；过电压保护装置的费用较大，对整个系统的绝缘水平要求比较高，较难实现灵敏而有选择的接地保护。

二、中性点经消弧线圈接地系统

当一相接地电容电流超过了上述的允许值时，可以用中性点经消弧线圈接地的方法来解决，该系统即称为中性点经消弧线圈接地系统。

消弧线圈主要由带气隙的铁芯和套在铁芯上的绕组组成，它们被放在充满变压器油的油箱内。绕组的电阻很小，电抗很大。消弧线圈的电感可通过改变接入绕组的匝数加以调节。显然，在正常的运行状态下，由于系统中性点的电压三相不对称电压数值很小，所以通过消弧线圈的电流也很小。采用过补偿方式，即使系统的电容电流突然的减少（如某回线路切除）也不会引起谐振，而是离谐振点更远。

在中性点经消弧线圈接地的系统中，一相接地和中性点不接地系统一样，故障相对地电压为零，非故障相对地电压升高至$\sqrt{3}$倍，三相线电压仍然保持对称并且大小不变，所以也允许暂时运行，但不得超过 2h。消弧线圈的作用对瞬时性接地系统故障尤为重要，因为它使接地处的电流大大减小，电弧可能自动熄灭；接地电流小，还可减轻对附近弱电线路的影响。

在中性点经消弧线圈接地的系统中，各相对地绝缘和中性点不接地系统一样，也必须按线电压设计。

三、中性点直接接地系统

中性点的电位在电网的任何工作状态下均保持为零。当在这种系统中发生一相接地时，这一相直接经过接地点和接地的中性点短路，一相接地短路电流的数值最大，因而应立即使用继电保护动作，将故障部分切除。

中性点直接接地或经过电抗器接地系统，在发生一相接地故障时，故障的输电线路被切断，因而使用户的供电中断。运行经验表明，在 1000V 以上的电网中，大多数的一相接地故障，尤其是架空输电线路的一相接地故障，大都具有瞬时的性质，在故障部分切除以后，接地处的绝缘可能迅速恢复，而输电线路可以立即恢复工作。目前在中性点直接接地的电网内，为了提高供电可靠性，均装设自动重合闸装置，在系统一相接地线路切除后，立即自动重合，再试送一次，如为瞬时故障，送电即可恢复。

中性点直接接地的主要优点是在发生一相接地故障时非故障相对地电压不会增高，因而各相对地绝缘即可按相对地电压考虑；电网的电压愈高，经济效果愈大；比较容易实现有选择性的接地保护，由于接地电流较大，继电保护一般都能迅速而准确地切除故障线路，且保护装置简单、工作可靠。

1.2.2 中性点接地方式选择

电力系统中的各级电压，应该采取哪一种中性点接地方式，是一个综合性的技术经济比较问题。根据我国情况，系统接地方式规定如下。

（1）对于 6～10kV 的系统，由于设备绝缘水平按线电压考虑对于设备造价影响不大，为了提高供电可靠性，一般均采用中性点不接地或经消弧线圈接地的方式。

（2）对于 110kV 及以上的系统，主要考虑降低设备绝缘水平，简化继电保护装置，一般均采用中性点直接接地的方式。同时采用输电线路全线架设避雷线和装设自动重合闸装置等措施，以提高供电可靠性。

（3）20～60kV 的系统是一种中间情况，一般一相接地时的电容电流不是很大，网络不很复杂，设备绝缘水平的提高或降低对于造价影响不很显著，所以一般均采用中性点经消弧线圈接地方式。

1.3 继电保护的概述

1.3.1 概述

运行中的电力系统，由于冰雪、大风、雷击、倒塔，内部过电压或运行人员误操作等，都可能导致故障及不正常运行状态的出现。

各种短路故障是电力系统最常见同时也是最危险的故障，常见故障类型有单相接地短路、两相接地短路、两相短路、三相短路和各种断线故障等。

短路可能造成的危害有如下几点：

(1) 短路点会流过很大的短路电流并产生电弧，从而烧坏甚至烧毁故障设备；

(2) 短路电流通过故障设备和非故障设备时，由于发热及电动力的作用，使设备损坏或使用寿命缩短；

(3) 电力系统中大部分地区的电压下降，破坏用户的正常工作；

(4) 破坏电力系统各发电厂之间并列运行的稳定性，使事故扩大，甚至使整个系统瓦解。

最常见的不正常工作状态是过负荷。长时间过负荷会使载流部分和绝缘材料的温度升高，加速绝缘的老化和设备的损坏。

电力系统事故是指整个系统或其中一部分的正常工作遭到破坏，导致对用户少送电或使电能质量变坏，甚至造成人身伤亡和电气设备损坏。故障和不正常工作状态都可能在电力系统中引起事故。事故发生的原因，大部分都是由于设备缺陷，设计和安装的错误，检修质量不高或运行维护不当而引起的，少数是由于自然灾害造成的。因此，只要正确地进行设计、制造与安装，加强对设备的维护和检修，就有可能把事故消灭在发生之前，防患于未然。

当系统中有设备发生故障时，可在极短时间内影响到整个系统，必须迅速而有选择性地将故障设备从系统中切除，以保证无故障部分正常运行，尽可能地缩小故障影响范围。为保证设备的安全及系统的稳定，切除故障的时间甚至要求短到百分之几秒，这样短的时间靠人工切除是不可能的，只能借助于安装在每一设备上的具有保护作用的自动装置——继电保护装置。

继电保护装置，就是能迅速反应电力系统中电气设备发生故障或不正常工作状态（如过负荷、过电压），并动作于断路器的传动机构断开故障线路或发出信号的一种自动装置。其基本任务如下：

(1) 对故障特征量进行提取、分析，自动、迅速、有选择性地将故障设备从电力系统中切除，保证无故障部分迅速恢复正常运行且使有故障部分不继续遭受破坏；

(2) 对于电气元件的不正常工作状态发出信号，警示工作人员及时处理。

1.3.2 继电保护的基本原理及构成

一、基本原理

以图 1-2 所示单侧电源辐射电网为例，在正常运行时流过每条线路的均是负荷电流 I_L，各变电所母线上的电压 $\dot{U}_A$、$\dot{U}_B$、$\dot{U}_C$ 都在额定电压±5%～±10%的范围内变化。此时线路始端母线电压与通过该线路电流的比值所反应的测量阻抗 Z_K，即为该线路的负荷阻抗 Z_L，其数值较大。例如线路 AB 首端的测量阻抗 Z_{K1}，即为与流过线路 AB 的负荷电流相应的负荷阻抗 Z_{L1}，即

$$Z_{K1}=\frac{\dot{U}_A}{\dot{I}_{L1}}=Z_{L1}$$

同理，线路 BC 首端的测量阻抗 Z_{K2}，即为与流过线路 BC 的负荷电流相应的负荷阻抗 Z_{L2}，即

$$Z_{K2}=\frac{\dot{U}_B}{\dot{I}_{L2}}=Z_{L2}$$

当图 1-2（b）所示线路上的 f 点发生三相短路时，线路 AB、BC 上将流过短路电流 I_f。短路点的电压 U_f 下降到零。母线 AB 上的电压则降低为残压 $\dot{U}_{rA}$、$\dot{U}_{rB}$，其值分别为

$$\dot{U}_{rA}=\dot{I}_f(Z_{AB}+Z_f),\dot{U}_{rB}=\dot{I}_fZ_f$$

此时，线路始端测量阻抗将减少为由始端母线到短路点的线路阻抗，即

$$Z_{KA}=\frac{\dot{U}_{rA}}{\dot{I}_f}=Z_{AB}+Z_f$$

$$Z_{KB}=\frac{\dot{U}_{rB}}{\dot{I}_f}=Z_f$$

综上所述，当系统发生短路时，线路中的电流由负荷电流上升为短路电流，电压由额定电压下降为残余电压，测量阻抗由负荷阻抗降低为由母线到故障点的线路阻抗。因此，利用正常运行与故障时这些特征量的变化，便可以构成各种不同原理的继电保护。

过电流保护是指反应故障时电流上升而动作的保护。低电压保护是指反应故障时电压下降而动作的保护。距离保护（阻抗保护）是指反应故障时测量阻抗降低而动作的保护。此外，还可利用内部故障和外部故障时被保护元件两侧电流相位和功率方向的差别，构成各种差动原理的保护，如纵联差动保护、相差高频保护、方向高频保护等。

按照上述原理构成的保护，其特征量可以反应各相的电流和电压（如相电流、相电压等），也可以只反应其中一个对称分量（如负序、零序）的电流和电压，构成相应的负序和零序保护。除了上述以电气量的变化为特征量而构成的保护外，在电力系统中还有一些以非电气量的变化为特征量而构成的保护。例如变压器的气体保护，就是反应油箱内部故障时所产生的气体或油流而动作的一种非电量保护。

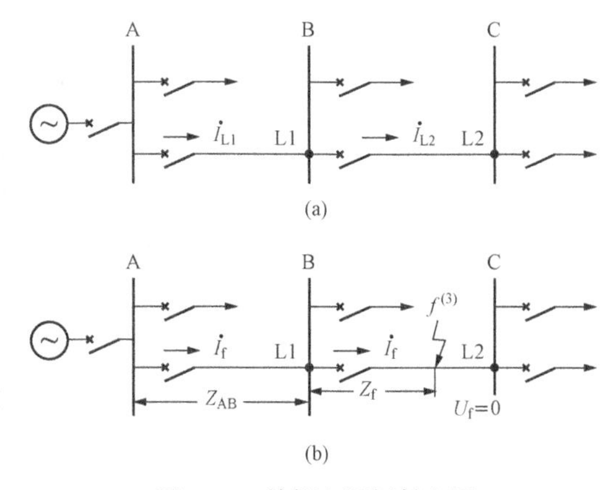

图 1-2 单侧电源辐射电网

（a）正常进行时；（b）三相短路时

二、组成

继电保护装置由测量部分、逻辑部分和执行部分组成（见图 1-3）。测量部分测量被保护设备输入的物理量（如电流、电压等），并与整定值进行比较，根据比较结果给出的“是”、“非”、“大于”、“不大于”，等于“0”

或“1”等逻辑信号，来决定保护是否应启动。逻辑部分根据测量部分各输出量的大小、性质、输出的逻辑状态、出现的顺序或其组合，来判断保护装置是否动作和如何动作，并传送给执行部分。执行部分则根据逻辑部分传送的信号，执行最终任务，发出动作信号或动作。

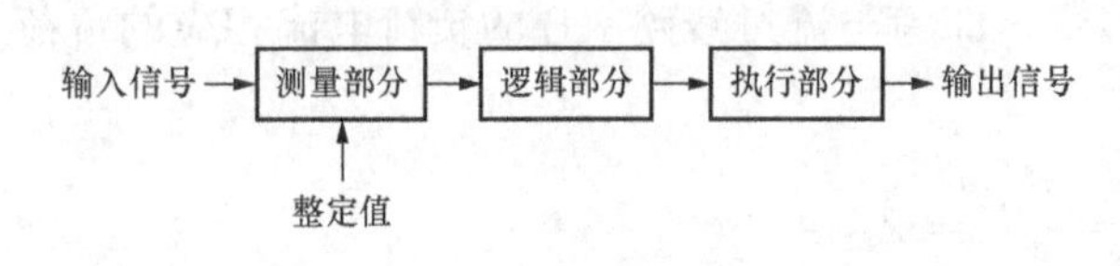

图1-3 继电保护装置原理框图

1.4 电力系统继电保护的基本要求

继电保护装置必须满足四个基本要求，即选择性、速动性、灵敏性和可靠性。

一、选择性

选择性是指当系统发生故障时，保护装置仅将故障设备从系统中切除，使停电范围尽量缩小，保证系统中非故障部分仍能继续运行。例如图1-4中，当f1点发生短路时，应由保护1和2分别跳开断路器1QF和2QF，将故障线路L1切除，此时变电所B仍可由另一条无故障的线路L4继续供电。当f2点发生短路时，应由距故障点最近的保护5动作，使5QF跳闸，保证变电所A和B正常供电。由此可见，继电保护有选择性动作可将停电范围限制到最小。

当f3点发生故障时，按选择性的要求，应由保护6动作，跳开6QF，切除故障线路L3。如果此时保护6或断路器6QF拒绝动作，则应由保护5动作，使5QF跳闸，切除故障线路。保护的这种动作虽然切除了部分非故障线路，但在保护和开关拒动的情况下，还是尽可能地限制了故障的发展，缩小了停电范围，因而也认为是有选择性的。此时称保护5为保护6的后备保护。由于按这种方式构成的后备保护是在远处实现的，因此又称为远后备保护。保护装置的选择性是保证对用户安全供电的最基本条件之一，是研制和设计保护时要首先慎重考虑的问题。

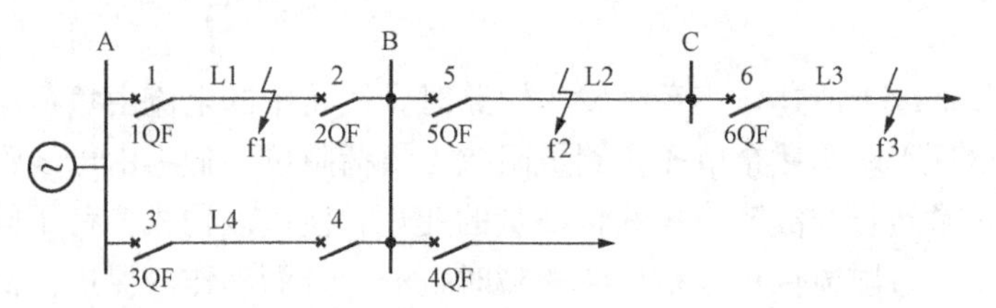

图1-4 选择性示意图

二、速动性

速动性是指在电力系统发生故障时，继电保护装置尽可能快速地动作并将故障切除，减少用户在电压降低的条件下运行的时间，避免故障电流及其引起的电弧损坏设备，保证系统的并列稳定运行。动作迅速并有选择性的保护装置，结构复杂、价格昂贵。在保证系统及设备安全的条件下，允许保护装置的动作带有延时。从故障发生到断路器跳闸灭弧的时间，称为故障切除时间，它等于继电保护装置动作时间与断路器跳闸时间之和。所以，快速消除故障，除了保护装置动作要快外，还要求采用快速断路器。现代高压电网中快速保护装置的最小动作时间可达0.01s，断路器的最小动作时间为0.05～0.068s。系统结构决定故障极限切除时间。

三、灵敏性

灵敏性是指保护装置对在其保护范围内发生的故障和不正常运行状态的反应能力。要求保护装置对保护范围内发生的故障，无论此时系统运行方式是最大还是最小，也无论故障点位置、故障类型如何及故障点过渡电阻的大小，都能灵敏地反应，即具有足够的灵敏度。灵敏度常用灵敏系数来校验。

四、可靠性

保护装置的可靠性是指在应该动作时保证可靠动作，即不拒动；不该动作时保证不误动作，即不误动。不拒动也称可依赖性，不误动也称安全性。保护装置可靠性是由设计、制造、安装调试、运行维护等方面的水平和质量来决定的。

保护装置的选择性、灵敏性、速动性和可靠性是互相联系又互相制约的，在应用中必须从全局出发来权衡。一般地，在保证保护装置可靠性的前提下，为了满足选择性，在系统稳定时可以允许牺牲一些速动性，有时也可暂时牺牲部分选择性来保证速动性，并采用自动重合闸或备用电源自动投入等措施予以补救。在选择保护方式时，还应综合考虑经济条件，优先考虑简单可靠的保护装置。

1.5 继电保护装置分类

1.5.1 分类

继电保护装置按反映物理量的不同，分为反映电气量保护和反映非电气量保护两大类。

继电保护装置的作用是起反事故的自动装置的作用，必须正确地区分“正常”与“不正常”运行状态、被保护元件的“外部故障”与“内部故障”，以实现继电保护的功能。因此，通过检测各种状态下被保护元件所反映的各种物理量的变化并予以鉴别。依据反映的物理量的不同，保护装置可以构成下述各种原理的保护。

(1) 反映电气量的保护。电力系统发生故障时，通常伴有电流增大、电压降低及电流与电压的比值（阻抗）和它们之间的相位角改变等现象。因此，在被保护元件的一端装设的种种变换器可以检测、比较并鉴别出发生故障时这些基本参数与正常运行时的差别，构成各种不同原理的继电保护装置。例如：

1) 反映电流增大构成过电流保护；

2) 反映电压降低（或升高）构成低电压（或过电压）保护；

3) 反映电流与电压间的相位角变化构成方向保护；

4) 反映电压与电流的比值的变化构成距离保护。

此外，还可根据在被保护元件内部和外部短路时，被保护元件两端电流相位或功率方向的差别，分别构成差动保护、高频保护等。

(2) 反映非电气量的保护。反映温度、压力、流量等非电气量变化的可以构成电力变压器的气体保护、温度保护等。

除此以外，按反应故障的类型可分为相间短路保护，接地短路保护，匝间短路保护，失磁保护；按其功用可分为主保护、后备保护、辅助保护等。

1.5.2 输电线路的接地保护

在中性点直接接地系统中，当发生单相接地短路时，将出现大的短路电流。采用三相完全星形接线的过电流保护虽然可以反映故障，但灵敏度往往不能满足要求，时限也较长。因此，一般在中性点直接接地系统中都装有接地短路保护。电压为 3～35kV 的系统，采用中性点非直接接地方式，当发生单相接地时，产生由对地电容引起的容性短路电流，电流值较小，在安全允许的条件下，可以允许带着接地电流运行一段时间。因此，中性点非直接接地系统通常采用作用于信号的零序分量保护等，以便采取措施，防止故障扩大。

下面介绍中性点直接接地系统单相接地短路时电流和电压的特点。

在如图 1-5（a）所示中性点直接接地系统中，当系统中任何一点 f 发生单相接地短路（以 A 相为例）时，将产生零序电压和零序电流。

f 点边界条件为

$$\begin{cases}\dot{I}_{A}=\dot{I}_{f}\\ \dot{I}_{B}=0\\ \dot{I}_{C}=0\\ \dot{U}_{kA}=0\end{cases}$$

同时有

$$\begin{cases}3\dot{U}_{f0}=\dot{U}_{fA}+\dot{U}_{fB}+\dot{U}_{fC}\\ 3\dot{I}_{0}=\dot{I}_{A}+\dot{I}_{B}+\dot{I}_{C}\end{cases}$$

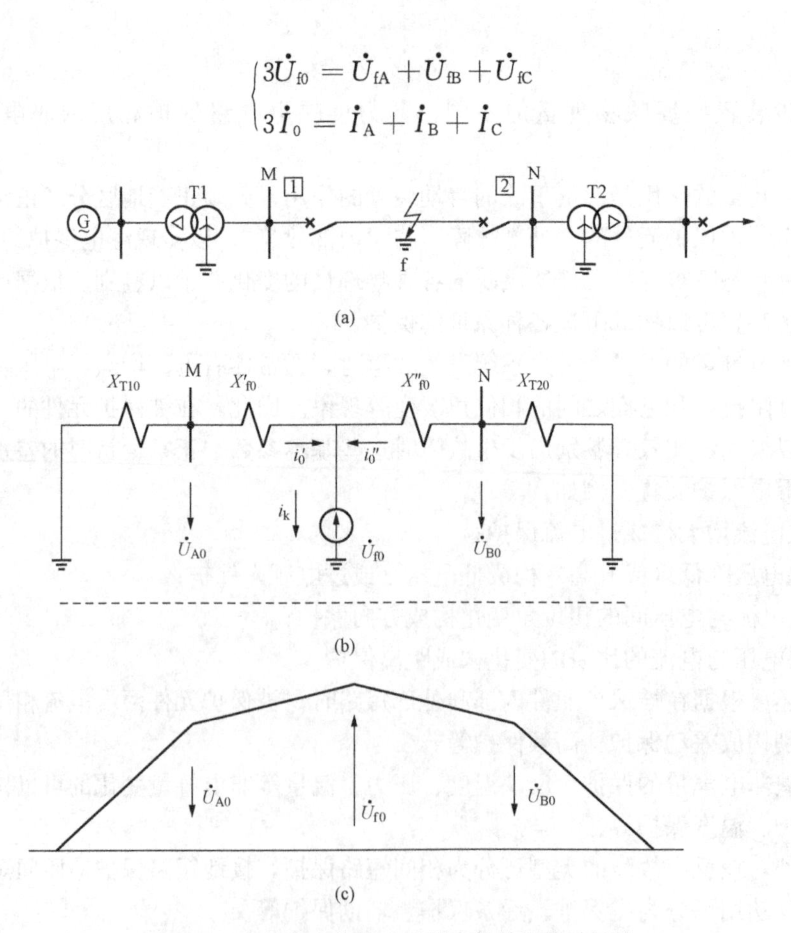

图 1-5　中性点直接接地系统中的单相接地短路

（a）系统接线；（b）等值电路；（c）单相短路电压示意

第 2 章　供配电网络的等值电路

2.1　供配电线路的等值电路和电气参数

输电线路的电气参数有电阻、电抗、电导、电纳，它们主要取决于导线的材料、结构(单股线或多股线)，是否是分裂导线、截面尺寸及各相导线的布置方式等。

严格地讲，线路应该用分布参数表示，但工程上认为 300km 以内的架空线路和 100km 以内的电缆线路用集中参数表示所引起的误差很小，满足工程计算精度要求。通常认为导线参数沿导线全长是均匀分布的，即参数对称。

2.1.1　架空线路的电气参数

一、电阻

电阻决定了线路有功功率损耗和电能损耗，也影响线路的电压降落。

(1) 导线单位长度电阻的表达式为

$$r_1 = \frac{\rho}{S} \tag{2-1}$$

式中　ρ——导线材料的电阻率，$\Omega \cdot mm^2/m$；

S——导线的额定截面积，mm^2。

交流电阻率大于直流电阻率的原因：①计及集肤效应和邻近效应；②绞线每一股长度略大于导线长度；③计算时采用的额定截面积又略大于实际截面积。

注：钢芯铝绞的电阻可以认为与同样额定截面的铝线相同（只考虑主要载流部分）。

(2) 实际应用中，电阻值可从产品目录或手册中查出，但给出的是 20℃的电阻值，应根据线路实际运行温度加以修正，即

$$r_t = r_{20}[1 + \alpha(t - 20)] \tag{2-2}$$

式中　α——电阻的温度修正系数，对于铝材料 $\alpha=0.0036$，对于铜材料 $\alpha=0.00382$。

二、电抗

线路电抗是由于交流电流通过导线时，在导线内和导线周围产生交变磁场而引起的。与自身磁通相对应的是自感 L，与外部磁通相对应的是互感 M，每一相导线的总电感为 $L+M$，则 $x=\omega L+\omega M$。

(1) 当三相电流对称，且三相导线间距离相等时，每相导线单位长度电抗相等，即

$$x_1 = 2\pi f\left(4.6\lg\frac{D}{r} + 0.5\mu_r\right)\times 10^{-4}(\Omega/km) \tag{2-3}$$

式中　D——各相导线间的距离，mm；

r——导线半径，mm；

μ_r——导线材料的相对导磁系数，铝和铜的 $\mu_r=1$，钢的 $\mu_r \gg 1$。

(2) 三相电流对称，三相导线间距离不等，但三相导线经过整循环换位时，若三相导线不布置在等边三角形顶点上，三相导线的电磁特性不对称，则各相导线的电抗值不同；但线路经过整循环换位后，可维持电网的对称性，各相导线的单位长度总电抗相等。

不同布置方式但经过整循环换位的线路，每相导线单位长度电抗为

$$x_1 = 2\pi f\left(4.6\lg\frac{D'}{r}+0.5\mu_r\right)\times 10^{-4}(\Omega/\text{km}) \tag{2-4}$$

式中　D'——三相导线几何平均距离，简称几何间距，mm。

当三相导线间距离分别为 D_{AB}、D_{BC}、D_{CA} 时，有

$$D' = \sqrt[3]{D_{AB}D_{BC}D_{CA}} \tag{2-5}$$

则三相导线在等边三角形顶点上时，$D'=D$。三相导线水平布置时，$D'=\sqrt[3]{DD2D}=1.26D$。

(3) 实用计算公式。将 $f=50\text{Hz}$，$\mu_r=1$ 代入式（2-4）得

$$x_1 = 0.1445\lg\frac{D'}{r}+0.1557(\Omega/\text{km}) \tag{2-6}$$

注：(1) 因 x_1 与 D'、r 之间为对数关系，故导线布置方式、导线截面大小对 x_1 影响不大，通常在近似计算时取 $x_1=0.4\Omega/\text{km}$。

(2) 同杆双回线三相电流对称时，可忽略两回线路之间的互感影响。

(3) 工程中，可查阅相关手册查得 x_1。

【例 2-1】 三相单回输电线路，LGJ-240 型导线，导线相间距离 $D=5\text{m}$。试求：

(1) 导线水平布置，且经过整循环换位时，每千米线路的电抗；

(2) 三相导线按等边三角形布置，求每千米线路的电抗。

解：(1) 由附录 A 查得 LGJ-240 的计算直径为 21.3mm，则

$$r=\frac{21.3}{2}=10.65(\text{mm})=10.65\times 10^{-3}(\text{m})$$

$$D'=1.26D=1.26\times 5=6.3(\text{m})$$

$$x_1=0.1445\lg\frac{D'}{r}+0.0157=0.416(\Omega/\text{km})$$

(2)

$$D'=D=5(\text{m})$$

$$x_1=0.1445\lg\times\frac{5}{10.65\times 10^{-3}}+0.0157=0.402(\Omega/\text{km})$$

三、电导

输电线路在输送功率过程中，除因电阻引起的有功功率损耗外，还有一部分有功功率损耗是由于绝缘子表面的泄漏电流和导线周围空气被电离而产生的电晕现象而造成的。输电线路的电导参数便是反映这一有功功率损耗的。

由于架空线路一般绝缘良好，泄漏电流很小，可略去不计，故线路电导主要与电晕损耗有关。目前还难以以理论公式精确计算电晕损耗，故只能靠试验或经验公式来近似计算。

单位长度线路电导的近似计算公式为

$$g_1=\frac{\Delta P_y}{U^2}\times 10^{-3}(\text{S/km}) \tag{2-7}$$

式中　ΔP_y——三相线路单位长度的电晕损耗功率，kW/km；

U——线路线电压有效值，kV。

注：通常由于线路泄漏电流很小，而电晕损耗在设计线路时已经采取措施加以限制，故在电网的电气计算中，近似认为 $g_1=0$。

四、电纳

架空输电线路的导线和导线之间、导线与大地之间有电位差且被绝缘介质隔开，故其间必存在电容。架空线路的电纳就是反映导线间及导线与大地之间的分布电容的。

三相导线无论排列对称与否，只要经过整循环换位，则每相导线的单位长度等值电容相等，即

$$C_1 = \frac{0.0241}{\lg \frac{D'}{r}} \times 10^{-6}(\mathrm{F/km}) \tag{2-8}$$

$f=50\mathrm{Hz}$ 时，单位长度电纳为

$$b_1 = \frac{7.58}{\lg \frac{D'}{r}} \times 10^{-6}(\mathrm{S/km}) \tag{2-9}$$

注：工程中 b_1 可从相关技术手册中查出，一般架空线路的单位长度电纳为 $2.58\times10^{-6}\mathrm{S/km}$。

2.1.2　电缆线路的电气参数

由于电缆三相导体距离很近，导体界面形状不同，绝缘介质不同，以及铅包、钢铠等因素，使得电缆电气参数计算复杂。电缆线路的电气参数可实测，也可查手册。

注：电缆的单位长度电抗小于架空线路的单位长度电抗。

2.1.3　输电线路的等值电路

输电线路的电气参数沿线路是均匀分布的，严格地说输电线路的等值线路也应该是均匀的分布参数等值电路。但这样计算很复杂，故仅在计算距离大于 300km 的超高压输电线路才用分布参数表示输电线路，其他的用集中参数。采用分布参数时，有

$$R = r_1 l,\quad X = x_1 l,\quad G = g_1 l,\quad B = b_1 l$$

此外，三相对称运行时，用一相等值电路代表三相。

下面以 300km 以内线路的等值电路为例进行介绍。

(1) 长度小于 50km、电压在 35kV 以下的架空线路认为 $g_1=0$，$b_1=0$，如图 2-1 所示。对于较短的电缆线路，电纳影响不大时，也可用上述等值电路。

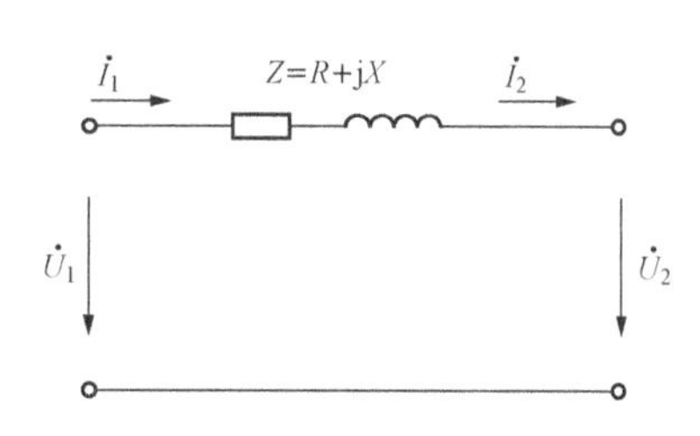

图 2-1　短距离输电线路的等值电路

(2) 长度在 50～300km 之间、电压在 110～220kV 之间的架空线路，或长度不超过 100km 的电缆线路，近似认为 $g_1=0$，如图 2-2 所示（注：大多数情况用 π 型等值电路）。

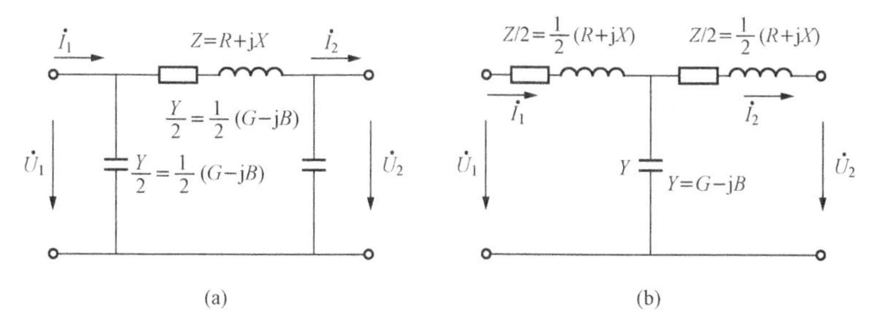

图 2-2　中距离输电线路的等值电路

(a) π 形等值电路；(b) T 形等值电路

2.2 变压器的等值电路和参数计算

一、双绕组变压器

双绕组变压器用Γ形等值电路表示，如图 2-3 所示。其中反映励磁支路的导纳接在变压器的电源侧。

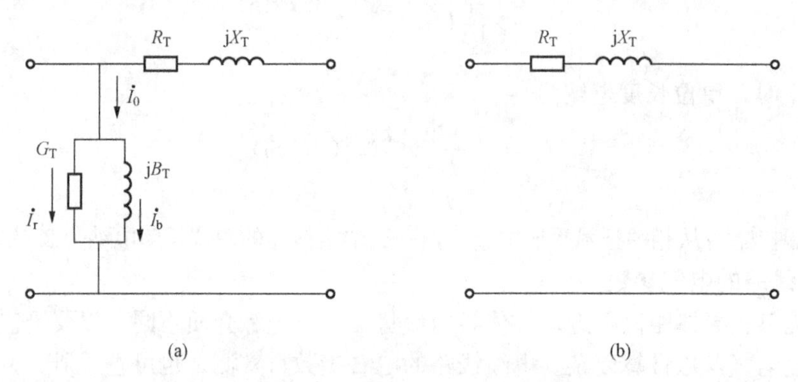

图 2-3 双绕组变压器等值电路

(a) Γ形等值电路；(b) 简化等值电路

R_T、X_T 可根据短路试验得到的短路损耗 ΔP_k 和短路电压百分值 $U_k\%$求得；

G_T、B_T 可根据空载试验得到的空载损耗 ΔP_0 和空载电流百分值 $I_0\%$求得。

(1) 电阻。短路实验时，变压器的 ΔP_k 近似等于额定电流 I_N 流过变压器时高低压绕组中的总铜耗，即 $\Delta P_k = P_{Cu}$，则

$$\begin{aligned}\Delta P_k &= 3I_N^2 R_T \times 10^{-3} \\ &= 3\left(\frac{S_N}{\sqrt{3}U_N}\right)^2 R_T \times 10^{-3} = \frac{S_N^2}{U_N^2} R_T \times 10^{-3}\end{aligned}$$

$$R_T = \Delta P_k \frac{U_N^2}{S_N^2} \times 10^{-3} (\Omega) \tag{2-10}$$

(2) 电抗。由于 $X_T \gg R_T$，故 $|X_T| \approx |Z_T|$，认为短路电压百分值$U_k\%$与 X_T 有以下关系

$$U_k\% = \frac{\sqrt{3} I_N X_T}{U_N \times 1000} \times 100 = \frac{\sqrt{3}\left(\frac{S_N}{\sqrt{3}U_N}\right) X_T}{U_N \times 1000} \times 100 = \frac{S_N}{U_N^2} X_T \times 10^{-1} \tag{2-11}$$

式 (2-11) 中 S_N、U_N、X_T 的单位依次为 kVA、kV、Ω。则

$$X_T = U_k\% \frac{U_N^2}{S_N^2} \times 10^{-3} (\Omega) \tag{2-12}$$

(3) 电导。变压器励磁支路的电导对应于变压器的铁损 P_{Fe}，变压器的铁损近似等于变压器的空载损耗 ΔP_0，故

$$\Delta P_0 = U_N^2 G_T \times 10^3 \tag{2-13}$$

式 (2-13) 中 ΔP_0、U_N 的单位分别为 kW、kV。则

$$G_T = \frac{\Delta P_0}{U_N^2} \times 10^{-3} (S) \tag{2-14}$$

(4) 电纳。变压器空载电流 I_0 中流过电纳的部分 I_b 占很大比重，故 $I_b \approx I_0$，则

$$I_b = \frac{I_0\%}{100} I_N = \frac{U_N \times 10^3}{\sqrt{3}} B_T$$

$$B_T = \frac{I_0\%}{100} \frac{S_N}{\sqrt{3}U_N} \frac{\sqrt{3}}{U_n \times 1000} = I_0\% \frac{S_N}{U_N^2} \times 10^{-5} \tag{2-15}$$

式（2-15）中 S_N、U_N 的单位分别为 kVA、kV。则

$$B_T = I_0\% \frac{S_N}{U_N^2} \times 10^{-5} \quad (S) \tag{2-16}$$

注：①变压器等值电路中的电纳的符号与线路等值电路中电纳的符号相反，前者为负，后者为正，因为前者为感性，后者为容性；②工程计算中，对于 10kV 及以下电网可忽略导纳支路。

二、三绕组变压器

三绕组变压器的等值电路如图 2-4 所示。

三绕组变压器按三个绕组容量比分为三种不同类型。

第一种：100/100/100（三个绕组容量都等于变压器的额定容量）。

第二种：100/100/50（第三个绕组的容量仅为变压器额定容量的 50%）。

第三种：100/50/100（第二个绕组的容量仅为变压器额定容量的 50%）。

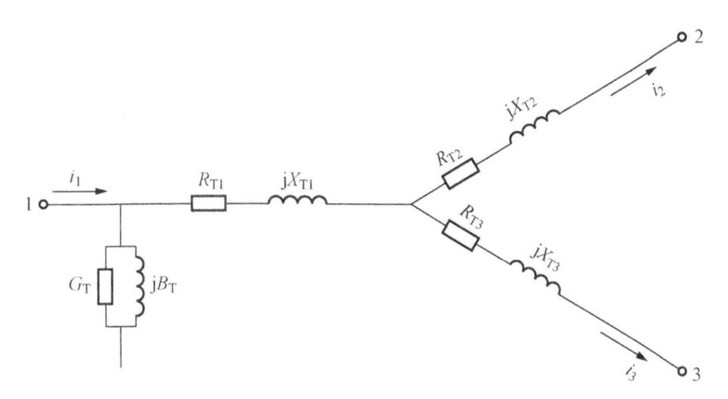

图 2-4　三绕组变压器的等值电路

（1）电阻。变压器出厂时，提供了两两绕组作短路试验时测得的短路损耗，故计算各绕组电阻时要经过相应的折算。

1）第一种类型。变压器出厂时，厂家提供了 $\Delta P_{k(1-2)}$、$\Delta P_{k(2-3)}$、$\Delta P_{k(3-1)}$ 数据，则各绕组的短路损耗为

$$\begin{cases} \Delta P_{k1} = \frac{1}{2}[\Delta P_{k(1-2)} + \Delta P_{k(3-1)} - \Delta P_{k(2-3)}] \\ \Delta P_{k2} = \frac{1}{2}[\Delta P_{k(1-2)} + \Delta P_{k(2-3)} - \Delta P_{k(3-1)}] \\ \Delta P_{k3} = \frac{1}{2}[\Delta P_{k(3-1)} + \Delta P_{k(2-3)} - \Delta P_{k(1-2)}] \end{cases} \tag{2-17}$$

则

$$\begin{cases} R_{T1} = \Delta P_{k1} \frac{U_N^2}{S_N^2} \times 10^{-3} \quad (\Omega) \\ R_{T2} = \Delta P_{k2} \frac{U_N^2}{S_N^2} \times 10^{-3} \quad (\Omega) \\ R_{T3} = \Delta P_{k3} \frac{U_N^2}{S_N^2} \times 10^{-3} \quad (\Omega) \end{cases} \tag{2-18}$$

2）第一、三种类型。

厂家提供的是一对绕组中容量较小的一方达到它本身额定电流时的数据，则先将这些数据折算到额定电流下，再计算。例如对于100/50/100型三绕组变压器有

$$\begin{cases}\Delta P_{k(1-2)}=\Delta P_{k'(1-2)}\left(\dfrac{I_N}{I_N/2}\right)^2=4\Delta P_{k'(1-2)}\\ \Delta P_{k(2-3)}=\Delta P_{k'(2-3)}\left(\dfrac{I_N}{I_N/2}\right)^2=4\Delta P_{k'(2-3)}\\ \Delta P_{k(3-1)}=\Delta P_{k'(3-1)}\end{cases} \tag{2-19}$$

然后，与第一种作类似计算，就可得到电阻。

3）厂家只提供最大短路损耗ΔP_{kmax}（两个100%容量绕组中通过额定电流，另一个100%或50%容量绕组空载时的损耗），则有：

两个100%容量绕组的电阻为

$$R_{T(100\%)}=\frac{1}{2}\Delta P_{kmax}\frac{U_N^2}{S_N^2}\times 10^3\quad(\Omega) \tag{2-20}$$

依据“按同一电流密度选择各绕组导线截面”的变压器设计原则，可得

$$100\%\text{ 容量绕组的电阻}=R_{T(100\%)} \tag{2-21}$$
$$50\%\text{ 容量绕组的电阻}=2R_{T(100\%)}$$

（2）电抗。三绕组变压器按绕组排列方式不同分为升压结构（高低中）、降压结构（高中低）。绕组排列方式不同，则绕组间漏抗不同，因而短路电压也不同。升压结构中，高、中压绕组相隔最远，$U_{(1-2)}\%$最大；降压结构中，$U_{(3-1)}\%$最大。

虽排列方式不同，但三绕组变压器铭牌上的短路电压百分值都是归算到各绕组中通过额定电流时的数值，故对第二、三种变压器不用归算。

$$\begin{cases}U_{k1}\%=\dfrac{1}{2}[U_{k(1-2)}\%+U_{k(3-1)}\%-U_{k(2-3)}\%]\\ U_{k2}\%=\dfrac{1}{2}[U_{k(1-2)}\%+U_{k(2-3)}\%-U_{k(3-1)}\%]\\ U_{k3}\%=\dfrac{1}{2}[U_{k(2-3)}\%+U_{k(3-1)}\%-U_{k(1-2)}\%]\end{cases} \tag{2-22}$$

相应的

$$\begin{cases}X_{T1}=U_{k1}\%\dfrac{U_N^2}{S_N^2}\times 10^{-3}\quad(\Omega)\\ X_{T2}=U_{k2}\%\dfrac{U_N^2}{S_N^2}\times 10^{-3}\quad(\Omega)\\ X_{T3}=U_{k3}\%\dfrac{U_N^2}{S_N^2}\times 10^{-3}\quad(\Omega)\end{cases} \tag{2-23}$$

（3）电导和电纳。与双绕组变压器的计算方法相同。

注：参数计算时，要求将参数归算到哪一电压等级，则计算公式中的U_N即为相应等级的额定电压。此外：升压结构（降压结构）并非只能用作升压变压器（降压变压器）。

【例2-2】 SFSL1-31500/110型三相三绕组变压器，容量比31 500/31 500/31 500kVA，电压比110/38.5/10.5kV，$\Delta P_0=38.4$kW，$I_0\%=0.8$，$\Delta P_{k(1-2)}=212$kW，$\Delta P_{k(2-3)}=181.6$kW，$\Delta P_{k(3-1)}=229$kW，$U_{k(1-2)}\%=18$，$U_{k(2-3)}\%=6.5$，$U_{k(3-1)}\%=10.5$。试计算以变压器高压侧电压为基准的各变压器参数。

解：

$$G_T = \frac{\Delta P_0}{U_N^2} \times 10^{-3} = \frac{38.4}{110^2} \times 10^{-3} = 3.17 \times 10^{-6}(S)$$

$$B_T = I_0\% \frac{S_N}{U_N^2} \times 10^{-5} = 0.8 \times \frac{31\ 500}{110^2} \times 10^{-5} = 2.08 \times 10^{-5}(S)$$

$$\Delta P_{k1} = \frac{1}{2}[\Delta P_{k(1-2)} + \Delta P_{k(3-1)} - \Delta P_{k(2-3)}] = \frac{1}{2} \times [212 + 229 - 181.6] = 129.7(kW)$$

$$\Delta P_{k2} = \frac{1}{2}[\Delta P_{k(1-2)} + \Delta P_{k(2-3)} - \Delta P_{k(3-1)}] = \frac{1}{2} \times [212 + 181.6 - 229] = 82.3(kW)$$

$$\Delta P_{k3} = \frac{1}{2}[\Delta P_{k(3-1)} + \Delta P_{k(2-3)} - \Delta P_{k(1-2)}] = \frac{1}{2} \times [229 + 181.6 - 212] = 99.3(kW)$$

则

$$R_{T1} = \Delta P_{k1} \frac{U_N^2}{S_N^2} \times 10^3 = 129.7 \times \frac{110^2}{31\ 500^2} \times 10^3 = 1.58(\Omega)$$

$$R_{T2} = \Delta P_{k2} \frac{U_N^2}{S_N^2} \times 10^3 = 82.3 \times \frac{110^2}{31\ 500^2} \times 10^3 = 1.004(\Omega)$$

$$R_{T3} = \Delta P_{k3} \frac{U_N^2}{S_N^2} \times 10^3 = 99.3 \times \frac{110^2}{31\ 500^2} \times 10^3 = 1.21(\Omega)$$

$$U_{k1}\% = \frac{1}{2}[U_{k(1-2)}\% + U_{k(3-1)}\% - U_{k(2-3)}\%] = \frac{1}{2} \times [18 + 10.5 - 6.5] = 11$$

$$U_{k2}\% = \frac{1}{2}[U_{k(1-2)}\% + U_{k(2-3)}\% - U_{k(3-1)}\%] = \frac{1}{2} \times [18 + 6.5 - 10.5] = 7$$

$$U_{k3}\% = \frac{1}{2}[U_{k(2-3)}\% + U_{k(3-1)}\% - U_{k(1-2)}\%] = \frac{1}{2} \times [6.5 + 10.5 - 18] = -0.5$$

相应的

$$X_{T1} = U_{k1}\% \frac{U_N^2}{S_N^2} \times 10^3 = 11 \times \frac{110^2}{31\ 500} \times 10^3 = 42.25(\Omega)$$

$$X_{T2} = U_{k2}\% \frac{U_N^2}{S_N^2} \times 10^3 = 7 \times \frac{110^2}{31\ 500} \times 10^3 = 26.89(\Omega)$$

$$X_{T3} = U_{k3}\% \frac{U_N^2}{S_N^2} \times 10^3 = -0.5 \times \frac{110^2}{31\ 500} \times 10^3 = -1.92(\Omega)$$

注：居于中间的低压绕组由于内外侧绕组对其互感作用很强，当超过低压绕组本身自感时，低压绕组电抗便出现了负值，但这并不表示该绕组真具有容性漏抗。在计算时由于这个负电抗值往往很小，故可近似取为零值。

2.3　电抗器的参数计算和等值电路

电网中所采用的电抗器，实质上是一个无导磁材料的空心线圈。它可以根据需要布置为垂直、水平和品字形三种装配形式。在电力系统发生短路时，会产生数值很大的短路电流，如果不加以限制，要保持电气设备的动态稳定和热稳定是非常困难的。因此，为了满足某些断路器遮断容量的要求，常在出现断路器处串联电抗器，以增大短路阻抗，限制短路电流。

电抗器的等值电路用一个电抗来表示。通常在电抗器铭牌上给出了 U_k(kV)、I_N(kA)、$x_r\%$，则

$$x_r\% = \frac{x_r}{x_N} \times 100 = \frac{x_r}{U_N}\sqrt{3}I_N \times 100$$

$$x_r = x_r\% \frac{U_N}{\sqrt{3}I_N} \times 10^{-2} = \frac{x_r\%}{100}\frac{U_N}{\sqrt{3}I_N}(\Omega)$$

2.4　电网的电压降落、电压损耗和电压偏移

稳态计算时不考虑发电机内部电磁过程，而将发电机母线视作系统的边界点。

三相复功率的表达式为

$$\widetilde{S} = P + \mathrm{j}Q = \sqrt{3}UI\cos\varphi + \mathrm{j}\sqrt{3}UI\sin\varphi$$

$$\varphi = \varphi_u - \varphi_i$$

式中　U——线电压；

　　I——线电流。

则有

$$S = \sqrt{3}UI \text{ 或 } S = 3U_{ph}I$$

式中　U_{ph}——相电压幅值。

有功功率和无功功率可表示为

$$P = S\cos\varphi, \quad Q = S\sin\varphi$$

2.4.1　电压降落

电压降落是元件首末两端端电压的矢量差，故也为一矢量。图 2-5 所示为集中参数输电线路的等值电路和相量图。

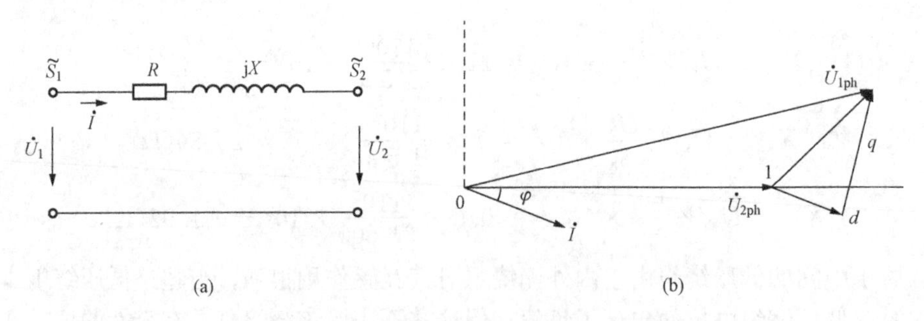

图 2-5　集中参数输电线路的等值电路和相量图

(a) 等值电路；(b) 相量图

由图 2-5（a）可知

$$\dot{U}_{1ph} = \dot{U}_{2ph} + \dot{I}(R + \mathrm{j}X)$$

将电压降相量 $\mathrm{d}\dot{U}_{ph}$ 在水平轴的投影定义为电压降纵分量 $\Delta\dot{U}_{ph}$，垂直方向的投影为电压降横分量 $\delta\dot{U}_{ph}$，则有

$$\mathrm{d}\dot{U}_{ph} = \Delta U_{ph} + \mathrm{j}\delta U_{ph}$$

$$\Delta U_{ph} = I(R\cos\varphi + X\sin\varphi)$$

$$\delta U_{ph} = I(X\cos\varphi - R\sin\varphi)$$

由于 $I=\dfrac{S_2}{3U_{2ph}}$，则有

$$\Delta U_{ph}=\frac{S_2}{3U_{2ph}}(R\cos\varphi+X\sin\varphi)=\frac{P_2R+Q_2X}{3U_{2ph}} \tag{2-24}$$

式（2-24）两端乘以$\sqrt{3}$，得

$$\Delta U_2=\frac{P_2R+Q_2X}{U_2} \tag{2-25}$$

式中　P_2——三相有功功率，MW；

Q_2——三相无功功率，Mvar；

U_2——末端线电压，kV。

已知线路末端功率时，有

$$\Delta U_2=\frac{P_2R+Q_2X}{U_2},\ \delta U_2=\frac{P_2X-Q_2R}{U_2}$$

已知线路首端功率时，有

$$\Delta U_1=\frac{P_1R+Q_1X}{U_1},\ \delta U_1=\frac{P_1X-Q_1R}{U_1}$$

其中，Q为感性无功时，符号为正；反之，为负。

因此

$$\dot{U}_1=\dot{U}_2+\Delta U_2+\mathrm{j}\delta U_2,\ U_1=\sqrt{(U_2+\Delta U_2)^2+(\delta U_2)^2}$$

$$\dot{U}_2=\dot{U}_1-\Delta U_1-\mathrm{j}\delta U_1,\ U_2=\sqrt{(U_1-\Delta U_1)^2+(\delta U_1)^2}$$

注：代入同一公式的功率和电压必须是同一端的，且功率为流入或流出计算电压降落元件首端或末端的功率。

2.4.2　电压损失

电压损失为一标量，是元件首末端电压的绝对值之差，其表达式为

$$\Delta U=U_1-U_2$$

即

$$\Delta U=\sqrt{(U_2+\Delta U_2)^2+(\delta U_2)^2}-U_2$$

或

$$\Delta U=U_1-\sqrt{(U_1-\Delta U_1)^2+(\delta U_1)^2}$$

110kV及以下电网，电压降落横分量对电压绝对值影响很小，可忽略，则$U_1=U_2+\Delta U_2$，$U_2=U_1-\Delta U_1$，电压损失 $\Delta U=\dfrac{PR+QX}{U}$。

超高压电网中，因 $X\gg R$，则无功功率数值Q对电压损失影响较大；电压等级不太高的电网中，R相对较大，则有功功率数值对电压损失影响较大。

注：只要将线路阻抗换为变压器阻抗，以上关于电压降落和电压损失的计算公式，同样适用于变压器。

2.4.3　电压偏移

电压偏移为电网的实际电压与额定电压的数值之差，用百分比表示，即

$$首端电压偏移(\%)=\frac{U_1-U_{1N}}{U_{1N}}\times100 \tag{2-26}$$

$$末端电压偏移(\%)=\frac{U_2-U_{2N}}{U_{2N}}\times100 \tag{2-27}$$

2.5 电网的功率损耗和电能损耗

电网的功率损耗和电能损耗主要产生在输电线路和变压器上。其中一部分损耗与传输功率有关：主要产生在线路和变压器的串联阻抗上，这部分损耗占比重较大；另一部分损耗仅与电压有关，产生在线路和变压器的并联导纳上。

据统计，电力系统有功功率损耗最多可达到总发电量的20%～30%，这大大增加了发电和输配电设备的容量，造成了动力资源的浪费和电能成本的提高，进而影响整个国民经济。

2.5.1 线路功率损耗

线路的π形等值电路图如图2-6所示。

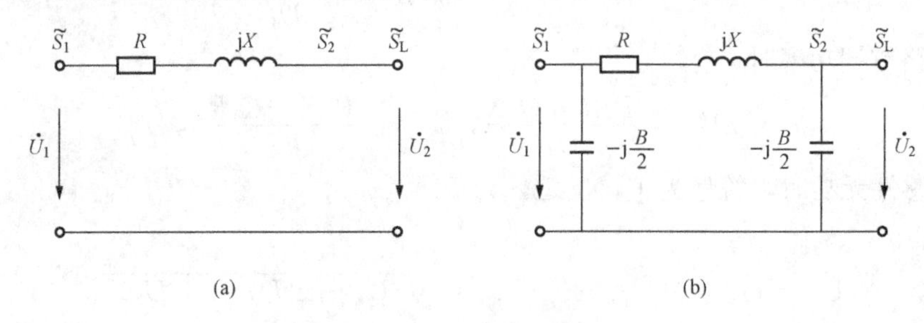

图2-6 线路的π形等值电路

(a) 简单线路；(b) π形等值电路

(1) 线路末端导纳中的功率损耗为

$$\Delta Q_{y2}=-\frac{B}{2}U_2^2(\mathrm{Mvar}) \tag{2-28}$$

式(2-28)中，电压的单位为kV，电纳的单位为S。

(2) 阻抗上的功率损耗为

$$\Delta P_L=3I^2R(\mathrm{MW}),\quad \Delta Q_L=3I^2X\quad(\mathrm{Mvar})$$

式中 I——单相电流，kA。

1) 已知流出阻抗的功率$\widetilde{S}_2$，则

$$I=\frac{S_2}{\sqrt{3}U_2}$$

$$\Delta P_L=3\left(\frac{S_2}{\sqrt{3}U_2}\right)^2R=\frac{P_2^2+Q_2^2}{U_2^2}R\quad(\mathrm{MW}) \tag{2-29}$$

$$\Delta Q_L=3\left(\frac{S_2}{\sqrt{3}U_2}\right)^2X=\frac{P_2^2+Q_2^2}{U_2^2}X\quad(\mathrm{Mvar}) \tag{2-30}$$

式中 U_2——线路末段电压，kV。

2) 已知流入阻抗的功率$\widetilde{S}_1$，则

$$I=\frac{S_1}{\sqrt{3}U_1}$$

$$\Delta P_L=\frac{P_1^2+Q_1^2}{U_1^2}R\quad(\mathrm{MW}) \tag{2-31}$$

$$\Delta Q_{L}=\frac{P_{1}^{2}+Q_{1}^{2}}{U_{1}^{2}}X \quad (\text{Mvar}) \tag{2-32}$$

式中　U_1——线路首端电压，kV。

注：式（2-32）中的功率必须是流入或流出阻抗的功率，且功率和电压应是同一点的。

（3）线路首端导纳上的功率损耗为

$$\Delta Q_{y1}=-\frac{B}{2}U_{1}^{2} \quad (\text{Mvar}) \tag{2-33}$$

式（2-33）中电压的单位为kV，电纳的单位为S。

2.5.2　变压器的功率损耗

一、双绕组变压器

变压器的功率损耗，包括有功功率损耗 ΔP_T 和无功功率损耗 ΔQ_T。有功损耗又分为空载损耗和负载损耗两部分。空载损耗又称铁损，它是变压器主磁通在铁芯中产生的有功功率损耗，因为主磁通只与外加电压和频率有关，当外加电压 U 和频率 f 为恒定时，铁损也为常数，与负荷大小无关。负载损耗又称铜损，它是变压器负荷电流在一、二次绕组的电阻中产生的有功功率损耗，其值与负载电流平方成正比。同样无功功率损耗也由两部分组成，一部分是变压器空载时，由产生主磁通的励磁电流所造成的无功功率损耗，另一部分是由变压器负载电流在一、二次绕组电抗上产生的无功功率损耗，则有

$$\begin{cases}\Delta P_{TG}=U_{1}^{2}G_{T}, \quad \Delta Q_{TB}=U_{1}^{2}B_{T}\\ \Delta P_{TR}=\dfrac{P_{2}^{2}+Q_{2}^{2}}{U_{2}^{2}}R_{T}, \quad \Delta P_{TR}=\dfrac{P_{1}^{2}+Q_{1}^{2}}{U_{1}^{2}}R_{T}\\ \Delta Q_{TX}=\dfrac{P_{2}^{2}+Q_{2}^{2}}{U_{2}^{2}}X_{T}, \quad \Delta Q_{TX}=\dfrac{P_{1}^{2}+Q_{1}^{2}}{U_{1}^{2}}X_{T}\end{cases} \tag{2-34}$$

式（2-34）中有功功率和无功功率单位分别为MW、Mvar，电压单位为kV。

二、三绕组变压器

$$\begin{cases}\Delta \widetilde{S}_{T1}=\dfrac{P_{1}^{2}+Q_{1}^{2}}{U_{1}^{2}}R_{T1}+j\dfrac{P_{1}^{2}+Q_{1}^{2}}{U_{1}^{2}}X_{T1}\\ \Delta \widetilde{S}_{T2}=\dfrac{P_{2}^{2}+Q_{2}^{2}}{U_{1}^{2}}R_{T2}+j\dfrac{P_{2}^{2}+Q_{2}^{2}}{U_{1}^{2}}X_{T2}\\ \Delta \widetilde{S}_{T3}=\dfrac{P_{3}^{2}+Q_{3}^{2}}{U_{1}^{2}}R_{T3}+j\dfrac{P_{3}^{2}+Q_{3}^{2}}{U_{1}^{2}}X_{T3}\end{cases} \tag{2-35}$$

式中　U_1——变压器一次绕组的额定电压，kV；

P_1、P_2、P_3、Q_1、Q_2、Q_3——相应绕组的负荷，MW或Mvar。

R_{Ti}、X_{Ti}——归算到变压器一次侧的数值，i=1、2、3。

三、可根据变压器短路和空载试验数据计算功率损耗

$$\begin{cases}\Delta P_{TR}=\Delta P_{k}\left(\dfrac{S}{S_{N}}\right)\\ \Delta Q_{TR}=\dfrac{U_{k}\%}{100}S_{N}\left(\dfrac{S}{S_{N}}\right)\\ \Delta P_{TG}=\Delta P_{0}\\ \Delta Q_{TB}=\dfrac{I_{0}\%}{100}S_{N}\end{cases} \tag{2-36}$$

有 n 台参数相同的变压器并列运行时

$$\begin{cases} \Delta P_{TR} = n\Delta P_k\left(\dfrac{S}{nS_N}\right)^2 \\ \Delta Q_{TR} = n\dfrac{U_k\%}{100}S_N\left(\dfrac{S}{nS_N}\right)^2 \\ \Delta P_{TG} = n\Delta P \\ \Delta Q_{TB} = n\dfrac{I_0\%}{100}S_N \end{cases} \tag{2-37}$$

2.5.3 电能损耗

(1) 某段时间内线路负荷不变。如果一段时间 t 内线路的负荷不变，则功率损耗不变，相应的电能损耗为

$$\Delta A = \Delta Pt = \frac{P^2+Q^2}{U^2}Rt \times 10^{-3} \quad (\mathrm{kW \cdot h}) \tag{2-38}$$

有功、无功单位依次为 kW、kvar。

实际负荷随时在变，故

$$\Delta A = \int_0^t \Delta P \mathrm{d}t = R \times 10^{-3}\int_0^t \frac{P^2+Q^2}{U^2}\mathrm{d}t \quad (\mathrm{kW \cdot h}) \tag{2-39}$$

但负荷随时间变化规律很难准确表达，故只能近似计算。

(2) 按最大负荷损耗时间 τ 计算。

1) 用户以年最大负荷 P_{max} 持续运行 T_{max} 年最大负荷利用小时数所消耗的电能为该用户以变负荷运行全年所消耗的电能 A，即

$$A = \int_0^{8760} P\mathrm{d}t = P_{max}T_{max} \tag{2-40}$$

对于同类用户，P_{max} 有所不同，但 T_{max} 基本接近。T_{max} 反映用电规律。

2) 最大负荷损耗时间 τ。如果在 τ 小时内，装置按最大负荷持续运行，则它损耗的电能恰好等于线路按实际负荷曲线运行全年所损耗的电能。

τ 与 $\cos\varphi$ 有关（因为一部分有功损耗是由传输无功引起的），$\cos\varphi$ 越低，则由于输送的无功增大，相应的 τ 值也越大。

3) 线路全年电能损耗为

$$\Delta A = \Delta P_{max}\tau = 3I_{max}^2R\tau \quad (\mathrm{kW \cdot h}) \tag{2-41}$$

式中 I_{max}——装置的最大负荷电流，kA。

4) 对于电压为额定值时，变压器全年电能损耗为

$$\Delta A = n\Delta P_k\left(\frac{S_{max}}{nS_N}\right)^2\tau + n\Delta P_0 T \quad (\mathrm{kW \cdot h}) \tag{2-42}$$

式中 S_{max}——变压器最大负荷，kVA；

S_N——变压器额定容量，kVA；

T——变压器每年投入运行的小时数，h；

n——并列运行的变压器的台数；

ΔP_0——变压器的功率损耗。

第3章　导线和电缆的力学计算

3.1　有关导线运行的一些计算

3.1.1　导线、避雷线振动频率和运行应力的计算

（1）导线、避雷线的振动频率计算式为

$$f = 200v/d \tag{3-1}$$

式中　f——导线和避雷线的振动频率，Hz；

v——档向吹动导线的风速，m/s；

d——导线和避雷线的直径，cm。

（2）导线、避雷线年平均运行应力计算式为

$$\sigma_{av} = \left(\frac{\sigma_{max} + \sigma_{min}}{2}\right) \tag{3-2}$$

式中　σ_{av}——导线和避雷线的年平均运行应力，MPa；

σ_{max}、σ_{min}——导线和避雷线在一年中的最大和最小实际应力，MPa。

如果导线和避雷线不考虑防振的年平均运行应力，应小于等于表3-1中的数值。

表3-1　导线不考虑防振的年平均运行应力

导线材料	年平均应力 σ_{av}/MPa	导线材料	年平均应力 σ_{av}/MPa
铝	34.3～39.2	铜	98.0～117.7
铜芯铝线（假象应力）	39.2～49.0	钢	196.1～245.2

（3）导线安全系数计算式为

$$K_x = \frac{\sigma_{av}}{\sigma_m} \tag{3-3}$$

式中　σ_{av}——导线的瞬时破坏强度，MPa；

σ_m——导线材料的最大使用应力，MPa。

一般导线的安全系数取2.5～5.0。导线的最小允许安全系数见表3-2。

表3-2　导线的最小允许安全系数

导线种类		单股导线	多股导线
钢芯铝线、铝线及铝合金线			2.5
铜线、钢（铁）线	正常拉力	2.5	2.0
	松弛拉力	3.0	2.5

3.1.2　架空导线拉断力计算

架空导线在拉力增加的情况下，首次出现任一单线断裂时的拉力，称为拉断力。

（1）普通绞线拉断力计算式为

$$F_d = a\sigma_b S \tag{3-4}$$

式中 F_d——拉断力，N；

a——强度损失系数，见表3-3；

σ_b——单线的抗拉强度，MPa，见表3-4和表3-5；

S——导线的总截面，mm^2。

表3-3 普通绞线的强度损失系数 a

绞线品种		强度损失系数
铝绞线	37根及以下	0.95
	37根以上	0.90
铝合金绞线		0.95
铝包钢绞线 硬铜绞线 镀锌钢绞线		0.90

表3-4 金属单线的抗拉强度 σ_b

单线直径/mm	硬铝线/MPa	铝合金线		硬铜线/MPa	镀锌钢线/MPa
		热处理型HL/MPa	非热处理型HL/MPa		
1.5	176.5	294.2	274.6	402.1	1247.9
1.51～2.00	166.7	294.2	250.1	402.1	1247.9
2.01～2.50	166.7	294.2	250.1	392.3	1247.9
2.51～2.60	156.9	294.2	230.5	392.3	1247.9
2.61～3.00	156.9	294.2	230.5	392.3	1176.8
3.01～3.50	156.9	294.2	230.5	382.5	1176.8
3.51～4.00	147.1	294.2	220.6	282.5	1176.8
4.01～5.00	147.1	294.2	220.6	372.7	1176.8

表3-5 铝包钢及铜包钢单线的抗拉强度及电阻率

产品型号	线径/mm	镀锌钢线直径/mm	最小包层厚度/mm	抗拉强度不小于/MPa	电阻率（20℃）/Ω·mm²/km
GL型铝包钢线	4.0	2.8	0.30	576.6	50.1
	4.0	3.0	0.25	655.1	56.0
	4.0	3.2	0.20	749.2	64.3
GGL型高强度铝包钢线	3.7	3.0	0.20	865.9	66.3
	4.0	3.2	0.20	975.8	64.3
	4.4	3.2	0.30	807.1	53.0
GT型铜包钢线	1.6		0.08	735.5	52.2
	2.0		0.10	735.5	51.5
	2.5		0.12	735.5	51.0
	3.0		0.15	735.5	50.2
	4.0		0.20	735.5	50.2

（2）组合绞线拉断力计算式为

$$F_d = 0.95\sigma_d S_d + 0.85\sigma_g S_g \tag{3-5}$$

式中　F_d——拉断力，N；

S_d——导电金属单线的总截面，mm^2；

S_g——加强用金属单线（如钢线）的总截面，mm^2；

σ_d、σ_g——对应于 S_d、S_g 的两种金属单线的抗拉强度，MPa，见表 3-5。

钢芯铝包钢绞线也可按式（3-5）计算，但 σ_d 值应采用铝包钢单线的抗拉强度。

常用组合绞线的允许应力和最大允许拉力如表 3-6 所示。

表 3-6　常用组合绞线的允许应力和最大允许拉力

导线型号	计算截面	瞬时破坏应力 σ/MPa	安全系数 K	允许应力 σ_0/MPa	最大允许拉力/N
LJ-16	15.9	157	2.5	62.8	1000
LJ-25	24.7	157	2.5	62.8	1550
LJ-35	34.4	157	2.5	62.8	2158
LJ-50	49.6	157	2.5	62.8	3109
LJ-70	69.5	137	3.0	45.8	3178
LJ-95	93.3	147	3.0	49.0	4581
LJ-120	117.0	147	3.0	49.0	5738
LJ-150	148.0	147	4.0	36.7	5444
LJ-185	183.0	147	4.0	36.7	6730
LJ-240	239.4	137	4.0	34.3	8210
LGJ-25	26.6	264	3.0	88.2	2344
LGJ-35	43.1	264	3.0	88.2	3769
LGJ-50	56.3	264	3.0	88.2	4973
LGJ-70	79.3	264	4.0	66.2	5248
LGJ-95	113.0	284	4.0	71.1	8034
LGJ-120	137.0	284	4.0	71.1	9741
LGJ-150	147.6	284	5.0	56.9	9927
LGJ-185	215.4	284	5.0	56.9	12252
LGJ-240	281.1	284	5.0	56.9	15990

3.2　输电线路的电晕计算

3.2.1　电晕的产生

在 110kV 以上的变电所和线路上，时常能听到“哗哩”的放电声和淡蓝色的光环，其断面图与太阳的日晕相似，这就是电晕。

电晕的产生是因为不平滑的导体产生不均匀的电场，在不均匀的电场周围曲率半径小的电极附近，当电压升高到一定值时，由于空气游离就会发生放电，形成电晕。因为在电晕的外围电场很弱，不发生碰撞游离，电晕外围带电粒子基本都是电离子，这些离子便形成了电晕放电电流。简单地说，曲率半径小的导体电极对空气放电，便产生电晕。

超高压输电线路采用分裂导线形式，其目的是为了增大导线半径，避免和减少电晕。当导线对地平均高度 h 大于子导线中心距离 S，S 大于 10 倍导线半径时，分裂导线表面最大电位梯度的计算方法如下。

(1) 双分裂导线计算式为

$$E_{\mathrm{m}}=\frac{U\left[1+2\frac{r}{S}-2\left(\frac{r}{S}\right)^{2}\right]}{r\ln\frac{(2h)^{2}}{rS}} \tag{3-6}$$

式中 E_{m}——线表面最大电位梯度，kV/cm；

U——导线对中性点电压，kV；

r——子导线半径，cm；

S——子导线中心距离，cm；

h——导线对地平均高度，cm。

(2) 三分裂导线计算式为

$$E_{\mathrm{m}}=\frac{U\left[1+2\sqrt{3}\frac{r}{S}-2\left(\frac{r}{S}\right)^{2}\right]}{r\ln\left[\frac{(2h)^{3}}{rS^{2}}\right]} \tag{3-7}$$

式 (3-7) 中各变量含义同式 (3-6)。

线路上每相采用单导线时导线表面最大电位梯度计算式为

$$E_{\mathrm{m}}=0.0147\frac{CU_{\mathrm{e}}}{r} \tag{3-8}$$

采用分裂导线且子导线按多边形排列时导线表面最大电位梯度计算式为

$$E_{\mathrm{m}}=Ep\left[1+2(n-1)\frac{r}{d}\sin\frac{\pi}{n}\right] \tag{3-9}$$

其中，导线表面平均最大电位梯度为

$$E_{\mathrm{m}}=0.0147\frac{CU_{\mathrm{N}}}{r} \tag{3-10}$$

式中 E_{m}——导线表面最大电位梯度和平均最大电位梯度，kV/cm；

C——某一相线路的工作电容，pF/m；

U_{N}——额定线电压（有效值），kV；

n——每相子导线数；

d——每相分裂间距，cm。

3.2.2 超高压直流输电线路最大电位梯度计算

(1) 单极双分裂导线的最大电位梯度为

$$E_{\mathrm{m}}=\frac{U\left(1+2\frac{r}{S}\right)}{2r\ln\frac{2h}{R_{\mathrm{e}}}} \tag{3-11}$$

$$R_e = D/4\sqrt{\frac{r}{D}}$$

式中　U——导线对地电压，kV；

R_e——分裂导线等效半径，cm；

D——子导线所在圆的直径，cm；

其他符号含义同前。

（2）单极三分裂导线的最大电位梯度为

$$E_m = \frac{U\left(1+2\frac{r}{S}\right)}{2r\ln\frac{2h}{R_e}} \quad (3-12)$$

$$R_e = \frac{0.28D}{\sqrt[3]{r/D}}$$

式中　R_e——分裂导线等效半径，cm；

D——子导线所在圆的直径，cm；

r——子导线半径，cm；

S——子导线中心距离，cm；

h——导线对地平均高度，cm；

其他符号含义同前。

3.2.3　电晕起始电位梯度计算

开始发生全面电晕时的导线表面电位梯度称为电晕起始电位梯度。

（1）表面粗糙的超高压交流输电线路导线电晕起始电位梯度计算式为

$$E_0 = 30.3m\delta\left(1+\frac{0.298}{\sqrt{r\delta}}\right) \quad (3-13)$$

式中　E_0——电晕起始电位梯度，kV/cm；

m——导线表面粗糙系数，对于绞线一般可取 0.82，光滑导线取 1；

r——导线半径，cm；

δ——相对空气密度。

（2）表面粗糙的超高压直流输电线路导线计算式为

$$E_0 = 30.3m\delta^{2/3}\left(1+\frac{0.3}{\sqrt{r}}\right) \quad (3-14)$$

式（3 - 14）中变量含义同式（3 - 13）。

在海拔不超过 1000m 的地区，当 $E_m \leqslant (0.8\sim0.85)E_0$ 时，一般不必按电晕条件验算导线最小直径。

3.2.4　好天气电晕损失计算

电晕损失近似与导线表面电位梯度的平方成正比，还与表面和天气状况等有关。晴天损失小，雾天、雨天和冰雪天损失大。

三相线路的年平均电晕损失功率，一般不大于线路有功功率损失的 20%。对于直流线路，电晕损失还与单、双极运行方式有关，双极线路的损失约为单极线路的 3～5 倍。电晕的无线电干扰水平，在距离输电线路边线 20m 处应不大于 40dB。高压线路电晕干扰水平在距离线路边线100m范围内衰减很快，在1km以外可以忽略。

(1) 计算电晕损失的近似公式。超高压交流输电线路电晕损失计算式有三种。

公式一：

$$P = 6.4fCU(U - U_0) \tag{3-15}$$

式中 P——电晕损失，kW/km；

f——所加电压的频率，Hz；

C——导线对地电容，F；

U——导线对地电压，kV；

U_0——电晕起始电压，kV。

公式二：

$$P = \frac{0.000\,054\,2}{[\lg(2S/d)]^2} fU^2 F \tag{3-16}$$

式中 U——所加相电压，kV；

S——线间距离，cm；

d——导线直径，cm；

F——电晕系数，是U与U_0之比的函数；

其他符号含义同前。

式（3-15）不包括绝缘子损失，绝缘子本身的损失与导线电晕损失具有相同的数量级，所以此公式计算误差较大。

公式三：

$$P = 244\frac{f+25}{\delta}\sqrt{\frac{r}{s}}(U - U_0)^2 \times 10^{-5} \tag{3-17}$$

式中 r——导线半径，cm；

U——导线对中性点电压，kV；

U_0——导线对中性点的表面临界击穿电压，kV；

其他符号含义同前。

(2) 超高压直流输电线路电晕损失计算。

1) 单极线路，有

$$P = K_0 Unr \times 2^{0.25(E_m - E_0)} \times 10^{-3} \tag{3-18}$$

$$E_0 = 22\delta$$

式中 P——电晕损失，kW/km；

K_0——导线表面系数，由0.15（光滑导线）变到0.35（粗糙导线）；

U——极对地电压，kV；

n——子导线数；

r——子导线半径，cm；

E_m——在运行电压下，子导线表面最大电位梯度，kV/cm；

δ——大气校正系数。

2) 双极线路。

公式一：

$$P = 2U(K+1)K_0 nr \times 2^{0.25(E_m - E_0)} \quad (3-19)$$

$$K = 2/\pi \arctan(2h/S)$$

式中　P——电晕损失，kW/km；

h——导线对地高度，cm；

S——极间距离，cm；

其他符号含义同前。

公式二：

$$P = 0.244U\left(\frac{U-U_0}{S}\right)^2 \quad (3-20)$$

式中　U_0——对应临界电位梯度 14kV/cm 的导线电压，kV；

其他符号含义同前。

3.2.5　不良天气电晕损失计算

交流线路的电晕损失雨天比晴天高 50～100 倍；直流线路的电晕损失雨天比晴天高 2～4 倍，大雨时可达 10 倍。对于 500kV 交流线路，雨天三相总损失超过 300kW/km。

超高压交流线路坏天气电晕损失计算式为

$$\Sigma P = \Sigma P_h + 1.61\left[\frac{U}{\sqrt{3}} J r^2 \ln(1+KR)\right]\sum_1^n (E^5) \quad (3-21)$$

式中　ΣP——总的三相电晕损失，kW/km；

ΣP_h——好天气总的三相电晕损失，kW/km；

U——线路电压，kV；

J——损失电流常数，500kV 和 700kV 线路约为 5.35×10^{-10}，400kV 线路约为 7.04×10^{-10}；

r——导线半径，cm；

K——温度系数，$K=10$；

R——降雨量，mm/h；

n——导线总根数（每相分裂导线的子导线×3）；

E——每根导线下侧的表面电位梯度峰值，kV/cm。

3.2.6　不同中性点接地方式下内部过电压的极限值

不同中性点接地方式下内部过电压的极限值，如表 3-7 所示。

表 3-7　　内部过电压的极限值

内部过电压种类	中性点不接地	中性点经消弧线圈接地（共振接地）	中性点直接接地
电弧接地过电压	$3.15U_{ph}$	$2.8U_{ph}$	$2.3U_{ph}$
开断空载线路过电压	$4U_{ph}$	$4U_{ph}$	$1.6\sim3.1U_{ph}$
共振过电压	$4\sim4.5U_{ph}$	$4\sim4.5U_{ph}$	$3U_{ph}$（154～220kV）
开断空载变压器过电压	$4\sim4.5U_{ph}$	$4\sim4.5U_{ph}$	$3.5U_{ph}$（110kV）

注　U_{ph}为线路相电压。

由表 3-7 可见，从过电压与绝缘水平观点来看，采用接地程度愈高的中性点接地方式就愈有利。

3.3 绝缘子基础知识

绝缘子在线路中是为导线提供机械支撑并防止电流对地形成通道接地的重要元件。绝缘子的优劣直接关系到线路的安全可靠运行。

3.3.1 绝缘子的分类

我国使用在高压输电线路上的绝缘子主要包括针式绝缘子、瓷担式绝缘子、悬式瓷质绝缘子、悬式玻璃绝缘子等，目前已趋向统一化和系列化。随着输电线路电压等级的提高和对新材料的开发，近年来还出现半导体釉绝缘子、合成绝缘子等。然而用的最广、最多、最悠久的还是悬式瓷质绝缘子和玻璃绝缘子。

绝缘子可以分别按连接方式、绝缘介质材料和承载能力大小来分类。

一、按连接方式分类

按连接方式分，悬式绝缘子主要有球形和槽形两种。球形、槽形连接的绝缘子外形如图3-1所示。

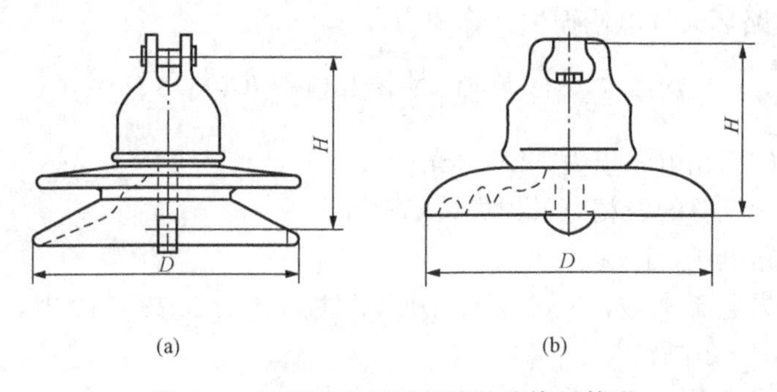

图3-1 用槽形和球形连接的绝缘子外形
(a) 槽形连接绝缘子；(b) 球形连接绝缘子

球形绝缘子是用球头与钢帽中的球窝相连。为防止球头从球窝内脱出，在球窝内球头底部加W或R形弹簧销。它既可以防止球头从球窝内脱出，又可用专用工具将弹簧销从球窝内拉出，便于更换。由于它具有施工方便的特点，所以使用广泛。

槽形连接的绝缘子见图3-1(a)，其特点是两只绝缘子之间用槽形连接，即钢帽上端的双槽与另一只绝缘子钢脚下端的单槽相连后用销子锁住。销子另一端有一小孔，以便穿入开口销，可防止销子脱落。用这种槽形方式连接的绝缘子在更换时只要将销子拔出，绝缘子就能脱卸，施工方便，使用也很普遍。

二、按绝缘子介质材料分类

绝缘子按介质材料分类时，主要有钢化玻璃悬式绝缘子、瓷质悬式绝缘子、半导体釉绝缘子和合成绝缘子。

1. 钢化玻璃绝缘子

以玻璃为介质的钢化玻璃绝缘子已广泛地应用在500kV及以下的输电线路上，部分已用在750kV和1100kV试验线路上。目前全世界使用数量已超过2亿片。

钢化玻璃绝缘子具有许多优点：

(1) 制造钢化玻璃绝缘子的全部过程可以实行机械化、自动化。

(2) 制造钢化玻璃绝缘子的一个工厂所需投资，比新建一个制造瓷质绝缘子工厂的投资低。

(3) 玻璃绝缘子的机械强度高，钢化玻璃强度 80～120MPa（而陶瓷为 40MPa），是瓷质强度的 2～3 倍。若以单摆冲击试验来说，它是瓷质绝缘子的 1～17 倍（平均值）。因而使用钢化玻璃绝缘子可以大大减少绝缘子的构造材料和质量，可以降低制造成本和线路造价。

(4) 由于玻璃的透明性，在外形检查时容易发现细小裂缝和内部损伤等缺陷。

(5) 由于钢化玻璃绝缘子具有出现各种损伤时均会发生自破的特点，所以在运行中可以不必进行预防性试验，从而减轻劳动强度、提高经济效益。据粗略统计，在输电线路的日常维护中，清扫、检测和更换绝缘子的工作量要占 50%，而检测零值工作又要占绝缘子工作量的 50%。我国 1981 年第一批投产之一的某 500kV 线路，由于当时带电测零的工具尚未得到解决，在 1984 年 7 月对该线路 75 000 只绝缘子进行高空停电绝缘摇测，所花的劳动力和时间是可想而知的。而使用玻璃绝缘子省去检测工作，对减轻供电工人的劳动强度、提高经济效益非常显著。

(6) 由于钢化玻璃绝缘子表面强度高、不易产生裂缝，玻璃介质在 1/50μs 冲击时，其平均击穿强度达 1700V/cm，约为瓷质的 3.8 倍；耐弧性能比瓷质高，电气性能好，所以它的电气强度在整个运行过程中一般保持不变，老化过程比瓷质的更慢。据法国在 1980 年对运行了 22 年（1958～1980 年）的 F7 型钢化玻璃绝缘子进行试验，其机电性能没有衰减。正因为钢化玻璃绝缘子这些优点，所以它越来越受到使用单位欢迎。

玻璃绝缘子的自破性既是优点，也是弱点。但是随着工艺水平的不断提高，其年自破率已降低到极小，工程中完全可以接受。目前，我国已有完整的自动生产线生产玻璃绝缘子，年生产能力在 350 万片以上，其产品已经广泛地使用在 35～500kV 线路上。到 1996 年时，使用在 500kV 线路上高吨位玻璃绝缘子已达 70 万片。经过长期运行经验证明，我国生产的玻璃绝缘子性能能够满足输电线路的需要，绝缘子质量是可靠的。我国在 1994 年 6 月开始生产圆柱形头的玻璃绝缘子（LXY），使产品质量更上一个台阶，其自破率在万分之二到万分之四以下，其产品质量符合国际电工标准（IEC）、美标（ANSI）、英标（BS）和澳标（AS）。我国生产的玻璃绝缘子不但使用在国内交、直流输电线路上，而且还出口国外，进入国际市场。我国生产的玻璃绝缘子的产品尺寸准确、分散性小、电气性能优越，得到广大用户的赞赏。

2. 瓷质悬式绝缘子

瓷质悬式绝缘子使用历史悠久，它所用的介质材料具有输电线路所要求的特性，在机械负荷、电气性能及热机性能等都能满足各级电压的要求。正因为如此，所以瓷质悬式绝缘子在输电线路中一直使用。至今，我国生产瓷质悬式绝缘子的厂家已有上百家。经过几十年的努力，产品质量大大提高，产品种类基本齐全，不但能满足我国电力事业发展的需要，而且还出口国外，至今已能生产 300kN 及以下的高强度瓷质悬式绝缘子，产品远销欧美澳等 40 个国家和地区。尤其是 20 世纪 80 年代以后生产的瓷质悬式绝缘子，其年劣化率可稳定在十万分之几，这一指标已接近日本 NGK 公司的十万分之二的水平。

然而普通的瓷质悬式绝缘子存在两方面的致命弱点：一是在污秽潮湿条件下，绝缘子在工频电压作用时绝缘性能急剧下降，常产生局部电弧，严重时会发生闪络；二是绝缘子串或单个绝缘子的电压分布不均匀，在电场集中的部位常引起电晕，因而产生无线电干扰。不均匀的电压分布，极易导致瓷体老化，而半导体釉绝缘子可以克服这些缺点。

3. 半导体釉绝缘子

半导体釉绝缘子是一种新型的绝缘子，其特点是在绝缘子外层含半导体釉。这种半导体釉中的功率损耗使表面温度比环境温度高出几度，从而在雾与严重污秽环境中可以防止由此凝聚所形成的潮湿，以此可以提高绝缘子在污秽潮湿环境下的工频绝缘强度。目前氧化锡与少量氧化锑高温合成，再添加于基础釉中而制得的一种半导体釉绝缘子，其热稳定性较好。半导体釉绝缘子在前苏联、日本、加拿大等国家都在研制和使用。我国研究的锑锡型半导体釉绝缘子，已取得了良好的效果。

4. 合成绝缘子

合成绝缘子是近几年来出现的一种新型绝缘子，其基本结构如图 3-2 所示。这是一种高强度优质轻型绝缘子。自 1967 年以来，先后有 30 多个国家安装了合成绝缘子。它的特点是质量轻、体积小，运输费用低，安装设备方便、省时，可以省去清洗和检测零值绝缘子等工作；强度大，各种电气性能好，内外绝缘基本相等，属于不击穿型结构，一般不会发生内部击穿的零值问题。从质量上来说，一座 500kV 普通直线塔，若使用瓷质悬式绝缘子，则总重达 600kg；而使用合成绝缘子，则只需要用 3 支，总质量仅有 75kg。两者质量比达 8 倍，所以合成绝缘子的优越性是显而易见的。

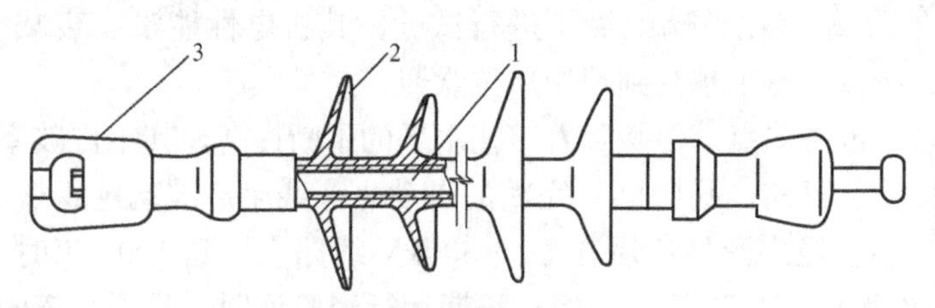

图 3-2　合成绝缘子基本结构
1—芯棒；2—伞裙护套；3—金属端头

合成绝缘子的结构形式很多，但基本上由芯棒、伞裙、金属端头（帽窝或碗头）等几部分组成。芯棒一般由环氧树脂玻璃纤维引拔棒制成，其抗拉强度大于 600MPa。如用直径 18mm 的芯棒，可使合成绝缘子的额定负荷高达 130～170kN，合成绝缘子在抗震、阻尼、抗疲劳断裂以及抗污闪、抗老化等性能方面都远远超过其他类型绝缘子，在国外已广泛地用在 69～765kV 输电线路上。美国首先将其用在 400kV 线路上，对在该线路上同时安装爬电距离为 3.53m/kV 的瓷质悬式绝缘子和合成绝缘子进行比较，发现该线路的瓷质悬式绝缘子每隔 60 天必须清扫一次，否则就会闪络，而合成绝缘子在运行的 6 年间未清扫也没有发生闪络。1977 年，加拿大在 736kV 线路上也安装试用合成绝缘子。我国使用合成绝缘子的历史还不是很长，但已取得了飞速的进展。我国先后有武汉大学、清华大学、华东电力集团公司，以及湖北襄樊、山东淄博、河北保定、浙江温州、上海虹桥、广东东莞、辽宁大连等单位在研究、开发和生产合成绝缘子，并在 35～500kV 的线路上得到了应用，其运行情况良好，得到了较为满意的效果。

5. 棒悬式绝缘子

棒悬式绝缘子也是近几年出现的一种新型绝缘子。随着电力事业的不断发展和对盘形悬式绝缘子运行长期积累的经验和教训，发现盘形悬式绝缘子存在一定的局限性，即随着时间的推移，会产生一定的劣化，致使绝缘子的机械承载能力和绝缘性能下降。尤其是在污秽或雷击闪络的同时，多次发生着钢帽的爆裂、导线永久性接地甚至系统解裂的严重事故。在这种情况下，棒悬式绝缘子应运而生。

棒悬式绝缘子的两端是金属连接构件，中间是高强度铝质瓷制成的绝缘体，而瓷件的长度可以根据需要而定。如德国生产的单个棒悬式绝缘子元件长度可达 17m。根据绝缘的需要也可制成 1 个元件、2 个元件或 3 个元件相互串接而成。高强度铝质瓷的抗拉强度一般可以达到 60N/mm^2，但实际使用抗拉强度远低于此值。如目前棒悬式绝缘子的质量处于世界领先地位的日本和德国，它们对铝质瓷抗拉强度仅取 23N/mm^2 和 35N/mm^2，而我国取 36N/mm^2 左右，与德国相近。棒形瓷件在构造上有直棒形和有伞裙两种。我国目前生产的 35kV 和 60kV 棒悬式绝缘子是采用等径伞裙的普通棒形悬式绝缘子；为提高耐污水平，在 110kV 及以上则采用大小伞裙的耐污型棒悬式绝缘子，使 35～220kV 棒悬式绝缘子的爬电比距均达到 2.5cm/kV 左右。

使用棒悬式绝缘子具有很多优点：①它是一种不可击穿结构，从而避免了盘形瓷质绝缘子因泥胶膨胀破坏或电热故障使钢帽炸裂而造成掉串的永久性故障；②长棒形使金具数量相对减少，大大减轻金具锈迹引起的污闪事故；③电气性能优良，爬电比距的增大，使耐污性能大为提高；④使无线电干扰水平大大改善；⑤根本不存在零值或低值绝缘子的问题，从而省去对绝缘子的检测、维护和更换等。

这种棒悬式绝缘子在制造质量上日本和德国处于领先地位。德国生产的棒悬式绝缘子年平均故障率仅仅只有十万分之八，而在超高压线路中采用双串并联的棒悬式绝缘子至今从未发生故障。我国的棒悬式绝缘子过去由于受到瓷的强度和工艺水平的限制而发展缓慢，而现在已经攻克高强度铝质瓷配方。近年来，已研制成功并开发出 20、25、30 型高强棒式绝缘子和 35、110、220kV 高强度棒悬式绝缘子系列产品。同时还研制成功超高强度瓷配方和憎水釉配方，开发了 330、380、500kV 超高强瓷棒形悬式绝缘子的超高压系列产品。

三、按承载能力大小分类

我国生产的绝缘子基本上是按承载能力大小分类。根据我国国家标准 GB 1001—1986《盘形悬式绝缘子技术条件》和 GB 7253—1987《盘形悬式绝缘子元件尺寸与特性》，按标准化、系列化、通用化要求，分为 40、60、70、100、160、210、300kN 共 7 个等级。其中包括瓷质绝缘子、钢化玻璃绝缘子，形状有槽形、球形等，系列比较齐全。在制订本标准以前，为满足工程实际需要，按机电破坏负荷要求生产的老产品有 30、45、110、126、190kN 等几种非标准的系列产品作为过渡产品。为满足需要，除上述产品外，还有符合 IEC 标准、美国标准 ANSI、英国标准 BS、澳洲标准 AS 生产的绝缘子等。其他还有如绝缘避雷线用的绝缘子、针式绝缘子、棒式绝缘子、防污型绝缘子等。

3.3.2　绝缘子的标识含义及构造

一、绝缘子的标识含义

我国生产的绝缘子型号一般由字母—数字—字母 3 部分组成。第一部分的字母表示绝缘子类型，第二部分的数字表示绝缘子的机电破坏荷载，第三部分的字母表示绝缘子的特征。其标识含义如下：

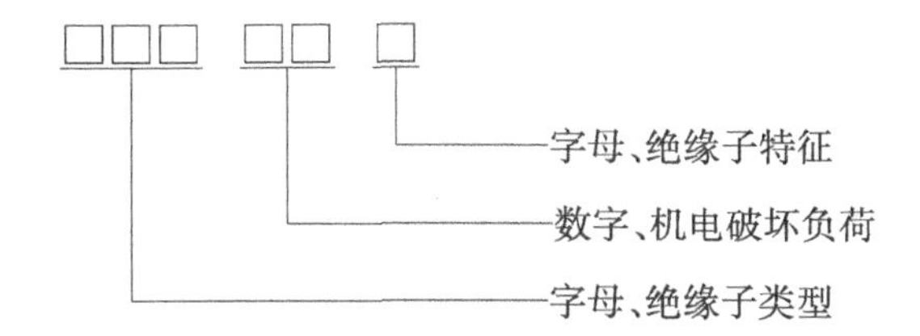

在标准型绝缘子中，第一部分字母的含义主要有如下几种：X—悬式绝缘子；W—耐污型绝缘子；LX—悬式钢化玻璃绝缘子；XH—钟罩型绝缘子；P—机电破坏负荷；Y—圆柱头结构。

第二部分数字，表示机电破坏负荷值，用 kN 表示。我国生产的标准型绝缘子主要有 40、60、70、100、160、210、300kN 等几种，更大吨位的绝缘子正在开发中。

第三部分字母表示绝缘子的特征。如 C 表示槽形连接；D 表示大爬电距离。

而瓷质绝缘子、球窝形连接，以及非大爬距离绝缘子等都不再用字母表示，下面举例说明。

XP-70C——悬式瓷质绝缘子，机电破坏负荷 70kV，槽形连接。

XP-210D——普通型瓷质绝缘子，球窝形连接，机电破坏负荷 210kN，大爬电距离。

XHP1-160——钟罩式瓷质绝缘子，机电破坏负荷 160kN。

LXY-210——钢化玻璃绝缘子，圆柱形头部结构，球形连接，机电破坏负荷 210kN。

依次类推。有的在第一部分字母后有一个数字，如 XHP1-16 中的数字 1 表示设计序号。

目前，我国生产绝缘子的工厂有上百家，每个厂家生产的绝缘子都有它自己的标志，在绝缘子表面都鲜明地表示出厂标志、绝缘子型号和生产日期，以示与其他厂家和类型的区别。

二、盘形悬式绝缘子的构造

悬式绝缘子一般由钢帽、钢脚、绝缘介质和填充料等几部分组成。

盘形悬式绝缘子的介质是绝缘子的主体，它必须具备架空线路所需要的机械强度和电气强度的特性，并在激烈变化的大气条件下，具有足够的热稳定性。电瓷和钢化玻璃具备这些特性，所以成为绝缘工业中广泛采用的优质介质材料。

在瓷质绝缘子中所采用的介质，是高质量的塑性黏土加石英砂和微晶花岗岩，它是制造瓷质绝缘子的好材料。经过一定配方使介质特性改善，在绝缘子表面覆以厚薄均匀而又光亮的瓷釉，经过 1300℃左右高温烧结，使之成为耐压强度高、绝缘性能好的瓷质材料。这种高硅质瓷质绝缘子一般适用于高压输电线路，但其抗弯和抗拉强度较低。随着超高压和特高压输电线路的架设，对悬式瓷质绝缘子的机械强度提出了更高的要求。为此，在介质材料配方中增加适量的氧化铝（即高铝质瓷），从而提高它的抗弯和抗拉强度。

钢化玻璃绝缘子用的介质是细粒石英砂、白云石、石灰石和长石等矿物原料以及纯碱、碳酸钾、氟硅酸钠和芒硝等化工原料，按钢化玻璃的配方要求配制，经过 1500℃左右高温熔融成透明的玻璃体后，进行钢化技术的热处理，使产品的预应力分布均匀。这样可以提高它的机电强度和冷热性能，以满足高压和超高压输电线路的要求。制成后的盘形绝缘子瓷体或玻璃体的表面应是光滑的，同时在上表面保持 5°～10°的斜坡面，便于下雨散水，并能把积在表面的污物冲掉。在下表面制成有棱的几何旋转体，以增加工频几何泄漏距离，并提高工频污闪和湿放电电压。其头部制成圆锥形或圆柱形。我国生产的悬式瓷质盘形绝缘子按国家标准 GB 1001—1986 标准生产，与前苏联标准一样采用圆锥形的头部结构。它与美国和西欧国家普遍采用的圆柱形头部结构的不同点仅在于钢脚、钢帽与绝缘体的连接方法。以两种玻璃绝缘子为例，圆锥形头部内孔的受力面为推拔形，抗弯和抗拉时受力不均匀，难以提高它的机械强度。而圆柱形绝缘子，其头部内孔为内外螺旋形，受力面呈均匀分布的受压状态，从而提高了它的机械强度。由于圆柱形头部结构尺寸缩小，使产品的质量明显减轻。这两种玻璃绝缘子，圆锥形头部直径大而高，而圆柱形头部小而矮。表 3-8 所列为圆锥形和圆柱形两种玻璃绝缘子结构尺寸及质量比较。钢化玻璃绝缘子头部结构有锥头结构和柱头结构两种。由图 3-3 和表 3-8 中可以很清楚地看出，圆柱头结构产品的质量明显减轻，而其爬电距离增大了，这对提高抗污能力具有一定的优势。以 70kN 的玻璃绝缘子为例，圆柱形结构的盘径和高度分别比圆锥形的小 31.4%和 45%，而爬电距离却增加了 9.4%，质量减轻了 20%。其他的绝缘子情况同样如此。由此可以显示出圆柱形头部结构的优越性。值得指出的是，圆柱形头部结构的瓷质绝缘子，除了造型结构特殊外，还需增添一道在头部上砂烧的工序，这给生产工艺和稳定产品质量增加了一定的难度。现日本 NGK 公司已突破难关，大量生产和出口这种绝缘子。最近我国引进了日本技术和生产线，开始生产这种圆柱形结构的瓷质绝缘子。

表 3-8　圆锥形和圆柱形两种玻璃绝缘子结构尺寸及质量比较

绝缘子等级/N	头部结构	头部直径/mm	头部高度/mm	爬电距离/mm	质量/kg
70	锥头	74	58	290	4.2
	柱头	56.3	55.5	320	3.5
160	锥头	90	72.3	330	6.8
	柱头	75	68	370	6
210	锥头	96	80	340	7.8
	柱头	79.3	73	375	7

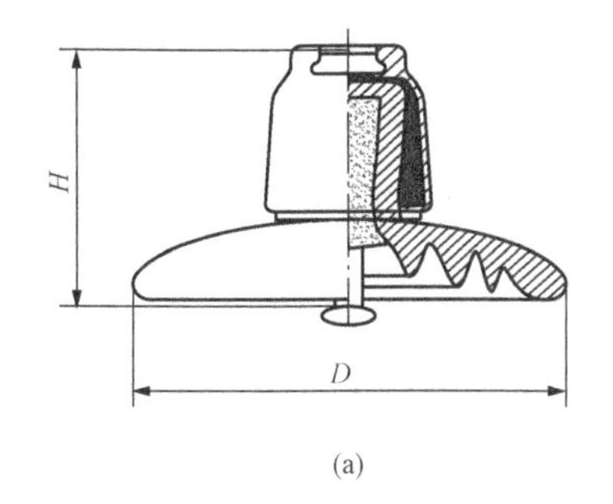

(a)

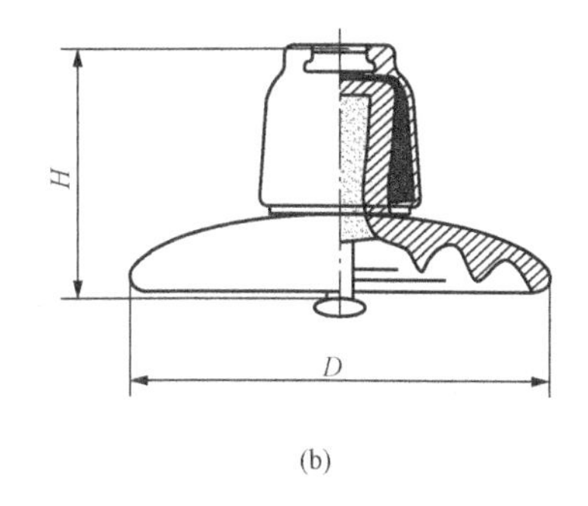

(b)

图 3-3　两种玻璃绝缘子头部结构

(a) 锥头结构；(b) 柱头结构

悬式绝缘子的胶装普遍采用高标号水泥作填充料，其膨胀系数应与钢脚、钢帽以及绝缘元件相匹配，使做成楔形的水泥填充料紧密卡住。这就保证了头部钢帽和钢脚与水泥填充料之间不产生松动现象。圆柱结构因尺寸小，水泥填充料用量少，在确保提高机械强度的前提下，必须采用高频机械振动进行胶装，同时还采用温水养护。对钢帽、钢脚的表面均应热镀锌防腐，直流架空线路用的绝缘子的钢脚还要用锌套保护，作为“牺牲”电极。目前我国生产的钢化玻璃绝缘子就是采用这种圆柱形头部结构，从而使尺寸缩小、质量减轻、强度提高。

绝缘子的钢帽一般由高硅可锻铸铁制成，其破坏强度为 0.4～0.6MPa。盘形悬式绝缘子的钢帽分球窝形和槽形两种。在钢帽结构中，为减小帽口处的应力，承力部分采用二层台阶。悬式绝缘子头部构造如图 3-4 所示。钢脚的承力面取锥角 $\gamma=25°\sim30°$。绝缘子的机电破坏负荷与绝缘件内孔承力面面积有关。承力面面积 S 的计算式为

$$S=(d+d_1)L\times\frac{\pi}{2}=\frac{1}{2}(d+d_1)\pi\sqrt{\frac{(d-d_1)^2}{4}+(h-r)^2} \tag{3-22}$$

式中 d、d_1——分别指绝缘件中以 AB 为斜长的圆台形内孔的上底和下底直径，mm；

h——绝缘件圆台形内孔高度，mm；

$h-r$——绝缘件圆台形内孔计算承力面的有效高度，mm；

r——绝缘件内孔上底的圆弧形半径，mm；

L——绝缘件内孔斜长，mm。

【例 3-1】 若已知某种圆锥形绝缘子头部的尺寸 $d=46$mm，$d_1=32$mm，$h=54$mm，$r=8$mm，求其承力面积。

解：将各值代入式（3-22），则得承力面面积为

$$S=\sqrt{\frac{(46-32)^2}{4}+(54-8)^2}\times(46+32)\times\frac{\pi}{2}=5700(\text{mm}^2)$$

为提高绝缘子机电强度使其在允许尺寸范围内，应尽可能增大承力面积，绝缘件的头部最好是平顶，绝缘件的强度与绝缘子头部各承力面的角度和相对位置都有一定关系。因此，对照图 3-4，绝缘体圆台形内孔侧面斜线 AB 与铅垂线的夹角 α、绝缘体外侧边缘线与铅垂线的夹角 β 对承力面和机电强度均有明显的影响。我国生产的绝缘子的承力面锥角 $\alpha=12°\sim18°$，$\beta=10°\sim13°$，$h/d=0.8\sim0.9$，如图 3-4 所示，并且绝缘子锥口应略高于帽口 10mm 以上。其中 α 角的大小对机电强度的影响较明显。绝缘子的尺寸不但对机械受力有较大影响，同时与电气特性有直接关系。研究结果表明，绝缘子的形状和尺寸对放电电压值有很大影响。在正常运行情况下，形状相当简单的盘形悬式绝缘子在不同污染程度时的长期耐受梯度电压随绝缘子泄漏距离 L 与结构高度 H 之比的增加而增加，并且随绝缘子结构高度 H 与盘径 D 之比的减小而增加。

从结构角度出发，图 3-4 所示的绝缘子头部结构的高度 H 与盘径 D 之比在 0.5～0.6 之间。同时，当绝缘子使用在清洁区或内径污染区时，使 $L/H=1.6\sim2.3$，（L 为泄露距离），而用于污秽地区的绝缘子的泄露距离 L 与高度 H 之比为 $L/H\approx3.0\sim3.5$，高度与盘径之比为 $H/D\approx0.5\sim0.55$。为提高绝缘子串的工频湿闪络电压，绝缘件结构高度和盘径配合应适当，常要缩小头部、增大盘径和缩小钢角。但钢角过短，又不便于带电清扫和绝缘子的更换；盘径过大又将使湿闪络沿伞缘进行，从而不能充分利用伞裙。为降低绝缘子结构高度，现代绝缘子将头顶部制成平面形，并以小半径过度到锥部。悬式盘形绝缘子的钢角是用结构钢制造的，其强度比绝缘子计算强度大 10%，并要求耐腐蚀，并保证运行可靠。钢角承力面应带大弧度，以减小集中应

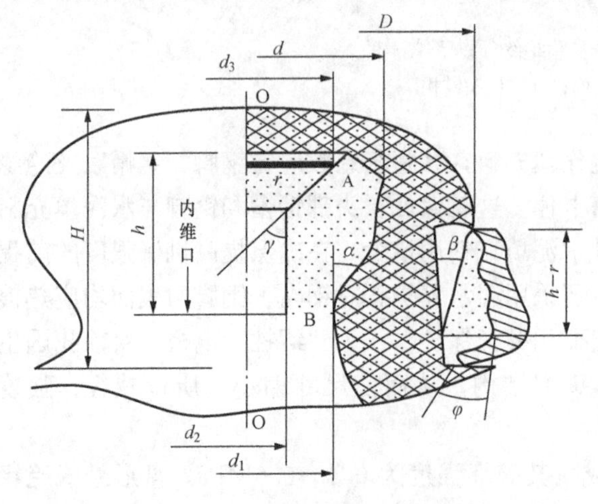

图 3-4 悬式绝缘子头部构造

力，钢角承力面锥角$\gamma=25°\sim30°$，悬式绝缘子头部结构钢角端头直径与钢脚柱直径之比一般应在1.75～2.00。这样的结构中，机械负荷基本上作用在头部，并主要在头部的侧面部分。

悬式绝缘子的种类虽然很多，但其基本结构大致相仿，主要区别在瓷件上，如钟罩形（包括大盘径）、双伞形等。这类绝缘子的爬电距离较大（均在40mm以上），它们在各种污秽条件下，均有一定的耐污性能。

双伞形结构的绝缘子，目前在国内只有瓷质的绝缘子，玻璃绝缘子尚无生产。这种绝缘子采用上下两层伞裙，伞平滑无棱（或伞下有少数不发达的几个棱），这是利用风、雨情况下的自然清洗和人工水冲洗，因而自然积污率低，因为它爬电距离大、自洁性好，所以它比同吨位的普通绝缘子的防污性能大大提高，在污秽区使用的运行效果较好。这种绝缘子用于粉尘较多的环境时，更能发挥伞形结构的优越性。

钟罩形及大爬电距离绝缘子有比较发达的棱，下深棱受潮缓慢，伞下有抑制电弧发展的作用。当用于沿海及多雾潮湿地区时更能发挥钟罩形结构的优越性，适用于垂直安装和水平安装。这种绝缘子因为槽深，自洁能力较差，清扫也较困难，然而抑制电弧作用较好，所以可以延长清扫周期，有的时候称它为可不清扫绝缘子。钟罩形瓷质式玻璃绝缘子在国外是按饱和盐密设计的，绝缘子的种类虽然很多，但它们的介质、钢帽、钢脚及其填充料是类似的。

钟罩形绝缘子和双伞形绝缘子如图3-5所示。

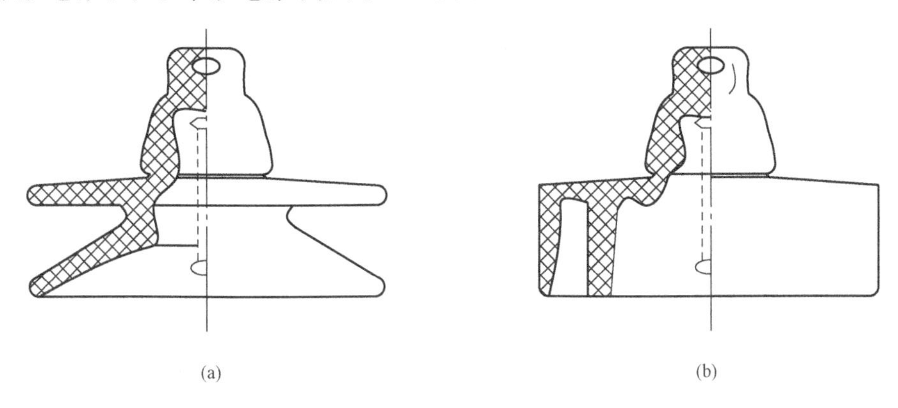

图3-5 钟罩形绝缘子和双伞形绝缘子
(a) 钟罩形绝缘子；(b) 双伞形绝缘子

3.4 输电线路对绝缘子的技术要求

使用在输电线路中的绝缘子，主要功能是在各种大气荷载和一定过电压作用下能支撑导线，并将带电部分与大地绝缘。根据功能和使用条件可知，绝缘子既要满足机械荷载，又要满足电气强度，同时又要在大气及污秽作用下满足抗腐蚀、抗冷热、抗疲劳和抗劣化的要求。

3.4.1 对机械性能的要求

绝缘子的机械强度包括抗拉、抗压、抗弯、抗机械冲击及残余强度等。绝缘子要支承导线，承受导线的质量、张力以及其他的附加荷重（如安装荷载），并且通过导线传递、承受气温、风、覆冰等各种气象荷载。为使绝缘子能承受以上所述荷重而不致遭受破坏，绝缘子应能承受包括拉（压）弯的机械荷载的能力。DL/T 5092—1999《110～500kV架空输电线路设计技术规程》规定，对盘形绝缘子机械强度安全系数不应小于表3-9所列数值。双联或多联绝缘子串应验算断连后的机械强度，其荷载及安全系数按断连情况考虑。

表3-9　绝缘子机械强度安全系数 K_1

使用情况	最大使用荷载	断线情况	断连
安全系数 K_1	2.7	1.8	1.5

对于瓷质盘形绝缘子，尚应满足正常运行情况常年荷载状态下安全系数不小于4.5。绝缘子机械强度安全系数应按式（3-23）计算

$$K_1 = T_R/T \tag{3-23}$$

式中　T_R——盘形绝缘子的额定机械破坏负荷，kN；

T——分别取绝缘子的最大使用荷载及断线、断连荷载或常年荷载，kN。

常年荷载是指在年平均气温条件下绝缘子所承受的荷载。断线、断连的气象条件是无风、无冰，最低气温月的最低平均气温。GB 50061—1997《66kV及以下架空输电线路设计规程》对针式绝缘子、蝶式绝缘子、瓷担式绝缘子机械强度安全系数 K_1 作了规定，如表3-10所示。

表3-10　绝缘子机械强度安全系数 K_1

类型	安全系数		类型	安全系数	
	运行情况	断线情况		运行情况	断线情况
悬式绝缘子	2.7	1.8	蝶式绝缘子	2.5	1.5
针式绝缘子	2.5	1.5	瓷担式绝缘子	3	2

运行中的绝缘子除承受拉（压）力外，还承受导线的振动、风压及覆冰等间歇变化所引起的交变荷载。为此，绝缘子还应考虑在长期交变荷载作用下的疲劳强度。

在运行中的悬式绝缘子，其瓷裙或玻璃裙因各种原因造成损伤或破碎，使绝缘子机械强度降低，这种不是完全破坏的绝缘子还需具有继续承受线路机械荷载的能力。这种还保留的部分机械强度称为残余强度。国家标准中已将绝缘子的残余强度指标列入试验项目，并对玻璃和瓷质绝缘子元件的残余强度提出了试验方法和评判标准。若25只试品全部是金属件分离，此时应计算破坏负荷平均值 $\overline{X}$、标准偏差 S 与 R 的比值，即

$$K = (\overline{X} - 1.645S)/R \tag{3-24}$$

式中　S——试件标准偏差；

R——绝缘子规定的机械或机电破坏负荷；

K——接收常数，$K \geqslant 0.65$ 认为接收，否则拒绝；

$\overline{X}$——破坏负荷平均值。

【例3-2】 某厂对1983年生产的LXP-7型玻璃绝缘子进行批量抽检，任意抽取25只样本，做残余抗张破坏试验，其破坏值分别为78.0、68.0、54.0、67.0、75.0、72.5、70.0、69.0、65.0、77.0、67.0、70.0、71.0、78.0、74.0、69.0、68.0、58.5、55.0、

76.5、70.0、75.5、64.0、66.5、64.0kN。问该批绝缘子能否被接收？

解： 由上述试验数据得 $\sum X=1722.5$kN，样本均值 $\overline{X}=68.9$kN，样本标准偏差 $S=6.5$kN，则可得接收常数 K 为

$$K=(68.9-1.645\times6.5)/70.0=0.832>0.65$$

所以该批绝缘子可以接收。

3.4.2 电气性能

运行中绝缘子的电气性能主要是指在一定的过电压下不被击穿，以确保输电线路的安全运行。为此，对绝缘子提出了绝缘强度和电气性能的要求。绝缘强度是指绝缘结构和绝缘材料在电场作用下不被击穿的承受能力，这些过电压主要是指工频电压、操作过电压和雷电过电压。

一、工频电压下对绝缘子的要求

工频电压是指电网在正常运行情况下，导线对地的最高电压。如果输电线路的外绝缘设计决定于操作过电压或雷电过电压，那么即使是处于潮湿状况下的清洁绝缘子，其工频绝缘强度也是很高的，它比所受工频电压高两倍以上，足以承受工频电压。而人们关心的是在潮湿天气下（如露、雾、毛毛雨）污秽绝缘子在工频电压下的电气绝缘强度。在工频电压下的电气绝缘强度，往往用绝缘子的泄漏距离（或泄漏比距）来表征。也就是说，在工频电压下的绝缘子首先应满足一定的泄漏距离（或泄漏比距）的要求。

绝缘子的泄漏距离是指加有正常工作电压下的两部件间沿绝缘子瓷质或玻璃绝缘件外表面轮廓线之最短距离或最短距离之总和。在水泥或其他导电部分连接件表面测得的距离不应算做泄露距离的一部分。

在交流线路中，绝缘子串的电压分布均匀性取决于它的主电容。在交流线路中，具有较大主电容的绝缘子才有利于降低导线侧和接地侧附近绝缘子电压，从而达到减少无线电干扰，降低电晕损耗和延长绝缘子的使用寿命的目的，同时也提高了绝缘子成串闪落电压值。原电力部电力科学研究院高压研究所曾对瓷质和玻璃绝缘子的主电容和分布电压做了测试，证明玻璃绝缘子比瓷质绝缘子的闪络电压值大，电压分布也比较均匀，因此，在这方面玻璃绝缘子比瓷质绝缘子更具有优越性。直流输电线路的电压分布取决于绝缘子的电阻值，为此作为电介质材料的瓷和玻璃的配方中应提高它的电阻值，以满足直流输电的要求。

二、操作过电压时对绝缘子的电气要求

操作过电压是指由于设备操作等原因引起的持续时间很短（约1/100s）的一种过电压。通常合闸后0.1s时间内出现的电压升高叫做操作过电压。对不太高的电压等级系统，用干、湿工频耐受电压或干、湿闪络电压来表示；对超高压系统，用干、湿冲击耐受电压或干、湿操作冲击闪络电压来表示。在操作过电压下，绝缘子则因淋水而使耐压显著降低，所以在操作过电压时，淋水时的电压特别受到重视。

三、雷电过电压时对绝缘子的电气要求

雷电过电压是由于雷击引起的时间更短（1×10^{-4}s）的一种过电压，雷电过电压时，污秽淋水对绝缘子没有影响，所以干燥时的电压特性受到特别重视。雷电过电压作用下的电气性能，用雷电冲击耐受或闪络电压来表示。

为保证输电线路中可击穿型绝缘子在运行中遭受各种过电压作用时，不致使绝缘击穿而造成绝缘子的永久性故障，就必须使绝缘子的泄漏距离、1min工频耐受电压、干（湿）耐

受电压或干（湿）闪络电压以及冲击闪络电压均应满足在相应过电压情况下的电气性能要求。

3.4.3 热机性能

运行中的绝缘子除受到变化的机械负荷和自然界大气的作用外，还受到冷热气温的急剧变化的影响。在这种温度急剧变化情况下，要求绝缘子的电气强度和机械性能都不会受到影响。因为绝缘子中的金属附件和瓷质（或玻璃件）是通过水泥胶合剂胶合而成，具有不同膨胀系数的金属、水泥和绝缘件在机械荷载和温度变化的作用下，使绝缘子头部产生附加内应力，这种内应力随负荷和温度以及时间的变化不断增加，降低绝缘子的承载能力。对绝缘子提出热机性能的要求，其目的就是检验绝缘子在机械和温度变化情况下的性状。

国际电工委员会于 20 世纪 70 年代提出了热机实验标准。我国于 20 世纪 80 年代也制订了相应的热机试验标准。热机实验包括 4 次 24h 的机械交变循环与温度冷热循环试验，也就是先在室温下对试品施加 60％的额定机电破坏负荷，然后慢慢降低实验温度至－30℃并应至少停留 4h，然后再慢慢升高实验温度至＋40℃，同样至少要停留 4h，这样由冷到热共 24h 的过程为一个循环，共进行 4 次。每个循环结束，对试品施加 45kV 工频电压 1min 以检验试验过程中试品有无损坏。

为确保绝缘子在温度变化下所产生的内应力，不至于使绝缘件造成内部破坏，所以绝缘子还必须具有能承受剧烈温差变化的能力。这对绝缘子来说一般采用温度循环试验来表征，为此还需进行 70℃温差型式试验，其步骤为：先将绝缘子试品完全浸入热水中停留规定时间（15min），然后取出并在 30s 内将试品转换到冷水中（与热水的温差需 70℃），保持同样时间。这样的循环需连续进行 3 次。

经冷热试验后的试品再进行 1min 工频火花电压试验或 60％机械负荷试验，以检验绝缘件内部是否损坏。若这些试验均能通过，才证明绝缘子能承受因温度变化所产生的内应力负荷。

3.4.4 绝缘子的抗劣化性能

长期处于高压场强、机械荷载和大气作用下的绝缘子，随时间的推移将会不断地劣化，使绝缘子的电气性能和机械承载能力不断下降，逐渐失去绝缘性能和机械承载能力，以致击穿或破坏。人们希望这种下降的速度能够减慢，以致得到控制，以延长绝缘子的使用寿命。但到目前为止，还没有测定绝缘子的使用寿命或提出控制使用寿命的方法。

3.4.5 对绝缘子的其他要求

随着电力事业的不断发展，超高压和特高压输电线路不断出现，这对绝缘子也提出了越来越高的要求。当电压升到一定程度的时候，将会产生电晕放电，这种电晕放电会对无线电产生干扰，因而绝缘子必须满足电晕和抗无线电干扰的要求。绝缘子电晕电压可以按如下方法测定：在暗室中，对绝缘子试品施加工频电压，然后将电压逐渐升高，直至试品产生明显的电晕放电，然后再缓慢地降低电压至电晕完全消失，此时的电压即为绝缘子的电晕电压。这就要求绝缘子表面应具有较高的光洁度，钢帽、钢脚本身以及镀锌层不能有毛刺，胶装水泥面的残渣必须清扫干净。因为这些毛刺和水泥残渣都会导致电晕电压的下降。人们要求绝缘子具有较高的电晕电压。

此外，对绝缘子的附件，如弹簧销、钢帽和球头的防腐、防锈及尺寸都有严格的要求。对玻璃绝缘子还有一个特殊要求，即必须将自破率控制在一定的范围内。

为满足上述众多要求，制造厂家在出厂前已经过严格的外表检查、型式试验和批量抽检，按技术标准满足这些基本要求。对出厂后的绝缘子，由于运输等原因会对绝缘子产生一些不利影响，所以在使用瓷质绝缘子前仍需进行常规性的耐压试验或进行绝缘测量。此外一般不再进行更多的试验，但是当用户有特殊需要时，将根据需要做一些必要的试验。

3.4.6　线路运行时对绝缘子的具体要求

绝缘子在线路中是极易损坏的元件。因此，运行单位应根据运行经验和现场实际情况，在绝缘子选型、试验、验收等各个环节上提出具体要求。

一、各类绝缘子的运行要求

(1) 瓷质绝缘子伞裙破损、瓷质有裂纹、瓷釉烧坏。悬式绝缘子是一种可击穿结构，运行中老化、锈蚀、击穿和污闪故障也不断发生，运行线路上零值绝缘子普遍存在。据统计，我国瓷质绝缘子的年平均劣化率高达0.6%，这远远高于日本的0.002%～0.003%。我国XP-16型以上等级的悬式绝缘子在破坏试验时，有90%是瓷件破坏。但如选用铝质高强度瓷材可能使其年平均劣化率达到目前日本的水平。悬式绝缘子故障一般有四种，即污秽闪络、泥胶膨胀破坏、电热老化及金具自身的锈蚀。所以，除加强瓷材强度外，还与水泥和涂层有密切关系。

(2) 玻璃绝缘子自爆或表面有闪络痕迹。玻璃绝缘子的玻璃件经钢化处理后内层形成张应力，而外层形成压应力。这种预应力状态使玻璃绝缘子能承受相当大的热冲击及机电负荷。当其预应力状态受到破坏时，就会产生“自爆”。自爆除了产生工频局部放电致热外，还有冷热急变和制造过程中的杂质、结瘤，所以自爆并非全部是零值。我国玻璃悬式绝缘子自爆率约为0.2%～0.4%，也远高于法国的0.03%～0.08%。钠钙玻璃介电强度大，不会发生钢化玻璃件击穿，所以头部不击穿；残锤有足够强度，玻璃绝缘子不会发生掉串事故。但钢化玻璃绝缘子不具有合成绝缘子所具有的“憎水”性能。

(3) 合成绝缘子伞裙、护套破损或龟裂，黏接剂老化。合成绝缘子在以前已经作介绍。由于制造质量引起内绝缘击穿的合成绝缘子数占全部挂网运行总数的0.0038%，年故障率更低，较瓷绝缘子的劣化率和玻璃绝缘子的自爆率均低得多，但质量还需提高。

(4) 绝缘横担有严重结垢、裂纹，瓷釉烧坏，伞裙破损。

二、绝缘子质量要求

(1) 外观质量。绝缘子外观不应出现质量问题：绝缘子钢帽、绝缘件、钢脚不在同一轴线上，钢脚、钢帽、浇筑水泥有裂纹、歪斜、变形或严重锈蚀，钢脚与钢帽槽口间隙超标。

(2) 绝缘电阻和分布电压。有质量问题的绝缘子的绝缘电阻和分布电压表现如下：盘形绝缘子绝缘电阻小于300MΩ，500kV线路盘形绝缘子电阻小于500MΩ；盘形绝缘子分布电压为零值或低值。盘形绝缘子故障率高，20世纪70年代以来，已出现数起大批量绝缘不良造成线路故障的事故，不得不大批量更换绝缘子，劣质绝缘子生产厂家有规模小的，也有国内享有盛名的，事实说明仅靠厂内试验把关是不够的。虽然运行单位认为，用兆欧表检查绝缘子受气候条件和兆欧表电压等级影响，有时不能完全反映问题，但在现场应用还是必要的，特别是检查瓷间隙的水泥胶合剂老化或裂纹吸潮后的零值绝缘子是有效的。在330kV刘天关工程施工阶段，使用2500kV兆欧表就剔除不少零值及低值绝缘子。考虑到制造厂家质量控制不稳定以及绝缘子在存放、运输过程中的影响，在绝缘子安装前采用5000V兆欧表逐个进行检查测试是完全必要的，同时还需加强绝缘子运行中的检测。所以500kV线路还需测绝缘子分布电压低值。目前许多单位均用分布电压的方法来检测绝缘子，但各单位的低值取值差别较大，一般规定比标准电压值低20%以上为低值。

三、绝缘子锁紧

销锁紧销应符合锁紧试验的规范要求。

四、绝缘子偏斜角

直线杆塔的绝缘子串顺线路方向的偏斜角（除设计要求的预偏外）大于7.5°，且其最大偏移值大于300mm，绝缘横担端部位移大于100mm。原规程规定绝缘子串的偏斜角不得大于15°，一般反映此值偏大。从美观和受力角度都应予减少，实际运行中出现较大偏移时也应及时调整。

五、最小空气间隙和绝缘子最少片数

最小空气间隙和绝缘子最少片数已在相关绝缘子规范中列出。

六、架空输电线路施工及验收规范对绝缘子的要求

（1）绝缘子的质量应符合GB 1001—86《盘形悬式绝缘子技术条件》的规定。生产厂的绝缘子虽有出厂质量合格证明书，但对其质量有怀疑时得按有关标准规定进行抽样检查。

（2）绝缘子安装前先应进行外观检查，合格后将表面擦净，对瓷绝缘子应用电压不低于5000V的兆欧表逐个进行绝缘测定。在干燥情况下将绝缘电阻小于500MΩ者剔除，不得安装使用。

（3）悬垂线夹安装后绝缘子串应垂直地面。个别情况顺线路方向位移不应超过5°，且最大偏移值不应超过200mm。

（4）采用针式绝缘子或瓷横担时，直线杆上导线应安装在顶槽中，转角杆应安装在转角外侧边槽中；导线上应包缠铝包带两层，包缠长度应露出绑扎处两端各15mm；绑扎方法应符合规定，各股扎线要均匀受力，其材质应与外层线股相同。

3.5 电力线路绝缘子的选择

3.5.1 绝缘子选择原则

（1）线路直线杆塔悬垂绝缘子串的绝缘子数量，应不少于表3-11中规定的数值。

（2）20～35kV线路可采用针式绝缘子，用针式绝缘子时应采用木横担。

表3-11 直线杆塔最低悬垂绝缘子串的绝缘子数量

线路电压/kV	绝缘子数量（电器性能相当于XP-60～160）		线路电压/kV	绝缘子数量（电器性能相当于XP-60～160）	
	金属或钢筋混凝土横担	木横担		金属或钢筋混凝土横担	木横担
20	2	2	110	7	—
35	3	2	154	10	—
60	5	4	220	13	—

（3）耐张绝缘子串的绝缘子数量，应比悬垂式绝缘子串增加一个。

（4）高度超过40m的跨越杆塔，除按上述（1）～（3）项考虑外，还应按照下列规定增加绝缘子串的绝缘子数量：

1）无避雷线保护的线路，杆塔绝缘用管型避雷器或保护间隙保护时，另增一个绝缘子。

2）有避雷线保护的线路，杆塔高度超过40m后，每超过10m增加一个绝缘子（不是10m的零数，按较高的10位数计）。

3.5.2　污秽地区绝缘子的选择

污秽地区等级的划分和泄漏比距见表3-12。

表3-12　污秽等级和泄漏比距

污秽等级	污秽条件		有效泄露比距/cm/kV	
	污源特征	盐密值/mg/cm²	中性点直接接地	中性点不直接接地
0	空气无明显污染地区	<0.03	1.6～1.8	2.0～2.4
1	空气污染中等的地区，如有工业区但不会产生特别污染的烟或人口密度中等的有采暖装置的居民区；轻度盐碱地区，炉烟污秽地区等	>0.04～0.10	2.0～2.5	2.6～3.3
2	空气污染较重地区或空气污染且又有重雾的地区，沿海及盐场，重盐碱地区，距化学污染源300～1500m的污染较重地区	>0.10～0.25	2.5～3.2	3.5～4.4
3	电导率很高的空气污染地区，大冶金或化工厂附近，火电厂烟囱附近且有冷水塔，重盐雾侵袭区，距化学工业100m以下的地区	>0.25～0.5	3.2～3.8	4.4～5.2

因污秽地区影响，需要加强耐张绝缘子串的泄漏距离时，所要求的绝缘子个数与悬垂式绝缘子串相同。

3.5.3　高海拔地区绝缘子的选择

架设在海拔超过1000m地带的线路，绝缘子串的绝缘子数量应按下式确定

$$\text{绝缘子数量}=\frac{N}{1.1-\dfrac{H}{1000}}$$

式中　N——按上述3.5.1、3.5.2确定的绝缘子数量；

H——海拔，m。

注意：计算时绝缘子数量不是整数的部分按四舍五入处理。

3.6　绝缘子机械强度的安全系数计算

不同类型绝缘子机械强度的安全系数应满足：

(1) 针式绝缘子的安全系数不小于25；

(2) 悬式绝缘子的安全系数不小于2.0；

(3) 蝴蝶式绝缘子的安全系数不小于25。

绝缘子机械强度的安全系数的计算式为

$$K = \frac{T}{T_{max}}$$

式中 T——瓷横担的受弯破坏荷载，N；

T_{max}——绝缘子最大使用荷载，N。

第二篇　线　路　运　行

输电线路在投入运行后，尽管工作人员经常巡视、检修，但仍然会发生倒杆、断线、绝缘子闪络和人身触电等事故。造成事故的主要原因是线路本身缺陷和受自然灾害或外力破坏。大量的运行经验证明输电线路的事故发生与季节有关。如能妥善地做好预防工作，做到防患于未然，则可消除隐患，避免事故的发生，以保证输电线路安全、可靠地运行。

2003～2005年引起输电线路跳闸事故的起因从高到低分别为雷击、外力、鸟害、覆冰、污闪、不明原因和其他。

第4章　输电线路雷击跳闸与防治

输电线路分布很广、纵横交错、绵延数百乃至上千千米，有些处于地形气象条件复杂的山区，容易遭受雷击。线路的雷害事故在电力系统总的雷害事故中占较大比重，而且线路落雷后沿输电线路传入变电所的侵入波又威胁变电所内的电气设备，往往又是造成变电所事故的重要因素。加强输电线路防雷不仅可以减少雷击输电线路引起的雷击跳闸次数，还有利于变电所内电气设备的安全运行，是保证电力系统供电可靠性的重要环节。

4.1　雷电及其参数

4.1.1　雷电放电过程

在雷雨季节里，太阳使地面水分蒸发为水蒸气，成为热气流向上升起，遇到高空的冷空气，水蒸气凝成小水滴，形成热雷云。云中水滴受空中强烈气流的吹袭，会分裂成大小不等的水滴，大水滴带正电，小水滴带负电，小水滴因体轻被气流携走，于是云的各部分带有不同的电荷。实测表明，在1～5km的高度主要是负电荷的云层。雷云中的电荷分布是不均匀的，往往形成多个电荷密集中心，雷云中的平均场强约为150kV/m，带电云块对大地产生静电感应，在云块下的大地上会感应出异性电荷。雷云下地表的场强一般为10～40kV/m，最大可达150kV/m。在对地的雷云放电中，最常见的雷云放电是自雷云向下发展先导放电的，雷云的极性是指自雷云下行到大地的电荷的极性。据统计，90%左右的雷电是负极性的。

(1) 先导放电。由于电荷在云层中并不是均匀分布的，在密集的电荷中心，当电场强度达到25～30kV/m时，附近的空气将被电离而出现导电的通道，电荷沿着这一通道，由密集电荷区向下发展，形成先导放电。先导放电一般是分级发展的，每级的长度为10～200m，间歇时间为10～100ps。当向下移动电荷增加到足以使下一级空气电离时，将继续下一通道的先导放电。先导放电的平均速度约为100～1000km/s。根据电荷的极性，可将先导分为下行负先导和下行正先导，这种雷称为下行雷。但当地面有高耸的突出物时，不论雷云的极性如何，都有可能出现由突出物上行的先导，这种雷称为上行雷。根据电荷的极性，上行先导也分为上行正先导和上行负先导，具有与下行正、负先导类似的发展特性。

云层到地面的闪电通道是分阶段进行的，先导放电有较微弱的光效应，这是雷电形成的第一阶段。

(2) 主放电。当先导接近地面时，空气隙中的电场强度达到较高的数值，这将使空气产生剧烈的游离，会从地面较突出的部分发出向上的迎面先导。当迎面先导与下行先导相遇时，先导放电通道发展成为主放电通道，地面感应电荷与雷云电荷中和，出现大到数十甚至数百千安的放电电流。这就是雷电的主放电阶段，伴随出现雷鸣声和闪电，主放电过程约50～100μs，速度约为光速的1/20～1/2。

(3) 余辉放电。主放电完成后，云中残余电荷继续沿着主放电通道流入地面，这一阶段称为余辉放电阶段。余辉放电电流一般约数百安培，持续时间约为0.03～0.15μs。

(4) 重复放电。由于云中可能存在几个电荷中心，当第一个电荷中心完成上述放电过程之后，可能出现第二个、第三个中心向第一个中心放电。因此，雷云放电可能是多重性的，多重放电间隔约为0.6ms～0.8s，主放电次数平均为2～3次，有时多达数十次，但第二次及以后的放电电流一般较小，不超过30kA。

雷电主放电由于时间较短，能量并不大，但瞬间功率P却非常大，可能对输电线路及其他地面物体造成重大的伤害。

4.1.2 雷电参数

在电力系统的防雷中，必须研究雷电的有关参数。雷电参数主要包括主放电通道的波阻抗、雷电流幅值、雷暴日、雷电流波形、对地落雷次数等。

一、雷电通道的波阻抗

沿主放电通道的电压波和电流波幅值之比，称为雷电通道波阻抗。在主放电时，雷电通道每米的电容及电感的估算式为

$$C_0=\frac{2\pi\varepsilon_0}{\ln(l/r_y)}\quad(\mathrm{F/m})\tag{4-1}$$

$$L_0=\frac{\mu_0}{2\pi}\ln\frac{l}{r}\quad(\mathrm{H/m})\tag{4-2}$$

式中 ε_0——空气的介质常数，$\varepsilon_0=8.86\times10^{-12}$；

μ_0——空气的导磁系数，$\mu_0=4\pi\times10^{-7}$；

l——主放电通道的长度，m；

r_y——主放电通道的电晕半径，m；

r——主放电电流的高导通道半径，m。

如取$l=300$m，$r_y=6$m，$r=0.03$m，$C_0=14.2$pF/m，$L_0=1.84$mH/m，可以算出雷电通道的波阻抗Z_0为

$$Z_0=\sqrt{\frac{L_0}{C_0}}=359(\Omega)$$

$$波速\ v=\frac{1}{\sqrt{L_0C_0}}=0.65c(c\ 为光速)$$

实际测得的主放电速度为1/20～1/2c，这是因为放电通道中存在较大电阻的缘故。

二、雷电流幅值

雷电流幅值与雷云中电荷多少有关，是一个随机变化量，它又与雷电活动的频繁程度有关。根据我国的实测结果，在平均雷电日大于20日的地区，雷电流幅值概率为

$$\ln P = -\frac{I}{88} \tag{4-3}$$

式中　P——雷电流幅值超过I（kA）的概率；

I——雷电流幅值。

例如，当I=100kA时，由式（4-3）可求得P=0.073，即出现幅值超过100kA雷电流的概率不超过0.073。

在我国平均雷电日在20日及以下的地区，雷电流幅值概率为

$$\ln P = -\frac{I}{44} \tag{4-4}$$

我国西北地区、内蒙古自治区、西藏自治区以及东北边境地区的雷电活动较弱，雷电流出现的概率可由式（4-4）计算。

据国外实测，雷电流幅值与土壤电阻率及海拔高度无关。

三、雷暴日

以雷暴日为单位，在一天内只要听到雷声就算一个雷暴日，我国各地雷暴日的多少与该地的纬度及距海洋的远近有关。年平均雷暴日少于15日的地区为少雷区，超过40日的为重雷区。

为了表征不同地区雷电活动的频繁程度，通常采用平均雷暴日作为计量单位，雷暴日是指该地区一年四季中有雷电放电的天数。

为了区别不同地区每个雷暴日内雷电活动持续时间的差别，也有用雷暴小时作为雷电活动频繁的统计单位。一个小时之内，听到一次以上的雷声就算一个雷暴小时。

雷暴日和雷暴小时的统计中，并没有区分雷云之间的放电和雷云对地的放电，实际上云间的放电远多于云对地的放电。雷暴日数越多，云间放电的比重越大。云间放电与云对地放电之比，在温带约为1.5～3.0，在热带约为3～6。对防雷保护设计具有实际意义的是雷云对地放电的年平均次数。

雷云对地放电的频率和强烈程度，用地面落雷密度来表示。地面落雷密度是指每一雷电日，每平方千米地面上的平均落雷次数，用符号r表示。世界各国取值不同，我国各地平均年雷暴日（T_d）不同的地区r值也不相同，一般T_d较大的地区，其r值也随之变大。对年雷暴日等于40日的地区，r值取0.07。但在土壤电阻率发生突变的低电阻率地区，在容易形成雷云的向阳或向风山坡，在雷云经常经过的山谷，r值要大得多。

在T_d=40日的地区，避雷线平均高度为h的线路，每100km每年的雷击次数为

$$N_c = 0.28(b + 4h) \tag{4-5}$$

式中　b——两根导线之间的距离，m。

四、雷电流波形

雷电在主放电的雷电流波形如图4-1所示。该波形是单极性的脉冲波。

雷电流的冲击特性可用其幅值、波头和波长来表示，幅值是指雷电流所达到的最高值，

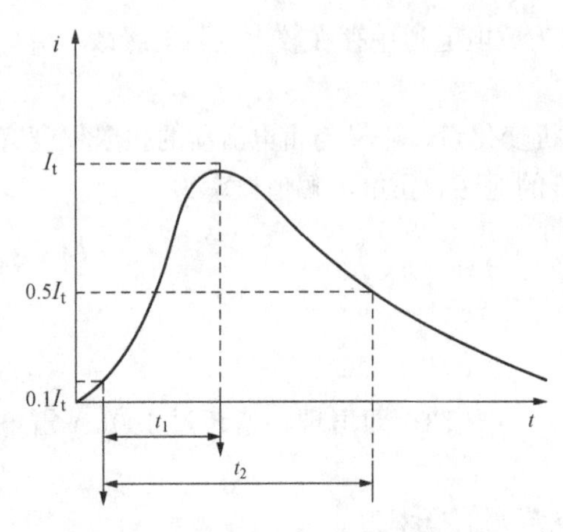

图 4-1 雷电在主放电的雷电流波形

波头时间 t_1 指由零起始到电流最大值所用时间，波长时间 t_2 是指由零起始经过电流最大值之后，降到最大值一半所需时间，余下部分为波尾。雷电流以“±”表示其极性。

世界各国雷电流的幅值随各国气象条件的不同相差很大，但各国测得的雷电流波形却是基本一致的，其波头长度大多在 1～5μs 范围内，平均为 2～2.5μs。

我国规定在防雷保护计算中取波头为 2.6μs，即雷电流的上升陡度为

$$\frac{\mathrm{d}i}{\mathrm{d}t}=\frac{I}{2.6}(\mathrm{kA/s}) \tag{4-6}$$

雷电流的波长，根据实测出现在 20～100μs 范围之内，平均约为 50μs，大于 50μs 的波长占 18%～30%。

五、雷电流的极性

75%～90%的雷电流为负极性，其余为正极性，有大约 2%～4%的雷电流是振荡形的。

六、雷电过电压

雷云放电在电力系统中引起的过电压称为雷电过电压。由于其电磁能量来自体系外部，又称外部过电压，又由于雷云放电发生在大气中，所以又称为大气过电压。

为了模拟雷电冲击波对电气设备绝缘的影响，国际电工委员会（IEC）和我国都采用 ±1.2/50μs 的冲击波作为绝缘试验的标准波形。其中，1.2μs 和 50μs 分别表示波前和波长时间，±表示电压的极性。雷电冲击电压波形如图 4-2 所示。图 4-2 中横坐标为时间，其中 t_1 为波头时间，t_2 为波长时间；纵坐标是以电压最大值为基准的比值。

架空输电线路中常见的过电压有两种：第一种是架空线路上的感应过电压，即雷击发生在架空线路的附近，通过电磁感应在输电线路上产生的过电压；第二种是直击雷过电压，即雷电直接打在避雷线或是导线上时产生的过电压。

(1) 架空输电线路上的感应过电压。当雷击发生在线路附近的地面时，会在架空线路的三相导线上出现感应过电压（感应雷）。下面介绍这种感应过电压的形成过程。在雷电放电的先导阶段，在先导通道中充满了电荷，它对导线产生了静电感应，在负先导通道附近的导线上积累了异号的正束缚电荷，而导线上的负电荷则被排斥到导线的远端。因为先导的发展速度很慢，所以在上一过程中导线的电流不大，可以忽略不计，而导线将通过系统的中性点或泄漏电阻而保持其零电位（如果不计工频电压）。由此可见，如果先导通道电场使导线各点获得的电位为 $-U_0(x)$，则导线上的束缚电荷电场使导线获得的电位为 $+U_0(x)$，即二者在数值上相等，符号相反。也就是各点上均有 $\pm U_0(x)$ 叠加，使导线在先导阶

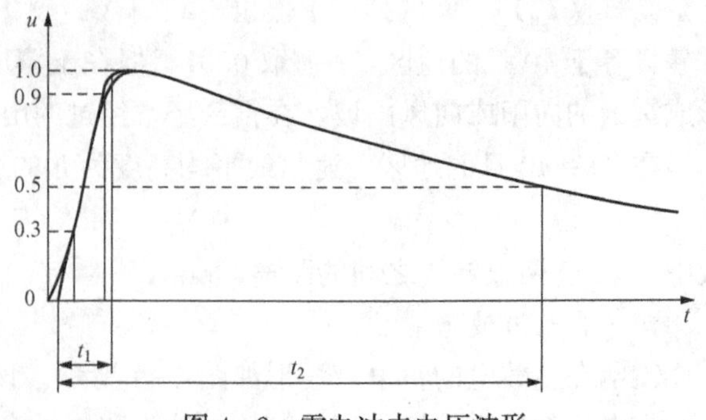

图 4-2 雷电冲击电压波形

段时处处电位为零。雷击大地后，主放电开始，先导通道中的电荷被中和。如果先导通道中的电是全部瞬时被中和，则导线的束缚电荷也将全部瞬时变为自由电荷，此时导线出现的电位仅由这些刚释放的束缚电荷决定，它显然等于$\pm U_0(x)$，这是静电感应过电压的极限。实际上主放电的速度有限，所以导线上束缚电荷的释放是逐步的，因而静电感应过电压将比$+U_0(x)$小。此时由于对称的关系，被释放的束缚电荷将对称地向导线两侧流动，电荷流动形成的电流i乘以导线的波阻Z即为向两侧流动的静电感应过电压流动波$u=iZ$。此外，如果先导通道电荷全部瞬时中和，则瞬间有$I=\lambda v$，则将产生极强的时变磁场。实际上由于主放电的速度v比光速小得多，且由于主放电通道是和导线互相垂直的，所以互感不大，因此电磁分量要比静电分量小得多，又由于两种分量出现最大值的时刻也不同，所以在对总的感应过电压幅值的构成上，静电分量起主要作用。

根据理论分析和实测结果，当雷击点距电力线路的距离$S>65$m。导线上产生的感应过电压最大值U_g为

$$U_g = 25\frac{Ih_d}{S} \tag{4-7}$$

式中　I——雷电流幅值，kA；

h_d——导线悬挂的平均高度，m；

S——雷击点距线路的距离，m。

即雷电感应过电压与雷电流I成正比，与导线高度h_d成正比，与雷击点距导线的垂直距离S成反比。线路上的感应电压为随机变量，其最大值可达300～400kV，它主要对35kV及以下电网构成直接威胁。由于10kV配电线路绝缘水平较低，感应过电压的影响尤为突出。对63kV及以上高压线路，感应电压一般不引起闪络。

（2）架空输电线路上的直击雷过电压。雷直击于有避雷线的输电线路或导线上分为如下3种情况：绕过避雷线击于导线，即绕击；雷击杆塔顶部；雷击避雷线中央部分。

当雷击于导线时，导线电位的计算式为

$$u_d = i_L\frac{z_0 z_d}{2z_0 + z_d} \tag{4-8}$$

式中　u_d——导线电位；

i_L——雷电流；

z_0——雷电波阻抗；

z_d——导线波阻抗。

雷绕击于导线的耐雷水平I为

$$I = \frac{U_{50}}{100} \tag{4-9}$$

式中　U_{50}——绝缘子串（或塔头带电部分与杆塔构件的空气间隙）的50%冲击放电电压。

即使是绝缘很强的330～500kV线路，不难算出在10～15kA的雷电流下将发生闪络，而出现等于或大于这一电流的概率是很大的（73%～81%），因此，采用避雷线可以大大减少雷击导线的发生。

通常将避雷线与外侧导线的连线和避雷线对地垂直线之间的夹角α称为保护角（见图4-3）。

线路运行经验、现场实测和模拟试验均证明，雷电绕过避雷线直击导线的概率与避雷线

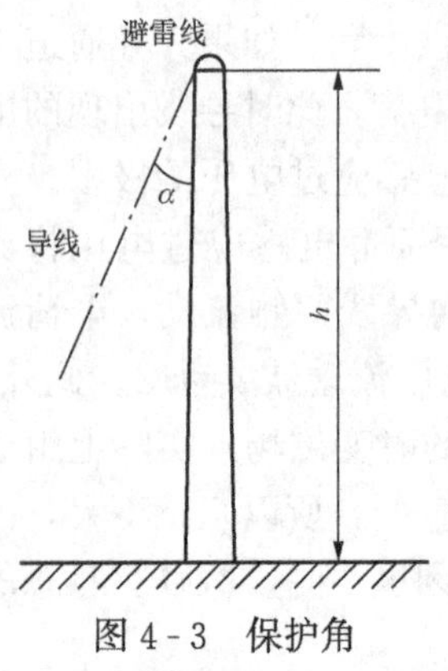

图 4-3 保护角

对边导线的保护角、杆塔高度以及线路经过地区的地形、地貌、地质条件有关。当杆塔高度增加时，地面屏蔽效应减弱，绕击区变大；而地线与边导线的保护角实质是表示了地线的屏蔽作用，保护角变大，绕击区将加大，从而使绕击数增加；而随着地面坡度的增加，暴露弧段也将增加，绕击区加大。

雷击于线路杆塔顶部时，有很大的电流 i_{gt} 流过杆塔入大地。对一般高的杆塔，塔身可用等值电感 L_{gt} 代替，其冲击接地电阻为 R_{ch}，于是塔顶电位为

$$U_{gt} = R_{ch} i_{gt} + L_{gt} \frac{di_{gt}}{dt} \tag{4-10}$$

在一般情况下，冲击接地电阻 R_{ch} 对 U_{gt} 起很大的作用，而在山区或高阻区，R_{ch} 可达上百欧姆，此时它对 U_{gt} 的值将起决定性的作用。至于杆塔电感，只有在特高塔或大跨越时才会起决定作用。如取固定波头时间为 2.6μs，此时的耐雷水平 I 为

$$I = \frac{U_{50}}{(1-k)\beta R_i + \left(\frac{h_a}{h_t} - k\right)\beta \frac{L_t}{2.6} + \left(1 - \frac{h_g}{h_c} k_0\right)\frac{h_c}{2.6}} \tag{4-11}$$

式中 U_{50}——绝缘子串（或塔头带电部分与杆塔构件的空气间隙）的 50%冲击放电电压；

k——导线和架空地线间的耦合系数；

k_0——导线和地线间的几何耦合系数；

β——杆塔的分流系数；

R_i——杆塔的冲击接地电阻，Ω；

L_t——杆塔电感，H；

h_c——导线对地平均高度，m；

h_a——杆塔横担对地高度，m；

h_t——杆塔高度，m；

h_g——避雷线对地平均高度。

当雷直击于档距中央的避雷线会产生很高的过电压，其值为

$$U = \frac{L_b}{2} \frac{di_{gt}}{dt} = \frac{L_b}{2} a \tag{4-12}$$

式中 L_b——半档避雷线的电感；

a——雷电流陡度。

在档距中央，避雷线与导线间的空气绝缘所受电压 U_k 为

$$U_k = U_b(1-k) = \frac{L_b}{2} a (1-k) \tag{4-13}$$

当 U_k 超过空气绝缘的 50%放电电压 U_{50} 时，将发生导线对地线间的闪络，我国规程中规定，在档距中央导线、地线间的距离 s 应满足

$$s \geqslant 1.2\% L + 1 \tag{4-14}$$

式中 L——档距长度，m。

只要档中导线、地线间的空气距离 s 满足式（4-14）条件，雷击档中一般不会发生闪络，从世界各国运行的情况来看在档中发生相对地间的闪络是很少见的。

4.2　输电线路雷击跳闸故障分析

4.2.1　雷击跳闸是影响输电线路安全运行的重要因素

国内外高压、超高压线路运行经验表明，线路绝缘闪络主要是工作电压及雷击闪络，而这两种原因的绝缘闪络中雷击闪络又占 60%～70%，因而雷害是造成线路故障的主要原因。

据统计，2003 年全国 66～500kV 输电线路共发生跳闸 3343 次，其中因雷击引起的跳闸 1345 次，占总跳闸次数的 40.23%，位居各类故障的第一位。2004 年的国家电网公司所属系统 220～500kV 输电线路共发生跳闸 1253 次，其中因雷击造成跳闸 410 次，占总跳闸次数的 32.72%，位居各类故障的第一位。2005 年，国家电网公司所属系统 110～500kV 线路共发生跳闸 2297 次，其中因雷击造成跳闸 797 次，占总跳闸次数的 34.69%，位居各类故障的第一位。可见，近些年来，雷击跳闸一直处于各类故障的第一位，雷害已成为影响输电设备安全运行的重要因素。

以往人们认为 330kV 及以上电压等级的超高压电网中由于绝缘水平的增强，线路耐雷水平提高，雷击则退到次要位置，操作过电压在绝缘配合中起主导作用。实际上超高压输电线路所承受的工作电压、操作过电压和雷电过电压与线路绝缘的耐受能力以及限制电压的各种措施，组成了一个相互联系的有机整体。而这三种电压对超高压系统的绝缘配合，运行可靠性的影响，谁起主导作用，决定于具体情况和条件，是发展变化的。随着对操作过电压的深入研究，以及保护设备性能的提高及保护措施的不断完善，500kV 系统的操作过电压水平已降至 2.0p.u. 及以下，330kV 操作过电压水平也已降至 2.2p.u. 以下，雷害已成为影响超高压输电线路安全运行的主要因素。

2004 年，南方电网超高压公司所辖 500kV 输电线路雷击故障跳闸次数增加较多，全年雷击故障共达 54 次，占全部故障的 84%，雷害是影响线路安全运行的重要因素。

4.2.2　雷击闪络的特征

雷击跳闸往往引起绝缘子闪络放电，造成绝缘子表面存在闪络放电痕迹。一般来说，绝缘子发生雷击放电后，铁件上有熔化痕迹，瓷质绝缘子表面釉层烧伤脱落，玻璃绝缘子的玻璃体表面存在网状裂纹。

雷击闪络发生后，由于空气绝缘为自恢复绝缘，被击穿的空气绝缘强度迅速恢复，原来的导电通道又变成绝缘介质，因此当重合闸动作时，一般重合成功。

当然，雷击也可能引起永久性故障，一般有三种情况，即瓷绝缘子脱落、避雷线断线、导线断线。

4.2.3　不同电压等级雷击跳闸特点

在各电压等级的输电线路中，110kV 和 220kV 线路雷击跳闸次数较多，2005 年我国 110、220kV 线路雷击跳闸数占到总雷击跳闸数的近 90%。这一方面是因为相对 500kV 和 330kV 线路而言，110kV 和 220kV 线路条数更多，长度更长；另一方面是因为 110kV 和 220kV 线路的耐雷击性能较低。

2005 年国家电网公司所属系统输电线路中，110kV 线路的故障中有约 35%为雷击故障，220kV 线路的故障中有约 34%为雷击故障，330kV 线路的故障中有约 37%为雷击故障，500kV 线路的故障中有约 39%为雷击故障。各电压等级的雷击故障在线路故障中的比例都较高。

各电压等级线路的雷击跳闸数尤其是事故数有逐年增加的趋势，输电线路的雷害问题日益突出。

4.2.4 不同地区雷击跳闸特点

全国各个地区中，华中和华东地区雷害问题突出，占到整个国家电网公司系统的大部分(约七成)。华东和华中地区是典型的亚热带季风气候地区，且多山地丘陵地形，雷电活动频繁，是防雷的重点地区。

4.2.5 雷击跳闸故障的季节特点

气象观测表明，春夏季是一年当中雷电活动相对频繁的时期，也是雷击跳闸事故的高发期。雷击跳闸具有明显的季节性，即春夏季较多、秋冬季较少。从雷击跳闸情况的分析来看，也反映了这一特点。

湖北省超高压局所辖的湖北省境内的线路有 9 条，近 1320km。从 1986～1998 年的 13 年中，已查明有 12 次雷击跳闸故障，这些雷击故障全部发生在春夏季的 3～8 月。其中发生在 3 月的有 2 起，发生在 4 月的有 2 起，发生在 6 月的有 2 起，发生在 7 月的有 2 起，发生在 8 月的有 4 起。

2002～2003 年对山西电网 220kV 及以上电压等级线路雷击跳闸情况进行统计发现，雷击跳闸多集中于 6～8 月，占雷击跳闸总数的 2/3。根据雷电定位系统的统计分析，山西全省 6～8 月的雷电数占全年雷电总数的比例，2002 年为 95.4%，2003 年为 87.4%。

绵阳电业局 110～500kV 线路 2004 年全年共发生雷击跳闸事故 8 次，全部发生在 6～8 月。±500kV 江城线，2004 年 5～7 月共遭受雷击跳闸 4 次。东北电网 500kV 丰徐 2 号线仅 2005 年 6、7、8 的 3 个月就因雷击造成跳闸 6 次。

1996 年 4 月 18 日晚，湖北黄石地区雷电活动强烈，在不到两个小时的时间内，先后有 9 条线路跳闸 10 次。

丹东电业局所辖线路在 1998 年 4 月 14 日一天就因雷击造成 4 条 220kV 线路跳闸。

2004 年 3 月 18 日，500kV 天广Ⅰ回 127、129、131、136 号四基不连续的杆塔同时发生雷击跳闸。

以上案例说明，雷击跳闸故障具有明显的季节性，春夏季是雷击故障的高发期。

4.2.6 雷击跳闸的地形、杆塔特点

根据对雷击故障点地形、杆塔特点的统计分析，遭受雷击的杆塔有如下特点：

(1) 水库、水塘附近的突出山顶，多数发生在半山区；

(2) 某一区段的高位杆塔或向阳坡上的高位杆塔；

(3) 大跨越杆塔，如跨越水库、江河的杆塔，档距在 800m 以上的杆塔等；

(4) 岩石处等杆塔接地电阻高的地方。

通过计算可知，绕击率与杆塔高度、杆塔保护角及地面坡度成递增函数关系。当塔高增加时，地面屏蔽效应减弱，绕击区变大，同时杆塔高度增加时电感增大，雷电流流过杆塔时产生的电幅值越高，这都将提高雷击跳闸率；而地线与边导线的保护角，实质是表示了地线的屏蔽作用，保护角变大，绕击区将加大，而使绕击数增加；而随着地面坡度的增加，暴露弧段也将增加。实践证明，雷电活动随所在地区的地形地貌会有很大不同。山区尤其是坡度较大的山区线路的绕击率，远不止是平原地区的 3 倍。也就是说，地面屏蔽作用改变，绕击

区会随之而变。当线路沿着山坡走向时，在山坡外侧，绕击区增大，使绕击数增加很多；在山坡内侧，则会使绕击数大为减少。初步计算表明，在一定条件下斜山坡外侧的绕击数可用山坡的角度加保护角来计算，斜山坡的内侧可由保护角减坡角来计算。

从1993年至1998年上半年，天平Ⅰ、Ⅱ回500kV线路共计20次雷击故障来看，线路的雷击故障多发生于广西区隆林县至白色市一段，此处地形特点为显著的高山大岭斜山坡地形。天平Ⅰ、Ⅱ回线路所使用的杆塔大部分的保护角均在7.1°以下，仅有极少数在10°左右，理应在“有效屏蔽”之下，而杆塔发生雷击，主要是斜山坡的影响，使暴露弧增大，尤其是外侧的边导线失去了“有效屏蔽”。天平Ⅰ回90、185、370、422、585号，天平Ⅱ回150、155、174、388号这9个基塔发生的雷电绕击故障均为外边坡的绕击故障，而这些塔均处于斜山坡地形。

广州局220kV韶郭线处于粤北、粤中山区的线路占70%，自1988年7月以来，几乎每年都有雷击跳闸故障发生，其中位于山顶上、两边水平档距和垂直档距较大的210号杆塔仅1997年就发生6次雷击故障。

根据华中电网公司的统计，其交流500kV线路1986～1995年10年间发生的8次绕击故障中有5次位于山区，塔位都在山顶或山坡。浙江省山区地带连年发生雷击事故，1992年7月500kV繁窑线39号塔及500kV北兰线295号塔相继发生雷击事故；1993年4月500kV兰窑线19号塔发生雷击事故；1994年7月500kV繁窑线467号塔又发生雷击事故。

1999年大同供电公司220kV万高线发生2次雷击跳闸，故障杆塔都位于山梁之上，两边是山谷，地面的倾斜角在40°以上。

1998年500kV葛岗线共发生2次跳闸雷击，故障杆塔都处于小山坡上。

2003年5月14日，500kV侯临线发生的雷击跳闸，故障杆塔403、404号分别位于2个山头，中间是山谷大跨越。

东北电网500kV包东徐输变电工程丰徐2号线沿线以丘陵、山地地貌为主，同时通过林区，在2004年9月建成投产后的一年多时间里出现多次雷击跳闸，其中仅2005年6、7、8这3个月，已发生跳闸6次。但与丰徐2号线基本并行的丰徐1号线同期只发生了1次雷击跳闸。丰徐2号线和丰徐1号线路径基本相同，长度相差无几。丰徐2号线在通过集中林区时采取了高塔跨树方案，而丰徐1号线为不跨树的普通线路。

接地电阻高的杆塔由于其反击耐雷能力差，雷击跳闸率也较高。例如，辽东山区的丹东地区平均雷电活动日为30天。该地区虽不属于多雷地区，当因输电线路大多经过高土壤电阻率的山区，耐雷水平比平原地区的低，每年都有多条线路雷击跳闸，跳闸数一直居辽宁省之首。

4.2.7　雷击跳闸类型特点

对于110kV及以上电压等级输电线路来说，造成雷击跳闸的一般不可能是感应雷过电压。因为感应雷过电压幅值一般为300kV，最大不超过500kV，而110kV线路的绝缘水平在700kV以上，电压等级更高线路的绝缘水平更高。也就是说，感应雷过电压的幅值一般低于110kV及以上电压等级线路的绝缘水平，不会导致线路闪络跳闸。

对于110kV及以上电压等级的输电线路，危害线路的主要是直击雷。直击雷主要是反击和绕击两种形式。线路的绕击耐雷水平远低于反击耐雷水平，一般的雷绕击导线都能使线路跳闸。以500kV线路为例，线路的绕击耐雷水平一般为15～30kA，而反击的耐雷水平可达100kA及以上。大量的计算和运行情况表明，对于110～220kV线路，绕击与反击均是危险的；但对于330kV及以上电压等级线路而言，绕击的危险性更大。这是因为对于超高压输电线路，它们可以将幅值较高的强雷截获，使线路承受巨击的考验而免于跳闸事故的发生；而对于幅值较低的弱雷，直击于避雷线与杆塔的概率小，可能避开杆塔和避雷线的防护而绕击于导线上，当弱雷的幅值超过线路的绕击耐雷水平时，则会发生雷击跳闸。

对220kV新杭Ⅰ回线1961～1994年雷击闪络跳闸事故分析表明，在可落实闪络的大型的雷击事故中，绕击为30次，反击为22次。

湖南省电力系统220kV线路近10年可以确定的40次雷击跳闸中，绕击造成的为29次，占72.5%；反击造成的为11次，占27.5%。1989年初，在华北、东北及华东地区的污闪及雷击事故调查中，500kV线路共发生7次雷击跳闸，在7次雷击跳闸中有5次属绕击。

对湖北省超高压局所辖1320km、500kV线路，1986～1998年间已查明的12次雷害事故的统计分析表明，绕击是造成超高压线路雷击跳闸的主要原因。

根据南方电网超高压公司梧州局对所辖500kV多次雷击跳闸资料分析，绕击方式造成的跳闸远远大于反击。

俄罗斯曾对1985～1994年超高压及特高压线路10年间的线路跳闸事故及雷击跳闸率进行了统计，结果表明超高压及特高压线路的雷害事故仍然较为明显，主要是由于绕击所致。

4.2.8 雷电活动强弱年份不同有差异

雷电活动强弱不同的年份差异较大，具有周期性强、弱的特点。以500kV天平Ⅰ、Ⅱ回为例，同一线路不同年份的雷击故障率相差达10倍。又如丹东电业局，其维护的66～220kV线路近2000km，在1986～1995年的10年时间里，在雷电活动较严重的年份，线路最多雷击跳闸达到28次，较弱的年份仅发生7次，在较强雷暴流动年，一次雷电活动造成一条或多条线路相继跳闸、引起绝缘子多串闪络的机遇较多。最多时一次雷害使220kV线路5基铁塔5串绝缘子闪络，其分布地段相隔三十余基，范围达十几千米。最为严重的是发生在1996年9月15日的一次雷电活动，从早3时8分至晚20时45分止，先后引起15条66～220kV输电线路跳闸，跳闸线路涉及丹东市、东港市、风城市及宽甸县，雷电危害范围达两百余千米。

4.3 雷击跳闸故障的判别

4.3.1 闪络类别的判别

从线路绝缘子的闪络来看，一般有雷击闪络、污秽闪络、鸟害闪络等。单以绝缘子上留下的闪络痕迹较难判别，结合故障发生时的气象条件、地域状况、闪络痕迹等综合分析，可大致判断故障的性质和类别。

(1) 气象条件。若发生故障时是雷暴天气，则雷击故障的可能性较大；若是毛毛雨、雾天，则污闪的可能性较大。污闪的必要条件是出现潮湿的气候环境，绝缘子上的污秽在大雾、毛毛雨等湿润的条件下易于形成导电通道，致使泄漏电流增大直至发生闪络；而雷暴雨对绝缘子上的污秽起到清洗作用。另外，长期干旱无雨后突遇大雾或毛毛雨的天气是产生污闪的高发期，在冬季采暖期后的初春也是污闪高发期。

（2）区域环境。工矿区、五小工业区、公路附近等污染源附近的线段，污秽的积累速率较其他线段快。污闪率较山坡、农田的线段要大，而山坡、山顶、河边的线路遭雷击的概率大。根据故障点的发生位置，可作为判断故障原因的依据之一。

（3）闪络痕迹。污闪是在工频电压下发生的，在一般情况下污闪会在绝缘子串的两端留下明显的闪络痕迹。重复闪络会造成绝缘子炸裂或钢脚烧伤，雷击很少重复闪络。由于雷电流大，一次雷击就可以造成绝缘子串闪络或绝缘子炸裂。

雷击和污闪在导线上留下的烧伤痕迹特点为：污闪留下的烧伤痕迹集中，甚至仅在线夹上或靠近线突的导线上留下烧伤痕迹，面积不大但痕迹较深，烧损较重；雷击烧伤往往面积较大且分散，烧伤程度相对较轻。

雷击和污闪都可能造成线夹里边的导线烧伤，这种在线夹内烧伤导线现象污闪高于雷击。雷击闪络还可能烧伤避雷线悬挂头、接地引下线的接地螺栓连接处和拉线楔形线夹连接处，并留下明显的烧痕。

（4）其他原因。在大风天气时，导线或树枝受大风吹动摇摆可能导致导线与树枝间放电。若在冬季，气温为－5℃左右而且天气潮湿，则线路可能发生覆冰使导线垂度增大，引起导线对交叉跨越物放电；也可能由于不均匀脱冰引起导线舞动，造成相间短路故障。在高温的夏季，导线弧会较大，可能引起导线与交叉的通信线、电力线放电。在鸟群集中的地方，因鸟粪坠落而发生绝缘子串的网络或绝缘子串与空隙的组合绝缘的闪络。如果上述情况均不大可能发生故障，则也有可能因外力破坏引起线路故障。这时需对交叉跨越来往车辆的地方、线路附近有施工、爆破、伐树的地段重点巡查，找出故障点和原因。

2004年6月29日，江西500kV梦罗Ⅰ回跳闸，双高频保护动作跳A相，重合闸动作且重合成功。由于该线路跳闸时正值雷雨天气，怀疑为雷击跳闸，同时，根据两侧故障录波图分析，梦山变侧测定故障点在37～38号杆塔附近，罗坊变侧测定在40～41号杆塔附近，雷电定位系统查询结果为36号杆塔附近有落雷，雷电流－30.4kA，且与故障时间一致；巡视结果为37号杆塔绝缘子有闪络放电痕迹。由此判断为雷击故障。

4.3.2　雷击故障类型的判别

在输电线路的雷击事故中，有反击和绕击的区别。为了防止雷击故障的频繁发生，要针对不同的雷击故障采取不同的防护措施，因此，准确判别雷害故障的类别十分重要。在现场根据故障的形态进行大体分析的方法如下。

（1）闪络相别鉴定法。在现场，根据事故后查明的闪络相别及在相邻杆塔的情况可以大致判别雷害事故的类别，因为反击和绕击在杆塔上造成的闪络有一定的规律性。

三角形排列的下导线，由于和避雷线间距较大，因此耦合系数较小，在杆塔顶部落雷时，下导线最易闪络，这是反击的一个特点。

三角形排列的下导线，由于保护角较大而易于受绕击，因为绕击概率和保护角成正比。对于水平排列的导线边相易于受绕击。另外，若雷绕击于一相导线，则相邻杆塔同一边相可能会同时闪络。

水平排列的导线若中相发生雷击闪络，则一般认为是反击闪络，因为雷电直击中相导线的概率是很小的。若同杆三相或同杆两相同时发生雷击闪络，也应分析为是反击闪络，因为绕击不可能造成多相同时闪络。若相邻杆塔非同一边相同时雷击闪络，也应认为是反击闪络。

根据闪络相别鉴定法可以大致鉴别雷击闪络的性质。

(2) 雷击位置及雷电流方向观测法。若在塔顶、架空地线、耦合地线上安装有雷电观测用的磁钢棒，磁钢棒不仅能记录安装地点流过的雷电流大小，而且能反映雷电流的方向。根据相邻若干基杆塔塔顶、架空地线、耦合地线上流过的雷电流大小和方向，可以观测落雷点的位置，以确定是绕击还是反击。

雷电观测法能比较准确地决定雷击故障的性质。但是，要在全线安装雷电观测装置，并在日常做好经常性的管理工作，也是比较麻烦的。

(3) 结合地形及杆塔参数分析法。山区线路的绕击率，尤其是坡度较大的山区，比平原地区大得多。当地面坡度改变时，绕击区域的几何图形也随之改变。当线路沿斜山坡走向时，在山坡外侧抛物线的位置会随着斜坡向下移动，会使绕击区增大；对山坡内侧，由于抛物线的位置向上移动。会使绕击数大为减少。当发生雷击故障时，根据故障位置的地形特点，可大致推断是反击还是绕击，结合故障杆塔的参数来综合分析可使推断更为准确。一般来说，若该杆塔接地电阻很小，外侧坡度大，而且故障是在山坡外侧，则绕击可能性大；若该杆塔接地电阻大，雷击故障是在山坡内侧，则反击可能性较大；若杆塔一身高度较高且所处位置在较高点，则雷击杆塔的可能性大，反击的可能性大。

1994 年 7 月 19 日 16 时 21 分，陕西 330kV 安南Ⅰ回 A 相高频方向距离动作跳闸，重合成功。经查线，216 号杆塔Ⅰ回 A 相绝缘子串闪络。216 号杆塔为同塔双回直线塔，导线排列是上、中、下呈鼓形。A 相在中部，Ⅰ回靠河，Ⅱ回靠山，216 号杆塔位置较高，塔基是长年耕种地，接地电阻不大。杆塔的Ⅰ、Ⅱ回采用了不平衡绝缘，Ⅰ回比Ⅱ回多一片绝缘子。如果为反击的话，杆塔电位抬高，同一塔上Ⅱ回闪络的概率高。而实际上是Ⅰ回闪络；同时，该塔中相突出，暴露较大，塔位于斜坡上，中相暴露的弧长比塔位于平地上要长。由此可以判断此次线路雷击跳闸为绕击。

4.4 雷击跳闸的防治措施

4.4.1 组织措施

线路防雷工作是线路工作的重中之重，生产运行单位应结合秋检、冬检，认真分析雷害故障原因，总结、统计、分析线路历年雷害故障及防雷措施应用效果，结合线路历年运行经验和沿线地形、地貌、地质、地势，在逐步摸清或划定雷电易击点杆塔和多雷区段区域的基础上，因地制宜地采取措施。

4.4.2 技术措施

在确定线路的防雷方式及措施时，应根据下列条件来选择：线路的重要程度、地形地貌的特点、雷电活动的强弱、土壤电阻率的高低、已有的运行经验等。综合分析并进行经济技术比较后，采取合适的防雷保护措施。

一、架设避雷线，减小保护角

避雷线是线路中普遍采用的防雷装置。架设避雷线是输电线路最基本的防雷措施，其防雷保护作用是降低线路绝缘所承受的过电压幅值。当雷电直击于线路时，线路避雷线将雷电流引入大地，由于接地电阻各地点大小不同，因而会在杆塔顶造成不同的电位。

雷云放电将引起线路感应过电压U_g，U_g与主放电电流幅值I及挂线高h_d成正比，与雷击点的距离成反比。无避雷线的线路感应雷电压为

$$U_g = ah_d \tag{4-15}$$

当有避雷线时，对导线就有屏蔽作用。雷电波在避雷线中传播时，与避雷线平行的导线在避雷线的电压波磁场内，由于耦合作用获得一定的电位U_2，其值为

$$U_2 = KU$$

式中　K——耦合系数。

由于避雷线的屏蔽作用，线路上的感应电压为

$$U_g = ah_d(1-K) \tag{4-16}$$

式中　a——系数，其值等于以kA/μs为单位的雷电流平均陡度；

K——线间耦合系数。

避雷线保护范围用保护角表示，且随线路呈带状分布。

单根避雷线保护范围由作图法确定（见图4-4）其步骤如下。

（1）由避雷线向下作与其铅垂面成25°的斜面构成上部空间。

（2）在$h/2$处转折，与地面上水平距离为h的直线端相连的斜面构成下部空间。

（3）空间中高度为h_x的水平面即为对应的避雷线两侧保护范围的宽度。

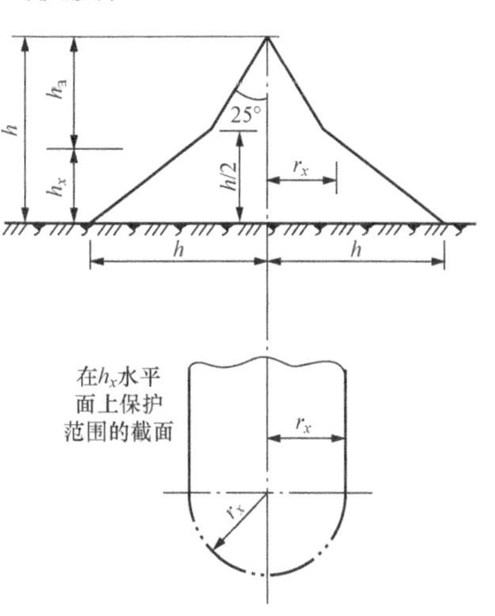

图4-4　单根避雷线保护范围

当$h_x \geqslant \frac{h}{2}$时，保护宽度$r_x$为

$$r_x = 0.47(h-h_x)P \tag{4-17}$$

式中　r_x——保护宽度，m；

h——避雷线悬挂高度，m；

P——高度影响系数，$h \leqslant 30$m，$P=1$，$30<h<120$，$P=\frac{5.5}{\sqrt{h}}$。

当$h_x < \frac{h}{2}$时，保护宽度为

$$r_x = (h-1.53h_x)P \tag{4-18}$$

两根避雷线除对两避雷线外侧用保护角决定其保护范围外，对两线之间的部分的计算式为

$$h_0 = h - \frac{D}{4P} \tag{4-19}$$

式中　h_0——两避雷线间保护范围边缘最低点的高度，m；

D——两避雷线间距离，m；

h——避雷线高度，m。

由于悬挂避雷线时会产生弧垂，因此应在弧垂最低点校验避雷线的保护范围。杆塔上两根避雷线间的距离不应超过导线与避雷线间垂直距离的5倍。

为了提高避雷线对导线的屏蔽效果，减小绕击率，避雷线对边导线的保护角应尽量小一些。

220kV 枫河线北起枫树坝电厂，南至河源变电所，全长 115.9km，全线基本上沿东江顺流而下，90％线路经过雷电多发的高山、丘陵地区，1974 年 9 月投运，至 1981 年共发生 14 次雷击故障，平均雷击故障率高达 1.73 次/(100km·a)，大大超出允许值。1981 年至 1985 年该线路分 4 期将单避雷线改造成双避雷线，使全线的水泥杆、钢杆和直线塔的防雷保护角分别由 20.6°、20.6°、23.5°降至 12.5°、15°、14°（耐张塔的保护角未改造）。改造后的运行情况表明，线路的防雷水平有了较大的提高，全线多年平均雷击故障率下降至 0.78 次/(100km·a)。

架空地线时进导线的保护角越大，雷击故障率越高。通过东北伊冯线 Z_2 型同塔双回塔 3 根和 2 根避雷线的防雷效果比较可见，避雷线条数的增加使单回跳闸率、双回跳闸率和总跳闸率都有明显的降低。

DL/T 5092—1999《110～500kV 架空输电线路设计技术规程》规定：500kV 自立塔地线对外侧导线雷电保护角宜小于 15°。《国家电网公司十八项电网重大反事故措施（试行）》中明确要求 500kV 线路防雷保护角应不大于 10°。另外，浙江省 500kV 杭兰线、宁温线等已开始采用负保护角杆塔。

二、降低杆塔的接地电阻

线路的耐雷水平随杆塔接地电阻的增加而降低，以 DL/T 620—1997《交流电气装置的过电压保护和绝缘配合》中 500kV 典型的酒杯塔的塔型尺寸和绝缘子串的 50％雷电冲击绝缘水平为例，针对杆塔冲击接地电阻值计算出各自的耐雷水平见表 4-1。

表 4-1　500kV 线路耐雷水平与杆塔接地电阻的关系

系统标称电压	500kV 交流			±500kV 直流		
接地电阻/Ω	7	15	30	7	15	30
耐雷水平/kV	176.7	125.4	81.2	315	235	167

随着杆塔接地电阻的增加，线路的耐雷水平明显降低，直流线路更为突出，因此降低杆塔的接地电阻有显著的防雷效果。

在 $\rho \leqslant 300\Omega \cdot m$ 的良好导电的土壤中，降低接地电阻并不会使造价显著增加。为了实现有效的防雷，线路杆塔一般应逐杆接地。线路杆塔的工频接地电阻在无雨干燥季节数值见表 4-2。

表 4-2　装有避雷线的线路杆塔工频接地电阻值

土壤电阻率 $\rho/\Omega \cdot m$	100 及以下	100～500	500～1000	1000～2000	2000 以上
节点电阻 R/Ω	10	15	20	25	30

无避雷线混凝土杆接地电阻不作规定，多雷区不宜通过 30Ω 线路接地。除了要用人工接地体外，杆塔的混凝土基础也有一些自然接地作用。这是因为埋在土中的混凝土基础毛细孔中渗透水分，其电阻率已接近于土壤电阻率。杆塔的自然接地电阻可按表 4-3 进行估算。

表 4-3　**杆塔自然接地电阻计算值**

杆塔型式	钢筋混凝土杆			铁塔	
	单杆	双杆	有 3、4 根拉线的单双杆	单拉式	门型
工频自然接地电阻/Ω	0.3ρ	0.2ρ	0.1ρ	0.1ρ	0.06ρ

注　ρ为土壤电阻率。

在高频大电流作用下，接地电阻为冲击接地电阻，接地体上冲击电压最大值U_{max}对流入接地体的冲击电流的最大值i_{max}之比定义为R_{ch}（冲击接地电阻）。R_{ch}与R_g（工频接地电阻）之比叫接地体的冲击系数，其值一般小于 1。

当杆塔的接地电阻增大时，其耐雷水平是指数规律下降，而雷击跳闸率则按指数规律上升。降低杆塔接地电阻的方法主要有以下几种。

(1) 充分利用架空线路的自然接地。在接地工程中充分利用混凝土结构物中的钢筋骨架、金属结构物及上、下水金属管道等自然接地体，它是减小接地电阻、节约钢材及达到均衡电位接地的有效措施。

(2) 外引接地装置。杆塔所在的地方有水平敷设的要设置水平接地体。因为水平敷设施工费用低，不但可以降低工频接地电阻，还可以有效地降低冲击接地电阻，起到有效的防雷作用。如果在水平放射长度的 1.5 倍范围内有较低土壤电阻率的地方，可以采用外引接地的方式，但对冲击电流来讲，由于冲击电流的频率较高，就应该考虑外延接地体的电感效应问题，而不能无限制地外延。

(3) 深埋式接地极。地下较深处的土壤电阻率较低，可用竖井式或深埋式接地极。在选择埋设地点时应注意以下几点：①选在地下水位较丰富及地下水位较高的地方；②杆塔附近如有金属矿体，可将接地体插入矿体上，利用矿体来延长或扩大接地体的几何尺寸；③利用山岩的裂缝，插入接地极并加入降阻剂。

(4) 填充电阻率较低的物质。离接地电极距离为接地电极尺寸 10 倍以内的土壤对接地电阻起很大的作用。接地体的接地电阻与土壤电阻率密切相关。

鉴于以上原因，可以采用改善接地体周围土壤电阻率的方法，以降低接地电阻。

1) 换土法。使用电阻率较低的土壤来置换掉电阻率较高的土壤。这种方法虽然有效但工程量太大，造价较高。

2) 工业废渣填充法。利用附近工厂的废渣，置换材料的特性应保证电阻率低、不易流失、性能稳定、易于吸收和保持水分、无腐蚀作用，并且施工方便、经济合理。

3) 目前最常用的还是降阻剂法。降阻剂可分为化学降阻剂、物理降阻剂和树脂降阻剂，还有稀土降阻剂和膨润土降阻剂。实践证明，在水平接地体周围施加高效膨润土降阻防腐剂，对降低杆塔的接地电阻效果明显。

4) 铺设水下接地装置。例如村塔附近有水源可以考虑利用这些水源在水底或岸边布置接地极，可以收到很好的效果。若受地形、地势和土壤电阻率的限制把工频接地电阻降到合格以内较困难时，可以考虑用 6～8 根长为 80m 的水平射线的方法来降低冲击接地电阻，或把若干基杆塔的接地用耦合地线连接起来，在这若干基杆塔中找出便于处理的把接地电阻降到较低值。这样也可以起到很好的防雷作用。

110kV 平宝线是信阳平桥电厂到 110kV 宝石桥变电所的联络线，全长近 10km，自

1994年6月投运到1997年几乎每年发生雷击跳闸。其中民6、7、8号杆塔位于海拔约500m的振雷山上，实测振雷山上的杆塔接地电阻严重偏高，其接地电阻分别为70Ω、80Ω和大于100Ω。1998年春用高效膨润土降阻防腐剂全面改造接地电阻超标的杆塔，改造后的接地电阻全部小于10Ω，其后再无雷击跳闸事故。

（5）爆破接地技术是近年来提出的降低高土壤电阻率地区接地系统接地电阻十分有效的方法。其基本原理是采用钻孔机在地中垂直钻直径为100mm、深度为几十米的孔，在孔中布置接地电极，然后沿孔的整个深度隔一定距离安放一定量的炸药来进行爆破，将岩石爆裂、爆松，接着用压力机将调成浆状的低电阻率材料压入深孔中及爆破致裂产生的缝隙中，以达到通过低电阻率材料将地下巨大范围的土壤内部沟通及加强接地电极与土壤或岩石的接触，从而达到较大幅度降低接地电阻的目的。

采用爆破接地技术降低接地电阻的原理大致可归纳为：

1）利用地下电阻率较低的土壤层、地下水层及金属矿物质层来改善散流；

2）低电阻率材料可以很好地与接地极及各种类型的土壤及岩石形成良好的接触，达到降低接触电阻的效果；

3）在大范围内降低了土壤电阻率，从而降低了土壤的散流电阻；

4）通过爆破致裂形成的裂隙可以将岩石中固有的节理裂隙贯通，压力灌注低电阻率材料形成一个低电阻率通道，贯通的固有裂隙可能通向较远的土壤中，与土壤中低电阻率区域相连；

5）在压力灌注低电阻率材料后形成的通道，有利于电流通过裂隙中的低电阻率材料散流到外部岩层，也可能通过裂隙散流到电阻率较低或有地下水及金属矿物质的地层，从而有利于接地极或接地网的散流。

试验和模拟计算表明，一股爆破致裂产生的裂纹可达2m到几十米远。目前爆破接地技术已经在我国多项发、变电所和输电线路接地工程中采用，取得了满意的效果。例如广东220kV韶郭线300号杆塔的接地装置采用爆破技术进行改造，将接地电阻从270Ω降低到10.4Ω。

1997年8月27日，云南220kV下楚线319号塔遭雷击，实测接地电阻为32Ω，设计值为10Ω，属接地电阻超标，在对接地网进行增埋、加长射线改造后，再没有发生雷击情况。

新杭Ⅰ回线路1972～1973年在原接地九圆钢腐蚀严重的情况下，雷击跳闸率高达2.9次/(100km·a)。1973年底和1974年初，金华电业局和杭州电力局根据雷电观测所确定的多雷区和易击点有重点有选择地降低杆塔的接地电阻，使该线1974～1982年的雷击跳闸率降低到0.75次/(100km·a)。

天平Ⅰ、Ⅱ回线自1993年1月投运至1999年共因雷击被迫停运27次，1999年雷击跳闸率为0.795次/(100km·a)。天平线所经地区土壤电阻率较高，线路经过高土壤电阻率的石灰岩地区长度占总长度的20%左右，此地区杆塔接地装置的工频接地电阻多数在30Ω以上。1998年对工频接地电阻值较高的30基杆塔的接地装置进行开挖检查，结果发现28基不符合规程、规范和设计要求。后对杆塔接地装置进行改造，对1233基塔（占全线塔数97.78%）的接地装置增埋接地体。对位于山顶或山坡迎风面的杆塔增加得更多，为此开挖土石方量达14 328m^3，耗用圆钢40t，对两回线路杆塔距离较近者，将两杆塔的接地体连接起来。经改造后杆塔接地装置的工频接地电阻下降了10%～35%。2000年该线路的雷击跳闸率下降至 0.318 次/(100km・a)。

三、架设耦合地线

对于已经架设了避雷线还经常受雷害侵袭的杆段，若接地电阻受条件限制很难降低时，可在导线下方增加一条架空地线，称为耦合地线。耦合地线能使该基杆塔地网与相邻杆段的地网得到良好的连接，相当于埋设了连续伸长接地体，这样当雷电反击线路时能增大对相邻杆塔的分流系数和导、地线间的耦合系数，间接地降低了杆塔的接地电阻。从而保护线路不发生闪络、在接地电阻较大的山区，杆塔所处的地质条件差，电阻率较高（如达到 2000Ω・cm），降低接地电阻非常困难时，采用在架空线下加装耦合地线，能起到较好的分流和耦合作用，降低雷击跳闸率。据相关资料介绍，一些经常遭受雷击的线路在加装了耦合地线后，可降低线路上跳闸率 40%～50%。

新杭Ⅰ回 1962～1982 年雷电流幅值的实测结果表明，雷击塔顶时，当杆塔上的防雷装置为单避雷线时，单避雷线分流 20.2%，塔身分流 79.8%；而杆塔上的防雷装置为单避雷线和耦合地线时，单避雷线分流 17.0%，耦合地线分流 12.2%，塔身分流 70.8%。

东北地区鞍山电业局一条 220kV 线路的山区段，接地电阻 20～60Ω，连年发生雷害。该线路 1963 年开始在易击段架设耦合地线，以后逐年补架，近 10 多年来一直未发生雷害事故。

四、安装线路避雷器

线路避雷器在美国、日本等国有 10 多年的运行历史，我国也已开始批量应用。在日本、美国的输电线路上已开始批量采用线路避雷器。现行的线路避雷器有两种，一种是带间隙的，一种是不带间隙的。带间隙的避雷器由于不承受连续工作电压，工作寿命更长，因而应用得更为广泛。线路避雷器一般并联于绝缘子串。当雷击于输电线路时，雷击过电压将可能使线路避雷器的间隙击穿。由于氧化锌阀片的非线性特征将迅速切断电弧，避免线路发生跳闸，起到了防雷击跳闸的作用。现在线路避雷器已应用于 69～500kV 线路上。

1. 带串联间隙的线路避雷器

（1）工作原理。线路型带串联间隙避雷器与线路绝缘子并联，当雷击杆塔或避雷线时，雷电流引起的高电位使线路型避雷器的串联间隙放电，降低了塔臂和导线之间的电位差，使绝缘子串不闪络，从而避免线路跳闸。在串联间隙放电后，避雷器本体的残压被限制到低于绝缘子串的闪络电压，而且在雷电流过后的系统工频电压下能自动熄火工频续流，保证正常供电。

（2）线路避雷器结构。当线路避雷器采用避雷器本体和串联间隙的组合结构时，避雷器本体基本不承担系统运行电压。不必考虑在长期运行电压下的电老化问题，在本体发生故障时也不影响线路运行。串联间隙有两种：一是空气串联间隙（简称纯空气间隙）；二是有合成绝缘子支撑的串联间隙（简称绝缘子间隙）。这两种间隙在国内外都有应用。如日本一般采用纯空气间隙，美国等采用绝缘子间隙。两种间隙各有优缺点，纯空气间隙不必担忧空气间隙发生故障，但在安装线路避雷器时就需要在杆塔上调整间隙距离；对于绝缘子间隙，由于间隙距离已由绝缘子固定，实施安装较为容易，但支撑串联间隙的合成绝缘子承担较高的系统电压。为了确保输电线路绝缘子串免于雷击闪络，要求避雷器与绝缘子串两者的伏秒特性在不同的雷电冲击电压下，保护的失效率小于 1/10 000（99.99%可靠性），即在同一雷击时间下避雷器的放电电压应比绝缘子串的放电电压低 17%。

线路避雷器与绝缘子的配合原则，串联间隙与被保护绝缘子（串）放电特性的配合原则是：能够可靠耐受最大工频电压；雷电冲击下串联间隙应可靠动作，被保护绝缘子（串）免于发生雷击闪络事故；对于纯空气间隙，导线风偏不改变或不明显改变间隙的放电特性；雷击使间隙动作后，在系统工频恢复电压下，间隙应在1～2个工频周期内可靠地熄灭工频续流。

线路避雷器的放电特性应满足以下要求：线路型避雷器整体的雷电冲击放电电压低于线路绝缘子串的50%放电电压的20%以上。

综合考虑保护裕度、安全性能和可靠程度等诸多因素，110～220kV线路型带串联间隙避雷器的技术参数见表4-4。

表4-4 110～220kV线路型带串联间隙避雷器的技术参数

产品型号	避雷器额定电压（有效值）/kV	8/20雷电残压（峰值）不大于/kV	直流1mA参考电压不小于/kV	2ms方波通流容量/A	4/10冲击通流容量/kA
HY20CX-82/244	84	244	130	400	100
HY20CX-168/484	168	484	260	500	100

2. 线路型带脱离装置的无间隙避雷器

35～110kV线路型无间隙避雷器带有独特的脱离装置，避雷器通过其与导线相连。脱离装置由脱离器、绝缘间隔棒等组成。在正常情况下，通过雷电流和操作过电流，脱离器不动作；在异常情况下，如避雷器发生故障损坏时，工频电流通过脱离器，脱离装置能可靠动作，使损坏的避雷器自动与导线脱离，保证正常供电。绝缘间隔棒保持导线与避雷器之间有足够的绝缘距离。带脱离装置使无间隙避雷器实现了免维护。

3. 避雷器的选型及安装维护

线路避雷器安装时的注意事项：

(1) 选择多雷区且易遭雷击的输电线路杆塔；

(2) 安装时尽量不使避雷器受力，并注意保持足够的安全距离；

(3) 避雷器应顺杆塔单独敷设接地线，其截面不小于25mm²，尽量减少接地电阻的影响。

线路避雷器投运后进行必要的维护包括：

(1) 结合停电定期测量绝缘电阻，历年结果不应明显变化；

(2) 检查并记录计数器的运作情况；

(3) 对其紧固件进行拧紧，防止松动；

(4) 5年拆回进行一次直流1mA及75%参考电压下泄漏电流测量。

线路避雷器要求质量轻，不过多增加杆塔的负荷，而且要便于安装。因此，线路避雷器大多采用硅橡胶合成绝缘外套，内为玻璃纤维增强型环氧树脂管，避雷器阀片采用高质量氧化锌阀片，端部装有连接金具及配套间隙，线路避雷器的质量约为10～18kg。

4. 线路避雷器安装点的选择

由于线路避雷器的投资较大，因此易击段和易击点的确定非常重要，必须进行技术经济比较和分析。线路避雷器安装地点的确定应根据线路的具体运行情况，如历年跳闸率、易击段、易击杆塔，充分利用雷电定位系统对有关雷电和线路落雷参数进行分析，结合线路杯塔的各种参数，包括地形、地质情况、杆塔型式、接地电阻、杆塔防雷保护角、线路运行最高电压及绝缘配合等因素来综合考虑。一般而言，以下情况应考虑安装线路避雷器：

(1) 供电可靠性要求特别高而雷击跳击率居高不下，采用一般措施仍降不下来而雷击点又为随机分布的线路，经过技术经济比较后可考虑全线安装线路避雷器；

(2) 运行经验表明的易击段，经仔细分析后可安装线路避雷器，但要进行计算，以确定合理的安装方案；

(3) 山区线路杆塔接地电阻超过 100Ω，采取一般降阻措施接地电阻仍降不下来，且发生过闪络的杆塔；

(4) 发电站或变电所出口线路，接地电阻过大的杆塔。

5. 线路型避雷器的应用

美国 AEP 和 GE 公司从 1980 年开始研制的线路防雷用合成绝缘 ZnO 避雷器，1982 年有 75 万支在 138kV 线路投入运行，结果凡装有线路避雷器的杆塔均未发生因雷击引起的雷击跳闸事故。日本在 1986 年开始使用线路型带串联间隙金属氧化物避雷器，至 1999 年已有不同电压等级的 47 000 多支线路避雷器运行，其中 99%是带串联间隙的，凡装有线路型带串联间隙金属氧化物避雷器的杆塔均未发生因雷击引起的跳闸事故。

我国于 1989 年开始使用线路型带串联间隙金属氧化物避雷器。江苏 220kV 谏泰线长江大跨越有 2 基耐张塔、2 基直线搭，原为单回线，因需要改为双回线。在改造中将塔顶两根避雷线改为相线，并在直线塔两相安装 4 支线路型带串联间隙金属氧化物避雷器，无避雷线运行，运行至 1996 年 11 月，避雷器动作 6 次，但无闪络放电。而没安装前，从 1985 年 5 月至 1989 年 5 月，4 年间该段因雷击引起 6 次跳闸。

1990 年北京在昌平至房山 500kV 线路安装线路型带串联间隙金属氧化物避雷器，运行效果满意。

500kV 梧罗二线是西电东送的主干线之一，1998 年底投运，自投运以来发生多次雷击故障。为减少雷击故障，采用了提高线路绝缘水平、降低杆塔接地电阻等方式，仍未能很好地降低雷击跳闸率。该线路有西江大跨越和北江大跨越两个大跨越段，考虑到大跨越塔高、易遭雷击的特点，于 2003 年 12 月将线路型带串联间隙金属氧化物避雷器安装到西江大跨越上。安装后历时 1 年多的运行，该区段均没有发生雷击跳闸现象。

淄博电业局管辖的 110kV 龙博Ⅰ线和 35kV 南黑线、炭谢线位于丘陵和山地，多年来经常发生雷击跳闸故障，虽然采取了各种措施，效果均不明显。1997 年在易遭雷击的龙博Ⅰ线 62～64 号和南黑线 87、89、90 号及炭谢线 51 号分别装设了 7 组共 20 只线路型氧化锌避雷器，经过两个雷雨季节的考验，线路未发生雷击跳闸故障，运行情况良好。

肇庆四会供电分公司 110kV 四沙线全长 12.13km，线路经过的地形大部分是平地，其中有一段跨越河流，1992 年投入运行。该线路 26、29 号塔分别于 1998 年、1999 年遭受雷击跳闸。后来在 26、29 号塔各安装一组线路避雷器，至今已运行多年，期间该线路未发生雷击故障，而从放电计数器的读数表明，26、29 号塔线路避雷器发生了多次动作。在同一地区，地形、气候条件相同但没有安装线路避雷器的 110kV 线路却出现了雷击故障。表明线路避雷器起到了很好的防雷作用。

浙江省于 2000 年上半年开始在 15 条 110kV 线路试点安装线路避雷器 197 支·相，避雷器共动作474次；2003年上半年开始在9条220kV输电线路安装242支·相，共动作474次。安装线路型氧化锌避雷器的杆塔未发现雷击闪络现象，避雷器动作记录仪记录表明有不同程度的动作情况，防雷效果良好。

雷击是线路跳闸的主要原因之一，尤其是在多雷、杆塔高度较大、高电阻率和地形、气象条件复杂的山区。将线路避雷器应用到上述地区，可有效降低线路的雷击跳闸率。同时，由于雷电活动是小概率事件，线路避雷器价格昂贵，成本问题比较突出，使用时投资较大，同时它的运行维护也是一个问题，应对安装位置、安装数量、安装效果等进行综合评估以及必要的分析计算，以寻求较为经济合理的方案。

五、安装招弧角

招弧角主要用在输电线路上，用以防止绝缘子闪络造成损坏。招弧角的伏秒特性应低于绝缘子串的伏秒特性，以期在各种雷电波下都对绝缘子串起到保护作用。一般取招弧角占穿电压为绝缘子串击穿电压的85%来进行绝缘配合。采用招弧角后，闪络路径不再沿绝缘子串表面，从而避免了大电弧电流可能对绝缘子造成的损坏，使绝缘子零值率大大减少，从而明显减少了线路的潜在绝缘故障，提高了线路的安全运行率。英国、德国、土耳其、日本等国一直在输电线路绝缘子串上采用招弧角，尤其是日本几乎所有的各个电压等级的绝缘子串都采用招弧角。

六、加装杆塔拉线

试验及运行经验证明，装设杆塔拉线能降低雷击跳闸率，是一项有效的防雷改进措施。由于杆塔拉线具有较大的分流作用，同时又相当于增大了杆塔的等效半径，使杆塔波阻抗减小。试验证明，4根杆塔拉线的分流可达10%～20%，其分流效果与拉线在杆塔上的连接位置及接地状况有自接关系。拉线杆塔顶越近，拉线的接地电阻越小，则分流的效果越好。拉线的接地装置可设置成单独的接地装置，对降低塔顶电位的效果更明显，而且运行经验证明，杆塔拉线不仅具有分流作用，而且对杆塔附近的导线可起到一定的屏蔽作用，对某些已经投运的易雷击杆塔，若地形条件适合加装拉线，则可作为一项防雷改进措施加以应用。

七、采用避雷针

因受一些偶然因素影响，在雷电光导发展初期，发展方向还不固定，但发展到距地面高为定向高度时（如避雷针高），先导通道的头部至地面上某一感应电荷的集中点，或至地面上某一高耸物的端部间的电场强度就超过了其他方向的电场强度。先导通道的发展就大致沿其头部到达感应电荷集中点的连线发展，使放电通道的发展有了定向，雷击便有了选择。避雷针是直接接地的，针的高度高于线路，当雷云密集时针顶将成为感应电荷集中点，于是先导通道将沿着避雷针顶端方向发展，使雷电通过针进行放电。所以避雷针是吸引雷电，避免线路遭雷击的装置。避雷针一般装在终端塔上或线路雷害特别严重的地区。

易绕击的杆塔应调整避雷线的保护角，但运行的线路调整避雷线的保护角很困难，可在容易遭受绕击杆塔的横担处固定角钢在横担上，伸出边相绝缘子串约3m左右。实践证明，侧向避雷针安装方便，能有效地防止绕击的发生。但安装侧向避雷针后其引雷效果增大，为了防止反击事故，可增加绝缘子串的片数，提高绝缘子的冲击放电电压值，同时装侧向避雷针杆塔应作接地降阻处理。

四川省东北面的电网大多处于山区，雷电活动强烈，每年雷击事故较多，特别是110kV雷击跳闸率较高，有一条最高跳闸率达9.3次/(100km·a)。针对这一情况，对历年雷击情况进行了分析，找出了易击杆塔。除对一般雷击杆塔采取了降低接地电阻外，并决定对雷击最多的杆塔采取特殊的防雷措施。在塔顶加装避雷针，促使这一地区的雷电向塔身发展，以保护导线少受或不受绕击。在线路的 116、118 号塔顶分别加装两根避雷针，针长 5m。为摸索防雷运行效果，116 号塔两根针水平装在挂避雷线的塔顶，针与横担平行，针尖指向外侧；118 号塔两针垂直装在挂避雷线的塔顶处，如图 4-5 所示。图中虚线为 116 号塔避雷针，实线为 118 号塔避雷针。

塔顶避害针的主要作用如下：

(1) 增大了塔头附近导线保护角，116 号为负保护角，118 号保护角由原来的 19°降低到 10°，有效地屏蔽了塔头附近导线。

(2) 根据哥鲁德理论，雷击距离与雷电流幅值有一定关系。雷电流大时，雷击的选择性较强，避雷针的接闪作用显著。这样，较大的雷电流将引向避雷针，从而减少了这一地段的绕击事故。

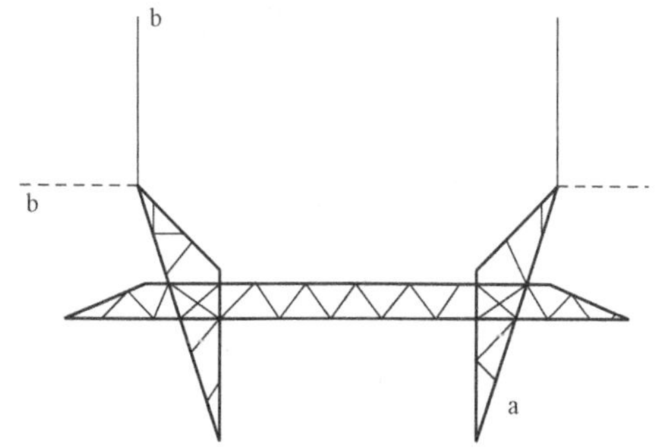

图 4-5　116、118 号塔顶避雷针示意图
a—塔头；b—塔顶避雷针

(3) 增大了塔头附近导、地线间的耦合系数，减少了作用在绝缘子串上的电压。

事实证明，采取上述措施后，运行 11 年的装针塔未再发生雷击事故，运行安全可靠。

八、采用多针系统

多针系统综合防雷装置是一种综合装置，它由一个或两个半球形放射式多针系统和一侧或两侧放射形屏蔽针共同构成，前者安装于线路塔顶，后者可视杆塔所处的实际地形该装置因地制宜进行安装，通常以水平或略上翘的形式安装于杆塔横担端绝缘子悬挂点上方，向外侧伸展 1～1.5m。塔顶加装半球形放射式的多针系统防雷装置后，相当于把塔头附近的避雷线向外拓展，可以减小保护角。

昆明电业局 200kV 以昆线 1982 年投入多针防雷装置后，雷击跳闸率由 0.39 次/(100km·a) 下降至 0.194 次/(100km·a)。滇东电业局 220kV 宣曲线 1981 年投入多针防雷装置，雷击跳闸率由 0.546 次/(100km·a) 下降至 0.184 次/(100km·a)。滇西电业局 110kV 小宝线 1990 年雷击跳闸 3 次，1991 年装了 15 套多针防雷装置后 3 年才雷击跳闸 2 次。

嘉兴电力局管辖的秦南 2428 线和秦双 2424 线秦山核电站出线段自投运以来，几乎每年都要发生几次雷击故障。1995 年初采取以多针系统防雷装置为主的综合防雷措施后，4 年内未发生雷击故障。而与之邻近的秦石 2271 联络线因其重要性不大，未采取任何措施，每年仍然发生雷击故障。

九、可控放电避雷针

可控放电避雷针是近年来输电线路防雷的新技术。雷云对地面物体放电有上行雷闪和下行雷闪两种方式。下行雷闪一般光导自上而下发展，主放电过程发生在地面（或地面物体）附近，所以电荷供应充分，放电过程迅速，雷电流大（平均限值为 30～44kA）、陡度高（24～40kA/μs）。上行雷闪一般没有自上而下的主放电，其放电电流由不断向上发展的先导过程产生。所以相对下行雷闪而言，上行雷闪放电电流幅值小（一般小于 7kA）、陡度低（一般小于 5kA/μs）。另外，上行雷闪不绕击，因为它自下而上发展的先导或者直接进入雷云电荷中心，或者拦截向雷云向下发展的先导，这样中和雷云电荷的反应在上空进行，自雷云向下的先导就不会延伸到被保护对象上。所以上行雷闪的上行先导对地面物体还具有屏蔽作用。可控放电避雷针就是利用这些特点通过巧妙的结构设计引发上行雷闪放电，达到中和雷云电荷、保护各类被保护对象的目的。

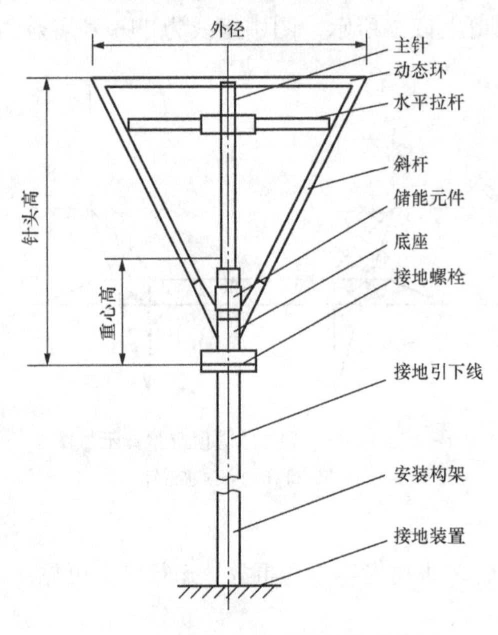

图 4-6 可控放电避雷针结构示意图

可控放电避雷针由针头、接地引下线、接地装置构成一套保护系统。它的针头不再是单针，而由主针、动态环、储能元件组成，如图 4-6 所示。

当可控放电避雷针安装处附近的地向电场强度较低时（如雷云离可控放电避雷针及被保护对象距离较远等情况），雷云不会对地面物体发生放电。此时可控放电避雷针针头的储能元件处于储存雷云电场能量工况。由于动态环的作用，针头上部部件（动态环和主针针尖）处于电位浮动状态，与周围大气电位差小，因此几乎不发生电晕放电，确保引发前针头附近空间电荷少。当雷云电场上升到预示它可能对可控针及周围被保护物发生雷闪时，储能元件立即转入释能工况，使主针针尖的场强瞬间上升数百倍，附近空气形成的强放电脉冲因无空间电荷阻碍而在雷云电场作用下快速向上发展成上行先导，去拦截雷云底部先导或进入雷云电荷中心。如第一次脉冲未能引发上行先导，储能元件再进入储能状态，同时使第一次脉冲形成的空间电荷得以消散，准备第二次脉冲产生，如此循环，直至引发上行雷。

可控放电避雷针已在重庆、湖南、辽宁、福建、吉林、贵州等 20 多个省市安装运行，取得较好的运行效果。贵州 500kV 贵福线雷害突出，2003 年以来针对雷害绕击较多的特点，明确了防雷改造的技术路线，以减少绕击的发生概率为目标，在塔顶安装可控放电避雷针作为重要的防雷手段。贵福线有 10 基铁塔共计装可控放电避雷针 20 支、安装位置为塔顶地线支架上方，一般高出避雷线位置 2m 以上，每基塔 2 支。近两年中，其他线路如鸭福线、安青 1 线、安贵 1 线、纳安 2 线等的雷击跳闸总体上升，但统计显示贵福线下降。

十、加强线路绝缘

增加线路的外绝缘，有利于提高绝缘子的闪络电压和线路的耐雷水平，降低雷击跳闸率。湖北的统计表明，500kV 线路每相 25 片绝缘子线路雷击跳闸率为 0.334 次/(100km·a) 而每相 28 片的则为 0.087 次/(100km·a)，相差近 4 倍。丹东电业局 220kV 宽凤线建于 1979 年，由于设计时对防雷方面的考虑不足，仅使用 13 片绝缘子的最低组合，没有达到 220kV 线路的耐雷水平要求，从投运后到 1998 年的近 20 年的时间共发生雷害跳闸 21 次，其中 1998 年 4 月 14 日下午的雷击造成该线路整串闪络绝缘子多达 32 串。这说明了加强线路绝缘的重要性。但是，增加外绝缘受制于杆塔头部的结构和尺寸，只在高海拔地区和雷电活动强烈地段才采用这种方法。另一方面，增加绝缘子的片数，能提高线路绝缘子的耐雷水平，但由于杆塔结构及高度的变化、大地及地线屏蔽作用的弱化导致绕击概率增大，这些均将影响防雷效果。

绝缘子因长期处在交变电场的作用下，绝缘性能会逐渐下降，及时进行线路绝缘子的维护也是加强线路绝缘的一项重要工作。滇西电业局运行的110kV平下线和220kV下楚线建于20世纪70年代初期。由于这两条线路的绝缘子运行时间较长，绝缘子老化严重，从1991年起，对这两条线路进行全线调爬，将原来的X—45型绝缘子更换成XP-10型，使下楚线的爬电比距由原来的2.05cm/kV提高到2.11cm/kV，平下线的爬电比距由原来的2.18cm/kV提高到2.25cm/kV。

瓷绝缘子存在零值，需定期检测。存在零值绝缘子的绝缘子串会因炸裂而引起绝缘子脱落。而玻璃绝缘子和复合绝缘子均是不可击穿的，这是因为玻璃绝缘子具有零值自爆的特点，使得它的外绝缘水平小于内绝缘水平而不击穿。另外，玻璃绝缘子有较好的耐电弧性能，由于玻璃是熔融体，质地均匀，烧伤后的表面仍是光滑的玻璃体，凡烧伤的玻璃绝缘子表面深度不超过2mm者，仍可安全运行，无需更换。而瓷绝缘子经电弧烧伤后，表面釉层剥落，露出粗糙的瓷体，容易积污渗水，难以擦掉，运行时会导致绝缘性能下降。合成绝缘子由于其伞裙直径较小，因而对于相同高度来说，其干弧距离总是小于瓷（玻璃）绝缘子，也即耐雷水平小于同长度的瓷（玻璃）绝缘子，这种不利因素对长度越短的合成绝缘子越明显。

十一、自动重合闸

输电线路自动重合闸装置是在线路发生雷击网络等情况后，保持供电的极有效的设施，是防雷的最后一道保护。为了进一步降低线路故障率，提高线路的运行可靠性，应抓好线路自动重合闸装置投运、校验、试验与运行巡视检查工作，避免发生拒动、误动，确保线路自动重合闸装置正常有效地运行。

十二、雷电定位系统的开发与应用

雷电定位系统（Lightning Location System，LLS）是一套全自动、大面积、高精度、实时雷电监测系统，能实时遥测并显示云对地放电（地闪）的时间、位置、雷电流的值和极性、回击次数以及每次回击的参数，雷击点的分时彩色图能清晰地显示雷暴的运动轨迹。LLS是当代雷电预警、监测及防护领域具有划时代意义的高新技术，已在电力、航天、气象等部门获得广泛的应用。雷电定位监测技术解决了困扰电网多年的雷击故障快速准确定位、真假雷害事故鉴别和雷电基础数据自动收集难题，LLS已成为我国电网生产运行中一项新的技术手段。目前，我国已有25个省电力公司建立了省域性LLS，国家电网公司LLS已经联网，形成了对华北、华东、华中地区，以及陕西省有效覆盖的雷电监测网。随着对东南—南阳—荆门1000kV交流特高压输电线路沿线区域的雷电监测网的进一步建设与完善，雷电监测对特高压电网的运行和建设将发挥更大作用。

1. 构成与原理

LLS的组成主要由四部分构成：探测站、数据处理及系统控制中心（简称中心站）、用户工作站、雷电信息系统。除此之外，通信系统是组成LLS的重要支撑环节，目前广泛采用光纤、微波、卫星、网络及电信ADSL和移动GPRS多种通信手段。

探测站由电磁场天线、雷电波形识别及处理单元、高精度晶振及GPS时钟单元、通信、电源及保护单元构成。探测站测定地闪波的特征量并输出每次回击的达到时间（10^{-7}s）、方向（正北向为0°）、相对信号强度（反比地闪距离）等，并将原始测量数据实时发送到中心站。中心站前置处理机接收和处理多路探测站接收的信号，并送中心站分析主机定位计算。

中心站将定位计算的结果（地闪的时间、位置、雷电流峰值和极性、回击次数等）发给用户工作站、数据库和网络应用服务器。LLS用户工作站有3种结构方式：专业级实时用户工作站、客户/服务器网络系统和网站式开放型用户终端。

雷电发生时会产生强大的光、声和电磁辐射，最适合大范围监测的信号就是电磁辐射场。雷电电磁辐射场主要沿地球表面方式传播，其传播范围可达数百千米，取决于其放电能量。地闪和云闪是雷电放电的主要形态，地闪危害地面物体安全。地闪由主放电和后续放电构成，现代观测表明有超过50%后续放电在接近地面时会挣脱主放电通道，形成新的对地放电点。

LLS是采用多个探测站同时遥测雷电电磁辐射场，剔除云闪信号，对地闪进行定位。探测站的宽频（1kHz～1MHz）天线系统和专门设计的电子电路，识别地闪信号并对地闪的每次回击波的峰值取样，使测量值对应回击波形成的开始部分，亦即对应相对垂直的回击通道的较低部分，这时对应的电高层折反射、通道的水平分支的影响最小，从而在理论和技术上保证测量雷击点和雷电流峰值的准确性。

2. 定位方法

LLS多站典型定位方法有定向法、时差法和综合法3种。

（1）定向法。下面介绍定向法的原理。如图4-7所示，地闪磁场辐射波穿过探测站的正交框形天线，在南北与东西向天线产生的磁场强度 H_{NS} 和 H_{WE}，测量 $\tan\alpha=\frac{H_{NS}}{H_{WE}}$，即可求得雷击点A相对探测站的方位角。用两个探测站的坐标和方位角即可求得A点坐标，较多观测量可平差求最优值并估计误差，如图4-8所示。

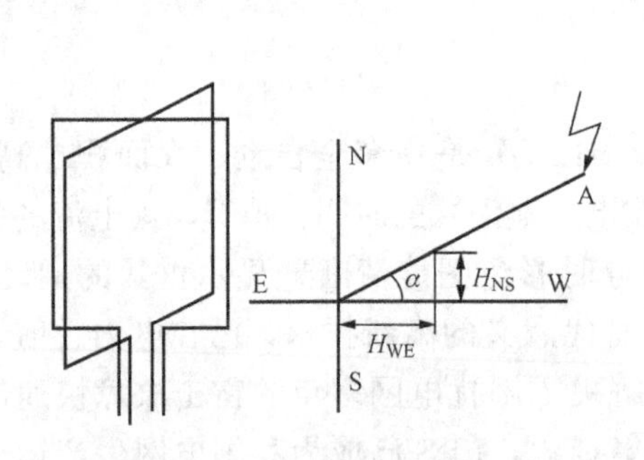

图4-7 定向法原理

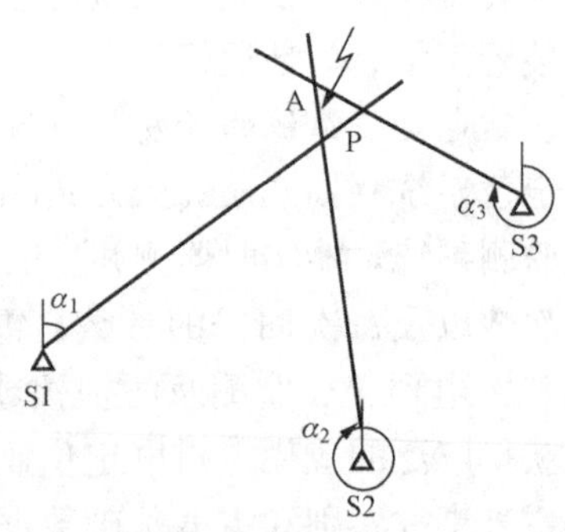

图4-8 定向法的定位原理

定向法是LLS早期采用的定位方法，测向精度受雷电电磁波传播路径和探测站场地误差影响，实际运行的定向定位系统有5°～7°测向误差，导致定位误差超过10km。

（2）时差法。时差法定位原理如图4-9所示。图中A、B、C代表探测站，设P为地闪位置。测量发生在P处的地闪到达探测站的时刻，每两站有一个时间差及对应的距离差，构成一条双曲线，雷击是这条双曲线上的某一点。当第三个探测站符合定位条件时，构成了另一条双曲线，两条双曲线的交点P即为雷击点，而P′是两条双曲线另一个数学解，即雷击

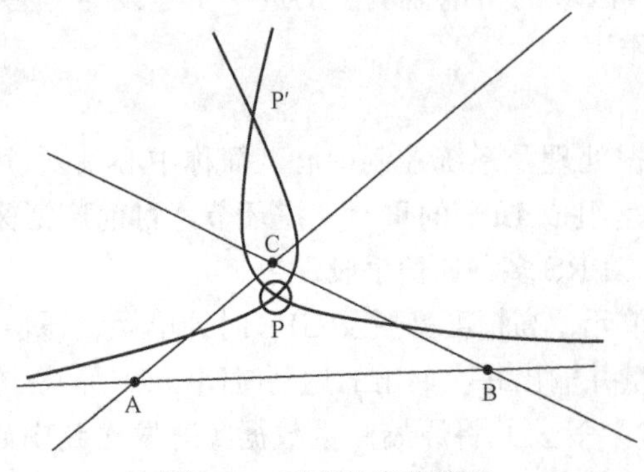

图4-9 时差法定位原理

点假解。4 站及以上系统能剔除 P′，可平差求最优值并估算精度。

时差定位系统的定位精度主要取决于时钟同步技术与时钟标定技术。目前，以高稳恒温晶体和 20～50ns GPS 授时模块为核心部件构成的时钟完全能够实现 10^{-7} 精度，时钟同步已成为成熟技术。相比时钟同步，雷电波到达时刻的标定技术更为关键。频谱丰富的雷电波在传播过程中受衰减变形影响，使到达各个探测站的地闪回击特征波波峰点产生不同的后移畸变，导致波峰点时钟标定达微秒级误差。我国有两种方法解决雷电波时钟标定误差，一种是特征点实时标定技术，另一种是波形反演方法。特征点实时标定技术是依据雷电波主特征频点传播性能优于全信号特性，采用硬件窄波滤波方法摘取雷电波主特征信号进行标定。其特点是探测与时间标定同步，减小 75％波峰点时间标定误差。波形反演方法是依据探测站遥测的地闪特征波和传播距离，在基于对传播路径、媒介的设定条件下，对地闪特征波峰值进行反演后再进行时钟标定修正。该方法的难点是建立雷电波传播路径、传播媒介等的反演模型。目前我国正是由于这两种时间标定技术的 LLS 并存，导致不同探测站的原始信号不能共享。

（3）综合定位法。定向法的测向误差较大，需要的观测量较少。时差法定位精度高，需要观测量较多。将二者综合起来优势互补，而且在一个站上同时获取方向和时间观测量，不仅增加观测量，提高精度，还可以解决某些特殊问题（如剔除 P′假解）。综合法是当前使用最广的方法，我国电网的 LLS90％以上采用综合定位法。

3. 雷电流峰值计算模型

雷电流辐射的电磁场示意图见图 4 - 10。根据 U_{max} 地闪回击场电流模型，假设某处的地闪回击通道为一电流源以回击传输速度 V 向上传播，则根据传输线模式在距离为 D 的地方产生的辐射场分量为

$$B(D,t)=\left(\frac{\mu_0 V}{2\pi c D}\right)I\left(t-\frac{D}{c}\right) \tag{4-20}$$

式中　c——光速；

V——回击速度，一般取 1.3×10^8 m/s；

μ_0——空气磁导率；

D——雷击点到探测站的距离。

框形磁场导线的感应电压经过积分、放大后可得到信号强度为

$$\begin{aligned}S&=kns\int\frac{\mathrm{d}B}{\mathrm{d}t}\mathrm{d}t=k'B\\&=kns\left(\frac{\mu_0 V}{2\pi c D}\right)I\left(t-\frac{D}{c}\right)\end{aligned} \tag{4-21}$$

式中　k——积分器放大倍数；

I——雷电流峰值。

显然，不同探测站的信号强度 S 有一定分散性，归一化处理是解决多站的雷电流计算分散性的合适方法。将参加计算的信号强度值一并归算至 100km 处，即探测站信号强度的归一化值 S_{RN} 为

$$S_{RN}=U\left(\frac{r}{100}\right)^b e^{\frac{r-100}{\lambda}} \tag{4-22}$$

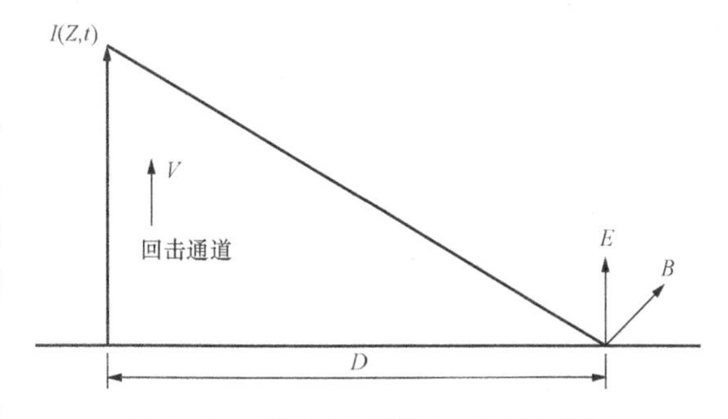

图 4 - 10　雷电流辐射的电磁场示意图

式（4-22）中b和λ是需要和雷电流直接测量值比对后选取的。推荐b取1.13，λ取1×10^5，于是，LLS输出的雷电流峰值为

$$I = AS_{RN} \tag{4-23}$$

4. 系统设计要点

LLS设计要点归结为系统技术指标、探测站布置和站位的选择。

（1）关键技术指标。定位准确度和探测效率是评价LLS的关键技术指标。我国已实现对电网雷击探测效率大于90%、定位误差小于1km实用化指标，该指标及1997年、1998年广东火箭引雷试验结果，与国际上公认的火箭引雷试验场检测指标完全一致。

理论上讲，雷电探测站探测半径有400km，在其探测区域里，雷电探测效率≥90%，但由于场地无线电背景噪声会抬高探测站的噪声门限值，探测站会漏测远处的小雷电信号。在幅值一定情况下，探测效率与传播距离成反比。绕击雷害事故占到高压输电网雷击事故一半以上，因此，在电网应用中尤其应重视对LLS监测小幅值雷电信号的需求。通过对多年来全国电网LLS数据的观察和分析得出近似统计数据，150km探测区域内的雷电探测效率≥90%；150km≤探测半径≤200km区域的雷电探测效率≥80%，实际运行系统的多年雷击线路故障点定位网内误差≤1km。

（2）探测站布置。布站的几何图形直接涉及系统的有效覆盖区域和定位精度。模拟计算显示：当探测站呈直线布置时，高精度探测覆盖区域最小、探盲区变大。就省域电网而言，将探测站以合适站距（150～200km）沿着电网的外包线布置，联合网内布置的探测站，LLS就能够以较高的探测效率和定位精度覆盖要求监测的电网。

（3）站位场地选择。当地形相对雷电脉冲波波长的起伏及沿路径的变化率较大时，雷电波的幅度和相延相应出现起伏，当地势随距离变化为正斜率（山峰前），相对于平坦地面幅度变大而二次相延变小，反之则相反。斜坡前波场的幅度、相位都是波动的，而波后远离地形起伏区一定距离，波场的扰动则迅速减小。

因此，从理论上讲探测站应尽可能远离山峰（因为不可能要求雷击点远离山峰）。影响雷电测量的另一因素是靠近站位的金属构架、输电线、钢筋混凝土建筑物，它们引发的多径时延散布特性与有效多径分量对定位精度会造成较大影响。可忽略上述影响的布站经验公式为：遮挡物与探测站（净高1.7m）的净高与距离之比为$L/H\geqslant100$。在我国电网内选站一般是围绕电力系统通信资源和物资产地，通常很难满足上述要求。根据国内已建LLS的运行数据，认为$L/H\geqslant30$是选站应满足的基本要求。

场地无线电背景噪声是站位选择的另一个重要因素。探测效率反比于探测站安装场地的无线电噪声，对应于高增益探测站，其站址周围的无线电噪声换算成磁感应电动势量，要求不大于100mV。一般不应在220kV及以上变电所这种强电磁环境中选址，必须对选择的场站的具体点位进行无线电干扰水平测量。

5. 在电网中的典型应用

（1）雷击故障点快速定位。与传统手段相比，LLS在秒级时间内就能定位雷击故障杆塔或雷击点，极大地提高了巡线工人劳动生产率。

LLS成为我国110kV及以上电网雷击故障定位的常用技术手段。

（2）雷击事故鉴别和防雷水平评估。LLS成为我国电网雨季事故鉴别和防雷水平评估实用手段。过去在雷雨季，电网事故无论是否经现场查找，往往会定性为雷害事故。这样就

可能未及时发现和处理非雷击事故，造成更严重的电网事故。现在，电力企业在电网事故处理程序中，都明确将 LLS 作为事故鉴别第一手段，查看在故障发生时间里故障点或线路走廊是否有雷电活动。若有雷电，依据故障时间的 LLS 信息去查找雷击故障点。若无雷电，应立即查找非雷击故障。

过去，由于不掌握雷电活动，工程上对许多防雷措施无法评价，妨碍电网防雷措施改进与实施。现在，LLS 能对任意区域、线路走廊实施全自动、大面积、高精度、实时雷电监测，并能统计分析任意区域、线路走廊雷电活动频度、强度，结合任意区域、线路走廊的雷击故障事件进行雷电频度、密度、强度统计对比分析，可方便实现对防雷设备或措施的功效评估。

(3) 雷电参数统计。LLS 测量的地闪时间和位置、雷电流幅值和极性等数据受到了防雷设计工程师的广泛关注，从长时间、大范围、全自动监测的海量信息中统计雷电参数是 LLS 最具潜力的应用领域。国家电网公司已开展了福建、重庆、陕西不同地域的雷电参数统计与研究课题。研究表明，LLS 监测的数据是统计雷电日、雷电时、雷电数、地面落雷密度、雷电流幅值概率分布等雷电参数的适用基础数据源，能够填补我国雷电参数空白。

对基于 LLS 监测数据统计雷电参数，要特别注意统计样本分析。推荐采用重算 LLS 原始数据、用 3 站及以上定位数据，对 3 站双解汇聚区域进行了强制剔除。对需计及地面落雷次数的统计样本，参照雷击事故检测率订正探测效率，统计样本分主放电和次续放电。

习　　题

4-1　什么是雷暴日和雷暴日小时?

4-2　雷区是如何划分的?

4-3　落雷密度是如何规定的?

4-4　雷电流的幅值大小是如何确定的?

4-5　避雷线如何保护电气设备的?

4-6　什么是避雷线的保护角? 避雷线对边导线的保护角是如何确定的?

4-7　电力线路架设避雷线作用是什么?

4-8　如何降低杆塔接地电阻?

4-9　线路防雷保护对路径有何要求?

4-10　什么是雷电过电压?

4-11　叙述雷电对地的放电过程。

4-12　防雷接地的重要性是什么?

4-13　何谓“逆闪络”?

4-14　线路雷击跳闸的条件是什么?

4-15　为什么 35kV 及以下的线路不采用避雷线或不需全线架设避雷线?

4-16　什么是线路的保护间隙?

4-17　输电线路要防止雷电危害，应采取哪些措施?

4-18 什么是大气过电压？

4-19 输电线路接地装置有哪些形式？

4-20 对接地装置连接的要求有哪些？

4-21 接地装置包括哪几部分？作用是什么？

4-22 何为接地电压及接地电阻？

4-23 接地可分为哪些类型？各有何作用？

4-24 接地装置的形式有哪些？

4-25 对接地装置有何要求？

4-26 如何降低杆塔接地电阻？

第5章 外　　力

近年来，随着电网的不断发展，输电线路所经区域扩大，安全运行也面临着更多的问题。在引起线路跳闸的众多原因里，外力破坏占很大比重；从造成的事故来看，在有些省份，外力破坏造成的事故超过了雷击，位居首位。因此，有必要分析研究外力破坏的原因、类型，找出有效的防治措施，确保输电线路安全运行。

外力破坏故障主要由违章施工作业，盗窃、破坏电力设施，房障、树障、交叉跨越公路，在输电线路下焚烧农作物，山林失火及漂浮物（风筝、气球、白色垃圾）等造成。

5.1 输电线路外力破坏故障现状

从国家电网公司近3年的统计数据来看，2003年66～500kV线路因外力破坏发生跳闸达641次，造成事故57次；2004年220～500kV线路跳闸达244次，造成事故92次；2005年66～500kV线路因外力破坏发生跳闸达721次，造成事故366次。统计资料显示，不论从总的跳闸次数上看，还是从造成事故的次数上看，50%以上的线路故障都是由外力破坏引起的，尤其是山东、河南、甘肃、陕西等省，对电网安全稳定运行构成严重威胁。

从2003～2005年，外力破坏的次数上升趋势明显，如何有效地预防外力破坏，力争把破坏次数和事故次数控制在一定的数量范围内，是一个值得深刻思考的问题。

近几年来，在造成线路跳闸的各种原因中，外力破坏一直是占第二位的，外力破坏已成为除雷害以外线路运行的最大安全隐患。而且从2003～2005年，外力破坏所占的比重也在逐年加大，从2003年的19%，到2004年的23%，再到2005年的29%，外力破坏已占总跳闸数的1/4还多。

按地区来看，3年来只有西北网的外力破坏情况有所减少，其他地区的外力破坏现象都有明显的增加。其中华北网、华中网的增长最为显著，从2003年到2005年几乎增长了一倍。外力破坏已成为电力系统安全运行的重大隐患。

按不同电压等级来看，330kV和66kV的线路在全国范围来说还是较少的，因此外力破坏现象不严重。目前，500kV线路是我国输变电系统的主干线，电压等级高，杆塔高大，受到违章施工和偷盗现象的影响小。从2005年的统计数据来看，500kV输电线路有483条，45 422.4km，而220kV输电线路有4570条、144 488km，110kV输电线路有10 501条、166 481.6km。500kV线路相对于220kV和110kV线路来说，其条数和长度都要少得多。由于以上两个主要原因，外力破坏对500kV线路的影响不是很大。

220kV和110kV线路是防范外力破坏的重点。220kV和110kV线路遍布全国各个省市地区，线路条数和长度数目巨大，外力破坏预防工作尤为不便。而吊车碰线、异物短路、违章施工、偷盗是外力破坏的主要形式。其中，吊车碰线和违章施工是防范工作的重中之重，占外力破坏的一半左右。从全国范围来看，华北网的吊车碰线和违章施工最为严重，占整个国家电网公司系统的1/3还多，其次为华东网和华中网，东北网和西北网最少。这主要是因为华北、华东和华中是我国经济发达，人口众多，电力线路密集的三大区域，相对来说开展外力破坏的预防工作也就困难一些，因此也就成了外力破坏的重灾区。异物短路主要是由房障、树障、空中飘浮物和乱搭用导线等造成的。

异物短路和偷盗现象不仅是电力系统所面临的难题也是社会问题，需要通过社会综合治理来加以解决。

5.2 输电线路外力破坏故障分析

输电线路外力破坏故障的主要原因有以下几点：

(1) 违章施工作业。表现在一些单位和个人置电力设施安全不顾，在电力设施保护区内盲目施工，有的挖断电缆，有的撞断杆塔，有的高空抛物，有的围塘挖堰，在输电线下钓鱼等，都会导致线路跳闸。

(2) 盗窃、破坏电力设施，危及电网安全。

(3) 房障、树障、交叉跨越公路危害电网安全，清除步履艰难。一些单位和个人违反电力法律、法规，擅自在电力线路保护区内违章建房、种树、修路、挖堰，严重威胁着供电安全。

(4) 输电线路下焚烧农作物、山林失火及漂浮物（如风筝、气球、白色垃圾），导致线路跳闸。

5.2.1 违章施工作业

随着社会经济的不断发展，输电线路及其走廊周围的施工越来越多。由于施工单位及其组成人员比较复杂，施工过程中对输电线路不采取相应的防护措施，很容易造成吊车等施工机械碰撞导线，使输电线路掉闸，严重的会长时间中断供电，而且还有可能给施工人员人身安全造成危害。例如翻斗车、大吊车、挖土机等超高的大型机械在输电线路下作业，设备稍一抬起，就伸进了高压输电线路的放电区或扯断导线造成短路；工地上车辆肆无忌惮地开，撞坏电杆的拉线而引发倒杆断线；大货车或汽车超载装卸或超长抱钢材，导致运行失控撞坏电杆。这些事故不仅给电力企业带来灾难性损失，还严重影响了群众生活、经济发展和社会安定。

2003年5月底到6月初，在短短一周多的时间里江西南昌市就连续发生四起严重外力破坏导致大面积停电事故。5月25日，江西大盛港大市场在110kV昌丁线6号至7号塔下施工时，由于翻斗运土车与运行导线安全距离不够，引起线路拉弧放电，保护动作跳闸，全线停电1小时20分钟。6月2日，高新路灯管理所在高新大道110kV七高线29号至30号杆下安装路灯施工中触及导线，线路烧伤，虽经奋力抢修，七高线仍停电长达8h。6月2日，高新开发区瑶湖大道二标段工程建设中，施工单位在110kV昌纺线5号至6号杆间导线下施工时，由于挖掘机斗臂碰触运行导线引起线路跳闸，造成市区4座110kV变电所全站停电，大半个南昌城区断电1h。6月5日，高新开发区瑶源大道地下排水管工程施工中，在220kV七昌线48号至49号杆间吊装排水管时，吊车臂触及导线引起七昌线停电。

2003年6月26日，南京市江宁区科学园内某学院施工现场发生吊塔臂碰线事故，操作工擅自爬上塔臂，准备用手挪开电力导线，无知加蛮干造成触电身亡的恶性事故。7月29日，开发区某施工现场车辆在施工倒土时，车斗碰到110kV殷天线，造成8个乡镇停电。

仅仅过了几天，8月5日，同样是殷天线，再次因挖掘机违章作业碰线，造成跳闸停电。据统计，两次事故共损失电量15万kW·h，直接经济损失高达9万余元。

由于经济开发区、农田改造区及公路等有关公共设施建设区内，原有线路走廊防护区不断遭到基础设施建设的占用，电力设施保护条例在实际操作中很难落实。另外，一部分局线路运、检单位对线路通道内及杆塔附近的经济开发区、公路及市政建设等社会施工作业点的危险点预控没有做深做细，没有做到有效监控，仅仅以发隐患通知单就算已经联系过了，而没有进一步对现场（危险点）设置警示、警告标志，更没有派专人进行现场电力设施保护宣传和安全监督、监控，致使施工作业引起的线路外损、外力破杆跳闸事故居高不下。如何防止外损、外力破坏应引起人们的足够重视，并需从管理和技术上采取相应的保护措施，并运用法律手段加大保护电力设施及打击外损、外破的力度。

5.2.2 人为造成，偷盗现象严重

线路通道的保护一直是线路维护工作的一个难点，因各电业局许多输电线路经过山区、人烟稀少，一些地区周边治安环境较差，输电线路塔材、金具和导线等被盗普遍存在且十分严重，对线路安全运行造成严重威胁。例如，2003年四川西昌电业局220kV南西线285号塔绝缘子被人为破坏，有27片绝缘子被外力打坏，220kV南西线、西越线、110kV越喜线被盗塔材30余处，共计3.2t。攀枝花电业局塔材、拉线被盗和损坏的现象也十分严重。德阳电业局2003年盗窃电力设施事件频繁，共计191起，直接影响了线路的安全运行。据辽宁省电力公司不完全统计，全省丢失并补充的塔材已超过100t，全省13个市地无一不丢失塔材、螺栓，这些盗窃事件给线路安全运行带来了极大的危害。

从2001年底到2003年10月，广西共发生电力设施被偷盗案件2760起，偷盗铁塔材料达9.5t、导线1 801 580m，变压器93台，造成停电损失4882.93万kWh，直接经济损失高达1115.83万元，严重影响了工农业和城乡居民的生活，由此造成的间接损失无法估算。

2005年5月28日，甘肃白银发生一起因220kV电力线路铁塔拉线下端线夹被盗，在大风中倒塔的外力破坏事故。当日白银市靖远县为大风阵雨天气，风力达到6级，白银供电公司地处靖远县刘川乡地段的220kV 2213郝（家川）沙（河）线139号直线拉线钢杆塔因4套拉线下端线夹全部被盗，造成该铁塔在大风作用下倒塔，A、C相双分裂导线烧断6～9股，塔头严重损坏，塔身变形，相邻的138号塔也因一侧拉线被盗，造成扭曲30°。所幸的是当时白银电网220kV系统环网运行，没有造成对外停电，但铁塔应线路导线损坏等抢修费用达5.1万元。

盗窃破坏电力设施案件呈上升趋势，严重威胁电网安全。盗割电力高压运行线路的现象屡禁不止，尤其是盗窃10kV以下的配电线路、路灯线路、农网改造后的线路比较严重，特别是农村低压线路。由于有些地方相对比较偏僻，安全保卫难度大，容易成为犯罪分子的目标。

保护电力线路设施，防止线路设施被破坏，虽然有法律依据，但事故依然发生，而且屡禁不止，不但电气设备损坏，直至造成停电甚至更严重的事故发生。

5.2.3 超高建筑、树木和公路

由于受地形和环境的限制，输电线路一般沿山区架设。现在大部分山区为了发展经济，进行封山育林或将山承包给个人，在山上种植着大量的果树、桉树或枫树等。还有些树木在线路建设初期时，由于工程人员清理树木不够彻底，给运行人员在以后的运行维护留下了隐

患。当输电线路和树木之间的距离超过《电力设施保护条例》中规定的安全距离，输电线路就会对树木放电。如果雨天或空气湿度过大，在高压作用下，树木就会成为导电体，对树木周围的建筑、设备或人员构成危害，并可能造成重大设备、人身伤亡事故，同时危及电网的安全运行。

违章建筑和树障威胁着电力线路的安全运行。一些单位和个人违反国家法律法规，擅自在电力设施保护区内违章建房，违章种树。电力线路下的树障、房障是危及电网安全运行的大敌，同时，也会直接危及人身安全。

各地区大力发展市政和公路建设，特别是与输电线路交叉跨越多的公路、超高建筑、树木、民房，炸石、取土、外力冲撞、树木对线路放电、开山炸石炸伤导线甚至断线的问题还时有发生，应引起足够的重视。

5.2.4 其他

输电线路下焚烧农作物、山林失火及漂浮物（如风筝、气球、白色垃圾）导致线路跳闸。还有其他一些不可预计的人为破坏电力设施的情况。

2006年3月8日，武汉220kV和关线66号铁塔，被一对拾荒者夫妇烧“荒”烧倒，使和关线停电60多个小时，给华中地区的供配电带来重大影响，经济损失在100万以上，经过武汉电力部门的紧张抢修才重新立塔恢复送电。

5.3 外力破坏故障的防治措施

随着《中华人民共和国电力法》(以下简称《电力法》) 的颁布和“标准化线路管理”的实施，输电线路的通道安全得到了很大的改善，但沿线通道超高建筑、树木对线路放电、开山炸石炸伤导线甚至断线，尤其是盗窃塔材、金具的恶性案件仍较普遍发生。这些问题已成为影响电网安全的固疾，而且解决起来难度很大。

输电线路的反盗窃、防外力破坏将是一项长期的工作。针对外力破坏，要积极采取措施，降低因外力破坏造成的线路跳闸。具体措施如下。

(1) 加大宣传力度，营造强大的保电舆论氛围。利用地方广播、电视、电台、报纸等各种舆论工具和新闻媒体开展一系列声势浩大的《电力法》法规宣传，做好保护电力设施的宣传。结合线路巡视，加强对沿线群众《电力法》、《电力设施保护条例》的宣传教育，在线路所在的广大农村地区开展发放电力设施保护宣传材料等各种形式的宣传、教育活动，引导和提高群众对保护电力设施重要性和损坏、破坏电力设施严重性、危害性的认识。加强群众义务护线网管理，指导和促进群众护线工作的普及和提高。

加强与政府部门和施工单位的联系与沟通，重点做好沿线相邻设施建设、施工单位的宣传教育工作。印发宣传资料，签订责任协议书，从源头上来防止外力破坏事故的发生。要应用电力安全生产综合预控法，对线路通道内及杆塔附近的社会施工作业点，签发安全隐患通知，设置安全警示标志，并有专人监控，切实做好危险点预控和动态跟踪监控管理工作。

对于线路下违章建房、施工、建鱼塘和线路防护区内开山、炸石、取土等屡教不改的单位和个人，必须加大电力设施保护的执法力度，强化制约手段。对易受外力损坏、破坏地段加强线路运行巡视，加强现场监督，临时挂设宣传牌警告牌，预发安全通知书；健全、发展群众护线队伍，并积极探索其他措施，使外损、外力破坏得到有效扼制。要不定期轮训义务护线员，提高护线员的线路常识、电力法规知识和护线责任，为能及时发现缺陷和保护电力设施建立一道保护屏障。

（2）争取政府、相关职能部门的配合和支持。电力设施覆盖面广、线路长、遍布野外，在管理上存着很大的难度。因此，要建立电力设施保护工作组织网络，组织护线队伍，逐步建立和完善行之有效的保电制度，明确责任，落实责任制。各局生技、电力公安保卫部门应会同线路运检单位积极依靠地方政府和公安部门，利用法律手段进一步加强对电力设施的保护，防止外力损坏和破坏，加强对电力设施保护的执法力度。

紧紧依靠各级政府，争取相关职能部门的配合和支持。电力设施保护工作是一项长期的复杂的社会工程，涉及面广，社会性强。要想把保电工作深入持久、卓有成效地开展下去，必须紧紧依靠地方各级政府，通过政府行为动员全社会做好电力设施保护工作。结合实际不定期地召集有关职能部门参加座谈会、分析会等，研究、解决存在的问题，制订出保电意见和具体措施。同时，要协调好与公安、司法等部门的关系，加大查处和打击破坏电力设施违法行为的力度。依靠公安、司法等执法部门，严厉打击违法犯罪行为，震慑犯罪分子，确保电力设施安全、稳定运行。

（3）开发新科技防盗产品。研究各种防止电力设施被盗装置（如防盗螺栓、金具、拉线等），积极推动新型无拉线杆塔及其他各类具有防盗功能的新材料、新产品推广应用。同时，应加大科技投入，逐步推广和应用先进的防盗技术装置，不断提高电力设施的科技水平。

（4）建立举报、奖励制度。建立举报、奖励制度，设立奖励基金，广泛发动群众检举、揭发盗窃、破坏电力设施的违法犯罪行为及违章行为。检举、揭发的线索一经核实，应根据情况给予不同的奖励并及时兑现，以促进广大人民群众维护电力设施的自觉性和积极性。对于举报人及举报材料应予保密，保证举报人的人身、财产安全。

为了保证和促进电力工业顺利健康发展，惩戒危及电力设施安全的行为，统护电力部门的合法权益，进行相应的诉讼行动已是法理之中，在所难免。供电企业只有依靠法律的惩戒性，通过采取经济赔偿、行政处罚、刑事追究等手段，才能坚决打击各种危害和破坏电力设施的行为，从而扭转和遏制破坏电力设施案件频发的趋势。

（5）为电力设施投保。电力设施受到外力破坏，无论是自然外力或者是人为外力，不仅会给电力企业自身利益带来损害，而且有可能给广大用户带来巨大的损失。为了保证电力企业的合法利益不受侵害，有必要为电力设施进行投保。当电力设施由于受外力破坏，而给电力企业和用户造成经济损失，可由保险公司承担一部分或全部。若属于人为外力侵害，电力企业还可以通过法律手段挽回经济损失。

综上所述，保护电力设施，不是一时的权宜之计，而是长期的、艰巨的任务。虽然在外力破坏防治工作上取得了一定的成效，但是外力破坏仍然是电力企业当前迫切需要解决的头等大事，目前还没能够从根本上得到有效的遏制。单靠电力部门自身解决问题是远远不能达到要求的，所以还必须依靠当地政府、公安部门、人民群众和各种宣传媒体的广泛支持，全面落实“人防、技防、措施防”的整体防范体制。电力企业要加强研究，总结规律，制定新的法规，尤其要注意用高科技手段来预防外破；注意与公安机关的沟通协调，密切配合；发动和依靠群众，加大《电力设施保护法》的宣传力度，走群防群治的群众路线，确保电力供应正常，保障生产生活的用电需要。

第 6 章　输电线路的鸟害与防治

近年来，随着国民素质的提高，人们环保意识不断增强，爱鸟、护鸟已经成为自觉行动，使得各种鸟类数量逐渐增多起来。鸟类的频繁活动极易造成输电线路故障甚至事故，既损害电力企业的经济效益，更对电网的安全可靠运行构成严重威胁。

下面针对鸟害引起的输电线路故障情况进行介绍，对鸟害故障类型及形成原因进行了相应的分析，并提出了相关防治措施。

6.1　鸟害故障调查

鸟害引起的输电线路故障一直是困扰国内外电力系统的一个棘手问题。近几年来，我国输电线路鸟害故障也时有发生，鸟害已经成为严重威胁着电力系统安全稳定运行的主要隐患之一。

据统计，2003 年 220～500kV 线路鸟害引起的线路跳闸位居架空输电线路跳闸的第五位，共发生鸟害跳闸 138 起，占线路总跳闸数的 13.5%。其中江西 24 次、辽宁 21 次、新疆 13 次、湖北 12 次、黑龙江 12 次、宁夏 9 次、山西 9 次、江苏 5 次；220kV 线路的鸟害跳闸数占的比重比较大，跳闸数为 123 次，占线路鸟害总跳闸数的 89%。

2004 年 220～500kV 线路鸟害引起的线路跳闸位居架空输电线路跳闸的第四位，共发生鸟害跳闸 134 起，占线路总跳闸数的 10.69%。其中宁夏 15 次，占总跳闸次数的 68%；黑龙江鸟害跳闸为 20 次，占总跳闸次数的 50%；吉林鸟害跳闸为 13 次，占总跳闸次数的 40%；新疆鸟害跳闸为 8 次，占总跳闸次数的 34.8%；安徽鸟害跳闸为 9 次，占总跳闸次数的 16%；辽宁鸟害跳闸为 14 次，占总跳闸次数的 16%。特别是 220kV 线路的鸟害总跳闸数为 112 次，占线路鸟害总跳闸数的 84%。

2005 年 220kV 及以上输电线路共发生鸟害跳闸 151 起，占线路总跳闸数的 12.32%。其中，交流 500kV 线路跳闸 11 次，330kV 线路 15 次，220kV 线路 125 次，直流±500kV 线路 0 次。从地域的分布上看，发生鸟害线路跳闸次数较多的电网有内蒙古 21 次、山西 15 次、河南 11 次、湖北和辽宁各 10 次、黑龙江 9 次、吉林和江西各 8 次。220kV 线路的鸟害跳闸数占的比重比较大，占线路鸟害总跳闸数的 83%。

通过对 2003～2005 年 220kV 及以上输电线路鸟害跳闸的调查统计，可以看出 2003 年和 2004 年 220kV 及以上输电线路鸟害跳闸次数相差不大，2004 年略有下降，但 2005 年有明显的上升趋势。鸟害越来越威胁着国家电网的安全运行，因此，有必要找出鸟害故障的形成原因及其发生的规律，并制订出相应的防治措施来尽量减少输电线路鸟害故障的发生，为电网的安全运行提供技术支持和安全保障。

6.2　鸟害故障的类型和形成原因

从形成机理上进行分析和归类，可将鸟害故障分为筑巢类、猛禽类、泄粪类、鸟啄绝缘子和其他类五类。

6.2.1　筑巢类故障及形成原因

由于鸟类在电力线路上筑巢及其相关因素所引发的电力线路跳闸故障统称为筑巢类故障。此类故障的肇事鸟主要有喜鹊、猫头鹰、雕、秃鹰、乌鸦、八哥、鹞子等。

筑巢类故障的形成原因主要有以下几个方面：

（1）鸟类筑巢时经常叼着树枝、铁丝、柴草等筑巢物在线路上往返飞行，这些筑巢物可能落在横担与导线之间，或者落到绝缘子串上使绝缘子串短接，从而造成线路的故障。

（2）杆塔上的鸟巢与导线之间距离过于接近，当遇到大风、暴雨天气时，鸟巢容易被风吹散到导线或绝缘子上，从而造成线路故障。

（3）鸟巢吸引蛇类或其他以鸟为食的动物爬上杆塔，形成导线经蛇体或其他动物体接地短路造成故障。在 2003～2004 年襄樊地区发生的 10 次筑巢类鸟害故障中，就有 2 次是因蛇体接地短路造成的。

1990 年以后，晋中地区 110kV 介遥线、榆遥线鸟害事故相当频繁，故障大多发生在晚上 9：00 至次日凌晨 6：30，有关人员现场观察发现在水泥杆横担上有不少鸟巢，一种大鸟每到夜晚 9：00 回来栖息。浙江衢州 2000～2001 年发生了 496 次筑巢类故障，青岛供电公司仅 2004 年 4 月份 1 个月内，低压配电线路就发生了 21 起因鸟巢造成的线路跳闸。

6.2.2　猛禽类故障及形成原因

由于各种猛禽在电力线路杆塔上猎食小动物所引发的电力线路跳闸故障，统称为猛禽类故障。此类故障的肇事鸟主要有猫头鹰、鹞子、老鹰等。

猛禽类鸟害故障的形成原因是，当猛禽在导线上方的横担部位食用小动物时，被食小动物的内脏等流出，全部或部分短接线路绝缘子，形成单相接地短路，从而造成线路跳闸。

1999 年 3 月 24 日，巢湖地区滁西线 197 杆发生鸟害故障，据当地农民反映，杆塔上常有大鸟停留，故障现场勘察时发现杆塔横担上有血迹，杆下有残存的小鸟腐肉。

6.2.3　泄粪类故障及形成原因

由各种在电力线路杆塔上活动的鸟类排泄粪便所引发的电力线路跳闸故障统称为泄粪类故障。此类故障的肇事鸟主要有以鱼虾为食的水鸟、形体较大的鸟类以及喜欢群居的鸟类等，如各种野鸭、鹤、鱼鹰、喜鹊等。

泄粪类故障形成的主要原因有如下两点。

（1）鸟粪闪络。当鸟在绝缘子悬挂点附近的横担上排便时，高电导率的鸟类粪便将短接部分空气间隙，即使鸟粪并没有贯通全部通道，也可能造成闪络。对于不同电压等级的线路，故障的特点也有所不同。对于 220kV 及以上电压等级的线路，绝缘子串较短，大鸟的高电导率鸟粪可形成较长的通道，使空气间隙的有效绝缘长度明显减小，空间电场严重畸变，在带电体与粪便末端之间的空气间隙中放电。对于 500kV 及以上电压等级的线路，相对整个绝缘子串来说，鸟粪通道所占的空气间隙比例较小，直接导致其余空气间隙闪络的概率较小。但是，如果绝缘子上已存有一定污秽且在潮湿气候的作用下，由于绝缘子串的绝缘水平降低，放电就可能沿着“鸟粪通道—粪道末端与绝缘子串间的空气间隙—绝缘子串表面”这一通道形成。

鸟粪闪络是一种突发性事件，闪络前没有任何征兆，闪络时也极少为人所见，只能事后以鸟粪痕迹作为判断。鸟粪闪络的具体原理是鸟粪下落的瞬间畸变了绝缘子周围的电场分布，是鸟粪通道与绝缘子高压端之间发生了空气间隙击穿而导致闪络。当闪络发生后，绝缘子周围电场分布又恢复正常。此时重合闸动作，线路再带电时均能正常供电，从闪络机理再次说明了鸟粪闪络重合闸动作成功率高的原因。经相关试验可知，鸟粪闪络的发展过程可以分为三个阶段。

第一阶段，鸟粪通道的形成和伸长。鸟粪排出后，以自由落体的方式下落，形成一段细长的下落体。

第二阶段，绝缘子周围电场发生严重畸变。具有一定导电性的鸟粪通道的介入使绝缘子周围电场分布发生了严重畸变，鸟粪通道的前端与绝缘子高压端之间的空气间隙电场强度大大增加。绝缘子承受的大部分电压都加在了这一段空气间隙上。

第三阶段，空气间隙击穿，完成闪络。当鸟粪通道的前端越来越接近绝缘子高压端时，它们之间的空气间隙承受不了所加的电压，间隙被击穿，形成局部电弧。当鸟粪的电导率超过一定值时，局部电弧最终导致绝缘子闪络。

由于鸟类大多在清晨排便，此时不仅是鸟类的高活跃期，同时又是气温较低、湿度较大的时段，是最可能有鸟害引发接地故障的时段。事实上，在鸟害引起的线路接地故障中，由鸟粪短接空气间隙造成的故障约占全部故障的90%左右。

(2) 鸟粪污闪。当鸟粪污染绝缘子表面，在潮湿气候和雨雾作用下，有可能形成沿绝缘子表面的闪络。一般来说，在干燥的情况下鸟粪并不会明显降低绝缘子的闪络电压，而在潮湿的状态下是否引起污闪与鸟粪的电导率、污秽面积、污秽路径等有关。一般来说，如果鸟粪形成长路径的贯穿性污染则有可能造成污闪。

6.2.4 鸟啄复合绝缘子

据统计，截至2005年上半年，在我国挂网运行的复合绝缘子约600万支，各种待建、已建、扩建的不同电压等级的输电线路还将会大量使用复合绝缘子，复合绝缘子在我国输电线路的安全运行中起着越来越重要的作用。

而近年来，在跨区电网输电线路检修和运行工作中，已多次发现复合绝缘子被鸟啄损坏的例子，有的鸟啄复合绝缘子使端部芯棒大面积暴露而导致端部密封破坏，国内已发生过多起由于密封失效导致复合绝缘子掉串的恶性事故。据统计，2005年上半年，河南、湖北、浙江三省4条500kV交、直流输电线路遭鸟啄损坏的复合绝缘子达87支。

此类鸟害原因主要有以下几种：

(1) 鸟类数量增多。由于环境保护意识的普遍提高和国家退耕还林等政策的实行，鸟类的生活环境得到了很大的改善，使鸟类种群增大，数量增多。据观察和沿线走访发现，在线路设备上停留、筑巢的鸟类比以往大幅增加。在繁殖季节，在铁塔上搭建鸟巢的更多。

(2) 绝缘子颜色。鸟啄的绝缘子既有红色的也有灰色的，但以红色绝缘子居多。可见鸟对绝缘子的颜色有一定的选择。

(3) 绝缘子气味。复合绝缘子的气味一般经1年左右的时间完全挥发，当然鸟的嗅觉也许和人有差别，这一点还有待证实。如果鸟喜欢复合绝缘子配方中添加剂的芬芳气味或物质，符合鸟类“口感”，有可能容易吸引飞鸟啄食。

(4) 带电运行。鸟啄绝缘子大多发生在未带电运行线路，可能线路带电运行后，绝缘子周围电场对鸟的活动有一定影响。

(5) 鸟啄部位。绝缘子被啄损坏的部位，大都集中在绝缘子上端均压装置附近的伞裙和护套间，直接鸟啄损坏的现象不多。

（6）均压装置。大部分复合绝缘子的受损部位在均压装置和第一片伞裙之间的护套部分，而且受损绝缘子的均压装置不是防鸟粪式的均压装置，而是老式的两根支撑杆连接的均压装置，鸟很容易站立在上面，给鸟啄复合绝缘子端部创造了有利条件。

（7）串型。水平串和V形串更利于鸟栖息，损坏的情况更为突出。

6.2.5 其他类故障及形成原因

除上述几种类型之外的其他鸟害故障统称为其他类故障，如大型鸟类在飞翔或争斗时从导线间隙通过造成相间短路或单相接地。比如黑鹳，体长1m多，翼展达2.5m，当它们在导线间飞行争斗时，很可能造成相间短路或单相接地短路。还有一些鸟类喜欢嘴里衔着树枝或线路施工遗弃的铜、铝、铁线头等，从导线间穿越飞行时可造成相间短路造成跳闸。

6.3 鸟害故障发生的规律

对鸟害故障进行统计分析，发现鸟害故障具有一定的规律性，主要有季节性、时间性、区域性、瞬时性、线路性、迁移性、重复性、相似性等。

（1）季节性。由于鸟类的活动受季节的影响很大，所以线路的鸟害故障也带有明显的季节性。统计表明，冬春两季是鸟害故障的多发期。产生上述现象的原因是：冬季由于鸟类的自然界栖息环境变坏，而导致电力线路杆塔落鸟的概率增加，再加之冬季雨水少，落在绝缘子表面的鸟粪不易被清洗掉，从而加大了鸟粪污闪的概率；春季则正是鸟类繁殖的旺季，电力线路杆塔上的鸟巢此起彼伏，发生鸟害故障的概率自然大大增加。

（2）时间性。由于某些猛禽有夜间捕食的习性；水鸟也有白天在水域捕食，夜宿在杆塔上的习惯，所以猛禽类和泄粪类鸟害故障在夜间发生的概率比较大。而筑巢类鸟害故障则基本上发生在白天。

（3）区域性。由于不同的鸟类都有各不相同的栖息习性和环境要求，这就必然形成鸟害故障的区域分布性。经验表明，在人类活动比较集中的城市和乡镇，发生鸟害的概率很小，几乎为零。而在人员稀少、杆塔附近林木茂密或邻近水库、鱼塘、河流以及有猛禽活动的地方，则往往是电力线路鸟害故障的频发地段。电力线路运行单位应注意积累经验，并在充分调查研究的基础上，正确划分鸟害区，有针对性地采取防鸟害措施。

（4）瞬时性。根据统计资料分析，鸟害故障的重合成功率（排除重合闸方面存在的问题）达84%，如果能成功地防治筑巢类鸟害故障的发生，则重合成功率还可升至91%，而试送或强送成功率则几乎为100%。因此，电力线路鸟害故障属于单相接地瞬时故障。

（5）线路性。

1）从设备的电压等级上看，由于鸟害故障基本上是属于单相接地瞬时故障，所以对于35kV及以下的中性点非有效接地系统和线间距离足够大的500kV及以上系统的电力线路威胁不大，但对35kV及以下线路上的鸟巢应及时拆除，以免形成两点接地短路。110kV线路单材、横担比较多，而220kV线路的横担则都是桁架型的，故220kV线路的鸟害故障多于110kV线路。

2）从杆塔的相位上看，由于中相横担（系指三角形和垂直排列的上面一相或水平排列的中间一相）的栖息条件比较好，起落比较方便，因而83%以上的鸟害故障都发生在中相。

3）从杆塔结构型式上看，鸟害大多发生在铁塔上，水泥杆塔上发生较少。这是因为鸟类为了方便栖息、降落起飞和活动的安全，往往会选择在活动范围大、视线好、平稳高大的物体上。通常水泥杆高度低，横担相对较窄，使鸟类栖息和降落起飞不方便，活动范围也较小。而铁塔比较高，活动范围较大，平稳又安全，因此鸟类活动较多，鸟害事故也较多。尤其是猫头塔等塔形中相横担比边相横担高几米，这是鸟害普遍发生在铁塔中相处的重要原因。

鸟害故障的发生与杆塔主杆的材料结构及横担的排列方式关系不大，但与横担的结构型式关系甚大。桁架结构式横担上发生的鸟害故障约占整个鸟害故障的93%，这是因为桁架横担比单材横担更便于鸟类栖息的缘故。

（6）迁移性。所谓鸟害故障的迁移性指的是当鸟在杆塔上的某一处栖息条件被破坏以后，会在该杆塔的另一个位置或附近另一基杆塔上重新寻找栖息地并引发出鸟害故障。根据这一特性，在拆除电力线路杆塔上的鸟巢时，应注意分析该鸟巢所在的位置是否确已对线路安全运行构成威胁，而不要盲目地见鸟巢就拆，以防该鸟巢被拆除后该鸟又在杆塔上更危险的位置构筑新巢。同时，在设置防鸟设施时还应注意适当扩大防治的范围。

（7）重复性。所谓鸟害故障的重复性是指同一类型的鸟害故障可能在同一基杆塔上于短时间内重复发生。同一类的鸟活动的区域有一个较固定的范围，鸟害容易出现重复性。

（8）相似性。大多数鸟害故障具有明显的相似特点，具体情况为：①横担（或挂线点）有弧光烧伤痕迹；②导线或绝缘子有不同程度烧伤；③在横担上或其他部位有鸟类痕迹，单相接地且重合成功。

6.4 防治鸟害故障的措施和对策

针对鸟害事故发生的原因及规律，制订相应的防治措施，包括防鸟害的组织措施和技术措施。

6.4.1 预防鸟害故障的组织措施

（1）绘制线路的鸟害区域图。根据对各条线路鸟害事故的统计与分析及各种运行材料，准确划分架空输电线路鸟害区域。深入线路，摸清靠近冬季不干枯的河流、湖泊、水库或鱼塘的杆塔，位于山区、丘陵植被较好且群鸟和大鸟活动频繁的铁塔，以及有鸟巢和发生过鸟害的铁塔，作为重点鸟害区域，绘制出每条线路的鸟害区域图。这样就可以对此区域重点巡视，并在鸟害故障中缩小巡视范围，快速查找鸟害故障的发生点，及时排除故障。因此绘制出线路的鸟害区域图，可以节省大量人力、物力。

（2）加强运行管理。在鸟害事故高发的季节里，对鸟害区域图中的线路重点巡视，增加巡视次数，随时拆除鸟巢，并安装防鸟设施或对搭建的鸟巢进行搬迁“引导”（即对原搭建在杆塔横担头部的鸟巢，按其原来形状迁移到塔身安全的地方），以减少鸟排泄粪便和搭建鸟巢所造成的闪络事故。在鸟害季节里，线路运行维护人员还应重视群鸟和大鸟活动情况的观察，重视防鸟设施巡视和维护工作，发现有损坏和必要增添防鸟设施的情况，应及时更换和安装。对鸟害区域必须在11月中旬前安装好防鸟设施，更换已发现的零值绝缘子，做好防鸟的准备工作。

雇用靠近线路村庄里的村民为临时巡视员，在运行人员巡视的间隔期内由临时巡视员对线路进行巡视。因为临时巡视员的住址靠近线路，便于对线路的异常情况进行监控，发现问题及时上报，这样既可弥补巡视人员少、工作量大、无法兼顾每一条线路的问题，又可以防止事故的发生，节省人力、物力。

（3）登杆巡查。因为有一部分鸟粪附着在绝缘子表面，地面巡视人员因巡视时受地理条件、光线等诸多因素的影响，很难发现此类缺陷，以致造成鸟粪污闪事故的发生。故在巡视中如果发现杆塔上或杆塔上的平面上有大量的鸟粪或有鸟类集中栖息在某基杆塔上，应及时组织人员登杆检查，对鸟粪污染和表面脏污的绝缘子及时安排带电清扫。此外，还要建立防鸟工作资料台账，做到记录和现场情况相符。

6.4.2　预防鸟害故障的技术措施

对预防鸟害故障的技术措施一般有防、驱两种方式。

一、防止鸟害故障的技术措施

在防止鸟类形成放电通道方面，采取的技术措施有以下几种。

（1）采用大盘径绝缘子。在绝缘子串靠横担处加装一片或在绝缘子串中间各安装多片大盘径绝缘子，可起到放鸟害、防冰闪及增强防污能力的综合作用。

大盘径绝缘子能防止鸟粪沿绝缘子边沿贯穿通道，使大盘径绝缘子下的绝缘子表面清洁，而且大盘径适当增长了垂直与线路方向的导线与横担间的放电路径。大盘径绝缘子可采用瓷或玻璃绝缘子，其直径可达到 380mm 以上。也可采用大盘径硅橡胶裙罩，其直径可在 600mm 左右，但其缺点是长期使用后可能在垂直作用下变形。采用大盘径绝缘子这一方法可减少由鸟害造成线路故障的概率，但不能完全防止鸟害，其原因是鸟粪主要通过短接空气间隙造成闪络，而采用大盘径绝缘子只能适当增长放电路径。一般来说，盘径越大，放电路径增长越多，但如果鸟粪短接的空气间隙较长，仍可能造成线路的闪络故障。

（2）加装防鸟粪挡板。防鸟粪挡板是采用钢板或铁皮将桁架横担的下平面封住，而达到防止鸟粪落在绝缘子表面的目的。但是由于钢板上的鸟粪不能自然清除，而人工清除又难以做到及时，以致下雨时经雨水稀释的鸟粪从钢板的缝隙中流下而形成绝缘子污闪。

（3）安装防鸟罩。防鸟罩安装在悬垂绝缘子串第一片绝缘子的钢帽上。其主要作用是防止鸟粪在空中形成线状通道并污染绝缘子串，对于筑巢类的异物短路，也有一定的防范作用，但对猛禽类鸟害故障的防范能力就要差一些。防鸟罩可以在线路带电的情况下进行安装和更换，应用比较方便，但是其抗风性差、容易损坏和老化，运行维护量大。由于罩体妨碍雨水对绝缘子的冲洗作用，因而降低了绝缘子的自洁性。

（4）安装防鸟网。防鸟网是一种铁丝网制作的笼子，主要安装在水泥型耐张杆跳线的上方，以阻止鸟类在该部位活动。近 30 年的运行经验证明，防鸟网的防鸟效果比较好，凡安装防鸟网的杆塔，没有再发生过任何鸟害故障。其缺点是加工比较麻烦，如安装在铁塔上容易被盗。

（5）架设防鸟线。大型鸟类飞行、降落都需要一定的空间。该方法正是利用这一点，在杆塔横担头至杆顶用铅丝拉一道线，占据鸟类下落的空间，从而达到防鸟目的。架设防鸟线方法简单实用、取材方便、成本较低，安装后也取得了一定效果。但是，防鸟线在安装过程和长久运行过程中易造成线路短路，对安装、检修人员人身安全也造成威胁。

（6）安装防鸟刺。防鸟刺可安装在横担的关键部位，以防止鸟类在该部位的活动。运行经验表明，此项技术成本低、效果好，值得推广；缺点是对登杆作业人员的行动有一定的妨碍。

(7) 安装感应电极板。利用线路自身传输的高压电能，在绝缘子串上方安装一块与横担绝缘的金属极板，使其带有感应电压，当鸟身体同时触及该金属板和铁塔时产生静电电压。

(8) 在绝缘子制造时，可调整硅橡胶的配方，使鸟“憎恶”硅橡胶的气味和口味，以此来防止鸟啄食复合绝缘子。同时采用在投运前将绝缘子包裹的方式来保护复合绝缘子。

二、驱鸟的技术措施

在驱鸟方式中采用的方法主要有以下几种。

(1) 安装惊鸟装置。在杆塔顶部挂红旗，涂刷红油漆，安装风铃、反光镜等。该方法简单易行，其目的就是驱赶鸟类远离电力设施。在加装初期确实能起到惊吓鸟类得作用，但使用长时间后鸟类会逐渐适应其声响。

(2) 安装风车式驱鸟器。风车式驱鸟器的原理是根据鸟类的生活习性而做成的。研究发现，鸟类大多对以下三种事物表现出惊恐或不安，一是黄颜色或红颜色，二是会动的物体，三是光。根据这一特点研制成了风车式驱鸟器，它可以依靠自然风力转动，风叶上一面是黄色或是红色的塑料小碗，一面是小镜子。根据使用情况发现风车式驱鸟器的防鸟效果很好。

(3) 恐怖眼式惊鸟牌。恐怖眼是借鉴民航系统的驱鸟经验，选择鸟类敏感色彩，喷涂制作一种反光恐怖大眼睛的双面图案铭牌，安装于杆塔顶部较显眼的位置。但是经过一段时间的使用后，驱鸟效果会减弱。

(4) 安装声光驱鸟装置。声光驱鸟装置是采用声、光、色综合驱鸟方式为一体的驱鸟结构。声源通过播放鸟的各种特殊鸣叫声音，还通过频闪灯光发出强光来干扰鸟的视觉和感觉。该装置采用鸟类惧怕的黄色或红色，电源采用太阳能电池。这种驱鸟措施不仅科技含量高、技术先进，并且具有安装简单、节能、免维护等特点；缺点是价格高、运行经验少。

(5) 脉冲电击式驱鸟装置。该装置采用了可调式鸟刺与脉冲电击相结合方式，针对鸟被电击后的记忆效应，直接采用脉冲高电压电击停留在横担上的鸟类达到驱鸟效果。

(6) 超声波驱鸟器。超声波驱鸟器利用一种超声波脉冲干扰刺激和破坏鸟类神经系统、生理系统，使其生理紊乱以达到驱鸟、灭鸟的最终目的。超声波驱鸟器采用的超声波具有不能穿透障碍物、方向性强、衰减快等的特性，所以使用较大功率的驱鸟器，通过超声波无数次的反射方式进行传播，形成超声波防护网覆盖整个驱鸟空间，以达到最佳驱除的效果。有关部门研究结果证明，在一定的空间有一定“供养量”，杀死一只鸟类，就会多生一只鸟类，因此“驱鸟”比“杀鸟”更具有积极意义。

通过对上面防治鸟害故障技术措施的研究，可根据不同的环境，具体的杆型灵活使用。实践证明，多种方法的组合使用效果会大大增强。同时，还要调动广大科研人员和工作人员的积极性，集思广益，完善和开发新的防鸟设施。

6.4.3 总结

目前，鸟害造成的线路故障引起各地运行单位的日益重视，不少单位通过采用各种组织措施和技术措施来减少由鸟害造成的线路故障。从全国来说，下一步应开展的工作主要有以下几点：

(1) 调查造成线路故障的主要鸟类，积累线路鸟类活动资料，摸索鸟害发生规律，掌握鸟类主要活动区域，分析鸟类在线路杆塔上的主要栖息特点，并根据各运行单位的线路分布，画出鸟害分布图。

（2）结合鸟类活动规律及分布区域，有的放矢地制订综合性防鸟害措施，以驱为主，限制鸟的活动范围。

（3）开展鸟害活动杆塔鸟粪盐密值测试与观察，及时指导和安排绝缘子清扫、轮换。

（4）加强运行复合绝缘子的巡视和维护，并尽快进行复合绝缘子抗鸟啄性能试验。将复合绝缘子均压装置改造为防鸟粪式均压装置，并在鸟害严重区的线路杆塔上安装驱鸟装置。复合绝缘子制造企业可调整硅橡胶配方，通过气味和厌食感防止鸟啄食绝缘子。

（5）在鸟类大量聚居、鸟害故障频发的区域，防、驱结合，加强重点线路的重点防护。在不影响线路检修的前提下，采取多种技术措施，达到减少鸟害故障的目的。

第7章　输电线路覆冰分析与防治

7.1　输电线路覆冰事故统计

7.1.1　概述

我国最早有记录的输电线路覆冰事故出现于1954年。近30年来，大面积覆冰事故在全国各地时有发生。近几年，输电线路的覆冰跳闸及倒塔事故较为严重。2003～2005年由覆冰引起的输电线路跳闸数及事故逐年增多，已经威胁到电网的安全稳定运行及供电可靠性。

7.1.2　覆冰分布

输电线路覆冰在我国分布比较广泛，许多地区的输电线路都曾发生过覆冰事故。其中华中网的覆冰事故是最严重的，2005年华中网发生跳闸56次，占到全网总跳闸数的66%。其主要原因是华中地区冬季平均气温几乎都高于0℃，受西伯利亚寒流和太平洋暖湿气流的影响，几乎每年冬季都出现短期的雾凇及雨凇覆冰气象条件，平均雾凇雨凇日数都在3～15天。短期的雾凇雨凇覆冰给电力系统造成了巨大的损失。

2003年66～500kV线路覆冰跳闸主要集中在河南、辽宁、山东、江苏和青海五省。其中河南省的跳闸数占到全网的44.3%。2004年覆冰事故主要发生在湖南、湖北、河南、新疆和甘肃。其中湖南省发生事故11次，占到全网覆冰事故数的45.8%。2005年全网覆冰主要集中在湖南、河南、黑龙江、安徽和天津。其中湖南省发生跳闸46次，占到全网跳闸数的近1/3。

从近三年情况来看，湖南、湖北和河南是全网覆冰事故多发地，而这三省所属的华中电网有限公司是全网覆冰事故最严重的电网公司。

湖北省是葛洲坝电厂和三峡水电厂所在地，500kV超高压输电线路不可避免要通过鄂西雨凇区。该地区山脉陡峭，山高大都在海拔500～1600m，河流密布（有西陵峡、清江等河流），微气象对覆冰起主要作用。湖南省因湘、资、沅、澧四大河流遍布全省，再加上洞庭湖烟波浩渺，常年空气湿度很大，遇到相应的低温天气很容易导致导线覆冰。

7.2　覆冰形成机理分析

7.2.1　线路覆冰的分类

线路覆冰是受微气象、微地形、温度、湿度，冷暖空气对流、环流及风等因素影响的综合物理现象。按表观特性分类，导线覆冰可分为雨凇、粒状雾凇、晶状雾凇、湿雪、混合凇，见表7-1。

表7-1　导线覆冰类型

类型	外观	密度/g/cm^3	特点及成因
雨凇	透明玻璃体	0.6～0.9	坚硬、不易脱落，冻雨或雪花与导线相碰或接触，在导线周围形成水层，水层冻结而形成

续表

类型	外观	密度/g/cm^3	特点及成因
粒状雾凇	乳白色不透明体	0.1～0.3	含有气隙，疏松较脆，无定形状，云或者雾与导线相触冻结成冰而形成，在导线表面没有形成水层
晶状雾凇	白色结晶	0.01～0.08	空气泡较多，疏松且软，容易脱落，大气中的水蒸气直接冻结在导线表面而形成
湿雪	乳白色或灰白色	0.1～0.7	质地较软，处于融化状的雪花和水体附到导线表面而形成，当气温进一步降低时降到导线表面而形成，当气温进一步降低变成坚硬的冰冻体
混合凇	乳白色	0.2～0.6	体积大，气隙较多，是雨凇和雾凇在导线上交替冻结而成的

按冰的形成机理，导线覆冰可分为降水覆冰、云中覆冰、凝华覆冰。其中降水覆冰多产生雨凇，云中覆冰往往产生雾凇，而凝华覆冰则产生晶状雾凇。

7.2.2 线路覆冰的形成过程

在我国每年的严冬和初春季节，北方冷空气与南方暖湿空气的交汇，形成“静止峰”及其延伸的“准静止峰”。由于冷气团由北向南贴近地面插在暖湿气团下部，故在“静止峰”影响范围内的大气中出现逆温现象，即从地面向上至静止峰线，温底先是在0℃以下，向上由于暖气团的影响，温度反而升高至0℃以上，再向上温度又降至0℃以下。在凝结高度以上，空气中的水气形成冰晶、雪花或过冷却水滴。

过冷却水滴、雪花和冰晶在下降过程中穿过0℃以上的暖气团时，过冷却水滴温度将升高，雪花和冰晶部分或完全融化；再继续下降时，又进入0℃以下的大气层。此时，直径较大的过冷却水滴大部分会遇到尘埃，尘埃可作为凝结核，水滴就会变成冰粒落至地面。直径较小的过冷却水滴，难遇到可作为凝结核的尘埃，而且其表面张力很大，难以改变结构，即使在0℃以下也不易发生冻结，这些水滴以较慢的速度落至地面层，形成“冻雨”。这种过冷却水滴很不稳定，在风的作用下运动，一旦与地面上较冷的物体如导线或杆塔发生碰撞，就会发生形变，水滴表面弯曲程度减小，表面张力也相应减小，而且导线本身又可起到类似凝结核的作用，从而使液态过冷却水滴发生形变后有所依附，于是过冷却水滴就会立即变成冰，在导线表面凝结成雨凇或雾凇形式的覆冰。

一般来说，过冷却水滴越小越易结成雾凇。若过冷却水滴较大，在海拔较低的地区则易结成雨凇。在我国，雨凇多见于湖南、粤北、赣南、湖北、河南及皖南等丘陵地区，而雾凇多见于云贵高原或海拔高度在1000m以上的高山地区，尤以海拔高度在2000～3000m的高山为甚。

除了静止峰导致冻雨覆冰现象外，冻雾覆冰，即含过冷却水滴的云雾在导线上的凝聚也是导线覆冰的一种重要成因。例如西南高原地区和青海等高海拔地区的初冬和晚春常见这种覆冰现象。此外，云、贵、川的部分山区，冬、春季节在寒冷无风的夜间因辐射冷却也可形成晶状雾凇。

一般情况下，导线覆冰的基本过程是：当气温下降至−5～0℃，风速为3～15m/s时，如遇大雾或毛毛雨，首先将在导线上形成雨凇；如气温升高，如天气转晴，雨凇则开始融化；如天气继续转晴，则覆冰过程终止；如天气骤然变冷，气温下降，出现雨雪天气，冻雨和雪则在部结强度很高的雨凇冰面上迅速增长，形成密度大于0.6g/cm^{3}的较厚冰层；如温度继续下降至－15～－8℃，原有冰层外则积覆雾凇。这种过程将导致导线表面形成雨凇—混合凇—雾凇的复合冰层。如在这种过程中，天气变化出现多次晴—冷天气，则融化加强了冰的密度，如此往复发展将形成雾凇和雨凇交替重叠的混合冻结物，即混合凇。

导线覆冰的形状也有所不同，如圆形、椭圆形、松针状等。导线覆冰首先在迎风面上生长，如风向不发生急剧变化，迎风面上覆冰厚度就会继续增加。当迎风面冰达到一定厚度，其重量足以使导线扭转时，导线发生扭转现象；导线再扭转，覆冰就会继续变大，会在导线上形成圆形或椭圆形的覆冰。通常小导线的覆冰成圆形，而大导线的覆冰多成椭圆形。如果导线不扭转，则覆冰成扁平状；树枝在覆冰过程中不扭转，其覆冰成扁平凇形状。

7.2.3 线路覆冰的必要气象条件

输电线路导线表面产生覆冰，必须达到以下气象条件：①气温及导线表面温度达到0℃以下；②空气相对湿度在85%以上；③风速大于1m/s。

较高湿度空气中的液态水是产生覆冰的水来源，风的作用使空气中的过冷却水滴产生运动，与导线发生碰撞后被导线捕获，较低的温度使水滴产生冻结。试验及研究表明，当空气相对湿度小、无风或风速很小时，即使空气温度在0℃以下，导线上基本不发生覆冰现象。

在我国的绝大部分地区都有覆冰条件，且覆冰厚度可达3mm以上，因而都有可能发生覆冰故障。

7.2.4 导线覆冰的影响因素

一、气象因素的影响

影响导线覆冰的气象因素主要有四种，即空气温度、风速风向、空气中或云中过冷却水滴直径、空气中液态水含量。这四种因素的不同组合确定了导线覆冰类型。

随着空气温度的升高，雾粒直径变大，相应液态水含量增加。当气温在－5～0℃之间，空气和云中过冷却水滴直径为10～40μm，风速较大时形成雨凇；当气温在－16～－10℃之间，冷却水滴直径为1～20μm，风速较小时形成雾凇；混合凇的形成介于雨凇和雾凇之间，此时温度在－9～－3℃之间，过冷却水滴直径为5～35μm。严格地说，雨凇—混合凇之间以及混合凇—雾凇之间没有严格的界限。若气温太低，则过冷却水滴都变成了雪花，形成不了导线覆冰。正因为如此，严寒的北方地区冰害事故反而比南方的云、贵、湘、鄂要轻。

风对导线覆冰过程有着重要的作用，风将云和水滴吹送至输电线路，过冷却水滴与导线相碰撞后被导线捕获，导线表面加速产生覆冰。但导线覆冰增长速度并不完全与风速成正比，鄂西35年导线覆冰的统计资料表明，导线覆冰最快时的风速为3～6m/s；如风速小于3m/s，导线覆冰速度与风速成正比；如风速大于6m/s，则导线覆冰速度与风速成反比。这一观测结果与理论分析基本一致。

除了风速的大小对覆冰有影响外，风向也是影响导线覆冰的重要参数之一。风向与导线平行时，或与导线之间的夹角小于45°或大于150°时，覆冰较轻；风向与导线垂直或风向与导线之间的夹角大于45°或小于150°时，覆冰比较严重。但覆冰形成过程中，风向不是固定不变的，同时风向还会对覆冰形状产生影响。当风向与导线垂直时，结冰会在迎风面上先生成，产生不均匀覆冰。由于不均匀覆冰的影响，导线覆冰可能会诱发覆冰舞动。而当风向与导线平行时，则容易产生均匀覆冰。

二、季节的影响

输电线路导线覆冰主要发生在前一年 11 月至次年 3 月之间，尤其在入冬和倒春寒时覆冰发生的概率最高。1 月和 12 月份几乎是所有重覆冰地区平均气温最低的月份，但湿度相对较小。而在 11 月份、2 月底至 3 月初，由于湿度较高，虽然平均温度相对 1 月和 12 月较高，但导线覆冰较 1 月份更为严重。

三、高度的影响

(1) 海拔高度的影响。就同一地区来说，一般海拔高度越高越易覆冰，覆冰也越厚，且多为雾凇；海拔高度较低处，其冰厚虽较薄，多为雨凇或混合冻结。这是因为近地层内风速和雾的密度随离地高度的增加而增大。云南省电力设计院在 1962 年实际观察到昆明西郊后山的覆冰情况：海拔约 1900m 的山脚有轻微覆冰，树枝上有白色薄冰；海拔约 1950m 的半山腰，松树枝上有 ϕ2.5mm×200mm 的冰凌；海拔约 2000m 的半山腰，松树枝上有 ϕ5mm×250mm 的冰凌；海拔 2100m 的山顶，松树上有 ϕ8mm×300mm 的冰凌。

我国及前苏联学者提出了冰厚随高度变化的乘幂规律，即

$$\frac{b_z}{b_0} = \left(\frac{z}{z_0}\right)^a$$

式中　z——高度；

b——覆冰厚度，下标“z”表示 z 高度处的物理量，“0”表示参考高度 z_0 处的物理量；

a——指数，$a>0$。

(2) 覆冰发生的凝结高度。每一个地区都有一个起始结冰的海拔高度，即凝结高度。凝结高度是随着不同的地面温度和露点而变化的，常用海宁公式计算，即

$$H = 124(T - \tau)$$

式中　H——凝结高度，m，是以地面为基准的起始高度；

T——地面温度，℃；

τ——地面露点，即空气达到饱和时的温度，℃。

我国导线覆冰凝结高度的分布特点是西高东低、北高南低。在凝结高度以上，随着高度的增加覆冰厚度也随之增加。

(3) 导线悬挂高度对覆冰的影响。导线悬挂高度越高，覆冰越严重，因为空气中液水含量随高度的增加而升高。风速越大、液水含量越高，单位时间内向导线输送的水滴越多，覆冰也越严重。因此，覆冰随悬挂高度的升高而增加，在某条试验线路观测表明，距地面 20m 的覆冰为距地面 5m 的 4.5～5.5 倍；在另一观测数据为，对地高度 31.4m 的覆冰为距地面 6.4m 的 5.5 倍。

四、地理环境的影响

受风条件比较好的突出地形或者空气水分较充足的地区，如山顶、迎风坡、湖泊、云雾环绕的山腰等处，其覆冰程度也比较严重。覆冰受水气影响的典型地区有江西省梅岭山区，其海拔 500～700m，山岭东北面是著名的邵阳湖，有充足的水气来源，山峰常被云雾覆盖，冬季常有覆冰现象出现。1975 年在该地区输电线路上测得导线覆冰直径达 300mm，冰重 19.2kg/m。又如昆明东郊海拔 2448m 的老鹰山，山脚有海拔 1773m 的阳宗海，产生严重覆冰现象，经过此地的 110kV 阳昆线 1961 年 1 月 13 日导线覆冰直径达 200mm，造成断线及

横担折断事故。

五、线路走向的影响

导线覆冰与线路走向有关，冬季覆冰天气大多为北风或西北风，导线为南北走向时，风向与导线轴线基本平行，单位时间与单位面积内输送到导线上的水滴及雾粒比东西走向的导线少得多，导线为东西走向时，风与导线约成90°的夹角，从而使导线覆冰最为严重。因此，在严重覆冰地段选择线路走廊时，应尽量避免导线东西走向。东西走向的导线不仅覆冰严重，而且东西走向的导线容易产生不均匀覆冰，导线不均匀覆冰可能会诱发覆冰舞动。

六、导线本身的影响

导线本身的影响包括导线的刚度、直径、通过的电流大小等因素。

(1) 导线刚度。导线覆冰时往往总是在迎风面上先出现扇形或新月形积冰，产生偏心荷重，对导线施以扭矩，迫使导线扭转，让未覆冰或覆冰较少的表面对准风向，继续覆冰。导线的刚度大小决定其抗扭转的性能。导线刚度越小，在扭矩作用下，导线的扭转越大，覆冰进一步增加。

由于导线在扭矩作用下的扭转角度与 l^2/d^4 成比例，其中 l 为档距长度，d 为导线直径。故档距较长、直径较细的导线容易扭转，便于覆冰分布于导线的各个侧面上，形成圆形或椭圆形覆冰。

(2) 导线直径。导线的直径除了影响导线的刚度外，还影响着过冷却水滴能够达到导线表面的有效空气层的厚度。在常见风速（8m/s）以下，对直径不太大的导线（40mm 直径以下）实验数据表明，较粗的导线覆冰量重于较细的导线。当导线直径超过 40mm 时，随着导线直径的增加，覆冰量反而减小。当风速大于 8m/s 时，导线越粗则覆冰量越大。

但是，德国和挪威的某些学者认为，导线覆冰量与其直径无明显的关系，认为只有当空气中的过冷却水滴特别大（直径超过 25μm），或风速很高时，覆冰重量才随导线直径的增长而显著增大。

(3) 负荷电流与电场。导线电场会使其周围水滴粒子产生两极，并对其有吸引力。因此，电场的吸引力会使更多的水滴移向导线表面，增加导线上的覆冰量。观察发现，云南东川地区输电线路中，带电线路的覆冰厚度较大，不带电线路的覆冰厚度较小。

负荷电流影响着导线表面温度。当电流较小时，导线产生的焦耳热不能使其表面维持0℃以上，还会由于电场的影响，增加导线覆冰量；当电流足够大时，导线产生的焦耳热使其表面温度维持在0℃以上，这时过冷却水滴碰撞导线不会产生覆冰，从而达到自然防冰的效果。维持导线表面温度为0℃的电流称为临界负荷电流。临界负荷电流的大小由气温、风速及导线表面的热辐射特性等因素决定。

7.3　输电线路冰害故障类型和特点

覆冰对线路的危害有过负荷、覆冰舞动、脱冰跳跃、绝缘子串冰闪，会造成杆塔变形、倒塔、导线断股、金具和绝缘子损坏、绝缘子闪络等事故。

7.3.1　过负荷

线路覆冰后的实际质量超过设计值很多，从而导致架空输电线路机械和电气方面的事故。从负荷方面分，可分为垂直负荷、水平负荷、纵向负荷。

（1）垂直负荷。当导线、杆塔覆冰时，冰的质量会增加所有支持结构和金具的垂直负荷，导致架空线的弧垂变大，使导线间或者导地线之间的档距减小，当风吹动时，会由于绝缘距离不够而发生短路。另外，由于覆冰会增大导线张力，从而增大杆塔及其基础的力矩，如增大转角塔的扭矩，造成杆塔扭转、弯曲、基础下沉、倾斜，甚至在拉线点以下发生折断。

（2）水平负荷。覆冰也会使导线受风面积增大，此时杆塔所受的水平荷载也随之增加，线路因此可能遭受到严重的横向串基倒杆事故。

以某山区的重冰区架空输电线路为例，设代表档距 $l=300$m，风速为 15m/s，计算出不同冰厚的几种导线对应的水平应力见表 7-2。

表 7-2　　几种导线不同冰厚对应的水平应力

覆冰形成时间/h	覆冰厚度/mm	导线型号			
		120/20	300/40	400/50	630/55
2	10	65.5	69.0	74.1	67.4
4	20	124.8	108.8	109.3	94.5
6	30	202.2	156.9	150.8	126.0
8	40	294.2	211.4	197.2	161.1
10	50	398.1	271.2	247.6	199.3
12	60	511.9	335.3	301.5	239.9
最大使用应力	σ_{max}	124.8	108.8	109.3	94.5
极限破坏应力	σ_P	312.0	272.0	273.3	236.1

由表 7-2 可见，截面较小的导线冰厚达到 40mm 时，导线应力就接近极限破坏应力 σ_P；而 40mm 冰厚（如果气象条件适合覆冰的形成）只要经过 8h 就可形成，也就是说在 8h 之内就可以对输电线路造成破坏；截面较大的导线经受 12h 的连续覆冰时就很危险了。

（3）纵向负荷。因为输电线路相邻各档之间距离、高度或安装质量不同，使导线在覆冰时引起纵向静力不平衡，产生纵向负荷。当覆冰不均匀、自行脱落或被击落时，导线的悬挂点处会产生很大的纵向冲击荷载，可能造成导线或地线从压接管内抽出，或者外层铝股断裂、钢芯抽出，或整根线拉断。如果导线拉断脱落，则最终的不平衡冲击荷载和两相邻档之间的残余荷载就会大大增加，发生顺线倒杆事故。

2005 年初湖南省持续大范围雨雪天气，处于海拔 180～350m 之间的线路设施出现严重覆冰现象，一些地段覆冰厚度达到 30～40mm，严重地段达 60～70mm，远远超过 15mm 的设计水平。500kV 电网先后有岗云线、复沙 1 线和五民线 3 条线路出现倒塔事故，共倒塔 24 基，变形 3 基，220kV 线路倒塔 14 基。该事故段 500kV 输电铁塔主材材质为 Q345，设计覆冰厚度为 15mm；输电导线为 4 分裂导线，型号为 LGJ-300/40，地线型号为 GJ-95/55。

造成此次倒塔事故的内因是铁塔塔型和铁塔材质，外因是铁塔所在线路段的前后档距、高差角和覆冰负荷。事故段实测覆冰厚度大于 20mm，有的甚至达到 30～40mm。事故段铁塔存在前后档距或高差角过大，如复沙1线21号塔前后档距相差474m，岗云线175号塔前档距为355m，而高差达80m。铁塔前后档距差过大，当导线覆冰时铁塔前后档导线的张力差大，铁塔承受的不平衡张力也就大；铁塔所在档距的高差角较大时，导线张力在水平方向的分量减少，导线的水平方向张力差增加，同时也增加了垂直档距，使铁塔承受的垂直负荷增加。当铁塔处在档距或高差角很大线路段，随着覆冰厚度的增加，铁塔承受的不平衡张力必然增加，当不平衡张力使铁塔的应力值达到材料的屈服强度时，铁塔将失稳倒塌，从而拉倒相邻的铁塔。

近十多年来，我国发生了多起覆冰引起的杆塔倒塌或变形、导线断股、绝缘子金具损坏等事故。输电线路发生冰害事故时，由于天气恶劣，冰雪封路封山，交通受阻，进行抢修往往很困难，因此经常造成系统长时间停电，使生产遭受损失，给生活带来不便。

7.3.2 导线覆冰舞动和脱冰跳跃事故

输电线路不仅承受其自重、覆冰等静负荷，而且还要承受风产生的动负荷。在一定条件下，覆冰导线受稳态横向风作用，可能引起大幅低频振动，即舞动。此外，导线脱冰跳跃也会使导线发生舞动。导线舞动是威胁输电线路安全运行的重要因素。

一、覆冰导线在风作用下发生舞动

当导线上均匀覆冰时，虽然其截面增大，但其形状仍保持为均匀圆形，因此，一定的风力所引起的导线振动，其频率低于裸线时的频率，而振幅比裸线时小，并且频率下降可能低到防振装置的有效运行范围以下。当导线覆冰不均匀时，由于其断面的不对称，风吹导线时就会产生空气动力学上的不稳定，在相应风力作用下，导线会发生低频（0.1～3Hz）、大振幅（可达10m以上）的舞动。导线舞动将引起差频负荷，从而导致金具损坏，导线断股，相间短路，线路跳闸及杆塔倾斜或倒塌等严重事故。

此类导线舞动的形成主要取决于三个因素，即覆冰、风激励和线路的结构与参数。

（1）覆冰。线路覆冰是舞动的必要条件之一。覆冰多发生在风作用下的雨凇、雾凇及湿雪堆积于导线的气候条件下。导线覆冰与降水形式及降水量有直接关系，而又与温度的变化密切相关，常发生在先雨后雪，气温骤降（由零上降至零下）情况下，且导线覆冰不均匀，形成所谓的新月形、扇形、D形等不规则形状，冰厚从几毫米到几十毫米，此时，导线便有了比较好的空气动力性能，在风的激励下会诱发舞动。

（2）风的激励。舞动离不开风的激励。冬季及初春季节里，冷暖气流的交汇易引起较强的风力，在地势平坦、开阔或山谷风口等地区的输电线路，能使均匀的风持续吹向导线。当导线覆冰、风速为4～20m/s，风向与线路走向的夹角不小于45°时，导线易发生舞动。

（3）线路结构及参数条件。线路的结构和参数也是形成舞动的重要因素之一。从国内外的统计资料来看，在相同的环境、气象条件下，分裂导线要比单导线容易产生舞动，并且大截面的导线要比常规截面的导线易产生舞动。

单导线覆冰时，由于扭转刚度小，在偏心覆冰作用下导线易发生很大扭转，使覆冰接近圆形；分裂导线覆冰时，由于间隔棒的作用每根子导线的相对扭转刚度比单导线大得多，在偏心覆冰作用下，导线的扭转极其微小，不能阻止导线覆冰的不对称性，导线覆冰易形成翼形断面。因此，对于分裂导线，由风激励产生的升力和扭矩远大于单导线。

大截面导线的相对扭转刚度比小截面导线的大，在偏心覆冰作用下扭转角要小，导线覆冰更易形成翼形断面，在风激励作用下，产生的升力和扭矩要大些。因此分裂导线和大截面导线更易产生舞动。

二、导线不均匀脱冰跳跃发生舞动

覆冰导线在气温升高，或自然风力作用，或人为振动敲击之下会产生不均匀脱冰或不同期脱冰。导线不均匀脱冰也会使线路产生危害很大的机械或电气事故。因为随着导线覆冰量增加，相应的张力明显增大，弧垂也有所下降，当大段或整档脱冰时，由于导线弹性储能迅速转变为导线的动能、位能，引起导线向上跳跃，进而产生舞动，使相邻悬垂串产生剧烈摆动，两端导线张力也有显著变化。

导线向上跳跃的结果是使导线与地线之间的安全距离变小，造成导地线间闪络或短路，烧伤导线，并使线路跳闸；导线两端动态张力显著变化的结果是线夹、绝缘子串及挂点处金具容易遭受动态冲击而损坏，甚至损伤塔头；导线、避雷线的跳跃和舞动产生的冲击力也会使直线塔绝缘子串滑移和损坏；耐张引流线自身脱冰反弹或塔上脱冰、大量冰块倾砸击中引流线，也会引起引流线上弹与横担闪络。

统计资料表明，导线舞动在我国的相当一部分500kV输电线路中发生过，由舞动引起的事故占500kV输电线路事故总数的23.5%。随着输电线路的发展，尤其是500kV及以上等级的输电线路广泛兴建，大直径、多分裂等导线相继出现，在某些地形复杂地区及大跨越线段中导线的直径、离地高度也会有大的提高，因此舞动日益受到重视。

7.3.3　绝缘子串冰闪事故

一、绝缘子串冰闪故障的形成原因

（1）空气环境中污秽较重使冰闪跳闸易于发生。纯冰的绝缘电阻很高，但由于覆冰中有大量的电解质，增大了冰水的电阻率。雨凇时大气中的污秽伴随冻雨沉积在绝缘子表面形成覆冰并逐渐加重在绝缘子伞裙间形成冰桥，一旦天气转暖则在冰桥表面形成高电导率（现场实测覆冰电导率最高达300μs/cm，显著高于清洁冰）的融冰水膜，同时杆塔横担上流下的融冰水也直接降低绝缘子串的绝缘性能。另外融冰过程中局部出现的空气间隙使沿串电压分布极不均匀，导致局部首先起弧并沿冰桥发展成贯穿性闪络。

（2）绝缘子串覆冰过厚会减小爬距使冰闪电压降低。绝缘子覆冰过厚可完全形成冰柱，绝缘子串爬距大大减少，且融冰时冰柱表面沿串形成贯通型水膜，耐压水平降低导致沿冰柱贯通性闪络。

二、绝缘子串型对冰闪故障的影响

统计表明，冰闪基本上发生在悬垂串，未发现耐张和V形串绝缘子冰闪，说明冰闪几率与绝缘子串组装型式密切相关。其原因如下：①耐张串和V形串上冰凌不容易桥接伞间间隙；②该串型本身自清洗效果好，串上积污量少；③融冰时该串型上难以形成对冰闪发生至关重要的贯通性水膜。

发生冰闪的绝缘子有单、双串绝缘子，其中双串绝缘子结构发生几率较高。原因是覆冰或大雾时双串绝缘子间电场分布相互影响，电场畸变，使其最低闪络电压比单串低。试验表明，双串间净气隙>60cm时，单双串放电电压基本一致；而运行的双串绝缘子串间距离为15cm时，同等环境条件下双串绝缘子的最低闪络电压比单串低20%。

三、冰闪与环境温度的变化直接相关

一般在温度较低的夜间结冰时段，沿绝缘子串的冰柱表面难以出现贯通性导电水膜，沿串电压分布也相对均匀，故不易冰闪。而温度相对较高的白天正午时段冰体表面开始融化，常是冰闪高峰时段。较长的冰雪天气时常是结冰与融冰交错出现，冰闪也会反复发生，而短时冰雪天气的冰闪则集中于升温的化冰期。据山西电力公司统计的25次故障，有15次故障发生在雪后融冰期。

较大范围降雪导致的融冰雪、雾凇、雨凇和区域性的持续大雾，是一种特殊形式的污秽，易形成大范围的绝缘子冰闪故障。绝缘子串冰闪是220～500kV覆冰线路跳闸的主要原因。

覆冰雪闪络是近年来京津唐电网出现次数较多的掉闸形式，主要是因京津唐地区冬季大雾、大雪后气温在0℃上下变化，绝缘子上的覆冰、积雪融化所致。1999年3月发生了包括500kV大—房线和沙—昌线在内的47条次冰闪事故，2000年1月发生了7条次冰闪事故。

7.4 输电线路防覆冰故障措施

为了提供稳定的供电服务，国内外一直在研究输电线路防覆冰、防舞动技术。防止冰害事故发生的方法从原理上可分为防冰方法和除冰方法。

输电线路覆冰故障严重威胁着电力系统的安全可靠运行。为防止线路发生覆冰故障，首先在设计输电线路阶段采用合适的抗冰设计措施；在设计阶段无法做到有效抗冰时，应该考虑合适的防冰和除冰技术措施。

7.4.1 输电线路抗冰设计方法

在设计阶段采取有效措施是防止输电线路冰害事故的最重要方法。对重冰区输电线路采取加强抗冰设计的措施，往往比融冰、防冰以及其他后期措施更为合理和有效。Q/CSC11503—2008《中重冰区架空输电线路设计技术规定（暂行）》是根据我国重覆冰线路的特点，在总结以往运行经验的基础上，特别是抗冰线路运行经验的基础上制定的，可供重冰区输电线路设计参考使用。因此，在对重覆冰地区输电线路进行设计时，应按照其要求对输电线路进行设计。

一、认真调查气象条件，避开不利的地形

总的来说，我国建立的专门为解决输电线路覆冰问题的观测站不多，设计部门在选择新建线路的气象条件时，除了收集气象部门的历史观测资料外，必须对沿线现有输电线路及通信线路的覆冰及运行情况进行深入的调查访问，认真听取当地居民有关历年冰凌频数、性质、分布及危害等方面的情况，邀请气象部门的专业技术人员共同踏勘、核实，综合分析、合理划分冰区和确定设计冰厚，特别要注意分析沿线是否存在微气象覆冰地段。对于地形复杂多变的微气象覆冰区，应充分利用有利的气象、地形因子，尽量避开最严重的覆冰地段或“避重就轻”。为了较好地确定气象条件及微地形或微气象覆冰的影响，应有计划地先期在沿线建立观测站，以便掌握覆冰的特征和资料。

当线路不可避免通过重覆冰地区时，应力求“避重就轻”，即进行线路路径选择时应尽量做到避开最严重的覆冰地段，线路宜沿起伏不大的地形走线；尽量避开横跨垭口、风道和通过湖泊、水库等容易覆冰的地带；翻越山岭时应避免大档距、大高差；沿山岭通过时宜沿覆冰季节背风或向阳面走线，应避免将转角点架设在开阔的山脊上，且转角角度不宜过大；如遇台地宽窄不一、不连续时，则注意选取云雾不连续地段，达到减小覆冰概率和减轻覆冰程度的目的。

二、采取抗冰措施

对于确定为重覆冰地段的输电线路，可根据其具体情况采取以下预防抗冰措施。

1. 防倒塔断线措施

（1）在海拔较高、湿度较大、雨凇和雾凇易于形成的山顶、风口、垭口地带，对较长的耐张段，宜在中间适当位置设立耐张塔或加强型直线塔，以避免一基倒塌引起的连环破坏。对其他微地形、微气象特性明显，历史上覆冰频繁发生的线段，也应参照事故线路安排技改和加强。另外，针对地线上覆冰密度大这一特点，应加强地线支架的补强。

（2）对于档距较大的重覆冰地段采取增加杆塔、缩小档距的措施，以增加导地线的过载能力，减轻杆塔负荷，减小不均匀脱冰时导地线相碰撞的机遇。对重覆冰区新建线路应尽量避免大档距，使重覆冰区线路档距较为均匀。对于35kV线路，档距一般在250m以下；对于110kV线路，档距一般在300m以下；对于220kV线路，档距一般在400m以下；对于500kV线路，档距一般在500m以下。当地形受限制必须采用较大档距时，宜采用耐张塔或采用其他加强措施。

（3）加强杆塔、缩短耐张段长度。将事故频繁、荷重较大、两侧档距相差较大及垂直档距系数小于0.6的直线杆塔采用加固措施后改为耐张塔；对于横跨峡谷、风口处则改为孤立档，并相应加强杆塔。例如，对前后档距或高差角较大的铁塔提高冰厚等级，铁塔主材可选用Q390型或Q420型高强度钢，提高强度。

（4）改善杆塔结构、扩大导线与地线的水平位移。

（5）为减少或防止覆冰后钢芯铝绞线断线或断股，重覆冰区输电线路导线可采用高强度钢芯铝合金线或其他加强型的抗冰导线

（6）为减轻或防止重覆冰区线路因不平衡张力作用和脱冰跳跃振动而损害导线，宜采用预绞丝护线条保护导线。

（7）对于悬挂角与垂直档距较大的直线杆塔采用双线夹，以增加线夹出口处导线的受弯强度。受微地形影响而产生由下往上吹的风使导线容易产生跳跃的局部地段，应采用双联双线夹，使绝缘子串强度增加，避免绝缘子球头弯曲或折断。

2. 防绝缘子串冰闪措施

（1）悬式绝缘子串增加大盘径伞裙阻隔法。大盘径绝缘子隔断，冰柱在直线悬式瓷绝缘子串的上、中、下部各更换一片大盘径绝缘子，阻断其冰凌的桥接通路。特制合成绝缘子向厂家定做上、中、下各有一片特大伞裙的合成绝缘子替换原运行的合成绝缘子。在原合成绝缘子上方加一片大盘径瓷绝缘子；加特制伞裙或绝缘板（草帽型），用粘贴或热塑等方法将原有普通合成绝缘子与伞裙固定为一体或加草帽型绝缘板。双串绝缘子间应增大挂点间距或加装间隔装置。

（2）悬垂绝缘子串斜挂法。绝缘子串V形及倒V形悬挂均可提高冰闪电压，可对直线杆塔悬垂绝缘子串改V形悬挂或改为倒V形悬挂工作量也很大，而DL/T 741—2001《架空输电线路运行规程》规定直线杆塔的绝缘子串顺线路方向的偏斜角不大于7.5°，这是从直线杆塔两侧的导线档距内的受力平衡来考虑的。如果考虑了两侧平衡，有意将顺线路方向的绝缘子串偏斜角加大，也可改善冰闪电压。

（3）为防止杆塔横担上积水，冰水不致淌落到绝缘子串上，可在绝缘子串悬挂点处增设一块防水挡板。

(4) 涂具有憎水性能的涂料。可考虑在绝缘子表面覆涂具有憎水性能的涂料，降低冰与积覆物体表面的附着力，虽不能防止冰的形成但可使冻雨或雪在冻结或黏结到绝缘子之前就可在自然力（如风或绝缘子摆动时的力）的作用下即能滑落，或者使冰或雪在绝缘子上的附着力明显降低，则同样可以达到防覆冰、减少线路出现冰害事故的目的。

3. 防导线舞动措施

(1) 开展导线舞动观测，力求获取全面的基础数据和资料，划分出舞动易发区域。1990年前后辽宁电网的导线舞动观测获取了第一手气象资料、导线舞动基础资料、录像资料并绘出了辽宁全省易舞动区域分布图，用以设计避让时参考。

(2) 改进铁塔紧固方式，加强易舞动地区杆塔强度。220～500kV输电线路耐张杆塔位于导线舞动系统的终端，相当于一个刚性阻尼器，舞动能量经横担、塔身到地面而消耗，其所受的交变应力最大，其紧固件最容易松扣或受到钢材相对运动的剪切力。因此应加强易舞区耐张塔螺栓和塔杆强度，必要时采用高强度螺栓。对杆塔节点螺栓，特别是横担螺栓采取防松措施。

(3) 对易舞动区域线路（特别是＜220kV）的直线杆塔，一是设计时加大导线间距离（包括垂直距离和水平偏移），这不能避免导线舞动，但可避免它造成的相间短路。如大连新明左右线1997年将易舞段原66kV塔更换成110kV铁塔，垂直间距由2.5m改为3.5m，水平偏移由0.5m改为1m，投运后未发生导线舞动混线事故；66kV连周线17号～18号鼓型塔三相垂直距离由2m改为上中横担3.4m、中下横担2.5m，均未再发生舞动混线故障。二是采用气流干扰线，破坏导线覆冰后的空气动力学特性，改变导线受力条件，以其阻尼性能抑制导线舞动。此法不改变导线和杆塔的受力、投资小、效果好，但需根据线路的导线直径、档距及舞动半波数单独设计，通用性有限。如1993年鞍山66kV鞍灵线43～44号、52～53号中相导线安装了干扰线，导线舞动时加装集中防振锤的相线发生了舞动，而加装干扰线的中相则未发生舞动。

(4) 利用失谐摆、重锤、集中防振锤的阻尼作用抑制起舞条件，但对不同线路效果各异，因这些装置的设计特性不能完全耦合所有频率的导线舞动。如针对2003年500kV龙斗、斗双等输电线路发生的舞动，就采用基于动力稳定性机理的双摆防舞器作为防舞方案。针对中山口大跨越工程的舞动采用了双摆防舞器，对200、500kV一般档距线路采用了偏心重锤式防舞器。

(5) 66kV线路加装复合绝缘相间间隔棒，防止舞动时相间短路，如盘锦田大线、大连岔瓦东线17、18号实施后效果良好。合理调整导线驰度亦可防止混线，如盘锦电业局曾在设计允许的范围内将易舞线段上线弛度收紧2.5%，下线弛度放松2.5%～5%，中线不变，实施后未发生重复混线故障。

(6) 新线路采用双绞线导线，不但可提高输电能力，而且其阻尼特性可破坏导线覆冰形状，改变其空气动力学特性，防止舞动。

7.4.2 输电线路防冰、除冰方法

防覆冰方法是在覆冰物体覆冰前采取各种有效技术措施，使各种形式的冰在覆冰物体上无法积覆；或即使积覆，其总的覆冰负荷也能控制在物体可承受的范围内。除冰方法定义为物体覆冰达到危险状态后采取有效措施，部分或全部除去物体上覆冰的方法或措施。一般来说，只有当设计阶段无法达到抗冰目的和无法了解输电线路的局部地区的准确覆冰情况时，

才采取后期防冰除冰技术方法。

国内外用来防冰、除冰的方法有很多，这些方法从类别上可分为以下几种：

(1) 热力融冰法，包括潮流分配、短路电流、铁磁线、热气、热吸收器、电磁波微波激光器等；

(2) 机械破冰法，包括“adhoc”方法、风力、电磁力、强力振动、电磁脉冲、超声振动、气动法等；

(3) 自然被动法，包括平衡导线重量、使用防雪环、使用憎水、憎冰性涂料等。

以上防冰、除冰的方法中可用于输电线路的方法有改变潮流分配法、短路融冰法等。

一、改变潮流分配融冰

工程应用中针对输电线路最方便、有效、适用的除冰方法为增大线路传输负荷电流。相同气候条件下，重负载线路覆冰较轻或不覆冰，轻载线路覆冰较重，而避雷线与架空地线相对于导线覆冰更多，这一现象与导线通过电流时的焦耳效应有关。当负荷电流足够大时，导线自身的温度超过冰点，则落在导体表明的雨雪就不会结冰。通过对导线在通流情况下的覆冰过程进行有效的传热分析，可得覆冰气象条件下导线不覆冰的临界负荷电流 I_c 为

$$I_c = \sqrt{(Q_f + Q_d)/R_{t=1}}$$

式中　$R_{t=1}$——1℃时单位长度导体交流电阻，计算中可近似取20℃的直流电阻；

Q_f——单位长度辐射散热；

Q_d——单位长度对流散热。

Q_f、Q_d 的值与外部气候条件和导体本身情况有关。

为防止导线覆冰，对220kV及以上轻载线路，主要依靠科学的调度，提前改变电网潮流分配，使线路电流达到临界电流以上；110kV及以下变电所间的联络线，可通过调度让其带负荷运行，并达临界电流以上；其他类型的重要轻载线路，可采用在线路末端变电所母线上装设足够容量的并联电容器或电抗器，以增大无功电流的办法达到导线不覆冰的目的，提升负荷电流防止覆冰，但此方法无法预防避雷线和架空地线上的覆冰。

二、三相短路融冰

三相短路融冰是指将线路的一端三相短路，另一端供给融冰电源，用较低电压提供较大短路电流加热导线的方法使导线上的覆冰融化。

根据短路电流大小来选取合适的短路电压是短路融冰的重要环节。对融冰线路施加融冰电流有两种方法：发电机零起升压和全电压冲击合闸。零起升压对系统影响不是很大，但冲击合闸在系统电压较低、无功备用不足时有可能造成系统稳定破坏事故。短路融冰时需将包括融冰线路在内的所有融冰回路中架空输电线停下来。对于大截面、双分裂导线因无法选取融冰电源而难以做到短路融冰，对500kV线路而言则更加困难。

三、用电磁力为超高压架空输电线路除冰

加拿大IREQ高压实验室提出了一种新颖的基于电磁力的方法为覆冰严重的315kV双分裂超高压线路除冰，即将输电线路在额定电压下短路，同一相的两个子导线的短路电流产生适当的电磁力使导体互相撞击而使覆冰脱落。为了降低短路电流幅值和提高效率，尽可能使合闸角接近零度，并采用适当的重合措施激发导体的固有振荡，增加其运动幅度。实验表明，幅值分别为10kA和12kA的短路电流可以有效地为315kV双分裂导线除冰。三相短路引起的电压降落超过了系统可接受的程度，而单相短路引起的电压降落幅度相对较小。虽然

短路电流对电力系统是不利的，但在严重冰灾的紧急情况下，可以在315kV系统应用该方法。

四、用高频高压激励除冰

20世纪末Charles. R. S等提出了用8～200kHz的高频激励融冰的方法。其机理是高频时冰是一种有损耗电介质，能直接引起发热，且集肤效应导致电流只在导体表面很浅范围内流通，造成电阻损耗发热。试验表明，33kV、100kHz的电压可以为1000km的线路有效融冰。当将冰作为有损耗电介质时，在输电线路上施加高频电源将产生驻波，冰的介质损耗热效应和集肤效应引起的电阻热效应都是不均匀的，电压波腹处介质损耗热效应最强，电流波腹处由集肤效应引起的发热最强，如果使它们以互补的方式出现，且大小比例适当，在整个线路的合成热效应将是均匀的。两个热效应的比值受导体类型、几何结构和覆冰厚度等诸多因素的影响。当频率为12kHz时，由介质损耗特性就能产生足够的热能，较好的运行频率范围是20～150kHz。但由于高频电磁波干扰，该方法在很多国家受限制。

综上所述，应该通过准确把握、了解输电线路所经地区的气象状况，在设计、施工和运行维护上采取针对措施，同时通过理论分析和试验研究结合生产中的实际问题，采取“避、抗、融、改、防”的方针，来综合治理覆冰对输电线路的影响和危害。

第8章　污　　闪

截至2005年12月底，国家电网公司共拥有66kV及以上架空输电线路总计17 552条，总计长度为39 655m。线路绝缘子在运行中发生故障的类型较多，其中对电力系统安全运行影响较大、造成经济损失较为严重的事故之一是绝缘子在运行电压下的污秽闪络事故。防止绝缘子发生污闪对于电力系统的安全稳定运行具有至关重要的作用。

输电线路绝缘子要求在大气过电压、内部过电压和长期运行电压下均能可靠运行。但沉积在绝缘子表面上的污秽在雾、露、毛毛雨、融冰、融雪等恶劣气象条件的作用下，将使绝缘子的电气强度大大降低，从而使得输电线路在运行电压下发生污秽闪络事故。

我国电力系统的污闪事故在20世纪50～60年代已有发生，且多集中在工业比较发达的地区；从20世纪80年代开始，跨地区、跨省市的大面积污闪也开始出现，给国民经济带来较大的损失。

据不完全统计，1971～1980年我国输电线路发生污闪事故1126次，变电设备发生污闪事故761次；1981～1990年，输电线路发生污闪事故达1907次，变电设备污闪事故695次。20世纪90年代后大面积污闪事故更为突出，1990年华北地区的大面积污闪事故和1996～1997年华东地区的大面积污闪事故，以及2001年辽宁、华北、河南等地的大面积污闪事故，都具有事故影响范围大、持续时间长、经济损失严重等特点。

20世纪90年代以来，跨省区的大面积污闪发生了多次。1989年12月底至1990年2月，南方暖湿气流与南下冷空气在华北南部上空相遇，使整个华北地区气候从干冷、干暖转为湿冷、温暖。河南北网、河北南网、山西南部和中部、京津唐电网及辽宁的西部和南部相继出现大雾加雨或雪天气。污闪逐渐由南向北，由东向西发展。1990年2月污闪进入高峰期，京津唐电网与河北南网、山西网完全解列，北京220kV双环网也面临崩溃的边缘，电量损失高达12GW·h。事故后调查统计，在这次大面积污闪事故中，京津唐有50条110～500kV线路跳闸，其中23条线路停运，共发现96基故障塔119串绝缘子闪络；河北南网仅220kV线路就有25条跳闸145次（110kV线路掉闸170次），其中15条重合闸不成功，共发现62基故障塔75串绝缘子闪络；晋中、晋南有19条110kV和220kV线路跳闸，其中12条停运，共发现24基故障塔34串绝缘子闪络；河南北部与西部7个地区有71条110kV和220kV线路跳闸，其中仅220kV线路就发现84基故障塔和95串绝缘子闪络；辽宁西部与南部有3条500kV线路跳闸7次，4条220kV线路跳闸10次，且多次重合或强送不成，共发现11基故障塔16串绝缘子闪络；变电方面，华北各地区共有7座220kV变电所、8座110kV变电所全部、部分或瞬时停电，不完全统计故障点约36处；河南电网共有5座220kV变电所、7座110kV变电所全部、部分停电。此次事故面积之广、威胁之大在我国电力系统历史上是前所未有的。

1996年底至1997年初长江中下游6省1市持续大雾。久旱无雨后的华东污闪从安徽向江苏、上海、浙江蔓延，同时污闪波及华中的江西、湖南、湖北。华东主网12条500kV线路跳闸62次，4条线路绝缘子断串，3条导线落地；24条220kV线路跳闸60多次，9条线路绝缘子断串导线落地；安徽500kV系统一度与华东主网脱离。华中电网2条500kV线路、22条220kV线路及2座220kV变电所和九江电厂污闪跳闸48次，其中4条线路5串绝缘子断串。这是1990年后又一次电网大面积污闪事故。该年度华北、山东、西北等电网内部也相继发生了较大面积的污闪事故。污闪共涉及330～500kV线路18条、220kV线路51条，23起导线落地或落于塔窗的事故；涉及500kV变电所1座、330kV变电所（厂）3座、220kV变电所（厂）5座、110kV变电所11座，330kV主变压器损坏2台，支柱绝缘子断裂。山东、上海、安徽、湖北、江西、陕西和新疆等省（市）、自治区电网都因变电所失电压或电厂联络变压器退出而发生（供电）区域性停电事故。

2001年1～2月，华北大部地区和东北辽宁相继几次出现雨雪交加、大雾迷漫的天气。污闪首先由河南电网发生并逐渐北移，经河北南网、京津唐电网直至辽宁南部和中部。此次污闪总计65～500kV线路238条、变电所34座跳闸972次。其中500kV线路故障塔30基，闪络绝缘子137串（组）；220kV线路故障塔293基，闪络绝缘子332串（组）；66～110kV线路故障塔110基，闪络绝缘子137串（组）。500kV变电所3座，闪络设备18台；220kV变电所15座，闪络设备37台；110kV变电所16座，闪络设备26台。此次污闪与1990年的大面积事故发生的时间和发展过程、覆盖区域及面积、社会影响大体相同，但重灾区转移到了辽沈地区，并涉及500kV变电所（辽宁、河北和河南）和输电线路的耐张串。

绝缘子污闪及由污闪造成的其他事故给电网造成的损失是灾难性的，必须采取相应的措施防止事故的发生，保证电力系统的稳定和安全运行。

8.1　绝缘子污闪事故特点

绝缘子大面积污闪的一个显著特点是区域性强，同时多点跳闸的几率高，且重合成功率小。1996～1997年，京、津、唐电网变电设备发生多次污闪跳闸且重合大都失败，从而造成大面积停电事故。

线路污闪事故往往都发生在潮湿天气里，如大雾、小雨、雨夹雪等天气。在大雨或大暴雨天气条件下，绝缘子发生闪络的情况并不多，这是因为雨水能将绝缘子表面积聚的污秽物冲洗掉，从每年绝缘子污闪发生的时间来看，污闪的发生有一定的季节性。经统计，90%以上的污闪事故发生在每年秋季的后期和冬季。造成这个现象的原因主要有两个方面：一方面是在秋季和冬季降水偏少，此外冬季还是浓雾、融冰发生的主要时间段；另一方面是由于冬季供暖的增加，造成污源增加，特别在我国北方地区，这一现象更为严重。例如2001年2月的大面积污闪具有以下特征：①高湿度持续浓雾气候，能见度低，温度在－3～＋7℃之间，湿度为90%～100%；②空气环境质量差，据沈阳环境监测数据，2月22日空气中SO_2最大值达到426$\mu g/m^3$，NO_2最大值达到118$\mu g/m^3$，总悬浮颗粒最大值达到757$\mu g/m^3$。另据河南、河北等地的环境监测数据显示，在发生污闪的时段里空气环境污染程度均出现了高峰值。

污闪的发生还有一定的时段性。据统计，有70%以上的污闪事故发生在后半夜和清晨，因为这时候的负荷轻，运行电压较高，而气温较低且湿度较大，是浓雾、露或雪气象的多发时段。在白天中午时段，线路发生污闪跳闸相对较少。

8.2 绝缘子积污特性

绝缘子表面的积污程度直接影响绝缘设备的污耐压水平，因此，防止输电线路污闪事故就必须了解和掌握绝缘子积污规律。

绝缘子表面沉积的污秽，既取决于当地大气环境的污染水平（包括远方传送来的污染），也受当时大气条件的影响（风力、降雨、降雪等）。此外，还与绝缘子自身形状、尺寸、安装方式、表面光洁度等有着密切的关系。

8.2.1 污秽的种类及常见成分

一、污秽的种类

绝缘子表面沉积的污秽种类繁多，按污秽来源大致可分为两大类。

(1) 自然污秽。该类污秽主要来自于海洋、沼泽和土壤等自然环境，主要包括农田尘土污秽、盐碱污秽、沿海地区海水（雾）污秽、鸟粪污秽等。

(2) 工业污秽。工业污秽是在工业生产过程中由烟囱排出的气相、液相和固相污秽物质。它主要分布在工业集中的地区，包括电力发电厂、化工厂、玻璃厂、水泥厂、冶炼厂和矿场等工业设备排出的烟尘和水雾等。在各类工业污秽中，化工污秽对绝缘子电气强度的影响最严重，其次是水泥、冶金等污秽。

长期的运行经验表明，对于城市工业区，绝缘设备表面的积污程度一般较为严重，并且工业规模越大，其对绝缘设备表面积污的影响范围越大。

工业污秽大多发生在城区或郊区以及工矿企业附近，基本上属局地污染。自然污秽虽是轻度污染，但多属于地区污染。实际上，工业与自然污秽共存的混合污染往往危害更大。例如，20 世纪 80 年代末到 90 年代，上海地区发生过几次较大的污闪事故，其原因主要是在线路设计时对城镇、公路、河道等结合处的混合污染对输电线路所造成的污染没有充分重视，仍按一般污区选择绝缘水平，而没有认识到在这些区域应配备更高的绝缘水平。

大气环境中存在的污秽按形状可以划分为颗粒性污秽和气体性污秽两大类。颗粒性污秽包括灰尘、烟尘、金属粉尘、液滴、雨滴、雾滴等。气体性污秽呈气态弥漫在空气中，具有很强的覆盖性能，此类污秽包括各种化工厂排出的气体、海风带来的盐雾等。

二、污秽物常见成分

1999 年春节，青岛 220kV 即水、黄南、虎水线在烟花爆竹燃放处附近发生闪络。分析其原因是：当地燃放的大量烟花爆竹使空气中的 SO_2 含量增高，SO_2 和海雾中的水分结合形成亚硫酸（H_2SO_3），沉积于绝缘子表面，最终形成上述 3 条 220kV 线路闪络。由以上例子可知，绝缘子表面上沉积污秽成分与当地大气污染物成分有着密切的关系，其成分因污源、工业原料和生产工艺而不同。目前常见的污秽物主要有硫氧化物、氮氧化物、碳氧化物、碳氢化合物等。

对各地绝缘子表面污秽物成分的实测结果表明，污秽物中可溶阳离子主要为 Ca^{2+}、NH_4^+、Zn^{2+}、Na^+、Mg^{2+}、K^+等，阴离子主要为 SO_4^{2-}、NO_3^-、Cl^-、HCO_3^-、F^-等。以上阴阳离子中，以 Ca^{2+}和 SO_4^{2-} 离子含量最大，分别占总阳离子和总阴离子的 50%～80%。

大多数情况下，绝缘子表面污秽物的主要成分多为硫酸钙和一价盐。按摩尔数（mol）计，一般硫酸钙大约占全部盐类的 30%～70%，平均占 50%左右；一价盐所占比例为

10%～30%；其他盐类占25%左右。对于不同类型的污染源，其污秽物主要含盐成分是不同的。例如，盐碱农田污秽、化肥污秽、电厂污秽等的一价盐含量偏高；一般农田地区污秽中的硫酸钙含量较高；水泥污秽则硫酸钙含量最高，但一价盐含量较少。

绝缘子表面污秽物中除了含有可溶盐以外，还含有灰密。这些灰密按吸水性能大小可分为三类：①高岭土、伊利石、石膏等吸水性强的污秽物；②吸水性次之的方解石、白云石等；③石英、长石、赤铁矿（$a-Fe_2O_3$）、不定型碳等吸水能力较差的污秽物。

在不同地区、不同季节测量绝缘子表面沉积的盐密与灰密比例是不同的。一般而言，在我国北方地区盐密与灰密比值较小，南方地区比值较大。例如，我国华北、东北地区盐密与灰密的比值一般约为0.3～0.25，而上海地区则约为0.19～0.93。春季测量的盐密与灰密比值较小，而夏季比值较大，这可能是由于在夏季强降雨较多使绝缘子表面沉积的灰密流失造成的。

8.2.2 绝缘子积污规律

污染物在绝缘子表面的沉积和积累，主要取决于污染物向绝缘子表面运动时的受力状况。这包括两个方面：一方面是促使污染物向绝缘子表面运动的力，如重力、风力等；另一方面是污染物运动至绝缘子附近，即将沉降到绝缘子表面上时还受到电场力的作用。

由污染物向绝缘子表面运动时的受力分析可知，污染物在绝缘于表面上的沉积受重力、电场力和风力等的作用，其中风力是影响绝缘子积污的最主要影响因素。

重力主要对密度较大的污染物作用明显，对密度较小和气体性污染物的沉积影响较小。重力使污染物在绝缘设备上沉积的特点是影响范围相对较小，集中在污染源附近区域，并且主要影响绝缘设备上表面的积污。

电场力影响污秽物的运动方向和速度。例如，在交流电场中污染物在电场力的作用下，将周期性往复运动；而在直流电场中，污染物则作定向运动。污染物的荷电能力越强、密度越小，则其受电场力的影响越明显。

电场力对绝缘设备污秽沉积的影响可以很直观地由输电线路绝缘子串中各片绝缘子污秽沉积量的分布看出。统计结果显示，不同区域和地形条件下，输电线路悬式绝缘子串中每片绝缘子的自然积污程度是随机的。但是对于每一串玻璃或瓷绝缘子而言，污秽沉积量（一般用等值盐密ESDD表示，简称盐密）最高的绝缘子是靠近导线侧的绝缘子，次之是接地侧的绝缘子。对于复合绝缘子，污秽沉积规律一般是靠近导线侧和接地侧的伞裙的盐密值略高，并且靠近导线侧伞裙的盐密值为最高。整支复合绝缘子上等值盐密的分布与复合绝源子上的电压分布基本吻合。

风力直接决定着污染物向绝缘设备移动的方向和速度，它对绝缘设备表面积污规律起着主要控制作用。在污染源相同的条件下，是否有风的存在和风力的大小都对污染物在绝缘设备表面的沉积过程有较大影响，也直接影响着绝缘设备上、下表面积污程度的差别。

此外，风力的强弱还往往影响着污染源对电力系统的影响范围。例如，对于一般规模的工业型污染源，当大气扩散和传送能力较弱时，该污染源大多只对周围10km之内的绝缘设备的积污产生影响；但当大气扩散和传送能力较强时，其影响范围则可达20～30km。

工业型污染源对输电线路绝缘子表面污秽物沉积的影响成度可用等值盐密表示，即

$$\mathrm{ESDD} = A\mathrm{e}^{-BL} \tag{8-1}$$

式中 ESDD——绝缘子表面污秽物的等值盐密，mg/cm^2；

L——绝缘子距污染源的距离，m；

A、B——常数。

随着合成绝缘子挂网数量的增加，对合成绝缘子的积污规律也在研究之中。合成绝缘子伞形简单，伞下无棱，这对于减少积污是有利的；但是合成绝缘子伞裙护套因与大气中的粒子摩擦而容易带电，从而容易吸灰，这对于减少积污是不利的。

关于合成绝缘子的积污，经研究发现有以下几个特点。

（1）由于憎水迁移作用，憎水性硅橡胶表面污秽的溶解速度低于亲水性瓷或玻璃绝缘子。

（2）出于雨滴在憎水的硅橡胶表面比在亲水性的瓷或玻璃表面更容易滚落，污秽流失的速度比瓷或玻璃绝缘子更快，甚至在下小雨等降水量不大的情况下，憎水性的硅橡胶绝缘子的表面污秽也会被部分冲走，而瓷或玻璃绝缘子表面积聚的污秽却不容易被清洗。

（3）对瓷或玻璃绝缘子的亲水性表面，在上下表向均匀受潮的条件下（如大雾天气），一阶盐污秽在能够开始流失前就已经几乎全部溶解出；而对憎水性的硅橡胶绝缘子表面，由于电解质溶出速度大大减慢，在全部电解质溶出以前，就有部分电解质开始了逐步流失过程。所以在等值盐密相同的情况下，憎水性硅橡胶绝缘子的有效污秽度比瓷或玻璃绝缘子的要低。

目前关于合成绝缘子的积污规律，如一年四季中积污量的变化、自然风雨对污秽的清洗作用及清洗程度、多年运行时历年积污情况的变化、哪些种类的污秽容易被自然风雨清洗、积污有无饱和和何时饱和、多大的降水能清洗掉污秽从而有利于安全运行等问题，正在进一步研究之中。

8.2.3　影响绝缘设备积污的因素

绝缘设备表面积污不但受附近污染源的分布和性质、风力、重力、电场力的影响，而且还受到气象条件、绝缘设备外形、外加电压种类、气候条件等诸多因素的影响，在分析输电线路绝缘设备积污规律和程度时，需要对以上影响因素综合考虑。

一、气象条件对绝缘设备积污的影响

绝缘设备表面积污受气象条件的影响主要表现在风吹、雨（雪）、雾等天气对污染物运动和沉积规律的影响上。

风力不但决定着大气中污染物的运动方向、运动速度、污染源的影响范围。同时，它对绝缘设备表面沉积的污秽还有一定的清洁作用。因此，还需结合当地污染源性质和分布、地形条件、绝缘子型式等因素综合考虑风力对绝缘设备积污程度的影响。

雨（雪）对绝缘设备积污程度的影响可以分为两个方面。在一些工业污染严重地区，雨（雪）受污染比较严重，含有较多的 SO_4^{2-}、NO_3^-、Cl^- 等离子，则当雨（雪）降落在绝缘设备上时，直接将这些导电性物质引入到绝缘设备上，使污染程度增加。但是，如果雨（雪）污染程度较轻，则它们对绝缘设备有一定的清洁能力，使设备的污染程度降低。特别是当雨水较大时，可溶解绝缘设备表面污秽中的可溶盐，并将其冲刷掉，对设备起到良好的清洁作用。例如，统计表明，在降雨强度大于2.5mm/h时，输电线路发生的污闪事故次数占总污闪事故次数的比例极小。此外，相对于悬垂串和V形串绝缘子，耐张串绝缘子发生污染的概率最低，这是因为它是水平布置的，串中各片绝缘子的上、下表面均能被雨（雪）冲刷到，具有较好自洁性的缘故。

在工业污染源附近地区，由于大气环境污染严重，空气中含有大量的尘埃粒子，这些粒子为雾的形成提供了丰富的凝结核，当气温、湿度、风速适宜时就容易导致雾的形成。

雾不但可使污层内的可溶盐溶解，在绝缘设备表面形成导电层的作用，而且对绝缘设备的积污也有影响。在大气污染比较严重的地区，含有污秽物的雾聚集成水滴沉降在绝缘设备表面上，从而使设备表面的积污量增加。气象观测数据表明，在城市工业区形成的浓雾的电导率可达 2000μS/cm；城市工业区边缘及邻近农村地区的浓雾的电导率也可达数百至 1000μS/cm 以上。这些数据说明，雾滴中含有大量的导电离子，其导电离子浓度取决于当地大气污染程度和性质，因此，当雾滴在重力、风力、电场力等的作用下沉积到绝缘设备上时，同时将雾滴中含有的导电离子带到设备上，使设备的积污量增加。一般来说，一次大雾的持续时间可以达到几个小时，大雾的持续时间越长，设备积污量的增加越明显。

1996 年，华东地区出现持续时间长达一周的大雾天气，造成全网 220kV 和 500kV 线路发生污闪跳闸 100 多次。造成这次大范围污闪的原因之一即是华东地区工业污染较严重。这一方面促进了大雾天气的形成，使随雾滴沉降到绝缘设备表面的污秽物增加；另一方面由于大雾的存在，地面温度难以升高，大量污染物停留在近地层，进一步增加了污秽物在设备上的沉积速率。

2001 年 2 月 21～22 日，大雾笼罩北方地区的部分电网，造成了一次大面积污闪停电事故。此次污闪事故中发现的一个重要现象是污闪后的盐密测量值较污闪前不久的测量值有了明显的增加，说明高湿度持续大雾和大气环境污染产生的湿沉降使绝缘子表面出现了急速积污。从沈阳发生污闪的区域来看，主要分布在外环高速公路一带，沈阳周边是高速公路密集地区，当年冬天除雪撒盐 3000 多吨，盐融化后使空气灰尘中含盐量大增，和雾气混合变成含盐雾，这一含盐雾可使绝缘子表面快速积污。在此次污闪事故中，一方面由于冬春之间是积污渐增期，绝缘子表面已存有相当污秽；另一方面，雾气中电解质物质的湿沉降又导致绝缘子表面产生快速污染，由于已存污秽和外来污染叠加，在持续高湿度大雾的湿润作用下导致输变电设备发生污闪。

试验室研究表明，当 XP-160 型绝缘子处于电导率为 2000μS/cm 的雾中 6～10h 时，其等值盐密可增加 0.03～0.04mg/cm，相应的绝缘子污闪电压比相同条件下但用蒸馏水制雾时的污闪电压要低 20%左右。北京清河和草桥两个试验站曾经对雾对绝缘子表面积污量的影响进行了实测，结果是：一次持续时间 8～10h 的大、中型雾可使绝缘子表面的等值盐密增加约 0.01mg/cm。

二、绝缘设备外形对积污的影响

绝缘设备的外形和尺寸对设备周围空气的流动有明显影响，因此它直接影响着污秽物在绝缘设备表面的沉积速率和环境对设备的清洁能力。在同一地区相同污染源和自然环境下，绝缘设备的外形和尺寸的不同使表面污秽状况有着较大的差异。

由空气动力学可知，空气在流过表面光滑、边缘呈开放形的物体表面时受到的阻力较小，流动速度较高，合理利用这一点可以有效地减少污染物在绝缘设备表面的沉积。运行经验表明，普通型绝缘子下表面常常积污严重，造成设备的污耐压水平降低。这是由于普通型绝缘子下表面有高棱和深槽，当空气流过这里时容易形成湍流，造成流动速度降低，为污秽物在绝缘设备上的沉积创造了有利条件。而对于双层伞防污型绝缘子，由于其表面边缘呈开放形，上下表面光滑，没有突出的棱角和凹槽，对流过其表面的空气阻力较小，从而不易积污，污耐压水平高，防污效果良好。

绝缘子串的安装型式对积污也有一定的影响。绝缘子串安装型式有悬垂串、耐张串和V形串三种不同的安装方式。其中，悬垂绝缘子串的积污最严重。耐张串绝缘子上、下表面均能被雨水冲刷，其自洁性最好。V形串绝缘子的污秽程度介于悬垂串和耐张串之间。

另外，绝缘子表面的光洁度对积污也有一定的影响。绝缘子表面的光洁度不同，微粒在绝缘子表面的附着和沉积速度也不同，绝缘子表面的光洁度越高，越不容易沉积污秽。因此，新的、光洁度良好的绝缘子与留有残余污秽的或者表面粗糙的绝缘子相比，污秽沉积的状况要轻一些。

三、外加电压对积污的影响

一般污秽微粒在绝缘子表面沉积主要决定于带电微粒的运动。在直流电压作用下，带电微粒受到恒定电场力的作用，微粒单向移动，被吸引到绝缘子表面。在交流电压作用下，带电微粒由于受到交变电场力的作用，在整个周期内的位移为零，在外部风力相同的条件下，带电微粒主要由重力作用沉降在绝缘子表面。空气中的污秽微粒中相当大的部分是带电的，当其相互碰撞时一般不会形成中性粒子。同时，污秽微粒接近绝缘子的电离区时，还能捕获电晕放电所产生的电荷。因此，在相同的环境下，直流电压下绝缘子表面的积污量要高于交流电压下的绝缘子。

除了电压种类对积污有影响外，交流电压等级对积污也有一定的影响，电压等级越高，积污越严重，盐密量越大，其原因是：交流电压下虽无直流电压的吸尘效应，但随着线路电压等级的升高，高压电极对周围空气的电离作用加大。由于空气发生电离后，电子的迁移速度远大于正离子的迁移速度。因此，不论电极的极性是交变的还是恒定的，在电极附近总是堆积着正离子。其离子的数量随着迁移和复合的发生而减少，随着电离的发生而增加，使电极附近的正离子不断由少至多，由多至少地变化。但电极附近始终聚积着一定数量的正离子云，这将形成一脉动定向电场。这个电场不仅可产生类似直流场的吸尘效应，而且电子扩散到外层区域将复合成负离子，使这种吸尘效应得到加强。

四、季节气候对积污的影响

绝缘子的积污量随季节的变化而变化很大。输电线路绝缘子串积污从每年的9月开始逐步增加，到第二年雨季来临前的3月左右达到最大，这段时间为绝缘子的积污期，之后由于春夏季雨水的冲刷盐密下降，直到干燥的秋季绝缘子串积污过程又重新开始。

我国大多地区秋冬两季干燥少雨，是积污最快的季节。黄河以南地区2～3月份就开始进入雨季，6～7月份进入降雨高峰，北方通常5～6月份才进入雨季，7～8月份进入降雨高峰，9月前后南北两地雨季结束。可见，北方干燥天气持续时间较南方长，所以北方电气设备的积污较南方严重，污秽闪络事故亦多于南方。

由于南北两地雨季持续时间差别很大，因此南北两地绝缘子的积污规律也有着较大差别。南方在12月和1月出现最大积污量，北方在2～3月出现最大积污量。积污量最小值南方出现在6～7月，北方出现在7～8月。

8.3　绝缘设备污闪特性

8.3.1　污闪的一般过程

绝缘设备污闪是指由于表面积聚的污秽物在特定条件下发生潮解，沿设备表面的泄漏电流急剧增加，导致设备发生闪络的现象。由绝缘设备积污特性可知，绝缘设备在运行中会受到工业污秽和自然污秽的污染。一般而言，绝缘设备表面沉积的污秽物在干燥状态下的电阻值很大，可以认为是不导电的，此时，这些污秽物的存在对设备的耐压水平没有明显影响。

但是在某些不利条件下，如在雾、露、毛毛雨等天气或者环境湿度较高的时候，污秽物因吸水或受潮而被润湿，其中含有的可溶盐成分被溶解，产生了可在电场力作用下作定向运动的正、负离子，这相当于在绝缘设备表面形成了一层导电膜，降低了绝缘电阻，从而有较大的泄漏电流沿绝缘设备表面流过。该泄漏电流的大小和绝缘设备污闪的发展过程密切相关，其大小与污秽中可溶盐成分与含量、灰密含量、污秽在设备表面的分布状况、污秽吸水或受潮的程度、设备外形尺寸和材质、外加电压种类和极性等因素密切相关。

由于绝缘设备表面材料的不同，形状、结构尺寸的变化，表面污层分布不均匀和润湿程度不同等因素的影响，泄漏电流在设备表面上的分布是不均匀的。例如，在盘形悬式绝缘子的钢脚和铁帽、棒式支柱绝缘子裙利芯棒交接处的泄漏电流密度一般比较大。在这些电流密度比较大的地方，热效应显著，污秽物中含有的水分被蒸发，在绝缘设备表面形成干燥带，导致整个绝缘设备承受的电压沿设备表面重新分布。由于干燥带中的污秽物是不导电的，其绝缘电阻值很高，因此干燥带承受的压降很高。当干燥带某处的场强值超过起晕场强时，在该处就会发生局部放电。

沿面局部放电是不稳定的，呈间歇的脉冲状态，视条件的不同，局部放电的形式可能是火花放电，或者是刷状放电，也可能是跨越干燥带的局部电弧。当放电火花熄灭时，由于此时已形成明显的干燥带，泄漏电流被干燥带的高电阻限制到很小的值，泄漏电流的烘干作用几乎终止，大气的潮湿会使干燥带重新湿润，从而在场强较高处又产生新的放电火花。

在不同条件下，放电火花出现的部位是不同的，并且在一个绝缘设备上可能同时出现多个放电火花。如果绝缘子脏污不很严重或受潮不充分，以及绝缘子的泄漏距离较长从而有较大的绝缘裕度，这种条件下的放电较微弱，放电的形式多是蓝紫色的火花或刷状放电，此时相应的泄漏电流脉冲幅值也较小。这种间歇的放电可能持续相当长的时间，但绝缘子发生污闪的可能性不大。随着使绝缘子受潮因素的减弱（天气的好转、空气相对湿度的减小），这种放电现象会逐渐减弱，并最终消失。

如果绝缘子脏污比较严重，绝缘子表面又充分受潮，以及绝缘子的泄漏距离较小，就会出现较强烈的局部放电现象。在这种条件下，放电形式为跨越干燥带的电弧放电，电弧为黄红色并作频繁伸缩的树枝形状，放电通道中的温度可增高到热游离的程度，与这种放电形式相对应的泄漏电流脉冲幅值较大，可达数十或数百毫安。这种间歇脉冲放电现象的发生和发展也是随机的、不稳定的，在一定的条件下，局部电弧会逐渐沿面展开并最终完成闪络。

由以上分析可以得知，随着绝缘设备表面污秽状况和外界条件的变化，设备表面的局部放电现象可能会逐渐减弱以致消失，此时设备可继续正常运行，也可能会发展成为贯通两极的电弧，形成污闪故障和事故。例如，如果局部电弧的热效应使干燥带扩大到电弧无法维持时，电弧就会熄灭；若外界条件使干燥带电阻不断减小，泄漏电流不断增大，局部电弧自身压降不断减小时，则局部电弧可不断向对极发展，直至闪络。

总的来看，绝缘设备发生污闪有两个前提条件：一是大气污染造成设备的表面污染；二是使积聚的污秽物受潮的气象条件。绝缘设备的污闪过程是一个涉及电、化学和热现象的错综复杂的变化过程，污闪的发展过程一般可以被划分为如下四个阶段：

(1) 污秽在绝缘设备表面沉积和累积；

(2) 污秽在绝缘设备表面发生潮解，流过绝缘设备表面的泄漏电流增大；

(3) 绝缘设备表面产生局部放电；

(4) 局部放电持续发展并最终导致闪络。

8.3.2　绝缘设备污闪机理

目前，对污秽放电机理的研究大致可以被归结为两类：一种是从电路的角度研究局部电弧的发生、发展过程；另一种是从电场的角度研究绝缘设备表面电场的分布与局部电弧发展的关系。

20 世纪 50 年代，德国的奥本诺斯（F. Obenaus）首先提出了分析绝缘设备污闪的电路模型。该模型认为运行状态下的绝缘设备可以用发生了局部放电的局部电弧段和没有发生局部放电的剩余污层段相串联来等效；通过分析局部电弧段特性和剩余污层段电阻的变化，来研究绝缘设备污闪的发生条件和发展过程。

如果假设绝缘设备承受的电压为 U，那么该电压由两部分承受，一部分是局部电弧上的压降，其余部分则是剩余污层上的压降。

局部电弧的长度一般在数个厘米以上，电弧压降主要以弧柱压降为主，因此，可以用负幂指数函数来表示局部电弧压降，即

$$U_{arl} = AxI^{-n} \tag{8-2}$$

式中　x——局部电弧长度，在图 8-1 中，它由 X_1 和 X_2 两个部分组成；

I——流过绝缘设备表面的泄漏电流大小；

A 和 n——与电弧特性相关的常数，其中 A 与介质的种类和状态、电弧的散热状况等因素密切相关，n 由电弧电流决定。

对于剩余污层上的压降，则是将没有发生局部放电的剩余污层段简化为一段电阻来进行考虑的，其值为

$$R = R_r L_r \tag{8-3}$$

式中　R_r——单位长度的剩余污层电阻值，它与局部放电电弧的弧根半径相关；

L_r——剩余污层长度。

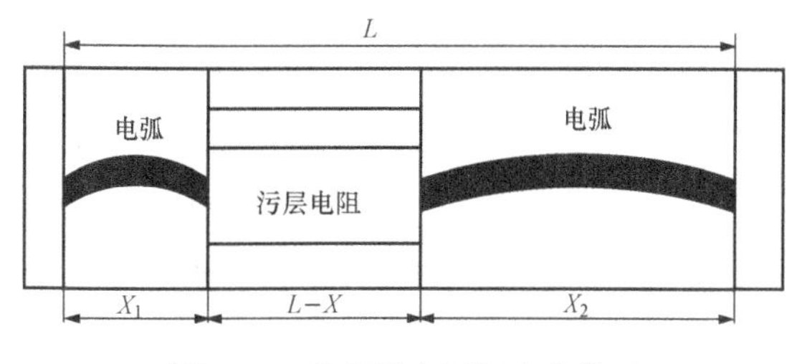

图 8-1　绝缘设备污闪电路模型

由此，绝缘设备承受的电压 U 的表达式为

$$U = U_{ar} + RI = AxI^{-n} + R_r(L - x)I \tag{8-4}$$

式中　L——绝缘设备的泄漏距离；

I——流过绝缘设备表面的泄漏电流大小；

R_r——单位长度的剩余污层电阻值；

A、n——与电弧特性相关的常数。

对于在直流电压运行下的绝缘设备，如果假设在闪络的整个过程中局部放电电弧的弧根半径恒定不变，通过数学计算即可得到绝缘设备在直流电压下的临界闪络电压、临界闪络电流和临界电弧长度。

早期人们在采用电路模型研究绝缘设备污闪机理的时候，并没有对施加在设备上的电压

种类（交流还是直流）进行区分。实际上，由于在交流电压作用下，绝缘设备上的局部放电电弧电流在交流电的每个周期内有两次过零，电弧的强弱作周期性化，所以不能仅仅将它作为稳态的直流电弧来考虑。

20 世纪 70 年代法国的 P. Claverie 和加拿大的 F. Rizk 等指出，要准确描述交流电压下绝缘设备的污闪，必须考虑局部放电弧在交流电压作用下是否发生重燃。

通过对交流电压下绝缘设备的污闪进行研究，认为交流电压下的电弧可以按照是否存在明显的熄灭和重燃过程而分为两类：一类是电弧的长度和强弱均随着流过设备表面的交流泄漏电流的变化而作周期性变化，电弧在电流过零附近不熄灭；另一类是电弧存在着明显的熄灭和重燃现象。根据交流电弧周期性变化规律的不同和泄漏电流波形的变化，可以归纳出交流电压下绝缘设备是否会发生污闪。一般来说，电弧熄灭后不重燃，设备不会发生闪络；或者在交流电压的每半周虽然电弧都发生重燃，但是泄漏电流幅值逐渐减小，此时虽然满足了交流电弧重燃的条件，但是不能满足恢复的条件，设备也不会发生闪络。但是，如果在交流电压的每半周电弧都发生重燃，并且泄漏电流幅值逐渐增大，交流电弧强度逐渐增大，电弧不仅能重燃而且能恢复，设备就有可能发生闪络。

通过以上分析，可以看出交流电压下绝缘设备是否发生污闪不但要考虑电弧是否存在重燃，还要考虑电弧长度和强度是否能恢复。需要进一步指出的是，绝缘设备最容易在交流电压的峰值附近发生放电，交流电弧也是在峰值附近发展最快，因此可根据以下两条对绝缘设备的交流污闪进行分析和判断：

（1）在交流电压达到峰值时，电弧弧长必须达到临界弧长值；

（2）在电弧发展到临界弧长的过程中，电弧的恢复条件应能始终满足。

绝缘设备污闪的电路模型没有考虑污秽放电自身的物理过程，不能从本质上解释局部放电电弧发生、发展直至闪络的原因。电场模型则以设备表面场强的分布与局部电弧发展的关系来解释绝缘设备污闪过程。该模型认为绝缘设备的表面电场是由电容耦合产生的静电场和由污层电导产生的分量相结合而成的混合场，其中前者电场可通过麦克斯韦方程组来求解，后者产生的电场则可用模拟电荷法等数值计算方法进行计算。

利用电场模型对绝缘设备污闪机理进行分析，得到的主要结果如下：

（1）当绝缘设备表面的污秽处于干燥状态时，由于污层没有泄漏电流通过，因此，染污绝缘设备与清洁时的表面电场分布相同，其最大场强值远低于表面空气的临界击穿场强，不会发生局部放电，设备也不会发生闪络。

（2）当绝缘设备表面的污秽处于均匀润湿状态时，污层电阻减小，有泄漏电流流过，表面电场分布与污秽处于干燥状态时相比更均匀。在设备直径越大的地方，电流密度越小，电场强度的切线分量越小，合成场强小于表面空气的临界击穿场强，没有局部放电发生。

（3）由于泄漏电流的焦耳效应，绝缘设备表面开始出现干燥带。干燥带表面电阻很大，使得干燥带上的场强增高，在干燥带上电场强度法线分量小于切线分量，当合成场强大于表面空气的临界击穿场强时，就开始出现局部放电。

（4）当局部电弧出现以后，电弧头部附近的场强值大大增加，且总是电场强度切线分量小于法线分量。很强的电场强度法线分量加剧了局部放电，使电弧头部电流密度增大，温度升高，以至于使污层中含有的钠原子等电离。如果电场强度法线分量和切线分量的比值合适，这些带电粒子就在切线分量的作用下，向前迅速运动，加快局部电弧的发展，并最终导致闪络。

绝缘设备的污闪放电是一个复杂的过程，其电弧的发展过程、闪络路径受外界环境影响较大，在用电场模型对污闪过程进行模拟时进行了较多的简化处理，还要进一步完善。但是，电路模型和电场模型二者可以相互补充说明污闪发生的机理。

8.3.3 绝缘子串的污闪特性

一、双串瓷绝缘子的污闪特性

双串绝缘子污闪电压相对于单串缘子会有所降低。双串绝缘子耐污能力的下降直接导致了现场多行中双串绝缘子的污闪事故偏高，所以现场运行中应适当注意双串绝缘子的安装间距。山西省某输电线路 1998～2003 年共发生 40 次污闪故障，其中双串绝缘子 14 次，单串绝缘子 15 次，其余 11 次发生在其他安装形式的绝缘子，双串绝缘子污闪概率远大于单串。

双串绝缘子网络电压降低的原因主要有三个：①双串绝缘子的安装使得沿绝缘子电位分布的不均匀性更大，闪络更易发生；②双串绝缘子周围电场相对于单串绝缘子而言畸变得更为严重；③双串绝缘子的安装结构使得闪络路径增加，闪络电压降低。

二、V 形串绝缘子的污闪特性

在相同盐密条件下，不同角度 V 形串绝缘子的单位泄漏距离闪络电压随串夹角的变化而变化，串绝缘子靠得越近，串间影响越严重。

三、串长对污闪特性的影响

污秽绝缘子的污闪特性与串长或片数关系的研究经历了较长期的过程，但各国得到的结果却不统一。

美国通用电气公司 1983 年对 17～38 片 18t 瓷绝缘子试验后发现污秽绝缘子的污闪特性与片数成非线性关系，而意大利 CESI 对 17～35 片 18t 瓷绝缘子的试验结果却为线性。但他们对 23～42 片 21t 玻璃绝缘子的试验结果都是线性。

武汉高压研究所对 XP-160 及 XWP2-160 两种绝缘子，在 13、25、31 片及盐密分别为 0.03mg/cm^2 与 0.1mg/cm^2 下的试验结果是线性的。

日本也进行过相关研究，有的称污秽绝缘子的污闪电压与串长成正比，有的说是非线性关系。关于试验结果的差别，主要与绝缘子串表面的污秽程度和状况有关。有的专家认为实验室尺寸对试验结果也有明显的影响。

8.3.4 复合绝缘子的污闪特性

硅橡胶复合绝缘子具有良好的耐污闪性能，在相同的污湿条件及结构高度的情况下，它的污闪或污耐受电压比瓷绝缘子高 2～3 倍。以硅橡胶材料为伞裙护套的复合绝缘子有优良的耐污闪能力，其原因主要有以下几点：

（1）硅橡胶伞裙表面为低能面，它具有良好的憎水性。硅橡胶材料的憎水性还可以迁移到污秽层表面，使污秽层本身也具有了憎水性。

（2）由于硅橡胶表面的污层也具有憎水性，污层表面所吸附的水分不会形成连续水膜，仅以不连续的小水珠的形式存在。在持续电压的作用下又细又小的小电弧分布在整个绝缘表面，不像瓷或玻璃绝缘子那样形成集中而强烈的电弧。此特点决定了复合绝缘子表面不易形成集中的放电通路，局部电弧不易发展，从而有较高的污闪电压。

（3）在同样的条件下，硅橡胶复合绝缘子达到饱和受潮所需的时间大约是瓷绝缘子所需时间的数倍，因此难以受潮，自然污闪就相对难以发生。

(4) 复合绝缘子的杆径（或等效直径）小、形状系数大，在表面同样脏污的条件下，它的表面电阻比形状系数小的瓷绝缘子要大得多，污闪电压和表面电阻有直接的关系，表面电阻越大，相应的污闪电压就越高。

(5) 硅橡胶材料的可塑性大、成形方便，有利于绝缘子结构形状的优化选择，作到积污较少，又有较高的污闪电压。

8.3.5 绝缘子闪络的影响因素

一、污秽成分对绝缘子闪络特性的影响

绝缘子表面的污秽物包括可溶解污物和不可溶解污物（或惰性污物），且不同地区的污物化学成分会有所不同。这些因素都可能影响绝缘子的污闪特性，国内外学者对此已开展了一些研究工作。

国内各单位通过对自然污秽点取样进行污秽化学成分分析结果表明，无论是沿海还是内地，污物中含有 NaCl、$CaSO_4$ 及其他成分，NaCl 所占百分比一般在 10%～30%，$CaSO_4$ 所占的百分比可达 20%～60%。

国内各单位还进行了不同化学成分下的绝缘子污闪特性试验研究，试验结果表明：灰密的大小对污闪有直接影响，灰密增大时污闪电压将降低；不同盐类污秽的绝缘子污闪电压不同，一价盐（如 NaCl）比二价盐［如 $ZnSO_4$、$MgSO_4$、$CaCl_2$、Zn（NO_3）$_2$ 等］对绝缘子污闪特性的影响要大一些。通过对不同污秽成分下的污秽绝缘子闪络特性进行试验研究得知，不能简单地用盐密值来分析绝缘子的污闪特性，还必须考虑污秽化学成分和表面污层电导率；在相同盐密的条件下，不同化学成分下的污秽闪络电压是不同的，与 $MgSO_4$、$CaCl_2$、Ca（NO_3）$_2$ 相比 NaCl 盐对绝缘子污闪特性影响最大；在相同盐密的条件下，不同灰密成分下的污秽闪络电压不同，灰密成分是高岭土的绝缘子的污闪电压，比灰密成分是砥粉的绝缘子的污闪电压低 15%～30%。

二、海拔高度对绝缘子污闪特性的影响

在我国，海拔在 1000m 以上的地区约占全国总面积的 60%。高海拔地区空气稀薄，气压较低，昼夜温差大，电气设备的外绝缘强度下降。

据调查，西宁地区 35～110kV 系统 10 次变电事故中，污闪占 80%；海拔为 1800m 云南地区，污闪事故约为总事故的 14%～28%；海拔为 1500m 的兰州地区，泄漏比距达 4.7cm/kV，仍然发生污闪事故。因此，需要加强高海拔地区污闪电压与气压关系的研究，有效解决高海拔地区的绝缘水平和绝缘配合问题。

高海拔条件对污闪特性的影响，主要在于气压的影响，研究也主要集中在低气压下污闪电压降低的特征和规律以及闪络过程中放电现象的试验和分析。国内外在这方面已开展了一些研究工作，普遍结论是：随着气压降低污秽绝缘子的直流和交流闪络电压降低，污闪电压 U 与气压 P 之间呈非线性关系，即

$$U = U_0 \left(\frac{P}{P_0}\right)^n \tag{8-5}$$

式中 U_0——正常大气压 P_0 下的污闪电压；

n——下降指数，反映气压对于污闪电压的影响程度。

这种方法简明直观，便于进行工程设计。

相对于其他国家，我国在此领域所做的试验研究较多。我国学者主要是针对实际绝缘子

在不同气压下的污闪放电特性做了大量的实验研究，由于试品、实验条件和实验方法的差别，各单位的研究结果不尽相同，但分析各单位的实验结果可以得出下述共同结论：

（1）随海拔升高或气压降低，各种形状绝缘子的污闪电压都要降低，降低的规律可用式（8-5）表征。指数 n 反映了污闪电压随海拔升高的降低程度，n 值越大，表示气压或海拔因素对绝缘子污闪电压的影响越大。

（2）下降指数 n 与施加电压的种类有关，交流污闪试验所获得的 n 值比直流污闪实验所获得的 n 值大。

（3）下降指数 n 与绝缘子的几何形状以及污秽程度有关。由简单形状模型上（如平板模型、光滑圆柱）所获得的 n 值比由复杂形状绝缘子上获得的 n 值小。不同形状绝缘子 n 值的差异与绝缘子伞裙间的弧络现象有关。

8.3.6　绝缘子污闪特性试验方法

绝缘子的污闪特性试验分为人工污秽实验和自然污秽试验。

人工污秽试验是用人工方法在绝缘子表面上涂以污秽并使污层受潮，以模拟实际运行工况的一项试验。IEC 及我国的绝缘子人工污秽实验分为固体污层法与盐雾法两类。人工污秽试验条件可以比较严格地人为加以控制并易根据需要加以改变，可在较简单的设备上用较短的时间取得试验结果。由于没有考虑实际运行中污秽量差别及分布的不均匀性、实际环境中污秽条件的多变性和污源性质的差异，加上实验室内对污秽物性质、污染状况及潮湿条件等进行了理想简化及试验设备条件的限制等多方面的原因，试验结果与自然污秽试验结果存在一定距离。

自然污秽试验法就是在工业污区或盐污区架设专门的试验线段或建立自然污秽试验站，或直接利用污区的运行线路作试验线路，让绝缘子在运行电压和自然条件下受到污染和湿润，测量泄漏电流或闪络的方法。由于这种方法在污源特性、积污过程、潮湿来源、湿润方式及电压作用等方面都能完全反映实际情况，所以试验结果最真实、最直接地表明绝缘子在实际运行条件下的特性，因而该试验方法占有重要的地位。

人工污秽和自然污秽下的闪络特性是不一致的。同样盐密的自然污秽绝缘子的污闪电压和人工污秽绝缘子的污闪电压是不一致的，同样盐密的自然污秽绝缘子的污闪电压的分散性较大，一般都远高于人工污秽试品的污闪电压，其不等价的最重要的原因是盐种类的影响。人工污秽实验用的可溶物质是 NaCl，而自然污秽中含有多种盐类，既有易溶于水的一价盐如 NaCl，还有不易溶于水的二价盐如 $CaSO_4$ 等。在盐密的测量中由于用水量比较多，$CaSO_4$ 等盐类的溶解度较大，对盐密的测量值有较大贡献。然而实际上绝缘子即使在饱和受潮状态，其表面能附着的水分也是很少的，$CaSO_4$ 这类难溶于水的二价盐在微量水中的溶解度很小，对污层电导率的增加贡献很小，因此二价盐的含量越高，在同样等值盐密的前提下其污闪电压就越高。

污层分布情况对于人工污秽与自然污秽的等价性也有影响，人工污秽绝缘子的污层分布是均匀的，而自然污秽绝缘子的污层分布是不均匀的，特别是伞裙上下表面的污秽度有明显差别。大量实验表明，均匀污秽对应最低的污闪电压，污秽分布越不均匀，对应的污闪电压就越高。

解决人工污秽实验和自然污秽实验等价性问题有两种思路：一是对自然污秽的可溶盐种类进行分析，分析出二价盐所占比例，此外再根据上下表面的不均匀情况进行修正，将对自然污秽绝缘子实测出的盐密修正为等效盐密，就可用人工污秽绝缘子的实验结果估算污闪电压；另一种思路是改进人工污秽实验方法，所选用的可溶盐类要尽可能接近所研究地区的自然污秽情况，污秽的分布也采用不均匀分布，使其接近实际运行情况，这样获得的试验结果接近自然污秽绝缘子的污闪试验结果。此方法的缺点是实验繁琐，实验结果仅符合特定地区，不具有普遍性。

8.4 污闪防治对策及措施

采取有效措施防止污闪事故的发生，是提高电网供电可靠性的重要工作之一。下面介绍输电线路防止污闪的主要措施。

8.4.1 增加爬距和采用合成绝缘子

从多次污闪的调查情况来看，运行线路的绝缘配置低于恶劣气候和环境污染综合作用下的运行要求是造成大面积污闪的重要原因之一。对于已经投运的线路或变电设备，如果爬电距离不能满足安全运行的要求，就应按规定进行调爬。但调爬一定要与污区的调查和修定结合起来，做到调爬合理且有适当裕度。调爬方法可以是适当增加绝缘子片数，也可以是更换为防污型绝缘子。另外，在污秽较重而又因杆塔间隙限制无法增加爬距的线路可采用合成绝缘子，与瓷、玻璃绝缘子相比，合成绝缘子良好的耐污闪性能已在多次污闪事故中得到了证明。

合成绝缘子具有质量轻、强度高、维护方便等优点，具有良好的憎水性和憎水性迁移能力，可以大大提高抗污闪能力；合成绝缘子在投入运行后，清洁区和一般污秽区可免清扫，节约维护的人力、物力。

经验表明，合成绝缘子比较适合于污秽区。自1997年以来，佛山电网在新建110kV和220kV输电线路悬垂串多数采用了复合绝缘子，自投运以来从未对其进行清扫，每月巡视，遇有雨、雾天气，还组织夜巡、特巡，均未发生异常现象。乌鲁木齐电业局所管辖的110kV米芦Ⅱ回线路7.4km，全部地处石油、化工、水泥厂附近的2～3级污秽区，自1985年投运以来，几乎年年在入冬至开春季节湿度大、雾气大时发生污闪事故。1991年5月该局将此线路瓷绝缘子全部换成合成绝缘子后，在后来的5年中，均未发生过污闪事故。

但是，合成绝缘子在受潮条件下的表面放电、表面凝结的水滴产生的电晕放电等会导致合成绝缘子憎水性减弱甚至丧失，在现场运行中要予以注意。此外，由于合成绝缘子质量较轻，更换为合成绝缘子后会使线路风偏角增大，不利于线路防风偏放电，这也是必须注意的问题之一。

对于难以更换的变电所绝缘设备，可以采取涂涂料或加强清扫及加装辅助伞裙等措施。

对Ⅱ级以下污区，如果是增加绝缘子片数以提高爬电比距，还必须按DL/T 5092—1999P《高压架空输电线路设计技术规程》验算线路导线一杆塔最小空气间隙是否符合要求。如果所加绝缘子的片数较多，验算后不能保证正常运行所需的最小空气间隙，则应考虑更换为高度不变但爬距大的防污型绝缘子，这样既能增大爬电比距，提高绝缘水平，还能保持最小空气间隙不变。

对于严重污秽地区，采用防污型绝缘子是解决污闪问题的一项重要措施。防污型绝缘子有双伞形、钟罩形、流线形、大爬距或大盘径绝缘子等。防污型绝缘子不但爬距比普通绝缘子大40%～50%，而且还有其他优点。

双伞形绝缘子伞形平滑，积污速度比普通型绝缘子低，自清洗效果良好，且便于人工清洗，它不仅比普通绝缘子的积污少，而且在同等积污条件下比普通绝缘子的污闪电压高，因而在我国电力系统中得到普遍的推广和应用。

钟罩形绝缘子是伞棱深度比普通型大得多的耐污型绝缘子，其深棱一方面可以增大爬距，另一方面可以使绝缘子的下表面不容易被海水喷溅、海雾润湿。这种绝缘子适用于沿海地区，耐受沿海自然污秽的性能较好，但该型绝缘子由于伞槽间距小，易于积污，较不便于人工清扫，因而在我国内陆地区的使用效果并不好。

流线形绝缘子表面光滑，不易积污，但由于爬距较小，且缺少能抑制电弧发展延伸的伞棱结构，所以耐污性能有限，使用不多。但是有些地区采取将靠近横担侧第一片绝缘子用伞盘较大的流线型绝缘子代替的方法来防止冰溜和鸟粪造成的污闪。

对于某些已运行的架空电力线路，如果沿线或局部污秽较为严重，采用一般防污型绝缘子仍然不能满足防污闪的要求，又由于种种原因不能使用合成绝缘子时，还可以采用大盘径绝缘子。这种绝缘子比普通型绝缘子和防污型绝缘子的盘径要大一些，并且适当增加了伞棱尺寸，因此其爬电比距也相应较长，从而可满足防污的要求。

多年运行经验表明，调爬能有效地防止污闪事故的发生，明显降低污闪跳闸率。例如，2001年11月到12月，东北电网对所管辖的总长1117km的7条500kV输电线路进行了该网历史上最大规模的线路调爬工作。经过该次调爬，东北电网500kV输电线路绝缘设备的爬电比距满足了沿线不同污秽等级地区对设备爬电比距的要求，提高了500kV输电线路绝缘设备防污闪故障和事故水平，使电网安全、稳定运行水平得到了进一步提升，取得了良好的效果。

8.4.2　清扫和水冲洗

一、清扫

定期或不定期清扫绝缘子是恢复外绝缘抗污闪能力、防止设备外绝缘闪络的重要手段，对于外绝缘爬距已经调整到位的输电线路，强调适时的清扫尤为重要。对于运行在一定地区的输变电设备，要结合盐密测量和运行经验，合理安排清扫周期。

绝缘设备的清扫周期可根据本地区的气候特点、积污情况、污秽程度和污闪规律来制订。由于是根据一年累积的污秽盐密最大值对污区进行分级划分的，因此《电力系统电瓷外绝缘防污闪技术管理规定》规定，凡是按污秽等级配置外绝缘爬距的设备，原则上一年清扫一次。但是对于个别地区由于污秽严重，绝缘水平偏低，则应适当增加清扫次数，增加的次数可通过监测绝缘设备表面污秽盐密值来确定，也就是根据盐密来指导清扫。

根据盐密指导清扫，能够最有效地利用原设备外绝缘的抗污闪能力，避免不必要的清扫。利用盐密指导清扫应做到以下几点：

(1) 确定绝缘设备在一定污耐压水平下的盐密控制值；

(2) 所测得的绝缘设备表面的盐密值应具有代表性；

(3) 确实掌握待清扫绝缘设备表面污秽中盐密的积累速度。

为保证绝缘设备在污闪季节积污量最小，以充分发挥清扫的作用，提高清扫效果，一年清扫一次的时间应安排在污闪季节前1～2个月内进行；此外，由于清扫工作量大，需要合理安排清扫顺序。一般清扫方法主要是人工停电清扫、机械带电清扫和悬式绝缘子落地清扫。

(1) 人工停电清扫是指用抹布或刷子等简易工具，在停电的条件下登高对绝缘子进行手工清扫，这是最原始的，也是最常用的方法。人工清扫方法的优点是简单易行；缺点是停电时间长，工作量大，质量难以保证。

(2) 机械带电清扫是指利用专业工具设备，如利用电或压缩空气作为动力，转动用尼龙或猪鬃制成的毛刷，通过绝缘杆（绳）将转动的毛刷伸到绝缘子表面上进行清扫。机械带电清扫有不需停电的优点，但存在劳动强度大、操作难度高、效率低的缺点，只适合清扫黏结不牢固的浮尘。

(3) 悬式绝缘子落地清扫是对污垢比较严重的线路绝缘子，在登杆清扫难以保证质量时，采用带电作业方式将绝缘子从横担脱离，降至地面，然后在地面进行人工清扫，随后再把它挂上横担的清扫方法。这种方法的优点是不需停电，防污闪效果很好，同时还可以对绝缘子逐一进行检查，摇绝缘电阻检测零值；缺点是工作量大，带电作业还有一定难度。

二、带电水冲洗

带电水冲洗是防止污闪的一种非常有效的方法，也是目前国内应用最广泛的一种方法。带电水冲洗是利用一股流速很高的水柱对绝缘子进行冲洗。能够实现带电水冲洗，主要是利用水柱的冲击力和绝缘性能两个特性。

带电水冲洗方法中按照装置结构的特点，分为移动式与固定式两大类。

(1) 移动式水冲洗。移动式水冲洗在世界各国流行，国内也广泛采用，运行经验较多的有华东、华北、东北、西北等地。

我国目前在线路上使用较多的有个人携带型的长水柱短水枪、短水柱长水枪及车载型的冲洗装置，在有些变电所内采用了固定式喷水装置。在使用长水柱短水枪进行水冲洗时，水枪喷口接地，水柱承受全部运行电压，起主绝缘作用。使用短水柱长水枪进行水冲洗时，水柱、绝缘水枪以及绝缘引水管形成组合绝缘。

移动式水冲洗按用水量的多少分为小水、中水和大水3种冲洗方式。

(2) 固定式水冲洗。固定式水冲洗装置安装在被冲洗设备的旁边，按原理可分两种类型。

1) 喷头固定式。水流直接喷到绝缘子上进行冲洗。它根据被冲洗绝缘子的尺寸和形状，在其周围敷设足够的水管并固定在构架上，在水管上装设几个乃至几十个喷头，从不同的角度和方位同时自动喷射出水柱和水雾，对准绝缘子进行冲洗。

2) 水帘式。喷水方向并不对准绝缘子，而是向上喷射，水流直指空中。这种水冲洗装置是专门为海岸的变电所设计的，目的是在大海与电站设备之间筑起一道水帘，以阻隔海水或盐雾直接飘到绝缘子表面上；而在大风天，水帘又可从设备的上风侧被大风吹到绝缘子表面上，对绝缘子进行冲洗。水帘一般设两道以上，并保持一定的间距，水帘的高度（即水的扬程）超过电气设备高度。这种方式特别适用于海岸变电所，它防污效率高。这种装置在日本很普遍，在我国没有被采用。

固定式水冲洗的设备包括水泵、储水池、净水器、管道、阀门、喷头（喷嘴）及自动控制系统等。固定水冲洗具有以下特点。

1) 固定水冲洗采用多喷嘴结构，可使整个变电所内或线路的整支绝缘子上下各部位同时清洗，冲洗效果好，效率高。

2）能自动监测、自动控制、反应迅速、冲洗及时、确保安全。

3）冲洗方便、冲洗周期短。它在盐密较低的情况下即进行冲洗，因此克服了被冲洗设备可能发生闪络的问题。

4）不需人工操作，不需攀登杆塔，无人身安全的问题。

5）一次投资大，基建费用高。管道敷设多，喷头喷嘴多，结构复杂，建设施工有一定困难。

6）维护工作量大，包括防喷嘴堵塞、防腐蚀、防锈、防漏、水质管理和自动化设备的校验和维修等。

7）适用于污染严重、需频繁冲洗的地区。

带电水冲洗时应注意以下问题：

(1) 气象条件。带电水冲洗应在良好的天气时进行，风力大于4级、气温低于－3℃，雨雪、雾及雷电天气不宜进行带电水洗。

(2) 作业方式。为保证作业人员的人身安全和设备安全，带电水冲洗应掌握正确的作业方式，对于相邻布置的设备应先冲洗下风侧，再冲洗上风侧，对上下层布置的绝缘子应先冲下层，后冲上层。对于悬垂绝缘子串、瓷横担及耐张绝缘子串应从导线侧向横担侧冲洗。还要注意冲洗角度，防止水雾溅射到邻近绝缘子发生闪络。

(3) 安全防护。每次作业前检查冲洗设备工作正常，水泵应可靠接地，作业人员最好戴绝缘手套，穿绝缘靴。此外，操作杆的使用及保管均应按带电作业工具的有关规定执行，试验周期为每半年一次。在使用组合绝缘的小水冲工具时应注意：①在冲洗的全过程中冲洗工具严禁触及带电体，1970年在某地带电水冲220kV线路时，操作人员在杆塔上将过长的水枪触碰了导线，发生沿水枪、导水管对操作人员放电而导致的伤亡事故；②操作杆的引水管在有效绝缘范围内严禁触及接地体。

另外，对避雷器及密闭不良的设备不宜进行带电水冲洗；发电厂及变电所内进行带电水冲洗作业前应掌握较脏污的绝缘子的盐密值，低于表8-1中临界盐密值的可进行带电水冲洗，超过临界盐密值的应用增大水电阻率等方式解决。

表8-1　　脏污绝缘子的临界盐密

泄露比距/mm/kV	14.8～16(普通型)				20～31(防污型)			
水电阻率/Ω·cm	1500	3000	10 000	50 000及以上	1500	3000	10 000	50 000及以上
临界盐密/mg/cm^2	0.02	0.04	0.08	0.12	0.08	0.12	0.16	0.2

三、带电化学清洗

随着化学清洗剂在电气设备清洗方面的深入研究，各种电气设备带电清洗剂不断开发应用，采用带电化学清洗成为电气设备防污的一种新手段。目前比较成熟的产品是BU—666型电气设备清洗剂，它非常适合对变电所电气设备进行带电深度清洗，其主要特点有：

(1) 按绝缘油试验方法进行的试验表明：击穿电压>25kV，绝缘电阻>10^{10}Ω；

(2) 不会导致瓷设备表面及金属部分受到任何腐蚀，清洗后电瓷表面不会留下任何残留物；

(3) 清洗剂在自身沸点不会起火燃烧，燃点在0～600℃之间，闪点为68℃，带电情况下清洗电气设备时无电火花或电弧；

(4) 蒸发速度和残留量试验证明清洗剂挥发性能良好。同目前三种常用带电清扫方式比较，带电化学清洗虽然材料费贵一些，但大大提高了安全性和清洗的效果，可克服带电水冲洗的溅闪问题；但仍受环境温度、风向等条件的严格限制，存在清洗死角，且若单纯采用化学清洗方法，则清洗剂用量大、清扫成本高，经济上不合理。

由于输电线路量多面广，而且清扫劳动强度大，按目前的人力、物力配置，在许多地区清扫质量和数量已难以得到落实。然而，污区的等级划分及污耐压绝缘是按一年一次清扫的前提来配置的，如果污秽清扫没有落实，而绝缘配置又没有增加裕度，相当于减弱了电网抗污闪的能力。随着电网的不断发展，依靠清扫来维持电网防污闪能力已不足取，较为合适的办法是增加污耐压绝缘裕度或引用防污闪性能好且自洁性能好的绝缘子。

8.4.3 使用防污闪涂料

根据电网防污闪经验，对外绝缘爬电距离不能满足相应污级要求的设备，除结合设备改造更换为防污型设备外，对其外绝缘表面涂敷防污闪涂料也是行之有效的措施之一。

从制造绝缘设备的材料来看，瓷绝缘子和玻璃绝缘子都具有亲水性能，污秽物本身也吸收水分，因此当水降落到这些材料表面时，污层中的电解质易于电离并在其表面形成导电水膜，这样增大了外绝缘的表面电导，最后导致放电。如果在瓷或玻璃绝缘子表面涂抹一层憎水性材料，那么由于材料憎水性的迁移作用以及对污秽物的吞噬作用，可使亲水性的瓷或玻璃绝缘子表面具有一定的憎水性能。水落在这些材料上，就不会浸润形成水膜，而是被憎水性材料所包围形成一个个的细小水珠，其结果是使绝缘子表面成为一个由许多水珠和高电阻带相串联的放电通道，使得放电电弧不易发展；同时由于这些污物微粒的外面包裹了一层憎水性涂料，使得里面的污秽物质不易受潮，即使吸潮后也是一个个独立的水珠，而不能形成片状水膜的导电通路，从而限制了泄漏电流的发展。

一、室温硫化硅橡胶

20 世纪 80 年代之前，为提高设备外绝缘耐污闪能力，华北、东北等地区曾广泛采用硅油、硅脂、地蜡等涂料。此类涂料都具有较好的憎水性能，将其涂敷在瓷表面上，即使在雨、雾、露等不利气象条件下，涂料表面污秽层也不会形成连续水膜，从而取得良好的防污闪效果。但是由于硅油使用寿命短，地蜡不适合粉尘污染区等，防污闪效果更好的室温硫化硅橡胶（RTV）涂料应运而生。

郑州电业局在其 17 个变电所的 110、220kV 设备上及 3 条 110kV 输电线路绝缘子串上涂覆了 RTV 涂料，最长时间有 3 年。在此期间凡涂 RTV 涂料的设备均未发生过一次污闪事故，而在同样条件下运行的没有涂 RTV 涂料的设备却发生过数次污闪故障和事故。同时现场观测发现，在大雾或小雨天气凡涂 RTV 涂料的绝缘设备表面均没有放电现象，且绝缘表面附着的水分都以水珠形式存在，水珠能从设备表面滚落；没有涂 RTV 涂料的绝缘设备表面附着的水分以连续水膜形式存在。

RTV（Room Tem Perature Vulcanized Rubber）是一种室温硫化硅橡胶，属于有机硅涂料的一种，但与硅油、硅脂不同，它是属于干性的固体涂层。RTV 本身是无色透明或白色半透明的液体，把它涂在绝缘子的表面后，通过空气及触媒的作用，不久涂层便固化为橡胶似的薄膜，比较牢固地覆盖在绝缘子的表面上。利用有机硅化合物的主要特性有以下几点。

(1) 常温固化。RTV 涂料涂敷在电瓷表面形成涂层，在常温下 RTV 的交联体系在空气中水解，并在催化剂作用下，使端羟基聚二甲基硅氧烷缩聚固化形成硅橡胶涂膜。为适应现场施工条件，硅橡胶硫化过程应满足室温下表面干燥时间25～45min，全干时间不大于4天。

(2) 外观及理化特性。RTV涂料固化后涂膜外观应平整、光滑、无气泡、不起皮、不龟裂。涂膜应有一定机械强度要求，涂层与瓷表面的附着力按GB 1720—1989《漆膜附着力测定法》用画圈法检测，应不低于2级。其耐磨性按GB 1768—1993《漆膜耐磨性测定法》检测，应不大于0.059g。涂膜在运行条件和自然污秽环境中有较好的耐腐蚀性，保持性能稳定，不应产生起皱、起泡、起皮脱落等现象。

(3) 憎水性与憎水迁移性。电瓷表面被水粘湿后，由于瓷质分子与水分子之间的吸引力大于水分子之间的内聚力，其接触角小于90°，水分在瓷表面形成连续水膜。当瓷表面涂敷RTV后，由于硅橡胶分子与在其表面的水分子之间的吸引力小于水分子之间的内聚力，其接触角大于90°，则水分在涂膜表面形成独立水珠，不形成连续水膜，这就是RTV良好的憎水性。

电瓷表面积污受潮而形成导电性水膜是发生污闪的主要原因。RTV涂层表面积污后，RTV内处于自由状态的短分子链硅氧烷因分子热运动不断地向污层扩散，其憎水性迁移到污层表面，使附在RTV涂膜上的污层也具有憎水性，这被称为憎水迁移性。这种已具有憎水性的污层受潮后，不再形成导电水膜，从而可有效地提高其污闪电压。

运行经验表明，随着环境污染日益严重，仅有RTV自带的可迁移性短分子链硅氧烷是不够的，还应采用催化酶技术，通过设定连续生成微量短分子链硅氧烷，它在有效期内赋予涂料持续均衡的憎水迁移性。一旦憎水迁移性消失并不再恢复，则认为RTV涂料失效。

(4) 耐污闪特性。由于RTV涂层具有憎水性及污染后的憎水迁移性，当绝缘子表面涂敷RTV后，其污闪电压有明显提高。人工污秽试验表明：在盐密为0.1mg/cm^{2}及灰密2mg/cm^{2}时，涂有RTV的绝缘子人工污闪电压可比没有涂的提高1.5倍以上。

在实际应用中，可用刷、喷等方法将RTV防污闪涂料涂覆在绝缘设备表面，待其固化后就形成一层无色透明的胶膜。该胶膜具有优异的憎水性和借水迁移性，设备表面积污后胶膜本身的憎水性可迁移到污秽层表面。在雾、露、毛毛雨等气候条件下，污层表面所吸附的水分，以不连续小水滴的形式存在，不形成连续水膜，抑制了泄漏电流和局部电弧的产生和发展，从而能显著提高绝缘子的污闪电压。

在对绝缘设备表面涂抹RTV涂料时，要严格按照操作要求进行。涂前一般应将被涂表面清理干净、擦干水分，以免涂层气泡龟裂或影响涂料的附着能力。涂层厚度一般为0.25～0.5mm，涂刷要均匀、完整，涂料在表面不堆积、不流挂、不缺损。

定期对涂有RTV涂料的绝缘设备进行检测也是极为重要的。这是因为如果涂料失去憎水性或涂料本身尚有憎水性，但不能迁移至污层表面，则失去涂料抗污闪能力。另外，如果设备积污比较严重，虽然涂料的憎水性可以使污闪电压有所提高，但总的污闪电压仍低于运行电压，也难免发生污闪事故。对于RTV涂料实效的检测方法，一般来说包括两个方面：①RTV涂料憎水性及憎水迁移性的检测；②RTV涂料绝缘子表面污秽度的测量。

由于RTV防污闪涂料具有如下优点，这种方法已经成为我国防污闪的一项重要技术措施：

（1）涂覆工艺简单；

（2）涂料的附着程度恰到好处，在风吹、雨淋、日晒等自然力作用下，涂层不会破坏；

（3）当涂层需更新时也可以仅清除涂层表面的积污，在旧涂层上再涂覆一层新的涂层；

（4）使用期间可不清扫或少清扫，显著减少输变电设备运行维护的工作量；

（5）使用寿命较长。

二、硅油涂料

目前二甲基硅油（简称硅油）也是一种使用较为广泛的防污闪涂料。它是以二甲基硅烷为主链三甲基端的直链状有机聚硅氧烷，基本分子结构是硅氧链，因此它具有某些无机化合物的特点，如像玻璃、石英那样的稳定性和绝缘性；有许多有机基团，因此也具有有机化合物的柔韧性和憎水性。硅油的独特性能，使其能适用于各个工业、科学领域，用途极为广泛。

硅油可以带电喷涂，甚至可以在潮湿的天气里，当绝缘子局部放电严重时作临时应急措施。带电喷涂硅油的工具和操作方法都比较简单，喷涂的原理与喷漆的方法相同。

硅油喷涂在绝缘子表面后，即留有一层薄薄的新性油膜，若向其表面泼水，水分在其表面即凝结成水珠。绝缘子上表面经常受雨淋、日晒、风吹的作用，硅油的使用寿命仅3个月，涂在瓷裙下表面的，受风吹雨淋的机会较少，可保持5～6个月；若悬挂的地点周围灰尘太多，落下的尘灰把油分吸收，随后又被风雨冲刷掉，如此不断地作用，油膜干枯就更快。

硅油在油性消失后，积灰特别容易清扫，用手或布轻轻一抹，即露出光洁的瓷釉。这可以防止不易清扫的灰分如水泥等在绝缘子表面结成坚硬的污垢，起到保护瓷釉的作用，同时也减轻了人工清除的劳动强度。

涂过硅油的绝缘子，在干燥的天气下，无论硅油失效与否，电气性能如工频、冲击、闪络电压等，与普通的绝缘子无太大差异。恶劣天气时，在硅油的有效期间和正常的系统电压下，能显著地限制泄漏电流和防止电晕、电火花、闪络的产生。虽然硅油的有效期短，但在这几个月的期间内能安全、可靠、有效地预防污闪。

硅油的使用有效期（寿命）一般定为3～6月，实际上使用寿命与当地的气候和落灰量有关。落灰量大，绝缘子表面上的硅油消失比较快，其有效期相应缩短；反之有效期就较长。不同制造厂或同一制造厂不同型号、不同批号的硅油，其效果和有效期也有差异。

三、PRTV涂料

PRTV电气设备外绝缘复合化硅氟橡胶涂料（即电气设备外绝缘用就地成型永久性防污材料）中以硅氟橡胶材料为基础，能就地成型，用于提高电气设备外绝缘防污性能，目标年限为20年。新材料在满足PRTV涂料的有关标准及文件的基础上，达到作为永久性外绝缘材料的高温硫化硅橡胶的材料性能要求，具备必要的耐电腐蚀性、阻燃性、耐环境老化性、耐化学腐蚀性及机械性能等，完善了施工工艺。该材料既有RTV涂料的室温硫化、就地成型特性，同时具有作为永久性外绝缘材料的高温硫化硅橡胶的材料性能。

8.4.4 加强污区图的制订及修订

污区图的绘制可为在运行设备外绝缘的改造和新建、扩建输变电工程外绝缘的设计提供科学依据，是实施电力生产全过程管理，防止电网大面积污闪事故的基本保证，对保障电网的安全运行可起到很好的指导作用。

对线路污秽等级进行划分的根本目的是为了便于核实绝缘设备的爬电比距是否能够满足防污闪的要求，以便有计划地采取针对性的技术措施，消除薄弱环节，提高维护工作效率。

划分线路污秽等级，应根据污湿特征、运行经验和绝缘子表面污秽物的等值附盐密度（简称盐密）综合考虑确定，当二者不一致时，按运行经验确定。运行经验主要包括线路污闪跳闸故障和事故记录，绝缘子型式、片数、爬电比距和老化率，地理和气候特点，采取的防污措施及清扫周期等。

根据防污闪管理条例的规定，应每3～5年修订和审核一次污区图。若污区图没有随污染环境的变化而及时调整，将会导致线路绝缘水平与大气污染环境不相适应。部分地区曾因在设计、基建阶段确定外绝缘配置时，由于对环境污秽的发展估计不足，致使外绝缘水平配置偏低。在过去发生的数次大面积污闪事故中，有一部分线路的泄漏比距是所处污区的下限值，还有部分线路的泄漏比距甚至低于所处污区的要求值。而且大面积污闪事故还表明有相当一部分线路所在区域的污区等级划分偏低，不少地区由于缺乏全面环境污染和气候数据，一旦遇上恶劣气候和环境污染高峰等多种不利因素的综合作用，就明显暴露出污区等级划分偏低、输变电设备绝缘配置水平不足、电网抗污闪能力较弱的问题。因此推广使用电子版污区图、缩短调整修订时间是防污闪工作的迫切需要。基础数据（包括绝缘配置、气象、污染源、盐密及杆塔定位数据）完备的单位，应积极利用现有研究成果开发绘制污区图的专家系统。

8.5 输电线路防污闪研究

到目前为止，包括我国在内的世界各国已对绝缘子污闪开展了大量的研究工作，研究成果成为科研设计单位和运行部门的重要参考资料。我国还全面展开了电网污区分布图的绘制工作，制订了一系列防污闪技术的政策和管理规定，并于20世纪90年代在各电网进行了3次不同程度的输变电设备特别是输电线路调爬。但污闪事故并未从电网中消失，电网的安全运行仍承受着大面积污闪的风险，为了保障输电线路的正常运行，需要从以下几个方面对绝缘子污闪做进一步的深入研究：

（1）污秽绝缘子人工试验方法的研究。利用现有的人工污秽试验方法所得到的数据来指导输电线路外绝缘的选择，不能完全满足实际需要，应持续开展人工污秽试验方法的研究，使其试验结果与自然污秽试验结果有比较一致的等价性。

（2）长串污秽绝缘子闪络特性的研究。由于试验条件的限制，现有的试验研究主要以短片串为主，由于我国正在研究交流1000kV和±800kV直流输电方式，因此应加强污秽绝缘子长串闪络特性与串长之间关系的研究。我国绝缘子生产厂家多，绝缘子型式品种多，而针对不同型式、不同规格绝缘子的长串污耐压试验数据较少，这就给线路污耐压设计带来了一定困难，设计单位通常只根据爬电比距来选择绝缘子串长度及片数。实际上，对于不同造型结构的绝缘子，即使爬距完全相同，其污耐压也是不完全相同的，有些甚至相差百分之十几；而且不同选型结构的绝缘子，其自清洗性能也不同，因而其积污性能也有较大差异。因此，在线路设计中仅依据爬电比距来设置污耐压水平，易产生一定的偏差，给线路的运行维护增加了后续问题。

（3）污秽绝缘子多串并联下的闪络特性研究。运行中的绝缘子串不少是并联的，这就需要研究单串污闪和多串并联污闪的规律和特点。

(4) 污秽绝缘子串不同布置方式下的闪络特性研究。绝缘子的布置方式有垂直布置、水平布置、V形串布置等。同样环境下，不同布置方式绝缘子的污染程度有所不同，污秽放电发展过程也有所不同，需要在这方面开展深入研究。

(5) 低气压、覆冰（雪）、酸雨（雾）等复杂环境下绝缘子污闪特性的研究。由于我国能源分布和负荷中心的不均衡，因此需要远距离、大容量输电。输电线路沿线经过低气压、覆冰（雪）、酸雨（雾）等复杂环境是不可避免的。由于试验条件的限制，目前主要针对简单气象条件进行研究，今后需要结合覆冰（雪）、酸雨（雾）、低气压等复杂环境研究绝缘子的污闪特性。

(6) 应研究和建立电网的污情污闪预警系统。运用现代传感技术、信息技术、数据处理技术来监测线路的大气环境污染值、气象参数值、绝缘子表面盐密、电导等参数，使之在达到临界状态时能先期预警，从而及早采取应对措施，防止大面积污闪的发生。

第 9 章　输电线路风偏闪络与防治

输电线路的风偏闪络一直是影响线路安全运行的因素之一。与雷击等其他原因引起的跳闸相比，风偏跳闸的重合成功率较低，一旦发生风偏跳闸，造成线路停运的几率较大。特别是 500kV 及以上电压等级线路，一旦发生风偏闪络事故，将对系统造成很大影响，严重影响供电可靠性。

对输电线路风偏闪络引起的故障及事故进行调查统计，分析其原因，研究并制订相关防治措施，对于降低输电线路风偏闪络故障及事故率，提高输电线路的安全运行水平是很有意义的。

9.1　输电线路风偏闪络调查统计

9.1.1　风偏闪络统计及特点

据统计，国家电网公司系统 1999～2003 年间 110(66)kV 及以上输电线路风偏跳闸情况如下。

(1) 5 年间共发生 110(66)kV 及以上输电线路风偏跳闸 244 次。其中，华北 94 次，占总数的 38.5%；西北 66 次，占 27%；华东 42 次，占 17.2%；华中 25 次，占 10.2%；东北 17 次，占 7%。超过 10 次以上的省份有新疆、陕西、青海、江苏、福建、天津、山西、山东、内蒙九省市、自治区，其中以新疆为最多，达到了 30 次。从统计数据可以看出，5 年间输电线路风偏跳闸多发于北方和沿海风力大的地区。

(2) 按电压等级分类，500kV 输电线路风偏闪络发生 33 次，占 13.5%；330kV 输电线路发生 8 次，占 3.3%；220kV 输电线路发生 139 次，占 57%；110kV 输电线路发生 64 次，占 26.2%。统计数据说明 5 年间风偏跳闸主要发生在 110～220kV 线路，约占全部风偏跳闸的 83.2%。

(3) 输电线路风偏跳闸形式主要表现为导线对杆塔放电 210 次，占 86.07%；其次是对周边障碍物放电 30 次，占 12.30%，两项合计占 98.37%。其中对杆塔放电按放电点位置区分，对塔身放电 186 次，占 88.5%；对横担放电 15 次，占 7.1%；对拉线放电 9 次，占 4.4%。

对塔身风偏闪络 210 次，其中转角（耐张）塔 142 次，占 68.0%；直线塔 68 次，占 32%。转角（耐张）塔在输电线路中所占的比例是较低的，一般为 1/5～1/20，而统计数据表明风偏故障发生在耐张塔的比例远大于发生在直线塔的比例，因此解决耐张塔风偏问题是减少风偏事故的关键。

(4) 按导线排列方式分析，三角排列 121 次，占 49.6%；水平排列 74 次，占 30.3%；垂直排列 49 次，占 20.1%。从数据统计看导线三角排列发生风偏故障的几率较大，这类塔型常见的有猫头形直线塔和干字形耐张塔。

9.1.2　2004 年 500kV 输电线路风偏闪络统计及特点

2004 年度全网 220～500kV 输电线路因风偏引起跳闸 114 次，位居架空输电线路跳闸的第三位，给系统安全稳定运行带来较大影响，其中造成事故的有37次。

2004年2～7月，在仅半年的时间内，500kV交直流输电线路发生21次风偏跳闸，且大多重合不成功。在21次风偏闪络中，按发生时段划分，分别为7月7次、6月10次、5月2次、4月1次、3月1次；按交直流线路划分，分别为交流18次、直流3次。

2004年的风偏闪络与往年相比，具有以下特点。

(1) 时段集中。主要发生在5～7月之间，而往年发生时间，较为分散和随机。

(2) 范围广泛。往年主要发生在北方地区和沿海地区，当年内陆地区发生较多，涉及区域有河南、江苏、湖北、湖南、山东、山西、华北。

(3) 直线塔风偏闪络明显增多。在21起风偏闪络事故中有19起发生于直线塔，仅2起发生于耐张塔，而往年则较多是耐张塔的跳线串对杆塔放电。

(4) 500kV主干线路风偏闪络突出。在1999～2003的5年中500kV线路风偏闪络共发生了33起，而2004年前半年时间就已发生21起。

9.1.3 2005年500kV输电线路风偏闪络统计

2005年度，全网500kV输电线路共发生风偏跳闸7次，且全部造成线路非计划停运，由风偏造成的事故率100%。全网66～500kV输电线路共发生风偏跳闸57次，造成事故的40次，事故率70.18%。这表明，一旦发生风偏闪络，造成线路停运的几率就很大。

9.2 风偏闪络规律及特点

9.2.1 输电线路风偏闪络多发生于恶劣气候条件下

历年来各地输电线路风偏闪络故障及事故调查分析结果表明，输电线路风偏闪络发生区域均有强风出现，且大多数情况下还伴随有大暴雨或冰雹。造成这一现象的原因是：在某些微地形区，高空冷空气移动缓慢，与低空高热空气在局部小范围内不断交汇，易于形成中小尺度局部强对流，导致强风（也称为飑线风）的形成。这种飑线风发生区域范围从几平方千米至十几平方千米，瞬时风速可达到30m/s以上，持续时间数十分钟以上，且常伴随有雷雨或冰雹出现。这样，一方面在强风作用下，导线向塔身出现一定的位移和偏转，使得放电间隙减小；另一方面降雨或冰雹降低了导线—杆塔间隙的工频放电电压，二者共同作用导致线路发生风偏闪络。值得注意的是，在强风的作用下，暴雨会沿着风向形成定向性的间断型水线，当水线方向与放电路径方向相同时，导线一杆塔空气间隙的工频闪络电压进一步降低，增加线路风偏闪络概率。例如，2004年度河南500kV嵩获二回线、获仓线、郑祥线及2005年山西220kV丹钰线等风偏闪络故障发生时都出现了飑线风、大雨和冰雹等恶劣天气。

9.2.2 输电线路风偏闪络放电路径

从放电路径来看，输电线路风偏闪络有导线对杆塔构件放电、导地线线间放电和导线对周边物体放电三种形式。它们的共同特点是导线或导线侧金具烧伤痕迹明显。导线对杆塔构件放电又可分为直线塔导线对杆塔构件放电和耐张塔跳线对杆塔构件放电两种。其中，前者导线上的放电点比较集中；后者跳线上的放电点比较分散，分布长度约有0.5～1m。不论是直线塔还是耐张塔导线对杆塔构架放电，在间隙圆对应的杆塔构件上均有明显放电痕迹，且主放电点多在脚钉、角钢端部等突出位置。导地线线间放电多发生在地形特殊且档距较大（一般大于500m）的情况下，此时导线上的放电痕迹较长，但由于放电点距地面较高，所以较难发现。导线对周边物体放电时，导线上放电痕迹可超过1m长，对应的周边物体上也会有明显的黑色烧焦状放电痕迹。

9.2.3　风偏闪络故障发生时重合闸成功率低

由于风偏闪络是在强风天气或微地形地区产生飑线风条件下发生的，这些风的持续时间多超出重合闸动作时间段，使得重合闸动作时放电间隙仍然保持着较小的距离；同时，重合闸动作时，系统中将出现一定幅值的操作过电压，导致间隙再次放电，并且第二次放电在放电间隙较大时就可能发生。因此，输电线路发生风偏闪络故障时，重合闸成功率较低，严重影响供电可靠性。例如我国2005年，全网500kV输电线路发生风偏跳闸7次，全部造成线路非计划停运；66～500kV输电线路共发生风偏跳闸57次，事故率70.18%。

9.3　风偏闪络原因分析

针对近年来频繁发生的风偏闪络事故，国内相关领域专家对其原因进行了深入的研究和分析，认为造成风偏闪络的原因可以分为外因和内因两方面。外因是自然界发生的强风和暴雨天气；内因是输电线路抵御强风能力不足。因此需要研究内外两方面的影响因素，从设计参数、运行维护、试验方法等方面分析存在的问题，采取针对性的解决措施和方法，减少输电线路风偏闪络的次数，提高线路的安全运行水平。

9.3.1　恶劣气象条件引起输电线路风偏闪络

发生风偏闪络的本质原因是由于在外界各种不利条件下造成输电线路的空气间隙距离减小，当此间隙距离的电气强度不能耐受系统运行电压时便会发生击穿放电。当输电线路处于强风环境下，特别是在某些微地形区，易于产生飑线风，此时强风使得绝缘子串向杆塔方向倾斜，减小了导线和杆塔之间的空气间隙距离，当该距离不能满足绝缘强度要求时便会发生放电。

DL/T 5092—1999《110kV～500kV架空输电线路设计技术规程》中规定，对于海拔500～1000m的500kV线路，工频电压下的最小空气间隙不得小于1.3m；对于海拔500m以下的线路，工频电压下的最小空气间隙不得小于1.2m。2004年500kV嵩获M回线、获仓线、郑祥线风偏跳闸事故均发生于海拔500m以下线路。通过对发生风偏闪络的杆塔构架上余留的电弧烧痕进行分析，可以反推出发生风偏闪络时的间隙距离分别为0.98～1.15m，均不满足规程要求。虽然电弧烧痕点在强风的作用下存在一定的分散性，但仍然可以断定：2004年500kV输电线路的多次风偏跳闸主要是由大风引起导线—杆塔空气间隙距离减小造成的。

目前，国内外输电线路风偏设计均是以纯空气间隙的电气绝缘强度数据作为技术依据，而没有考虑导线—杆塔空气间隙之间存在的异物（雨滴、冰雹、沙尘等）对间隙电气强度降低的影响。尤其值得注意的是，自然气候条件下多是强风伴随着大雨。当风向是沿着导线—杆塔方向时，一方面间隙距离减小了，另一方面雨水在强风的作用下，可能沿着放电路径方向成线状分布，使得导线—杆塔空气间隙的工频耐受电压进一步降低，历年来对风偏闪络故障和事故的统计分析也说明了这点。因此，伴随着强风而来的降雨、冰雹、扬沙等也是造成输电线路风偏闪络的原因之一。

9.3.2　设计参数选择不当会增加输电线路风偏闪络概率

在线路风偏角设计中，如果选取的风偏角计算参数不合适，使得线路风偏角安全裕度偏小，则当线路处于强风环境下，特别是在易于产生飑线风的某些微地形区，线路发生风偏跳闸的概率就会大大增加。2004 年 7 月 3 日，山西省全省范围出现了强降雨和大风天气，最大风速达到 31m/s，风力分别为大同 10 级、朔州 9 级、吕梁 9 级、忻州 8 级、太原 8 级、阳泉 8 级、长治 8 级。受气候影响发生 10kV 及以上线路跳闸 115 条次，其中 500kV 线路 2 条次，220kV 线路 10 条次，110kV 线路 1 条次，35kV 线路 14 条次，10kV 线路 88 条次。

这表明合理选择风偏角设计参数是保证输电线路最小空气间隙满足规程要求的前提，特别是在易于产生强风的某些微地形区，需要根据实际选择合理设计参数，提高输电线路抵御强风的能力，以减少线路风偏跳闸故障及事故的发生。

影响线路风偏角大小的主要设计参数是最大设计风速、风压不均匀系数、风速高度换算系数等。国内外输电线路风偏角设计资料汇总分析结果表明，目前国内外在输电线路风偏角设计模型及计算方法上是一致的，但在主要设计参数的选取上则存在着较大区别。因此，必须在综合分析比较国内外风偏角设计模型及参数选取方法的基础上，立足于我国国情选取合适的风偏角设计参数，以提高输电线路抵御强风的能力，降低风偏跳闸故障及事故率。

9.4 导线—杆塔空气间隙电气强度

自然界强风及伴随着强风的降雨、冰雹及扬尘等是造成输电线路风偏闪络的外部原因。因此，弄清楚强风及强风带来的各种异物对放电间隙电气强度的影响，对于防治输电线路风偏闪络故障具有直接的意义。

针对输电线路风偏闪络大多发生在强风伴随降雨天气条件下，国内外研究人员对于风、雨水及风雨组合对导线—杆塔空气间隙电气强度的影响进行了初步的研究。2002 年，日本在其特高压试验基地试验研究了模拟雨后条件对真型均压环与塔窗之间空气间隙放电特性的影响。研究结果表明，在模拟降雨停止后（空气间隙中无降雨，均压环及塔窗上挂有水滴），均压环—塔窗空气间隙的操作冲击闪络电压比淋雨前低 8%～15%。该结果与日本于 1986 年所进行的类似试验结果相吻合。该研究主要涉及高电位（均压环）上附着的雨滴对间隙击穿电压的影响，没有涉及放电间隙中充满雨水时击穿电压的变化，并且试验中使用的波形是标准操作冲击波。

美国在其特高压试验基地针对有 V 形串的导线—杆塔窗口试验研究了其正极性干闪和自然降雨条件下的正极性湿闪电压的不同。其结果表明，自然条件下的降雨对 6.1m 和 11.9m 空气间隙的操作冲击闪络强度没有影响；较大的人工模拟降雨使 6.1m 空气间隙的操作冲击闪络强度降低了约 8%，但对 10.4m 间隙的操作冲击闪络强度基本没有影响。由于研究者没有给出自然降雨和人工模拟降雨的降雨强度及雨水电阻率的区别，因此该试验结果只能说明降雨对导线—杆塔空气间隙的操作冲击闪络电压有影响，其影响幅度与降雨强度、雨水电阻率、间隙距离等因素相关。

在我国，重庆大学在人工气候室对 1m 空气间隙的棒—板电极在降雨条件下的操作冲击放电特性进行了一些初步试验研究。试验电压为正极性操作冲击，波形为 236/2660μS，模拟雨水电导率为 356μS/cm，降雨雨强约为 2mm/min。其试验结果表明：该雨强下的降雨对 1m 棒—板空气间隙正极性操作冲击闪络电压有明显影响，在不同气压下降雨使间隙间络电压降低了 14%～22%；随着气压的降低，降雨对操作冲击闪络电压的影响越明显。研究者最后指出，雨水电阻率对空气间隙的操作冲击闪络电压有影响。

此外，还有一些研究者在实验室中进行了水滴或雾滴（直径为几十微米）对尖—尖、尖—板电极结构放电特性影响的研究。具体研究了水滴粒径、密度、运动形态等对放电的影响。其结果有：①在极不均匀电场下，间隙中水滴的存在使起晕和击穿电压明显下降，且放电的极性效应和纯空气中放电的极性效应一致；②水滴都附于电极/导线上形成水滴时，由于水滴会在电场作用下变形、碎裂，进一步使电极/导线表面粗糙不平，从而降低起晕电压并降低间隙的击穿电压；③水滴的存在使间隙击穿电压分散性增大；④在放电形态上，可以观测到放电同时在电极（导线）附近和放电间隙中的水滴之间发生；⑤水雾对流注的发展方向有诱导作用，在一定条件下会使间隙的击穿电压有较大的降低；⑥当间隙潮湿（水滴密度较大，但水滴粒径极小）时，实验观测到间隙击穿电压有所提高。

实验室的这些研究工作主要是集中在探讨放电间隙中存在的液体介质颗粒对空间电场分布、液体介质颗粒在电场中的荷电及其在电场中的形态和运动状态变化的影响等，很少涉及此时放电间隙的电流、电压特性。从试验条件来看，其研究的放电间隙范围在数毫米至十几厘米之间，电极结构为极不均匀电极，放电间隙中只存在若干个水滴或者是雾滴，施加电压多是直流电压，这些都与真实的雨水条件下导线—杆塔空气间隙工频放电不同。

加拿大进行了大雾条件下小空气间隙工频闪络特性的一些试验研究，其电极形式为棒—棒，间隙距离 0.2～1.4cm，雾水电导率为 370～10 000μS/cm。研究结果表明，棒—棒小间隙的工频闪络电压与雾水的电导率有关，在试验范围内闪络电压降低幅度最高为 22%；雾水条件下的相应降水率大小对小间隙的工频闪络电压有明显的影响，当降水率在 0.4～0.8L/min 时，与干燥条件比较降水使小间隙的工频闪络电压降低了 20%～28%。虽然该研究的试验条件与雨水条件下导线—杆塔空气间隙有较大差别，并且间隙距离也较小，但由于雾水可以近似被认为是众多微小的水滴聚集而成的，与自然界雨水条件有某些相似之处，所以其试验结果仍然可以说明放电间隙中存在的异物对间隙的工频闪络特性有较大影响。

综上所述，通过国内外已经进行的雨水、大风条件下，导线—杆塔空气间隙的闪络特性研究表明，强风及伴随着强风的降雨、冰雹及扬尘等对导线—杆塔空气间隙电气强度有较大影响。目前世界范围内恶劣气象条件下导线—杆塔空气间隙工频闪络特性试验数据比较缺乏，有必要通过真型塔和试验室小尺寸试验，开展雨水、大风及风雨组合对导线—杆塔空气间隙工频闪络特性影响的研究。因此，为对恶劣气象条件下输电线路最小风偏间隙距离的设计提供技术依据，提高输电线路安全运行水平，就有必要通过 1∶1 真型塔或试验室小尺寸试验，研究强风、雨水、冰雹及沙尘等对输电线路导线—杆塔空气间隙电气强度的影响，最后在试验研究的基础上，提出输电线路防风偏的对策和措施。

9.5 关于风偏角的设计

9.5.1 研究确定各电压等级输电线路最小风偏间隙

空气间隙击穿电压的高低受很多因素的影响，但最重要、最直接的影响因素是空气间隙距离的大小。因此，输电线路最小空气间隙大小将直接影响到输电线路在强风等恶劣条件下发生闪络的概率。

据美国电科院线路设计工作者介绍，对于海拔 500m 以下的线路，美国对于 500kV 输电线路要求满足的最小工频间隙距离为1.22m，比我国大0.02m。由于国内外目前还没有关于雨水、大风条件下，导线—杆塔空气间隙的工频放电数据，因此有必要通过1∶1真型塔或实验室小尺寸实验，研究强风、雨水、冰雹及沙尘等对输电线路导线—杆塔空气间隙电气强度的影响。最后，在实验研究的基础上，综合分析比较国内外各电压等级输电线路最小风偏间隙设计方法，确定不同电压等级输电线路的最小风偏间隙。

在设计中应考虑到恶劣气象条件引起的导线—杆塔空气间隙工频放电电压的降低，其次，当杆塔上在靠近导线侧存在有脚钉时，即使脚钉方向是平行于导线的，由于脚钉尖端对电场的畸变作用，将使得间隙的放电电压进一步降低。因此，在线路设计时，应尽量避免在面向导线侧的杆塔上安装脚钉（即使脚钉方向是平行于导线的）。同理，在悬垂线夹附近导线上也应尽量避免安装其他突出物（如防震锤等）。

9.5.2 研究风偏角设计参数

与国外相比，我国在风偏角设计参数的选取上给出的安全裕度相对较小，具体涉及的参数包括风压不均匀系数、风速高度换算系数、风速保证频率、风速次时换算时间段、风向与水平面夹角、微地形特征对风速的影响。

以上设计参数中，风速保证频率的选取属于输电线路防自然灾害标准的范畴，在此不予讨论。前面已经分析了风速高度换算系数、风速次时换算时间段以及微地形特征对线路风偏角及最小间隙距离的影响，并对风向与水平面夹角对线路风偏角及最小间隙距离的影响进行了分析。但以上这些参数的具体取值或评估还需要电力部门与各地气象监测部门密切配合，开展不同地形特征下不同高度的风况观测，分析研究其间关系后确定。

关于风压不均匀系数，相关设计手册中认为：沿整个档距电线所承受的风速，不可能在各点上同时都一样大，因此，在电线上的真正合成风压将不由最大风来确定，而是由平均值所确定。为了使选用的风速值与整个档距中的电线受风情况相吻合，应该考虑一个降低系数，这个系数就称为风压不均匀系数。据此，理论上风压不均匀系数应该根据大量线路档距内风速观测数据来确定。但实际上，由于在整个档距内对风速进行观测并统计存在困难，并且不经济，目前国内对于风压不均匀系数的取值是参照国外数据及国内部分线路运行经验确定的。期间经历了从最初取值0.75改为0.61的过程。目前国内众多专家对风压不均匀系数具体取值还存在争论。对于风压不均匀系数的具体取值需要在综合考虑风偏闪络故障及事故率、建设投资费用后才能确定。

为降低输电线路风偏闪络故障及事故率，提高输电线路的安全运行水平和输电线路建设的经济效益，需要开展如下工作：

（1）进行1∶1真型塔或试验室小尺寸试验，研究强风、雨水、冰雹及沙尘等对输电线路导线—杆塔空气间隙电气强度的影响，在试验研究的基础上综合分析比较国内外各电压等级输电线路最小风偏间隙设计方法，确定不同电压等级输电线路的合理最小风偏间隙。

（2）输电线路设计时应避免在面向导线侧的杆塔上安装脚钉（即使脚钉方向是平行于导线的），同时在悬垂线夹附近导线上应尽量避免安装其他突出物（如防振锤）。

（3）对于低海拔地区的500kV输电线路，我国既可以参考美国经验，将带电体与构架的最小空气间隙取为1.22m，也可以保持现有相关技术规程中的要求不变，而将恶劣气象条件引起的导线—杆塔空气间隙工频放电特性的降低放在安全裕度方面来考虑。

（4）对现有风偏角计算模型进行修改，考虑风向与水平面不平行及导线摆动时张力变化对风偏角及最小空气间隙距离的影响。

(5) 综合考虑风偏闪络故障及事故率、建设投资费用，对风压不均匀系数的取值进行修正。

(6) 与各地气象监测部门密切配合，开展不同地形特征下不同高度的风况观测，分析研究其间关系后确定风速高度换算系数、风速保证频率、风速次时换算时间段等设计参数。研究地形对风向与水平面夹角大小的影响。研究微地形特征对风速大小的影响。

9.6 湿（大雨）状态下空气间隙电气强度的影响

该研究主要是对雨水、大风及风雨组合下导线—杆塔空气间隙的电气强度进行研究，为在恶劣气象条件下（雨水、大风）输电线路最小间隙距离的设计提供技术依据，提高输电线路的安全运行水平。雨水、风及风雨组合对导线—杆塔空气间隙工频放电特性的影响如下：

(1) 降雨对间隙的工频闪络强度的影响比较明显。一旦有降雨发生，闪络电压明显降低，且间隙距离越小，该趋势越明显。间隙距离为1.2m时，雨水电阻率为800Ω·cm的特大暴雨下闪络电压比全干时降低了约16%。

(2) 雨水电阻率对间隙工频闪络强度有所影响。随着雨水电阻率增加（电导率降低），闪络电压有所增加且放电间隙越小，其趋势越明显。间隙距离为1.2m时，特大暴雨下，电阻率从800Ω·cm变为8×10^3Ω·cm时，闪络电压增加了约2%。

(3) 雨水运动路径与放电路径的夹角对闪络电压影响不明显。

(4) 降雨对导线—杆塔间隙的操作冲击闪络强度的影响不明显。

(5) 塔身存在脚钉（脚钉方向平行于线路方向）时使闪络电压进一步降低。间隙距离为1.2m时，有脚钉时的闪络电压比无脚钉时降低了约3%。

(6) 风力和风向对闪络电压有所影响。当风向平行于放电路径时，闪络电压随风强的增加而降低，间隙距离为1.2m时，风速为24m/s时的闪络电压比无风时降低了3.8%；当风向垂直于放电路径时，则反之，间隙距离为1.2m时，风速为24m/s时的闪络电压比无风时增加了3.5%。

(7) 风雨组合时，当风向平行于放电路径时，闪络电压比有雨但无风的略有降低，且试验范围内，风雨组合对间隙工频闪络电压的影响近似于单独风、单独雨水对闪络电压影响的线性叠加。

(8) 500kV线路最高运行相电压可能超过自然强降雨条件下导线—杆塔空气间隙的工频耐受电压，特别是在杆塔构架上布置有脚钉（脚钉方向与导线平行）时更是如此。此时导线—杆塔空气间隙可能在最高运行电压下发生闪络。

(9) 当500kV输电线路导线—杆塔风偏最小设计间隙满足规程（1.2m）时，单独风的作用不会使线路发生风偏闪络故障和事故。

(10) 在只有强降雨（雨水电阻率800Ω·cm、降雨瞬时雨强14.4mm/min）条件下，满足间隙工频耐受电压高于500kV输电线路最高运行相电压的空气间隙距离为1.29m（有脚钉）或1.22m（无脚钉）。

(11) 在强风伴随强降雨（风速30m/s、风向平行于放电路径、雨水电阻率800Ω·cm、降雨瞬时雨强14.4mm/min）条件下，满足间隙工频耐受电压高于500kV输电线路最高运行相电压的空气间隙距离为1.32m（有脚钉）或1.25m（无脚钉）。

9.6.1 优化设计参数，提高安全裕度

(1) 在线路设计阶段应高度重视微地形气象资料的收集和区域的划分，根据实际的微地形环境条件合理提高局部风偏设计标准。由于750kV及1000kV线路绝缘子串更长，因此，在相同的风偏角情况下，带来的空气间隙减小的幅度更大。在750kV以及1000kV特高压杆塔设计中更应先做好线路所经地区气象资料的全面收集。

(2) 线路设计时，应避免在面向导线侧的杆塔上安装脚钉（即使脚钉方向是平行于导线的），同时在悬垂线夹附近导线上也应尽量避免安装其他突出物（如防振锤）。

(3) 对新建线路，设计单位在今后的线路设计中应结合已有的运行经验，对恶劣现象频现的事故多发地区的线路空气间隙适当增加裕度，以减小线路投运后遇恶劣天气时出现跳闸的可能性。另外，在可能引发强风的微地形地区，尽量采用V形串，可以明显改善风偏造成的影响。

(4) 对于新建的输电线路工程中转角塔的跳线，风压不均匀系数不应小于1，同时应特别注意风向与水平面不平行时带来的影响。

9.6.2 采取针对性措施防止风偏闪络

(1) 考虑到目前国内各设计单位的杆塔都是按风压不均匀系数为0.61设计的，因此在新建工程中为抑制风偏闪络事故率，又兼顾现有定型塔的使用，可以暂时按如下原则处理：仍按风压不均匀系数为0.61进行杆塔规划；终堪定位时，塔头间隙按0.75进行校验。

(2) 运行中对发生故障的耐张塔跳线和其他转角较大的无跳线串的外角跳线加装跳线绝缘子串和重锤；对发生故障的直线塔的绝缘子串加装重锤。单串如加重锤达不到要求，可将其改为双串倒V形，以便加装双倍重锤。安装重锤时应尽量避免在悬垂线夹附近安装。

9.6.3 加强输电线路防风偏闪络针对性研究

(1) 综合考虑风偏闪络故障及事故率、建设投资费用，对风压不均匀系数的取值进行修正。

(2) 与各地气象监测部门密切配合，开展不同地形特征下不同高度的风况观测，分析研究其间关系后确定风速高度换算系数、风速保证频率、风速次时换算时间段等设计参数。研究地形对风向与水平面夹角大小的影响。研究微地形特征对风速大小的影响。探讨设计中气象条件的选定条件（各种不利气象条件的组合、风偏计算中的参数等）。

(3) 根据地域特征，对全国进行合理划分，不同地域可选择不同的风偏设计参数及模型。

(4) 对现有风偏角计算模型进行修改，考虑风向与水平面不平行及导线摆动时张力变化对风偏角、最小空气间隙距离的影响。

(5) 进一步开展各种气象条件下导线—杆塔构架工频闪络、正负极性直流电压闪络、操作冲击闪络特性的研究。

(6) 研究输电线路塔上气象参数及导线风偏的在线监测系统，以确定线路杆塔上最大瞬时风速、风压不均匀系数、强风下的导线运动轨迹等技术参数。

第三篇 线 路 维 护

第10章 线 路 检 修 概 述

随着电压等级的升高和电网的扩大，架空输电线路在电网中的作用和地位越来越重要。由于架空线通常分布在田野、丘陵、城镇之中，随时可能遭受到自然灾害的侵袭和各种人为的外力破坏。为了确保电网安全经济供电，对线路的巡视、检修和管理工作提出了很高的要求。

10.1 线路巡视与管理的基本措施

线路的运行工作必须贯彻“安全第一、预防为主”的方针，严格执行《电业安全工作规程》（电力线路部分）的有关规定。运行单位应全面做好线路的巡视、检测、维修和管理工作，应积极采用先进技术和实行科学管理，不断总结经验、积累资料、掌握规律，保证线路安全运行，具体内容包括：

（1）应加强线路运行管理的组织机构，配齐各岗位人员，按运行规程的要求进行各项工作；

（2）健全各种规程、图表、技术资料和各种记录；

（3）适度推广带电作业技术；

（4）每条线路要有巡线人员按期巡视。线路巡视可分为正常巡视、夜间巡视、故障巡视、特殊巡视和登杆检查五类。正常巡视即定期巡视，高压线路的巡视周期为每1～2个月一次，低压线路的巡视周期为每3～4个月一次。夜间巡视一般安排在高峰负荷和新线路初投时进行。故障巡视一般安排在线路故障时进行，如查不出故障还要进行登杆检查。特殊巡视主要是在气候骤变以及自然灾害前后进行，以便发现异常现象并采取相应措施。

巡视线路具体内容如下。

1）沿线路附近有无妨碍或危及线路安全运行。例如不够坚固的烟筒、天线，线路附近的树木和堆积的柴草有无被风刮倒、刮飞，危及安全运行的可能。

2）杆塔倾斜、横担歪斜不能超过规定的允许范围。普通钢筋混凝土杆保护层不得腐蚀脱落、钢筋外露，裂纹宽度不应超过0.2mm；木杆腐朽面积不得超过30%，其根部要采取防腐措施。

3）拉线有无松弛、破股、锈蚀等现象。拉线金具是否齐全、是否缺螺丝。

4）导线及避雷线有无断股、接头发热、弧光放电痕迹等。直线杆塔绝缘子串顺线路方向倾斜不得大于15°。

5）线路上安装的各种断路器是否牢固，有无变形；指示标志是否明显正确。瓷件有无裂纹、掉碴及放电的痕迹，各部引线之间，对地距离是否合乎要求。

6）防雷及接地装置是否完整无损，避雷器瓷套是否完好。接地装置有无被水冲刷或取土外露，连引线是否齐全，接地引线是否破损折断。特别是防雷间隙是否合乎要求。

7）防振锤和阻尼线有无变位、偏斜、变形。线路名称、杆号、相位的字迹和标志是否正确、清晰。各种警告标志是否明显等。

（5）广泛开展群众性护线工作。为了弥补巡视工作的不足，一个行之有效的办法就是开展群众性护线工作，一般有以下几种做法：

1）分段包干。对聘请的护线员划出一定的起止杆号，巡视后定期向电力部门填报巡视报表。

2）分片包干。以区、乡行政区划界，或以河流、山脉、公路为界划定护线范围。

3）人人有责。进行《电力法》、《电力设施保护条例》的宣传，让广大群众自觉参与护线工作，若有发现线路上的重大紧急缺陷或故障，及时汇报电力部门者将给予奖励。

10.2 线路维护准则

做好线路维护工作，需要了解历年来的气象资料和规律及近期气象预测，并设立若干污染监测点，以便制定出相应的线路运行维护方案和防污闪措施，从而保证线路的安全运行。

10.2.1 污秽和防污

线路绝缘子表面粘附着污秽物质，一般均有一定的导电性和吸湿性，在空气湿度大的季节里易发生污闪事故，如雨天、雾天、雪天。防污主要技术措施如下：

（1）作好绝缘子清扫工作。绝缘子的定期清扫周期为每年一次，污秽区的清扫周期为每半年一次，还要根据线路的污秽情况适当延长或缩短周期，清扫工作应在停电后进行。

（2）定期检查和更换不良绝缘子。尤其应注意雷雨季节时绝缘子的闪络放电情况。

（3）采用防污绝缘子。采用特制的防污绝缘子或在绝缘子表面上涂一层涂料或半导体釉。

10.2.2 要做好镀锌铁塔、混凝土杆、木杆各部位的螺栓紧固工作

新线路投运一年后须紧一次，以后每隔5年紧一次，铁塔的刷漆工作一般为3～5年一次，也可根据实际情况而定。

10.2.3 线路覆冰及其消除措施

当线路出现覆冰时，视覆冰厚度、线路状况及天气情况而设法清除。清除要在停电时进行，通常采用从地面向导线抛短木棒的办法使冰脱落，也可用竹杆来敲打等。绝缘子上覆冰后要进行登杆清除。位于低洼地的电杆，由于冰冷胀的原因使地基体积增大，将电杆推向土壤的上部，即发生冻鼓现象。冻鼓轻则可使电杆在解冻后倾斜，重则因埋深不够而倾倒。所以对这类混凝土杆要在结浆前进行杆内排水和给电杆培土或将地基土壤换成石头，也可将电杆埋深增加等。

10.2.4 防风和其他维护工作

春秋两季风力较大，应调整导线的弧垂，对电杆进行补强；对线路两侧安全距离不符合要求的树木进行修剪和砍伐。运行中的电杆由于外力作用和地基沉陷等原因往往发生倾斜，因此必须根据巡视结果对倾斜电杆进行扶正，扶正后对基坑土质进行夯实。所以，线路的运行即输送电能的工作是长期连续进行的，只有认真做好线路的运行和维护工作，确保设备性

能正常，才能顺利完成输送电能的工作。

10.3 线路维护的一些基本要求

10.3.1 架空线路与电缆线路的维护

一、架空线路维护

1. 一般要求

对小区架空线路，应每月进行一次巡视检查。如遇雷雨、大风、大雪、冰雹等恶劣天气及线路发生故障或不正常情况时，应临时增加巡查次数。

2. 巡视检查项目

（1）电杆有无倾斜、变形、腐朽、损坏及基础下沉等现象；拉线是否完好，绑扎线是否紧固可靠；绝缘子有无破损和放电痕迹；导线接头是否接触良好，有无过热发红、严重氧化、腐蚀或断脱现象。

（2）线路上有无杂物悬挂；线路周围有无危险的建筑物或树木，是否会对线路造成损坏；沿线路地面有无堆放易燃、易爆、腐蚀性物体。

（3）避雷装置的接地是否良好，接地线有无锈断损坏，尤其是雷雨季节到来之前应重点检查，保证防雷安全。

二、电缆线路

1. 一般要求

必须全面了解电缆的敷设方式、结构布置、走线方向、电缆头位置等情况。应每3个月进行一次巡视检查，经常监视其负荷大小和发热情况。如果遇到特殊环境（大雨、洪水、地震等）及线路发生故障或不正常情况时，应临时增加巡查次数。

2. 巡视检查项目

（1）电缆头和瓷套管有无破损和放电痕迹；油浸式电缆终端头和中间头有无渗油现象。

（2）对暗埋电缆，检查沿线盖板和其他覆盖物是否完好，线路上的土层有无移动、沉陷及堆放沉重物件，以及沿线标桩是否完整无缺。

（3）对明敷电缆，检查外皮有无损伤、锈蚀，沿线挂钩或支架有无脱落，线路周围有无堆放易燃、易爆、腐蚀性物体。

（4）检查电缆沟，电缆隧道内有无积水或渗水现象，是否堆有杂物或危险物品。

（5）线路上各种接地是否良好，接地线有无松脱、锈蚀、断线损坏现象。

3. 电缆维护内容

（1）小修时，应做到如下几点：

1）清扫电缆终端头或中间头；

2）清扫电缆沟、电缆隧道及露天铺设的电缆和通过隧道、电缆桥、检查井等地方的电缆上灰尘，检查电缆运行温度；

3）矫正超过电缆弯曲弧度的电缆，更换破损或脱落的标号牌；

4）测量绝缘电阻；

5）检查电缆外表腐蚀情况；

6）检查接地装置，消除外部缺陷；

7）检查电缆井盖是否完整。

（2）除上述小修项目外，中修时还应做到如下几点：

1）重新铺设个别的电缆线路；

2）按预防性项目试验（如电缆直流耐压试验）；

3）用钳形电流表测量低压电缆各相电流分布情况；

4）对电缆终端头及中间头彻底检查；

5）必要时培植电缆土层。

（3）除上述小修、中修项目外，大修时要做到如下几点：

1）部分或必要时全部更换某段电缆线路；

2）油漆电缆支架；

3）重做个别电缆的终端头及中间头；

4）更换不适用的支架及电缆的标示牌；

5）在可能碰坏电缆的地方支装附加的机械保护装置。

10.3.2 常见线路故障与预防

输、配电线路在运行中会发生断线、短路、过负荷、漏电、接触不良等事故，其中最常见的故障是短路和过负荷。当线路发生短路或过负荷时，如果不能及时切断电路，会导致人员触电、线路毁损或电气火灾等严重后果。

一、短路故障的原因和预防措施

短路故障的原因包括：

（1）在使用绝缘导线时，没有按具体环境选用，使导线的绝缘受到高温、潮湿或腐蚀作用而失去绝缘能力；对线路缺乏维修，绝缘陈旧或受损坏，使线芯裸露；导线支撑物脱落，导线松弛；用金属线捆绝缘导线或把绝缘导线挂在钉子上，日久磨损，使绝缘受到破坏。

（2）使用裸导线时，由于安装太低，在搬运较高大的物件时不慎碰在导线上。

（3）线路的运行电压超过导线额定电压，导线的绝缘被击穿。

（4）安装修理人员粗心大意将线路接错，或带电作业造成人为碰线。

预防短路故障的措施包括：

（1）对导线定期检查绝缘强度，不能随意乱拉电线；

（2）导线绝缘必须符合线路电压的要求；

（3）安装线路时，导线与导线之间，导线与墙壁、顶棚、金属建筑构件之间，以及固定导线用的绝缘子之间，应有合乎规程的间距；

（4）在线路上应按照规定安装断路器或熔断器，以便在线路发生短路时能及时可靠的切断电源。

二、线路过负荷的原因和预防措施

线路过负荷的原因包括：

（1）设计输、配电线路时，导线截面选得不正确，即与负荷电流值不相适应；

（2）用户私自在线路中接入功率过大的电器设备，超过了线路的负荷能力；

（3）私拉电线，过多的接入并联负载，保护失效；

（4）二次装修时施工人员随意乱改原装线路，使某些线路处于过负荷状态。

预防过负荷的措施包括：

（1）输电网络应根据负荷条件合理的进行规划，依据负荷大小来选择导线截面；

（2）定期测量线路负荷，检查线路实际运行时负荷情况；

（3）定期检查线路断路器、熔断器的运行情况，以保证过负荷时能及时切断电源；

（4）严禁滥用铜丝、铁丝代替熔断器的熔丝。

10.4 停电检修作业时保证安全的技术措施

在检修工作中，工作人员应明确工作任务、工作范围、安全措施、带电部位等安全注意事项。工作负责人必须始终留在工作现场，对工作人员的安全认真监护，随时提醒工作人员注意安全。对需要进行监护的工作，如不停电检修工作和部分停电检修工作等，指定专人监护。监护人应认真负责、精力集中，随时提醒工作人员应注意的事项，以防止可能发生的意外事故。全部停电和部分停电的检修工作应采取下列步骤以保证安全：

（1）停电。在检修工作中，如人体与其他带电设备的间距较小（10kV及以下的距离小于0.35m，20～35kV者小于0.6m）时，该设备应当停电；如距离大于上列数值，但分别小于0.7m和1m时，应设置遮拦，否则也应停电。停电时，应注意对所有能够给检修部分送电的线路要全部切断，同时采取防止误合闸的措施，而且每处至少要有一个明显的断开点。对于多回路的线路，要注意防止其他方面突然来电，特别要注意防止低压方面的反送电。

（2）放电。放电的目的是消除被检修设备上残存的静电。放电应采用专用的导线，用绝缘棒或开关操作，人手不得与放电导体相接触。应注意线与地之间、线与线之间均应放电。电容器和电缆的残存电荷较多，最好有专门的放电设备。

（3）验电。对已停电的线路或设备，不论其正常接入的电压表或其他信号是否指示无电，均应进行验电。验电时，应按电压等级选用相应的验电器。

（4）装设临时接地线。为了防止意外送电和二次系统意外的反送电，以及为了消除其他方面的感应电，应在被检修部分外端装设必要的临时接地线。临时接地线的装拆顺序一定不能弄错，装时先接接地端，拆时后拆接地端。

（5）装设遮拦。在部分停电检修时，应将带电部分遮拦起来，使检修工作人员与带电导体之间保持一定的距离。

（6）悬挂标示牌。标示牌的作用是提醒人们注意。例如，在一经合闸即可送电到被检修设备的开关上，应挂上“有人工作，禁止合闸”的标示牌；在临近带电部位的遮栏上，应挂上“止步，高压危险”的标示牌等。

第 11 章　高压架空线路的巡视

巡视和检查高压架空线路和设备的主要目的是为了经常掌握线路的运行状况和沿线周围环境的情况，及时发现设备缺陷和威胁线路安全运行的情况，并为线路检修提供内容。因此，巡线时发现的缺陷要作好记录，巡线用的记录表格见表 11 - 1。这些记录表格装订成"巡线日志"，每个巡线员人手一册，对于线路上尚未消除的一切缺陷均应登记清楚。

表 11 - 1　　巡线记录表

日　期	线 路 名 称	杆 塔 号	缺 陷 内 容

线路的巡视和检查主要由专责巡线员担任，在一些特殊情况下，如为了尽快地发现故障点，也可以抽一些熟悉线路设备的检修工参加巡线。

根据线路巡视的不同目的和性质，巡视种类可分为正常巡视、特殊巡视、夜间巡视、故障巡视和登杆巡视五种。

11.1　维护线路的各种巡视

11.1.1　线路的定期巡视

定期巡视是线路运行人员日常工作的主要内容之一，其目的在于经常掌握线路各部件运行状况及沿线情况，及时发现设备缺陷和威胁线路安全运行的情况。定期巡视由专责巡视员负责，线路定期巡视一般一月一次，也可以根据具体情况适当调整。巡视区段为全线。对于一些特别重要的线路，定期巡线的周期应适当缩短，有些线路的个别地段特别复杂，特别容易引起线路故障，对于这些地段，定期巡视的周期也应缩短，也可用特殊巡视和其他巡视补充。而新建线路设备健康水平较为优良，就其本体而言没有必要一月进行一次巡视。

定期巡线必须在白天（黑暗以前）进行，以便详细地检查导线、地线、杆塔及沿线情况，如果巡线中遇到了局部的障碍（河流、谷地、围墙及其他等），巡线工应当绕过这些障碍后，回到原地，继续进行巡线。巡线工要步行检查，而且不能慌忙。对于钢化玻璃绝缘子的输电线路，国外开始采用直升飞机巡线，因为玻璃绝缘子在零值时会发生自爆，伞盘跌落。在直升飞机上可以明显发现，无需检测。一个巡线员配上一名直升飞机驾驶员，一天可以巡查 500km 输电线路，其他线路也有用直升飞机巡线的。

巡线工应带着望远镜（最少是 6 倍）来巡视。因为有些缺陷在地面上光用肉眼是根本看不清楚的，望远镜要注意使其不受潮。巡线工应当带着个人的电工工具，最好还带着砍草、劈树的柴刀。如果发现有碍线路安全运行的零星缺陷，应马上处理。巡线工巡视回来，应当把巡线日志上记录的缺陷端正地抄写在每条线路的缺陷记录本上。缺陷记录本的格式见表 11 - 2。

表11-2　　缺陷记录本

日　期	杆　塔　号	缺　陷　内　容	发　现　人

对于一般的、重大的缺陷，如果班内无力处理，则可以到年度检修时，一并汇总报告线路工区（队）。安排检修后，工区（队）把检修情况通过填写的一份检修记录卡，传给班内，班内据此在每条线路的缺陷记录本上注明。如果发现紧急缺陷，则应立即报告工区（队）领导，进行抢修。这些紧急缺陷包括杆塔严重倾斜、导线接头过热、导线熔断、导线上挂吊有危险的异物、绝缘子串严重损坏等。

巡线要认真、仔细。线路上情况是千变万化的，所以巡视线路不仅要检查设备上存在的各种缺陷，而且还要注意了解线路周围发生的各种事物，特别是那些能影响线路安全运行的各种事物。在检查线路上的缺陷时，要站在几个方位观察，以便发现所有的缺陷，因为有的缺陷，在一个位置往往不能看清。例如，绝缘子的闪络烧伤，有时是有方向性的，往往要站在几个不同位置上，才能查清。有资料介绍可在悬垂串上套一金属膜的盖，发生闪络处金属膜击穿，闪络可较易发现，它还可防止鸟类污染绝缘子串。有些缺陷在这次巡线过程中并没出现，但还未等到下次巡线周期事故就发生了。例如，线路下面或附近进行的各种施工作业，开挖放炮，施工架线，出现高大的施工机械等。这些情况要靠巡线时多作了解，以便及时做好各种预防措施。因此，巡线时不能完全只做技术工作，还应做一些沿线的群众工作。因为输电线路的安全运行和沿线广大群众的活动紧密联系，不发动沿线群众和依靠沿线广大群众，输电线路的安全运行是搞不好的。

巡视必须到位，除了加强教育之外，上海等地采用巡视自动记录仪也是很好的措施，巡视人员到所巡视主要杆塔处，应在杆塔上的记录仪上出示巡视棒，自动记录巡视日期时间，以免口说无凭。

较简单可行的是管理人员将标有“故障牌”的小牌子挂在杆塔3m以下，由巡线人员取回，表明自己巡线到位。也有单位提出一种“写字法”，约定下月的签字，巡线人员下月巡线时用蜡笔写在全线每基杆塔规定位置，管理人员随机抽查，据分析比前者效果更好。

定期巡视在其他国家或地区叫地面巡视或普通巡视。美国田纳西流域管理局飞机巡视每年3次。加拿大的魁北克水电局对市区线路的地面巡视每月1次，对郊区则每年2次，而直升飞机巡线每月3次。台湾地区地面巡视每月1次，飞机巡线每年10次，可见都是根据具体情况具体对待。目前，我国华北电网公司等单位也已经购买轻型飞机用于巡线。

11.1.2　线路的特殊巡视

特殊巡视是在气候剧烈变化（大雾、冰冻、狂风暴雨等）、自然灾害（地震、河水泛滥、森林起火等）、外力影响、异常运行和其他特殊情况时及时发现线路异常现象及部件的变形损坏情况。一般巡视全线、某几段或某些部件，以发现线路的异常现象及部件的变形损坏。特殊巡视一般不能一人单独巡视，而是依据情况随时进行的。

在遭受严重污染的线段上，天气潮湿时可能会引起绝缘闪络。所以在降大雾、毛毛细雨和湿雪的时候，对于污区绝缘子需例外地进行特殊性巡视。如果这种情况发生在长久干旱之后，应格外注意。因为久旱后绝缘子表面的积污总是比较严重，如果运行人员经验丰富，根据绝缘子表面的火花放电（白天可以听到比平常大的“嘶嘶”放电声）可以判断闪络的危险性和绝缘子清扫的必要性。

当线路上发生覆冰时，如不及时采取防冻或破冰措施，就可能导致严重的断线或倒杆塔事故。对于有严重覆冰的地区或地段，这一点更为重要，所以在覆冰时需组织特殊巡视。巡线工必须仔细观察线路上的覆冰情况，查清在哪些地段上的覆冰情况最严重，并取得覆冰的有关数据。根据这些观察，如果线路有发生故障的危险时，必须及时采取反事故措施（包括机械除冰、电流熔冰等）。若采取电流熔冰时，巡线工需继续留在线路上观察脱冰情况，如果此时发现导、地线连接管过热，应立即报告工区（队）领导。

春天，冰冻地区开始解冻，这时江上的流冰可能堵塞河道，因此对于河湾旁边的杆塔或者江中沙滩上的杆塔要加强监视，必要时每天都要观察。如果水位上升，而且水面上的流水能够到达杆塔时，则必须日夜观察，以便查看水流情况和流动方向，观察是否有流冰阻塞的地方及对于杆塔是否构成威胁。根据观察情况采取必要的措施，以保证杆塔安全运行。

当线路附近发生火灾时，需立即进行特殊性巡视。线路上的火灾所引起的高温不仅能损坏杆塔的结构，而且可能导致电线的熔解或线间发生短路故障。这时，巡线工的任务是确定火灾对于线路的危险性和火灾的性质，并立即向工区（队）领导作报告。如果火灾直接威胁着线路的安全，应在工区（队）领导到达火灾地方以前，巡线工尽可能采取一些防止火焰接近杆塔的措施，并向灭火人员讲明在带电线路附近灭火的规则。线路经过的森林内发生大火或在泥煤地区发生火灾时，巡线工的任务是确定火灾地方距线路的远近程度、火灾扩大的速度、移动的方向，确定受火灾威胁的线段，也必须检查防火沟或防火走廊的状况，线路路径上有无干树枝、干草等可燃物体，并将这些情况及时报告给工区领导。

暴风雨之后一般要进行全线特殊巡线，判明暴风雨对线路损害程度，以确定检修方案。严寒时，导、地线张力增加，可能使导、地线断股，使导、地线接头拔出甚至完全拉断，使金具个别零件损坏等。由于温度剧变，可能使绝缘子发生裂缝或使已有的裂缝扩大，所以在严寒之后需进行线路的特殊巡视。在检查时应特别注意导、地线，绝缘子和金具的状况，以及导地线连接和金具在杆塔上固定的地方。

在输电线路过负荷情况下，特别是又处在高温期间，一是导线接头如有缺陷很容易烧坏，二是导线驰度要变大，对地限距和交叉跨越间距要缩小。因此，在这种情况下，非但要夜间巡视，而且在白天还要进行特殊巡线，以弥补夜间巡视的不足。白天巡视要注意接头状况，但更要注意各种限距是否足够。

在线路防护区或线路附近进行线路施工、建筑施工、建立高型起重机械、爆破、砍树等作业时，线路运行工人要协助监护。

11.1.3 线路的夜间、交叉和诊断性巡视

一般根据运行季节特点、线路健康情况和环境特点确定重点。巡视根据运行情况及时进行，一般巡视全线，某线段或某部件。

每次巡视均应有确定的重点内容，如分别以环境、污秽情况、金具磨损变形、防雷设施状况等作重点巡视内容。为提高巡视效果，可采取不同巡视方式，如为了检查导线连接器的发热、绝缘子的污秽放电或其他局部放电现象，可组织夜间巡视。为检查和交流巡视质量，可组织两个专责组互换巡视线路进行交叉巡视，对某些问题一时不能确定的，可组织有经验的巡线员、技术人员等进行诊断性巡视，以确定缺陷性质。

夜间巡视是为了检查导线及连接器的发热或绝缘子污秽及裂纹的放电情况。夜间巡视至少两人一起巡视，应沿线路外侧进行，大风巡线应沿线路上风侧前进，以免万一触及断落的导线。

夜间巡视绝缘子的工作，只限于污秽区。在污秽区遇到天气潮湿，可能发生闪络。由于漆黑的夜晚很容易观察绝缘子放电情况。如果污秽严重，就会发现在电压梯度特别大的瓷件和铁帽、钢脚的黏结处，有蓝色的电晕光环。这种电晕放电时有时无，则说明污秽相当严重。

夜间巡视另一主要内容是检查导线连接部分是否良好，特别是对于铜铝过渡接头，用螺栓固定的并沟线夹、跳线接板等，在运行中如接触不良，接头温度升高，将致使接头或者旁边的导线熔化发光。如发现这种发光的线接头，应立即更换，否则很快会造成导线烧断。这种夜间巡视应在最大负荷电流时，还应选择在农历月底或月初，月色暗淡时进行。应该指出，仅凭这种检查方法只能检查出部分具有最严重缺陷的连接器，为了查明所有不良的连接器，这显然是不够的。

11.1.4　线路的故障巡视

故障巡视是为了查明线路上发生故障接地、跳闸的原因，找出故障点并查明故障情况。如发现导线断落地面或悬吊空中，应设法防止行人靠近断线点 8m 以内，并迅速报告领导，等候处理。故障巡视应在发生故障后及时进行，巡视发生故障的区段或全线。

线路的故障巡视应注意以下几点：

（1）线路接地故障或短路发生之后，无论是否重合成功，都要立即组织故障巡视。如果开关重合不成功，查明故障的时间直接关系到线路故障停电的时间；如果开关重合成功，同样应该尽快地发现故障点，因为长时间在线路上存在故障性缺陷，还有可能导致再次故障。巡视中，巡线员应将所分担的巡线区段全部巡完，不得在巡视时发现一处故障后即停止继续巡视，应强调不得中断和遗漏。

（2）为了加速故障巡线，必须采取现代化的交通工具，如自行车、摩托车、汽车，甚至飞机。飞机巡线时只能看到导、地线断线以及绝缘子和杆塔损坏等情况，所以同时进行地面巡线。事故巡线过程中，要始终注意和护线员、沿线居民作调查，因为线路故障最早的发现者往往是护线员或沿线居民，必要时需登杆检查。

（3）组织事故巡线，要靠平时积累的地形、地貌、交通等资料，把一条线分成若干段，能几乎同时完成分工段的巡线。

（4）事故巡线要突出重点。例如，在潮湿天气里，清晨前后发生的跳闸故障，应注意污秽区的绝缘子是否闪络。如果在雷雨天发生了跳闸事故，要特别注意重雷区和易击区点的绝缘子、导线是否闪络烧伤。

（5）事故巡线需注意档距内导、地线是否平衡。导线下有无破损物，有无闪络损坏的绝缘子，杆塔下面有无死鸟等。

（6）发现故障点后，应尽快向有关领导或技术人员报告，报告内容必须具体详细，包括故障地点、线路号、杆塔号、故障性质等，以便确定线路能否临时供电或者确定抢修方案。重大事故应设法保护现场。对所发现的可能造成故障的所有物件应搜集带回，并对故障现场做好详细记录，以作为事故分析的依据和参考。必要时要保留现场，待上一级安全监察部门来调查。

（7）事故查线有时并非一次就能查清，这时不论线路是否已经投入运行，均需派人复查，直至查到故障点。

(8) 如果事故查线中发现了故障点，且故障点还可能扩大，甚至危及周围居民。例如在绝缘串断裂、导线落下，但重合已成功，导线对地距离很近；导线上悬挂物对地距离很近；双回路杆塔断一根导线，但这根导线离二回路线很近等情况下，应采取措施防止行人或家畜接近导线（在 8m 以外），并立即报告等候处理。

11.1.5 线路的登杆巡视

登杆巡视是为了弥补地面巡视的不足，而对杆塔上部部件的巡查有条件的也可采用乘飞机巡视方式，500kV 线路应开展登塔、走导线检查工作。

线路上有很多缺陷是不能从地面上发现的，甚至用望远镜也无济于事。例如，悬式绝缘子上表面的电弧闪络痕迹，导、地线悬垂线夹出口处的振动断股，绝缘子金具上的微小裂纹，螺栓连接部分的松动，以及其他类似情况。

为了查明上述缺陷，每年必须进行登杆检查，500kV 线路也可走导线检查。登杆检查时，必须仔细地查看所有地面上不易看清楚的部分，同时也检查地面巡视时被疏忽的缺陷和故障点。对于档距中的导、地线，在杆塔上也要认真查看。例如，导、地线上有无电弧灼伤的痕迹，导地线腐蚀的情况，导、地线的接头情况，导、地线有无断股等。如果发现可疑点，在杆塔上面仍看不清楚，那就必须设法登上导、地线进行检查。这种检查在平原地区可用高空飞车进行，如果没有这个条件，或者在山区，或者在平原水田地区，那只好使用滑轮，工作人员从导线或地线上滑出去。有些地方的导线对地距离很低，也可以利用抛上牵引绳、悬挂软梯的办法。

登杆检查需要特别详细检查的是导线和地线在线夹里面是否断股，绝缘子是否老化及损坏，导线和架空地线的接头如何。检查导线和架空地线固定的地方时，需检查线夹里面，特别是线夹出口处有否断股或者生锈严重情况。但这需要打开线夹，松开铝包带，才能看得清楚。同时，也应检查线夹的固定螺栓是否松动。

在检查中发现的一般缺陷，要边检查边改，及时处理。如果发现弹簧销或开口销、闭口销缺少，要立即补上，即使锈蚀，也要换新。对导线、架空地线或耦合地线，如果发现烧伤、断股，在允许补修的范围内，应马上补修，或者绑扎，或者用补修条补修。断股严重的话，如果不换导线，可以把耐张杆塔的跳线放出来，并重做跳线。这样，导线在整个耐张段内移动了一个距离。

检查并沟线夹或跳线搭接板时，需注意有无过热的痕迹，并检查螺栓的夹紧程度。当发现螺栓松动、铝夹板过热退火时，应仔细检查，在必要时需解开线夹，检查接触面是否氧化发黑，是否电弧灼伤。螺栓松动的需重新拧紧，铝夹板过热退火的要及时更换。接触面氧化发热变黑的，要重新清除氧化膜。

检查绝缘子时，要注意瓷件上有无裂纹，有无瓷釉烧伤痕迹，绝缘子的铁附件有无变形，有无电弧灼伤痕迹，是否锈蚀严重。对悬式绝缘子的球头，应特别注意是否锈蚀（曾有过球头运行中拉断的事故）。金具检查时，要注意是否错用或不符合设计的情况。对于铸件应注意是否有裂纹，有裂纹的应及时更换。

检查杆塔上部件时需检查螺栓是否松动，杆塔是否锈蚀，水泥杆有无裂纹、剥落，钢筋有无外露、锈蚀。导线、架空地线容易振动之处的螺栓容易松动。多段水泥杆连接处、顶部及塔材靠近水田地方容易锈蚀。

登杆检查可以在带电情况下进行，也可在停电时进行。在一般情况下停电登杆检查，边查边改。为完成该任务，工具和材料必须准备充分。带电时登杆检查，必须遵守带电作业一切规定。

登杆检查时所发现一切缺陷，不论当时是否已修好，均应在检查卡上填写清楚。工作结束后，再交回工区（队）由技术人员整理登记，一式两份，一份存技术档案，一份留线路运行班。

11.1.6　线路中的监察巡视

工区（所）及以上单位的领导干部和技术人员了解线路运行情况，检查指导巡线人员的工作。监察巡视每年至少一次，一般巡视全线或某线段。

11.2　架空输电线路巡视的主要内容

线路巡视的主要内容有沿线情况，杆塔、拉线和基础，导线和地线，绝缘子和绝缘横担及金具，防雷设施和接地装置，附件及其他设施六大方面。

11.2.1　检查沿线环境有无影响线路安全的情况

（1）向线路设施射击、抛掷物体、沿线打猎、射杀鸟类往往会伤及导线、绝缘子。在高楼林立的城区，沿街的架空线路易受到抛掷物体影响，在农村，线路附近造房也是向线路抛掷物体重要原因。在架空电力线路附近不得建射击场，以免流弹击碎绝缘子和打断、打伤导、地线。

（2）擅自在线路导线上接用电器设备。在配电线路上容易发生私接、乱拉接户线，有的是窃电，有的是为了施工和临时用电的方便，这是绝对不能允许的。

（3）攀登杆塔或在杆塔上架设电力线、通信线、广播线及安装广播喇叭。这是比较常见的违章行为，不但影响架空线路运行安全，也很容易造成用电安全事故。

（4）利用杆塔拉线作牵引地锚。在杆塔拉线上拴牲畜、悬挂物件，杆塔拉线甚至杆塔本身用作牵引地锚是十分危险的，杆塔和拉线的受力都是经过严格计算的，正常时已承受较大的力。如果当作牵引地锚，杆塔、拉线受力剧增，很易造成运行中杆塔倒塌，造成严重事故。

（5）在杆塔内（不含杆塔与杆塔之间）或杆塔拉线之间修建车道。杆塔内或杆塔与拉线间空间高度十分有限，杆塔内空间上方还有导线。如果修建车道必能引起导线对地面距离小于规定，而且人走车行都极容易伤及杆塔或拉线。

（6）在杆塔拉线基础周围取土、打桩、钻探、开挖或倾倒酸、碱、盐及其他有害化学物品。这些都是常见的伤及拉线基础的破坏行为。拉线基础一般正常时就承受很大的上拔力。力的大小和拉线板的承力方向与锥体内土的重量有关，也和土的松软程度有关。取土、开挖都会减少土的压力，打桩、钻探都会引起土层变松。腐蚀性化学物品则很快将拉线杆锈蚀变细。这些都会造成拉线失效而引起倒杆塔等严重事故。

（7）在线路保护区内烧窑、烧荒或堆放谷物、草料、垃圾、矿渣、易燃物、易爆物及其他影响供电安全的物品。线路保护区内上述行为都是严重威胁架空线路安全运行的举动。堆放谷物、草料、垃圾极易造成架空线上挂异物；烧窑、烧荒污秽线路绝缘子，这些情况的后果是不言自明的。

（8）在线路保护区种植树木、竹子或线路通过林区。在线路保护区种植树木、竹子或线路通过林区时应砍出通道，通道内不得再种植树木。通道宽度不应小于线路两边相导线间的距离和林区主要树种自然生长最终高度两倍之和。通道附近超过主要树种自然生长最终高度的个别树木也应砍伐。对不影响线路安全运行，不妨碍对线路进行巡视、维修的树木或果林、经济作物林，可不砍伐，但树木所有者与电力主管部门应签订协议，确定双方责任，确保线路导线在最大弧垂或最大风偏后与树木之间的安全距离不小于表11-3所列数值。

表 11-3　导线在最大弧垂、最大风偏时与树木之间的安全距离

线路电压/kV	1～10	35～110	154～220	330	500
最大弧垂时的垂直距离/m	2	4	4.5	5.5	7
最大风偏时的净空距离/m	3	3.5	4	5	7

(9) 在线路保护区内进行农田水利基本建设及打桩、钻探、开挖、地下采掘等作业。在保护区内进行这些活动，一定会影响杆塔基础、拉线的稳定，也会影响导线对地距离，也可能损坏导线、绝缘子或杆塔构件。所以，施工前要取得电力线路运行单位的同意，必要时运行单位派人协助监护。如果因未经联系在施工时损坏了线路设备，影响了线路的安全运行，一切后果由施工单位负全部责任。轻的、后果不严重的批评教育，重的、后果严重的要罚款处理，直到追究法律责任。

(10) 在杆塔上筑有危及供电安全的巢以及有蔓藤类植物附生。鸟在筑巢过程中，常嘴衔铁丝飞越架空线上方，容易引起接地、短路等故障。鸟在杆塔上的频繁活动，也是对线路安全的威胁。蔓藤植物生长迅速，往往缠绕拉线、横担、伸向导线，所以必须及时发现、铲除。

(11) 在线路保护区内有进入或穿越保护区的超高机械。有些机械如吊机，在线路旁边进行吊装作业，吊臂回转时，可能接近或触碰导线。特别当吊臂高度超过导线高度时，更应禁止在防护区内进行吊装作业。超高机械穿越保护区更应加强监视。

(12) 导线风偏放电。在线路附近有危及线路安全及线路导线风偏摆动时，可能引起树木或其他设施放电。在线路附近有树木或其他设施，它们之间距离应满足表 11-3 所列的安全距离。边导线与建筑物之间的最小距离见表 11-4。导线与山坡、峭壁、岩石的最小净空距离见表 11-5。

表 11-4　边导线与建筑物之间的最小距离

线路电压/kV	35	66～110	154～220	330	500
最小距离/m	3.5	4.0	5.0	6.0	8.5

表 11-5　导线与山坡、峭壁、岩石最小净空距离

线路电压/kV	35～110	154～220	330	500
步行可以到达的山坡/m	5	5.5	6.5	8.5
步行不能到达的山坡，峭壁和岩石/m	3	4	5	6.5

(13) 在线路附近（约 300m 区域内）施工爆破、开山采石、放风筝。在线路附近施工爆破、开山采石时线路极易被飞石击中，造成严重后果。放风筝则成为线路上残留异物的主

要原因之一，大的风筝甚至会造成相间故障。每年运行单位都要花不少精力做公益广告制止、出动人员消除隐患，甚至必须停电才能取下残留风筝。阴雨天风筝触碰导线，更容易引发触电事故。

（14）线路附近道路桥梁。线路跨江、跨河或水乡河网地区，为了巡线方便修建一些便桥，巡线中应注意是否被洪水冲垮、竹木结构有无腐烂等情况。现在，城乡各地基础建设发展迅猛，沿线道路、桥梁变化较大，巡线时应收集好资料，以备在故障巡线、夜间巡视或事故抢修时提供最佳方案，能快速到达现场。

（15）防护区内基建。基建包括兴建建筑物、道路或架空索道，架设架空电力、通信线缆，输油、输气管道等。导线与地面、建筑物、树木、道路、河流、管道、索道及各种架空线路的距离，应根据最高气温情况或覆冰无风情况求得的最大弧垂和最大风速情况或覆冰情况求得的最大风偏进行计算。计算上述距离，应计算导线初伸长影响和设计施工误差，以及运行中某些因素引起的弧垂增大。大跨越的导线弧垂应按实际能够达到的最高温度计算。线路与铁路、高速公路、一级公路交叉时，最大弧垂应按导线温度为+70℃计算。

1）导线与地面的距离在最大计算弧垂情况下，不应小于表11-6所列数值。

表11-6　　导线与地面的最小距离

地区类型 \ 线路电压/kV	35～110	154～220	330	500
居民区	7	7.5	8.5	14
非居民区	6	6.5	7.5	11.0（10.5）
交通困难区	5	5.5	6.5	8.5

注　1. 居民区是指工业企业地区、港口、码头、火车站、城镇，乡村等人口密集地区，以及已有上述设施规划的地区。
2. 非居民区是指上述居民区以外，虽然时常有人、车辆或农业机械到达，但未建房屋或房屋稀少的地区。500kV线路对非居民区将11m用于导线水平排列，10.5m用于导线三角排列。
3. 交通困难地区是指车辆，农业机械不能到达的地区。

2）导线与山坡、峭壁、岩石之间的净空距离。在最大计算风偏情况下，不应小于表11-5所列数值。

3）线路导线不应跨越屋顶为易燃材料做成的建筑物。对耐火屋顶的建筑物，亦应尽量不跨越，特殊情况需要跨越时，电力主管部门应采取一定的安全措施，并与有关部门达成协议或取得当地政府同意。500kV线路导线对有人居住或经常有人出入的耐火屋顶的建筑物不应跨越。导线与建筑物之间的垂直距离，在最大计算弧垂情况下，不应小于表11-7所列数值。线路边导线与建筑物之间的水平距离，在计算最大风偏情况下不应小于表11-4所列数值。

表11-7　　导线与建筑物之间的最小垂直距离

线路电压/kV	35	66～110	154～220	330	500
最小垂直距离/m	4	5	6	7	9

4）线路与弱电线路交叉时，一、二级弱电线路的交叉角应分别大于45°、30°，对三级弱电线路不限制。

5）线路与铁路、公路、电车道及道路、河流弱电线路、管道、索道以及各种电力线交叉或接近的基本要求，应符合附录B的相关要求。跨越弱电线路或电力线路，如导线截面按允许载流量选择，还应校验最高允许温度时的交叉距离，其数值不得小于操作过电压间隙，且不得小于0.8m。

（16）沿线其他不正常情况。例如，线路附近开设化工厂、水泥厂等可能造成线路污秽源；江河泛滥、山洪暴发、杆塔被淹、森林起火等可能危及线路正常运行。

11.2.2 检查杆塔、拉线和基础

（1）塔倾斜、横担歪扭及杆塔部件锈蚀变形、缺损。巡线时应注意杆塔是否倾斜，横担是否歪扭。杆塔倾斜、横担歪斜只要超过施工验收规范要求，就必须纠正。否则，在杆塔、基础、横担上可能加大附加弯矩，如果是钢筋混凝土杆，还容易产生裂缝。

杆塔部件锈蚀变形、缺损也是不能允许的。否则，受力部件锈蚀会导致强度不够，减少杆塔使用寿命，甚至会造成事故发生。

（2）杆塔部件固定螺栓松动、缺螺栓或螺帽，螺栓丝扣长度不够，铆焊处裂纹、开焊、绑线断裂或松动。螺栓是否松动，可以用个人工具（钳子或扳手）敲响铁塔，从发出声音中辨别。有经验的工人，从声音中即可辨别松动螺栓的部位。有弹簧垫片的螺栓，只要注意弹簧垫片是否张口，就可以判别螺栓是否松动。

螺栓丝扣长度不够是不能允许的，应及时发现。杆塔部件甚至地脚螺栓上螺帽被盗，也是必须及时发现的。

（3）混凝土杆出现裂纹或裂纹扩展，混凝土脱落、钢筋外露，脚钉缺损。上字型水泥单杆，运行中都有歪头现象，施工或检修时应适度向单导线侧预偏，有的用上导线反侧增加一根横担，安装耦合地线，可平衡歪头力矩作用。歪头虽不好，但绝大多数歪头均未超过水泥杆允许的倾斜度，而且仅为水泥杆的弹性形变，一般均在歪头反方向，均无裂纹的扩展。

20世纪50年代投入运行的一批110kV水泥杆线路，由于安装水泥横担，并置于一侧，对杆身形成偏心力矩。在运行过程中，往往向横担安装方向倾斜，并有弯曲绕曲现象，在弓背的一侧出现很多横向裂纹。如果电杆制造质量好，一般钢筋不会受到侵蚀生锈，但连接法兰两侧的钢筋腐蚀严重。

转角耐张杆往往发生向内角侧倾斜弯曲，这是由于施工时未注意外角预偏，或者拉线坑的马道没有挖好，或者在运行过程中，由于拉线初伸长，加上未及时调整拉线的张力造成的。发生了这种情况，光调整拉线调直杆身是困难的，应当放下导、地线，调整拉线，使电杆外角预偏，再把导、地线挂上。

（4）拉线及部件锈蚀、松弛、断股抽筋、张力分配不均，螺栓、螺帽等部件丢失和被破坏等现象。巡线时要注意拉线是否松弛，终端杆和耐张杆的拉线松弛时，将会引起电杆的歪斜。如果拉线被窃或下面的连接金具螺栓被窃，均有可能引起电杆的倾倒。当然，直线杆，特别是带拉线的单杆在拉线被窃时，也有可能发生倒杆事故。

新建线路投入运行后的第一年，要全线进行拉线的调紧工作。因为在这一年中，拉线由于基础松动及钢绞线的初伸长等原因，最容易松动。巡线中如发现地锚松动、培土下沉时，应填土夯实。如发现地锚四周有挖土施工、有碍基础稳定等情况时，要立即查明制止，并恢复原状。

有些地方为了解决电杆周围不允许拉线直接埋入地下，采取高板桩的措施。巡线中，对于高板桩的检查，应和电杆一样重要，注意其受力是否正常。

为了防止拉线上的线夹螺帽被窃，一般都采用防盗螺帽。巡线中应注意螺栓、螺帽的完整。

(5) 杆塔及拉线基础变异，周围土壤突起或沉陷。基础裂纹、损坏、下沉或上拔。护基沉塌或被冲刷周围土壤突起或沉陷，基础裂纹、损坏、下沉或上拔，护基沉塌或被冲刷，这些也是巡线时应予注意的。回填土下沉要及时填补，杆塔基础周围土地不准挖掘。

(6) 基础保护帽上部塔材被埋入土或废弃物堆中导致塔材锈蚀。因为钢材的入土部分最易锈蚀，也为了保护铁脚基础，在底脚上要用混凝土封没保护。如果保护帽被埋入土中或废弃杂物堆中，势必使保护帽上部塔材加速锈蚀。

(7) 防洪设施坍塌或损坏。防洪设施平时作用不大，容易受到忽视，但到洪水来了再维修，往往就晚了。每次洪水过后，防洪设施往往受损，这时要特别注意检查。

(8) 混凝土杆内积水。对于混凝土杆，即使在山上，杆中也会充满积水，20 世纪 50、60 年代生产的电杆，下部没有放水的眼。所以，那些杆子很容易积水，如果杆子有裂缝，水会从杆中渗出，天长日久，水泥会被分解。流水的地方，同时有白浆冒出，白浆就是水泥中的白垩。

水泥杆积水的原因，有的是杆顶密封不良造成，有的是杆上有裂缝、空洞等，下雨时渗入的，也有的是地下水压力大，从地里压上来的。也有的人认为是水泥杆中的空气被水泥氧化吸收，中空部分形成负压，把地下的水吸上去了。

不论何种原因造成的水泥杆积水，都是没有好处的。特别是到了冬季，气温很低的时候，里面的水会结冰膨胀，给水泥杆增加附加压力。时间一长，就会冻裂损坏。因此，要及时排除杆中积水，水泥杆是有放水眼的，要注意不能把眼堵死，没有放水眼的，要打眼放水。

11.2.3 检查导线和地线（包括耦合地线、屏蔽线）

(1) 导线、地线锈蚀、断股、损伤或闪络烧伤。巡线时应注意导线、避雷线等有无断股、松股（背花、灯笼）、闪络烧伤或损伤等现象。观察导线的缺陷，应顺着阳光看导线上有无发亮的斑点。或利用导线对光的反射来发现其断股或烧伤。

铝导线表面起皮或有白斑时，说明导线有过负荷或受腐蚀，比较均匀的气体腐蚀使铝导线截面缩减，表面似乎有毛刺。现在很少用的铜线，在受到有害气体腐蚀时，表面生铜绿。钢绞线则表面发黄，手摸过去，有铁屑落下，甚至钢绞线表面有很多麻点。对镀锌不良的钢绞线，运行时间很短就会发生腐蚀。在有酸或碱性的化工厂或沿海盐厂等附近，这种导线腐蚀现象就更严重。钢质导线及避雷线由于锈蚀而引起强度下降是较为普遍的问题，应密切关注锈蚀程度和锈蚀加剧速度，必要时进行抽样试验，以决定是否更换。巡线员发现导线断股时，应观察其周围环境，分析断股原因。导线和避雷线断股的原因通常有导线受拉力过大，线路过负荷或短路烧伤，制造时接头焊接不良和施工时损伤等。但在运行中，被枪伤、放炮砸伤和短路烧伤的可能性最大。

(2) 导线、地线弧垂变化、相分裂导线间距变化。夏季温度升高，导线热膨胀而伸长，其拉力减少、弧垂增大；冬季气温下降时，导线的弧垂减小。夏天弧垂过大，会引起对地距离或交叉跨越的间距不足；冬季弧垂过小，再加上可能的覆冰积雪，其拉力可能使导线发生断股，甚至发生断线事故。因此，在巡线时要根据季节的温度，观察导线弧垂是否有过松或过紧的现象。必要时，用仪器仔细测量。导、地线弧垂过大或过小时都应及时进行调整。在线路巡视过程中，还要注意三相导线间的弧垂是否平衡，相分裂导线间距是否变化。三相导线弧垂的严重不平衡或者分裂导线的间距发生很大变化，往往存在重大缺陷。在这种情况下，一定要查明原因，立即处理。

（3）导线、地线上扬、振动、舞动、脱水跳跃，相分裂导线鞭击、扭绞、粘连。在易上扬的杆塔处应注意有否导线、地线上扬。微风中导线振动很容易损伤导线、地线，大风时导、地线容易发生舞动。导线、地线结冰后在融化时容易因不均匀脱冰而发生跳跃。近些年投入运行的一些分裂导线没有使用间隔棒。这种情况下，在系统发生短路故障时，由于分裂导线间的电动力使分裂导线相互吸引，而使相分裂导线在这种情况下可能发生鞭击或扭绞。分裂导线发生扭绞后，应用绝缘绳及时把它们拉开。

（4）导线、地线接续金具过热、变色、变形。滑移导线的接头包括档中的连接管式跳线的搭接头，常常是线路的薄弱环节；铜铝接头容易腐蚀和烧伤。多年运行的接头或者存在施工缺陷的接头，容易发生大电流烧伤的现象。这种烧伤不仅表现在接头本身，而且在接头旁边的导线也会有烧伤的现象。接头是否过热，可在雨雪天或晨露结霜时，用放大倍数为5～10倍的望远镜观察到。在巡线时还应注意，导线有无在连接管内滑出的迹象，管口导线有无松股。线路附近有高大树木或者凸出的山岩时，要仔细观察导线有否短路烧伤，同时观察树木有无枯死现象。进行故障巡线时，应注意所有的导线连接点和连接器，即使已发现了故障点，也需沿电流方向巡视线路各处的接头有无烧伤。

（5）导线在线夹内滑动，释放线夹船体部分从挂架中脱出。导线受拉力过大的情况发生在导线严重覆冰时。这种情况下，导线可能在线夹内位移，在线夹出口位置的导线可能断股。而像螺栓型耐张线夹等，其尾部往往会出现灯笼状松股。导线和避雷线还常常由于振动而断股。这种断股位置一般都在导线线夹或绑扎固定点，靠近出口的两侧。巡线时，对平坦地带、丘陵、缓坡地带，跨越河滩峡谷，相邻杆塔间高低差甚大和大跨越等处，要特别注意其线夹附近的导线有无异常。在停电检修时，还应松开线夹，检查导线状况。必要时也可用带电作业的方法进行。对于没有安装防振锤的地方，新线路投运3年后要检查一次，以后根据振动的情况可适当延长和缩短周期，一般为5年一次。从理论上说，释放线夹船体部分只有在一侧发生断线时才从挂架中脱出。但实际运行中，也有因质量、不平衡张力等原因，船体部分从挂架中脱出的。

（6）跳线断股、歪扭变形，跳线与杆塔空气间隙变化，跳线间扭绞，跳线舞动、摆动过大。对于耐张杆塔的跳线，要注意是否歪扭变形，和杆塔的间距是否正常。导线如果在线夹内滑动，势必影响跳线弧垂，而弧垂的变动往往引起间隙闪络，烧伤导线。在线路运行过程中发现，即使这个距离符合规程要求，在大气过电压情况下，有时也可能发生闪络。因此，巡线时对跳线的情况，必须认真注意。为消除螺栓夹紧变形并沟线夹滑动或发热，不少单位建议采用新型楔型并沟线夹。

（7）导线对地、对交叉跨越设施及对其他物体距离变化。这种变化主要是由于气温、过负荷或张力的变化引起的。冬季导线、地线张力大易断；夏季则导线、地线松弛，弧垂变大，导线在过负荷时也会有同样现象。新建线路紧线时没有充分考虑初伸长，或长期过负荷线路导线蠕变，都可能使导线张力下降而松弛。

(8) 导线、地线上悬挂有异物。导线、地线悬挂有风筝等异物时，一定要予以清除；否则，有可能造成短路故障。

11.2.4　绝缘子、瓷横担及金具

(1) 绝缘子与瓷横担脏污，瓷质裂纹、破碎，钢化玻璃绝缘子爆裂，绝缘子铁帽及钢脚锈蚀，钢脚弯曲。对于绝缘子和瓷横担，在巡线时要观察其表面有无破损、裂纹和闪络痕迹。瓷绝缘子的硬伤破损大部分是由于外力的破坏，如枪伤、石块打伤等。巡线员应向学校宣传，或者通过学校向学生宣传，教育学生爱护输电线路，不能碰打绝缘子，巡线员巡视线路时，发现绝缘子有损伤，应仔细观察损伤部件，初步分析其可能损坏的原因。如果是由于绝缘子本身老化及内部缺陷，则应提出相应的措施。

在杆下观察绝缘子裂纹，有经验的巡线员才能发现。当发现绝缘子上有裂纹迹象时，可用望远镜在杆下不同角度观察。如果纹迹有反光，可能是蜘蛛丝。因为绝缘子的裂纹通常是暗褐色的条纹，这种条纹对于白色绝缘子很容易被发现。

绝缘子铁附件的锈蚀，特别是钢脚的锈蚀，在运行中需认真注意。钢脚严重锈蚀，会胀裂绝缘子，并导致拉断，造成事故。绝缘子铁帽的锈蚀是容易发现的，不过没有钢脚锈蚀那样严重。

悬垂绝缘子串中存在钢脚弯曲的绝缘子，在巡线观察时，绝缘子中心线往往不成一根垂线。有钢脚弯曲的绝缘子串，看上去很别扭。

瓷横担在运行过程中容易发生断裂事故。最易发生断裂事故的地点，往往是二侧档距差或高差很大处。在这种地点，运行过程中很容易产生二侧的不平衡张力。由于这种瓷横担顺线路方向活动性能很差。因此很容易发生断横担事故。有的瓷横担，虽然设计成转动横担，但由于施工中或检修时把承重螺栓扳死，使定位螺丝不容易剪断，最后导致瓷横担断裂。此外，在高山覆冰严重的地方，由于覆冰或脱冰时的不均匀。也往往使瓷横担断裂。

瓷横担断裂的位置一般在靠近杆身或两节瓷横担中间连接处，瓷横担断裂后，有时还有支持作用，不会发生导线落地跳闸事故。这时，需要及时发现及时更换。因此，在个别地方发生龙卷风、局部强风或重冰区结冰时，要及时对线路进行局部的特殊性巡线。

线路上发生永久性接地故障，有的是由于绝缘子被击穿炸裂，致使导线落地造成的，这种故障巡线时极易发现。

钢化玻璃绝缘子在运行中有自爆现象。发生自爆的绝缘子，在线路上只留下一个铁头，发现后应尽快更换。

(2) 合成绝缘子伞裙破裂、烧伤，金具、均压环变形、扭曲、锈蚀等异常情况。从合成绝缘子在我国运行的 10 多年经验看，其发生故障总次数 231 次，占挂网运行总数的 0.53%。而按年故障率统计，则故障率不到 0.1%。前期雷击故障较多。后来装均压环时注意不缩短合成绝缘子绝缘距离，雷击故障则明显减少了。但合成绝缘子在重污区以及重粉尘区，一遇上潮湿天，少数爬距比较小的合成绝缘子发生污秽闪络也是有可能的。运行经验证明，那种认为只要装上合成绝缘子就可杜绝污闪的看法是有失偏颇的。硅橡胶表面憎水性下降可能直接导致污闪发生。运行经验表明，合成绝缘子在经过长时间受潮后，硅橡胶表面憎水性会不同程度地下降，有些合成绝缘子在一段时间内几乎不呈现憎水性。因此，华东地区曾发生在晴好天气下的合成绝缘子闪络故障。

污闪合成绝缘子有的整体完整，伞裙的表面留有电弧烧后留下的不连续黑色斑块，不易

观察，但上下两端金具处有明显的电弧灼烧白斑。有的合成绝缘子因为硅橡胶配方中填料相容性较差，或是生产中填料搅拌不均匀，闪络后绝缘子表面出现喷霜（白色粉末），甚至伞裙接缝断裂。运行中伞裙被鸟啄破坏也时有所闻。

合成绝缘子还有比较突出的不明闪络问题，这类事故发生在天气良好、无雾、无雨，电网无任何操作时，一般发生在凌晨。而发生了不明原因闪络的合成绝缘子，经实验室试验，证明并无质量问题。有的分析认为在昼夜温差较大地区，凌晨气温较低，有可能出现凝露现象以及在持续潮湿天气中会暂时减弱合成绝缘子伞裙的憎水性，使绝缘子的耐受水平降低而有可能发生闪络现象。当太阳出现、气温上升时，合成绝缘子的憎水性又增强，致使常规试验中仍能合格。故建议污秽地区合成绝缘子泄漏比距的配置应与瓷绝缘子相同。但玻璃和瓷的绝缘子也有约10%的闪络为不明原因闪络。

(3) 绝缘子与瓷横担有闪络痕迹和局部火花放电留下的痕迹。绝缘子表面瓷釉有局部斑点变色是电气闪络的象征。巡线时应沿着斑点方向观察导线或相应的铁帽、金具上是否同样有闪络烧伤的痕迹。由于绝缘子自身的缺陷或运行年久、绝缘老化、表面脏污，在阴雨、雾等不良气候时，巡线员在杆下可听见其放电声。线路电压越高，这种放电声越大，这说明有漏电情况。夜间巡视时，还可能看见电晕和电火花现象。

钢化玻璃绝缘子在闪络后，其玻璃表面仅留下一小块烧伤痕迹，在相应的铁帽上也同样有电弧闪络痕迹。

(4) 绝缘子串、瓷横担严重偏斜。悬垂绝缘子串在运行过程中，有的会发生偏斜现象。这种情况多数发生在二侧档距差很大、高低差很大或者二侧不均匀覆冰的时候，不大的偏斜是允许的。这种偏斜超过7.5°且最大偏移值不大于300mm时，才认为不合格，需作处理。

(5) 对于绝缘横担绑线松动，断股、烧伤等情况，也应注意观察，绝缘横担端部偏移。应不大于100mm。

(6) 对于金具锈蚀、变形、磨损、裂纹、开口销及弹簧销缺损或脱出，特别要注意检查金具经常活动、转动的部位和绝缘子串悬挂点的金具。

(7) 绝缘子槽口、钢脚、锁紧销不配合，锁紧销退出等。

11.2.5 防雷设施和接地装置

(1) 放电间隙变动、烧损。对于放电间隙要观察有无烧损，间隙距离有无变化，判断间隙是否放电，可以查看间隙有无烧痕和生锈，在间隙角顶端是否有突出不平，因为这些现象均为间隙放电所造成的。

(2) 避雷器、避雷针等防雷装置和其他设备的连接、固定以及锈蚀情况。对避雷针要注意检查是否锈蚀，特别是一些运行年久的避雷针更应注意。有的避雷针采用管子，还须注意管子内部锈蚀情况。对于避雷器要注意上下连接处的固定情况有否松脱，瓷套是否完好，有无裂纹破损现象，表面有无脏污，底部密封是否完好。

(3) 管型避雷器动作情况。对于管型避雷器应观察是否放电，外部间隙是否烧损，避雷器管子表面有无污秽、脱皮、裂开和烧伤。值得指出，大部分地区已很多年不使用管型避雷器了，许多单位用氧化锌避雷器代替。

(4) 绝缘避雷线间隙变化情况。

(5) 地线、接地引下线、接地装置、连续地线间的连接、固定及锈蚀情况。

11.2.6　附件及其他设施

（1）预绞丝滑动、断股或烧伤。

（2）防振锤移位、脱落、偏斜，钢丝断股，阻尼线变形、烧伤，绑线松动。

（3）均压环、屏蔽环锈蚀及螺栓松动、偏斜。

（4）防鸟设施损坏、变形或缺损。

（5）相分裂导线的间隔棒松动、位移、折断、线夹脱落、连接处磨损和放电烧伤。

（6）附属通信设施损坏。

（7）各种检测装置缺损。

（8）相位、警告、指示及防护等标志缺损、丢失，线路名称、杆塔编号字迹不清。

总而言之，从沿线情况到线路本身，从杆塔、导地线、绝缘子到防雷、接地、附件，巡视人员无不需要关心。

第12章 架空输电线路运行中的测试

为了及时消除架空线路的隐患，使线路各组成元件在健康状态下运行，运行中要对部分元件进行周期性的测试和不定期的参数测试。本章介绍架空线路限距（含弧垂测量）、导线振动、导线连接器、绝缘子、雷电流幅值及接地电阻的测量方法及要求。

12.1 架空线路限距和弧垂的测试

12.1.1 限距及其影响因素

限距是指导线间及导线对地面、对建筑物等之间的最小允许距离。架空线路的各种限距及导线弧垂是按设计要求确定的。运行中的限距及交叉跨越距离应符合《架空输电线路设计技术规程》及《架空配电线路设计规程》的规定。实际运行中的导线、避雷线限距及弧垂发生改变的原因主要有以下几方面：

(1) 在电力线路下面或附近修建和改造建筑物，如电力线路、通信线、公路或铁路、堤坝等；

(2) 由于检修或改进工程，杆塔移位，改变了杆塔高度或改变了绝缘子串的长度；

(3) 杆塔地基发生沉降或其他原因，使得杆塔出现倾斜、导线伸长而未及时调正；

(4) 杆塔相邻两档内负荷产生不均匀现象，致使导线拉向一侧或悬垂线夹内压线螺栓松动，导线滑向一侧。

为了保证线路正常运行，必须经常地观测各种限距，以便发现问题并及时处理，使其符合架空输电线路及架空配电线路设计技术的相关规程。

12.1.2 架空线路限距的测量

一、限距测量方法

一般采用“目测”、绝缘绳测量和经纬仪测量。所谓“目测”，即巡线人员在巡视线路时，用眼睛观察各种限距，当发现限距变更时查明原因，若怀疑限距不合格时，必须进行仪器测量。对于耐张、转角、换位等杆塔跳线（过引线）的限距测量，一般停电后直接登杆用测绳和皮尺测量，故称直接测量法，具有比较简单而准确的优点。导线弧垂、导线与其他建筑物或电力线路、通信线路的交叉限距，一般用经纬仪不停电测量。对于弧垂不太大或交叉点不高的情况，可直接用标有尺度标记的绝缘绳测量，但严禁用皮尺测量。绝缘绳抛挂在导线上进行测量时，如果被测导线较高，可用射绳枪将绝缘绳射到导线上。

二、交叉跨越距离测量数据的换算

测量交叉跨越限距时必须记录当时的气温和风速，因为测量时可能不是最高气温，而最大弧垂一般发生在最高气温时（不考虑覆冰），所以要把实测的限距换算到最高气温下导线处于最大弧垂时的对应值。通常线路的交叉跨越距离是按空气温度40℃设计的，未考虑日照或线路负荷所引起的导线温升对导线弧垂的影响。作为运行单位，判断交叉跨越距离是否合格，也应在空气温度 40℃且处于满负荷（即安全电流下，最高允许温度为 70℃时）的情况校验交叉跨越距离，即应把现场所测得的交叉跨越距离换算为导线温度为 40℃和 70℃时的交叉跨越距离。

将实测交叉跨越距离换算到最高气温时的数值，一般考虑两种情况：一种情况是当架空电力线路下方的被跨越设施是通信线路、广播线路、架空管道，或者虽是电力线路但其档距小、本身随气温变化和对地距离的变化不大，这时只要测量上方导线的弧垂变化就可以了；第二种情况是架空电力线路下方的被跨越物是档距较大的电力线路、架空索道，随着气温的变化，其对地距离也发生变化，此时应考虑在交叉点处上、下方弧垂都在变化的因素。其换算方法如下。

（1）测出上方跨越档的弧垂和跨越点到一侧杆塔的水平距离 x。

（2）将上方跨越档的弧垂换算到最高气温时的弧垂，即

$$f_{\max} = \sqrt{f + \frac{3l^4}{3l_D^2}(t_{\max} - t)\alpha} \tag{12-1}$$

式中　f——实测弧垂，m；

t——气温，℃；

$f_{\max}$——需换算的相应弧垂，m；

$t_{\max}$——最高气温，℃；

l——实测档档距，m；

l_D——实测耐张段代表档距（可从设计图纸中查出），m；

α——导线的线膨胀系数（可从设计图纸中查出）。

（3）计算跨越点上方导线弧垂的增量 Δf_x，即

$$\Delta f_x = \frac{4x}{l}(f_{\max} - f)\left(1 - \frac{x}{l}\right) \tag{12-2}$$

式中　x——交叉点至一侧杆塔间的水平距离，m；

l——交叉档档距，m；

$f_{\max}$——需换算的相应弧垂，m。

（4）按同样方法，算出被跨越线路在交叉点的弧垂增量 $\Delta f'_x$，即

$$H_{\min} = H - \Delta f_x + \Delta f'_x \tag{12-3}$$

式中　$H_{\min}$——换算到最高气温时的交叉距离，m；

H——交叉点实测交叉距离，m。

【例 12-1】 某 220kV 线路，在交叉跨越一级铁路时，要求交叉处的最大弧垂与铁轨顶的垂距不得小于 8.5m。若已知 l 为 380m，l_D=330m，由弧垂表查到的弧垂$\triangle f_D$ 为 0.55m，交叉点至一侧杆塔间的水平距离 x 为 114m，观测气温条件下的垂距 H 为 9.78m，求这时的最小垂距 $H_{\min}$是多少？

解：因为

$$\frac{x}{l} = \frac{114}{380} = 0.3, \quad \frac{l}{l_D} = \frac{380}{330} = 1.15$$

则

$$\Delta f = \Delta f_D\left(\frac{l}{l_D}\right)^2 = 1.15^2 \times 0.55 = 0.73(\text{m})$$

$$\Delta f_x = 4\,\frac{x}{l}\left(1-\frac{x}{l}\right)\Delta f = 4\times0.3\times(1-0.3)\times0.73 = 0.61(\text{m})$$

$$H_{\min} = H - \Delta f_x = 9.66 - 0.61 = 0.95(\text{m})$$

根据上述计算结果可知，最小垂距满足要求。

12.1.3 弧垂测试

一、弧垂的计算及观测

1. 弧垂的计算

架空线安装弧垂调整的依据为设计单位提供的导线及避雷线安装弧垂表。安装弧垂表有两种：一种是对应于代表档距的安装弧垂表，简称安装弧垂表；另一种是对应于100m档距的安装弧垂表，简称百米孤垂表。

由安装弧垂表计算观测档安装弧垂的计算式为

$$f = f_{\text{D}}\left(\frac{l}{l_{\text{D}}}\right)^2\left[1+0.5\left(\frac{h}{l}\right)^2\right] \tag{12-4}$$

式中 f——观测档安装弧垂，m；

f_{D}——由代表档距从安装弧垂表上查出的对应于安装气温（应考虑降温）的弧垂，m；

l——观测档距，m；

l_{D}——代表档距，m；

h——导线或避雷线悬点高差，m。

由百米弧垂表计算安装弧垂的计算式为

$$f = f_{100}\left(\frac{l}{l_{\text{D}}}\right)^2\left[1+0.5\times\left(\frac{h}{l}\right)^2\right] \tag{12-5}$$

式中 f_{100}——由代表档距从百米弧垂表上查出的对应于安装气温下的百米弧垂，m。

2. 弧垂的观测方法

观测弧垂的方法很多，一般常用观测方法有4种；异长法、等长法（平行四边形法）、角度法和平视法。在弧垂观测之前，应参阅输电线路平断面地形、地物及弧垂等的概况，结合具体情况选择适当的弧垂观测方法，并按降温法及计入初伸长的导线弧垂曲线等技术资料，计算出相应的观测数据，然后进行弧垂观测。

(1) 等长法（平行四边形法）。等长法是施工中常见的测量弧垂的方法，准确度较高。如图12-1所示，在A、B观测档杆塔上，从A、B杆导线悬挂点往下量出需测弧垂值，即在A、B下方A_0、B_0处各装一块弧垂悬板，使$AA_0=BB_0=f$。观测人员站在任一基杆塔上，一面从电杆上的弧垂板看对面电杆上的弧垂板，一面指挥紧线人员调整导线的张力。当导线最低点与两块弧垂板成一直线时，此时导线的弧垂即为要求的弧垂。此法对于两杆塔导线悬挂点高差不大的情况，其观测值比较精确。

为保证视线A_0B_0与导线最低点相切，观测弧垂板必须移动一定距离。当气温上升时弧垂板向下移动距离为

$$\Delta a = 4f\left[(1+P)-\sqrt{1+P}\right] \tag{12-6}$$

当气温下降时，弧垂板向上移动距离为

$$\Delta a = 4f\left[\sqrt{1+P}-(1+P)\right] \tag{12-7}$$

$$p = \frac{\Delta f}{f}$$

式中　Δa——气温发生变化时弧垂板移动距离，m；

　　Δf——气温发生变化时用插入法求出的弧垂变化值，m；

　　f——气温变化前的观测弧垂，m。

(2) 异长法（不等长法）。异长法示意图如图 12-2 所示。观测时，根据弧垂 f 值选定 a、b 后，分别放垂板使 $AA_0=a$，$BB_0=b$，收紧架空线使之与视线 AA_0 相切，这时的弧垂值即为设计要求的弧垂。a、b 与弧垂 f 的关系为

$$\sqrt{a}+\sqrt{b}=2\sqrt{f} \tag{12-8}$$

式中　a、b——分别为档距两端杆塔装弧垂板位置与架空线悬点的高差值，m。

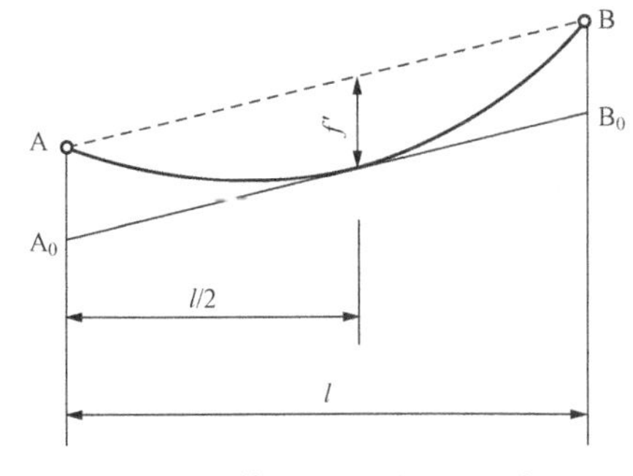

图 12-1　等长法观测弧垂示意图

f'—气温变化后的观测弧垂

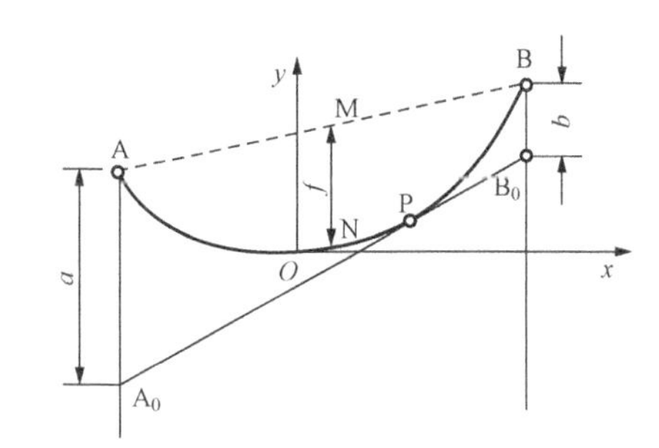

图 12-2　异长法观测弧垂示意图

异长法适用于观测档内两杆塔的高度不等，且弧垂最低点不低于两杆塔基部连线的情况。在选用 a、b 值时，应注意两数值相差不能过大。通常推荐 b 值为 a 值的 2～3 倍为宜，切点 M 的水平位置选在档内 $1/4l$～$1/3l$ 的范围内。根据观测经验，a 值一般取 $1/4f$～$3/4f$。当观测环境的气温发生变化引起弧垂变化时，为使被测弧垂及时调整到变化后的要求，应将近方的弧垂板移动一段距离 Δa，其计算式为

或

$$\Delta a=2\Delta f\sqrt{\frac{a}{f}},\ \frac{\Delta a}{\Delta f}=2\sqrt{\frac{a}{f}} \tag{12-9}$$

式中　Δa——弧垂板移动的垂直距离，m。

(3) 角度法。角度法测定、控制架空线的水平应力和最大弧垂，实质上是异长法。当在山区及沟壑地段施工时，采用前两种方法无法观测弧垂的情况下，可考虑采用角度法进行弧垂观测。按仪器设置的不同，角度法可分为档端角度法和档外、档内角度法。

1) 档端角度法。如图 12-3 所示，A、B 为悬点，A′为 A 在地面上的垂直投影，a 为仪器中心至点 A 的垂直距离，f 为观测气温下计算出的档距中点弧垂，θ 为仪器视线与导线相切的垂直角（即观测角），α 为在 A′点瞄准 B 点时的垂直角 l 为档距，h 为高差。具体观测方法如下：

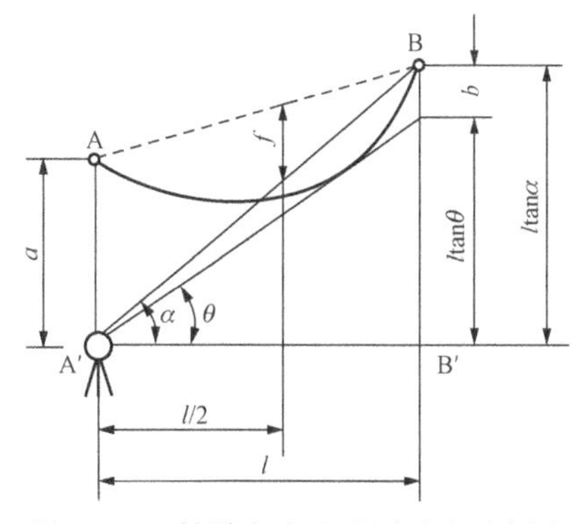

图 12-3　档端角度法观测弧垂示意图

a. 由线路纵断面图和杆塔组装图中查出 a、h 的值，并到现场复测核实。

b. 经纬仪置于档端悬挂点 A 垂直下方 A′点，调整观测角 θ 瞄准并使其视线 A′B′与架空线最低点 M

相切。由图 12-3 可知

$$l\tan\alpha - l\tan\theta = 4f - \sqrt{af} + a \tag{12-10}$$

因为

$$\tan\alpha = (a \pm h)/l,\ \tan\theta = \tan\alpha - \frac{b}{l}$$

故观测角 θ 为

$$\theta = \arctan\left(\frac{\pm h - 4f + 4\sqrt{af}}{l}\right) \tag{12-11}$$

c. 计算弧垂 f，即

$$f = 1/4(\sqrt{a} + \sqrt{a - l\tan\theta \pm h}) \tag{12-12}$$

其中仪器距低悬点较近时，h 取“+”，否则取“−”。

2）档外、档内观测法，如图 12-4 所示。弧垂观测角 θ 的计算式为

$$\theta = \arctan\left(\frac{h + a - b}{l + l_1}\right) \tag{12-13}$$

导线悬挂点的 a、h 的计算式为

$$l = l_1\tan\alpha \tag{12-14}$$

$$h = (l_1 + l)\tan\beta - a \tag{12-15}$$

式中 α、β——分别为观测导线悬挂点 A、B 的垂直角。

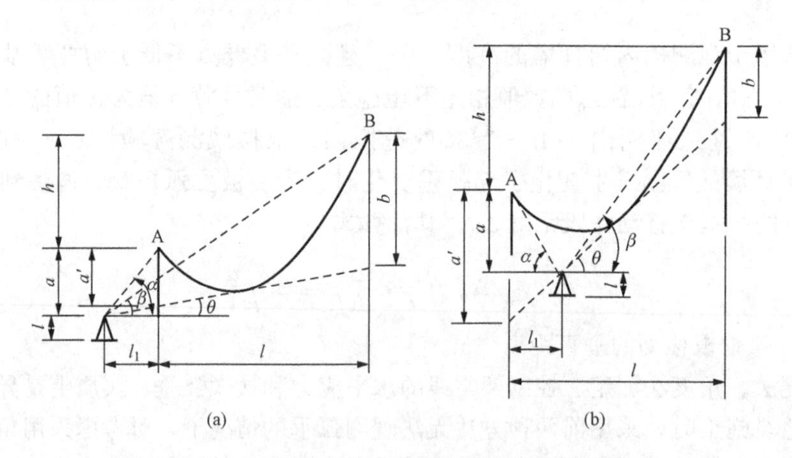

图 12-4 档外、档内观测法观测弧垂示意图

(a) 档外观测；(b) 档内观测

由 l、l_1、f、a、h 及各已知数据，利用式（12-13）、式（12-14）及式（12-15）得

$$A = \frac{2}{l}\left(4f - h + \frac{8fl_1}{l}\right) \tag{12-16}$$

$$B = \frac{(4f - h) - 16af}{l^2} \tag{12-17}$$

$$\theta - \arctan\left[-\frac{A}{2} + \sqrt{\left(\frac{A}{2}\right)^2 - B^2}\right] \tag{12-18}$$

式中 A、B——观测档导线、避雷线悬挂点高度，m；

l、l_1——分别为观测点距导线两悬挂点的距离，m。

档内观测法与档端观测法相同，但因仪器正处于导线、避雷线下方，紧线时应采取措施防止导线避雷线起落时碰撞观测人员和仪器。

档内观测法的仰角计算式为

$$\tan\theta = \frac{h+a-b}{l-l_1} \tag{12-19}$$

式中　θ——仰角；

l_1——观测点到悬挂点水平距离。

档外、档内观测法在档端无法架设经纬仪或档端观测 b 值太小时才使用，为提高准确度，观测点选择应使 $\theta=\arctan\left(\frac{h}{l}\right)$。

(4) 平视法。平视法采用水准仪或经纬仪测定、控制架空线的水平应力和最大弧垂时，是根据架空线最低点的切线应呈水平状态的原理，在该切线上的适当位置设置观测仪，调整架空线的弧垂，使架空线轴线的最低点恰好同目镜的水平视线相切，从而达到观测档架空线的最大弧垂（或水平应力）符合设计要求的目的。凡经过高山深谷，架空线悬点高差大，档距大和出现架空线最低点落在两杆塔基面连线以下者，均可用平视法来实现。

平视法的使用条件是 $4f>h$。当 $4f<h$ 时，不能用此法观测。

二、弧垂调整与检查

在观测弧垂过程中，为了防止弧垂过大或过小，需进行调整线长的计（估）算，以便根据计算结果，收紧或放松架空线，使弧垂达到或接近所求数值。

(1) 对于孤立档，线长调整量和弧垂变化量的关系为

$$\Delta l = \frac{16}{3}\frac{f\Delta f}{l} \tag{12-20}$$

式中　Δl——线长调整量（正值为线长减量，负值为线长增量），m；

f——要求的弧垂值，m；

Δf——弧垂变量（紧线弧垂比 f 值大时取正，反之取负），m；

l——孤立档档距，m。

(2) 对连续档的弧垂调整计算。调整弧垂值的计算式为

$$\Delta l = \frac{16 l_D f_1}{3 l_2^4}\Delta f_1 \sum l \tag{12-21}$$

式中　Δl——线长调整量，m；

l_2——观察档的档距，m；

l_D——耐张段的代表档距，m；

f_1——观察档要求的弧垂值，m；

Δf_1——观察档的弧垂变量，m；

$\sum l$——连续档档距之和，m。

12.2　导线、地线的振动测量

12.2.1　导线振动测量地点的选择

(1) 选择在导线、避雷线的使用应力大、档距大的地点，以及电压等级高和新建的

线路。

(2) 对风向垂直于线路的大跨越和处于平原开阔地区的线路应优先测量。

(3) 测量季节以冬春季节最好，这时导线张力大，均匀风出现的频率高，是最容易引起振动的季节。

(4) 巡视中发现导线振动或已发生振动断股的线路，要优先测量。

(5) 在悬垂线夹处发生振动断股较多，振动仪宜安装在至少连续三基或以上的直线杆塔正当中的一基杆塔上。

12.2.2 振动测量仪表及其安装

一、振动测量仪表

目前测量导线振动的仪器很多，主要有424钟表式测振仪、LY-9型电子式测振仪、HJN-2型无线电遥测测振仪、超声波遥测仪、微波遥测仪等。这些仪器主要用于对线路振动的参数如振动角、微应变、振幅、频率、振动延续时间、振动次数、振动形式的测试。

(1) 424钟表式测振仪。它可装在带电或不带电的线路上，用来测量导线的振幅和振动延续时间，但不能测量振动频率和波形。424钟表式测振仪的圆柱形铝壳内安装有质量摆块、弹簧、记录纸、划针和钟表传动机构等零件。当测振仪随导线振动时，摆块绕固定轴摆动。摆块的振幅与导线振幅成正比，固定在摆块上的金属针便在记录纸上划出与振幅变化成线性比例的轨迹。记录纸随驱动机构24h回转一周，到达24h后，驱动装置自行停止，以防重复记录。

该仪器的优点是结构简单、使用方便、价格低。其缺点是把0.6kg重的仪器挂在导线上，将对导线的实际振动情况产生影响；由于生产厂家提供的振幅比例系数不是一个常数(随振动频率和振动加速度的变化而变化)，所以按仪表安装处的振幅换算为线夹出口处的振动角时，误差较大；此外每24h需换一次记录纸，比较麻烦。该仪表的技术特性如下：①固有谐振频率为50Hz；②单振幅0～4mm；③振幅读数的换算式为

$$A=\frac{K(A_0-a)}{2}$$

式中 A——导线振动的实际振幅，mm；

A_0——记录纸的振幅读数，mm；

a——划针笔的宽度，mm；

K——振幅比例系数（由制造厂提出平均值)。

(2) LY-9型电子机械式导线测振仪。整个仪表用铝材屏蔽罩壳罩住，结构密封好，能够防水防磁。仪表的一端为电池、电动机及电子控制回路，另一端为记录机构。导线的振动情况通过传振杆，以机械方式放大5倍后，用划针将波形直接记录在16mm电影胶片（胶卷盘最大容量为10m）上，每隔15min自动记录一次。记录时电子控制回路开动电动机使胶片移动（划针平时不接触胶片），胶片移动时间为0.2s后，电磁铁动作使划针接触胶片，每次记录0.1s后，随即划针脱开，胶片同时停止移动。记录仪的记录纸更换周期长，能够连续测量。利用这种仪器测振时，仪器不直接挂在导线上，而用专用支架将测振仪安装在悬垂线夹上，使传振杆接触导线的测振点（即距线夹出口80～90mm处）。由于该距离比导线振动的最小波长还要短，故可以看作弯曲振幅与导线的应变成正比，而与频率、导线张力及邻档振动等无关。但这种仪器的传动机构弹簧和划针容易出毛病，修理困难。

LY-9 型电子机械式导线测振仪的技术特性如下：①电源电压为直流 7.5V；长期工作电流小于 2mA，记录时电流小于 300mA。记录方式为间段记录，每次记录 0.1s，误差≪+6%；②频率响应为 0～100Hz，记录误差≪10%，振动范围为 0～1.3mm（峰—峰值）；③划针臂放大倍数为 5 倍，误差≪5%；④最小适用导线和避雷线的单位长度重量不小于 0.134kg/m，最大适用导线规格不限；⑤环境湿度应不大于 95%±3%，环境温度为（−35～+50℃）±5℃；⑥外形尺寸为 ϕ140×190mm，仪表本身重量（包括电池）小于 4kg，夹具质量小于 3kg。

(3) HJN-2 型无线电遥测测振仪，该装置采用无线电遥测方式，无论线路带电与否均可遥测振幅、频率、加速度和振动波形。放置在地面上的接收机，能够同时记录到全部测量数据。有效遥测距离在平原可达 5km，发射系统采用银锌蓄电池供电，可连续半个月自动测量。该测振仪的整套遥测系统是由测振头、发射机和接收器 3 个部分组成，其中测振头直接固定在导线的测振点上，发射机固定在悬垂线夹上，两者之间用双层屏蔽线连接，手提式接收机放在地面。当测振头随着导线振动时，传感器把振动加速度变换为对应的电压，输进测量回路，经调频放大后由发射天线发出遥测信号。发出的集中信号由继电器控制，每隔 15min 接通 15s，实现定时取样。接收机接到信号后，经过鉴频、运算、放大，最后由发射天线发出遥测信号。该仪器的主要技术性能可在使用时参看产品说明书。

二、仪表的安装及技术要求

确定测量地点、选择好测量仪表，即可进行仪表的安装。仪表的安装应注意以下方面。

(1) 安装仪表之前应检查各部件的主要功能是否完好。

(2) 国产 424 型钟表式测振仪，应安装在靠近线夹（即接近于防振锤安装处）的第一个最大振幅处。CJ-7P 型电子机械式测振仪和 HJN-2 型无线电遥测测振仪，都应悬挂在悬垂线夹上，测头装在距线夹出口第一个 U 形卡子中心的 89mm 处。如该处有护线条等，可将测振仪的测头外移，但所得结果应按比例关系折算到 89mm 时的数值。

(3) 需对同一测点进行多次测量，而且每次测量不少于 20 天。此外还应测量该处的风速、风向、气温以及线路的导线型号、档距、弧垂和杆高。有条件时，在同一处最好采用两种以上的测振仪测量以便互相比较。

导线测振是一项具有科研意义的工作，参加测量的人员应有一定的专业水平。测振一般都是在电路带电的情况下用等电位进行装卸和更换记录纸的，因此操作时一定要注意安全，测量所得记录应及时整理并妥善保存。

12.3 导线连接器的测试

12.3.1 导线连接器的故障原因

导线连接器即导线接头，包括档距中导线段连接接头，跳线连接接头和线路分支点连接接头等。导线连接器和导线一样，在线路正常运行时流过负荷电流，在发生短路时流过短路电流。如果连接器连接不好，接触电阻就要增大，在电流的长期作用下就有可能烧坏，甚至造成断线事故。特别是不同金属的连接器，还会发生电腐蚀，加速损坏过程。导线连接器是线路中最薄弱的地方，很容易发生故障。导线连接器故障的主要原因如下：

(1) 施工时未将带油导线的防腐油彻底清除掉，压接时连接不紧密而使导线接头拉断、强度降低；

(2) 连接导线接头所用的连接管内壁表面氧化，接触电阻增大，引起导线接头处温度升高；

(3) 跳线连接接头的引流板或并沟线夹表面接触不良或被氧化腐蚀，使电阻增大而引起发热，严重时能够把连接器烧红，导线个别线股烧断，甚至烧坏该连接器，造成断线事故。

因此，必须对运行中的导线连接器的电阻和温度进行检查和测试，以保证线路的安全运行。根据规定，铜导线连接器每5年至少检验一次；铝线及钢芯铝绞线连接器每两年至少检验一次。下面介绍导线连接器的测量方法。

12.3.2 导线连接器电阻的测量

一、带电测量连接器的电阻

(1) 电压降法。用特制的检验杆检测连接器的电阻。检验杆由几根电木管组成，其中杆上端的一根横电木管的两端有接触钩（用钢制作），另外还有一只带整流器的直流毫伏表。为了便于在各种不同大小的工作电流下进行测量，在仪器中还接有切换开关HK和附加电阻r_1、r_2。检测时将接触钩压在运行中的导线上，此时毫伏表指针指示出两钩之间导线上的电降U_c。

如果把接触钩压在连接器的两端，毫伏表上的指示值就是连接器两端的电压降U_1。

$$U_1 = IR_1$$

$$U_c = IR_c \tag{12-22}$$

$$\frac{R_c}{R_1} = \frac{U_c/R}{U_1/I} = \frac{U_c}{U_1} \tag{12-23}$$

式中 R_c——两钩之间导线的电阻；

R_1——两钩之间连接器的电阻；

I——通过的负荷电流。

由式（12-23）可以看出，如果测出连接器和同样长导线的电压降，就可以求得连接器和导线电阻的比值。根据架空输电线路运行规程之规定，U_c与U_1的比值大于2.0时，导线中必有负荷电流通过。为了使毫伏表有较大的指示，应在线路负荷较大时测量。

为了避免误差，在测量导线的电压降时，应在距离连接器1m以外的地方进行。这是因为连接器接触劣化时，电流在连接器附近是集中在外层导线上，所以越靠近连接器，电压降就越大。而在1m以外的地方，电流在导线中的分布已经均匀，可测出准确的结果。

测量档距内导线连接器的方法，可把翻斗滑车卡在导线上，用绝缘绳把试验器拽起贴在导线上，用望远镜查看毫伏表。

(2) 注意事项。检验杆的接触钩用钢制成，可与铝线和钢芯铝绞线有良好的接触。测量时如果表针不动，只需将检验杆来回摇动数次，就可以把铝线上的氧化层擦掉，得到良好的接触。由于铜导线上的氧化层很难刮掉，不能保证良好接触，因此铜导线连接器不宜用检验杆带电测量，一般在停电后进行。带电测量时，应该遵守带电作业有关规程，在雷电、降雪、下雾和潮湿的天气以及风速超过5m/s时，均不能进行。采用这种方法测量接头电阻，由于导线表面有一层氧化层，挂钩与导线表面接触电阻较大，会影响测量的准确度；测量跳线引流板电阻时，难以控制金属钩与杆塔的空气间隙；导线距地面较高，金属挂钩难以挂在导线上，而且读数也较困难；当导线非水平排列时，测量上导线比较困难；测量工作劳动强度大，效率低。鉴于上述缺点，这种方法的运用虽然已有几十年的历史，并有不少的使用经验，但随着新技术、新设备的出现，目前已不多用。

二、停电测量连接器的电阻

线路停电后，用蓄电池或变电站的直流电源供给直流电流进行测量，测量原理与带电测量相同。若测量跨过山谷等特殊情况下的导线连接器时，可把导线落地测量。

12.3.3　导线连接器的温度检测

一、用红外线测温仪器测连接温度

红外线测温仪是根据红外线的物理原理制造的。任何物体，不论它是否发光，只要温度高于绝对零度（−273℃），都会一刻不停地辐射红外线。温度高的物体，辐射红外线较强；反之，辐射的红外线较弱。因此，只要测定某物体辐射的红外线的多少，就能测定该物体的温度。

红外线测温仪是一种远距离和非接触带电设备的测温装置。它由两部分组成：一是光学接收部分，用于接收连接器发射出来的红外能量，并反射到感温元件上；二是电子放大部分，即将感温元件上由热能转换成电流后的电流放大，并由仪表指示出来。目前用于输变电工程上的有 HW-2 型和 HW-4 型两种，二者内部结构基本相同。但前者是小型手提式，测温距离在 1～5m 以内；后者为中型手提式的，测温距离在 50m 左右。

二、用红外热像仪测量

红外热像仪与红外线测温仪的基本原理相同。它是一种利用现代红外线技术、光电技术、计算机技术对温度场进行探测的仪器。红外热像仪的镜头视野范围大，可以对范围内的许多被测目标同时测量，并可将被测目标的热像呈现在屏幕上。目标温度不同，在屏幕上的颜色也不同，屏幕边沿有以颜色显示的标尺（即用相颜色标明不同的温度），将被测目标在屏幕上呈现的颜色和标尺上的颜色相对照，则可知被测目标的温度范围。较高级的红外热像仪，不但可以通过颜色了解被测目标的温度，同时还备有数字处理功能，可以精确地读出屏幕上被测目标的实际表面温度，还可以将现场中的热像录制在磁带上。测量导线接头升温，在线路负荷最大时，阴天或日出前、日落后进行，效果较好。

12.3.4　其他测量方法

一、触蜡测试

蜡一般在 60～70℃时即开始融化，70～75℃时一触即化，90℃时立即气化。因此用触蜡方法检测连接器是否过热简便易行，但测试的温度不够准确，可以说只有在不得已的情况下才使用它，另外用触蜡测连接器的温度时需有人监护，触蜡测试有两种方式。

（1）在容易发热的部件表面贴试温蜡片。巡视中如发现试温蜡片熔化，说明该处元件的温度已超过试温蜡片的熔点温度。试温蜡片的成分配比及其相应熔点，见表 12 - 1。

表 12 - 1　　试温蜡片的成分配比及熔点

原料名称	成分配比（按质量）				
蜡烛	9	6.5	5	2	1
黄蜡	1	3.5	5	8	9
油酸	—	5	5	5	—
熔点/℃	80	72	67	60	57

（2）按表12-1中成分配比制成蜡笔，固定在绝缘杆上，采用间接带电作业方法，使蜡笔接触被测元件，也可测量其温度是否超过规定值。这种方法一般用来检测耐张压接管、跳线联板、并钩线夹和其他接头。当需要检测档距中的连接器时，应先用射绳枪把绝缘绳打到导线上，或登杆将带有绝缘绳的翻斗滑车挂在被试连接器的导线上，将翻斗滑车拽到连接器，然后把蜡烛绑在绝缘上，由地面上的人牵引绝缘绳，使蜡笔触到被测连接器上。

二、点温计法

在线路运行中，可采用带电作业法用点温计直接测量被测元件的温度。

如果被测元件需要较长时间连续观察其温度时，可以将普通棒型温度计用铝色带或胶布绑在被测量元件上，用望远镜随时观察其温度。

12.4 绝缘子的测试

12.4.1 绝缘子劣化的原因和测试的目的

瓷绝缘子是由瓷、金具和水泥等多种材料组合而成，其劣化受多方面因素的影响，既与制造厂家选用的材料、配方、工艺流程有关，也与运行环境以及运行中承受的电负荷甚至外力的作用有关。若瓷件在制作过程中，配方不当、工艺流程中原料混合不均匀、焙烧火力不足等，则瓷件易形成吸湿性气孔。结构不合理，或者成型时失误，受力不均等，也会使瓷件内部存在内应力，导致瓷件产生裂纹、缝隙，使其劣化。制作绝缘子时一般用水泥作胶合剂，水泥本身吸收水分和CO_2，也会反复冻结和熔解，促使瓷件劣化。水泥干燥、凝结，不但会形成吸湿性气孔，而且会产生很多的裂缝。

瓷、水泥、金具紧密粘接在一起，组成绝缘子，3种材料的线性膨胀系数和导热系数则不同。当环境温度发生骤变时，瓷绝缘子将面临着很大的考验。例如夏季烈日时突降暴雨，绝缘子的各部分来不及同时胀缩，其局部位置（如头部）将承受很大的机械应力，甚至瓷件开裂。此时，如果瓷件的体积较大，结构较复杂，则开裂的可能性和严重性愈大。运行经验表明，质量不好的绝缘子，在夏季，特别是烈日暴晒后又降大雨的天气下，绝缘子的裂化率往往比冬季高数倍。同样，直接日照且受到淋雨的多层针式绝缘子的上层瓷裙和头部以及绝缘子的胶装部位都是劣化率较高的部位。

运行中的绝缘子，因长期承受电压作用和短时过电压的作用，在潮湿污秽的地区，常常出现电晕甚至局部电弧，造成瓷件局部发热、龟裂，直击穿等故障。

另外，绝缘子在运行中承受长期机械负荷的作用，同一吨位的绝缘子承受机械负荷越大，劣化率越高，耐张绝缘子的劣化率明显高于直线串就是例证。V形串的绝缘子由于受到机械振动较大，劣化率也往往高于直线串。此外，绝缘子在运输、施工过程中，如果没有妥善的措施，受到的外冲击较大，也会造成劣化率的增加。因此，为避免劣化绝缘子在电网中继续运行而导致恶性事故，架空线路在运行中要定期进行绝缘子测试，发现绝缘严重降低或完全失去绝缘性的可能绝缘子（又称零值绝缘子或低值绝缘子）要及时更换，以确保线路有足够的绝缘水平。

12.4.2 绝缘子串上的电压分布

悬式绝缘子主要由铁帽、铁脚和瓷件三部分组成。理论上可将这三部分看成一个电容器，铁帽和铁脚分别为其两极，瓷件可视为介质。绝缘子串的电压分布不但取决于绝缘子本身的导纳，而且还取决于它们对带电导线及对地间的杂散电容。图 12-5 是考虑杂散电容的绝缘子串的等值电路。图中 C_0 为绝缘子本身电容，其值约为 40～55pF；C_1 为绝缘子与地之间的部分电容，其值约为 4～5pF；C_2 为绝缘子与导线之间的部分电容，其值约为 0.5～1pF。当 C_1、C_2 对 C_0 的相对值增大，或者绝缘子串中元件个数增加时，杂散电容对电压分布的影响就会增大。

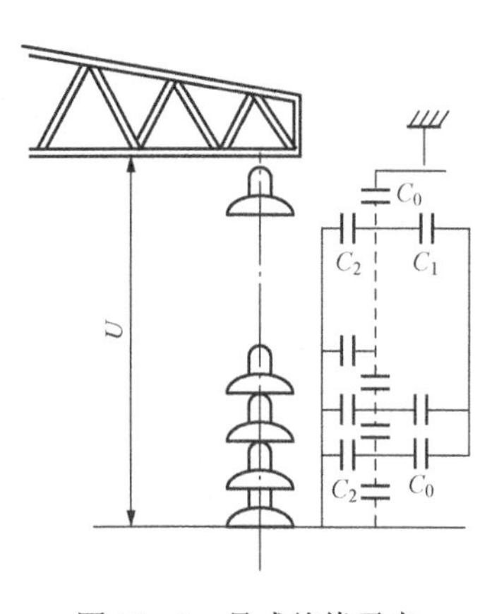

图 12-5　悬式绝缘子串等值电路示意图

在 50Hz 工频电压的作用下，干燥绝缘子的绝缘电阻 R 比其容抗约大一个数量级，故干燥状态下 R 对其电压分布的影响可略去不计。

若从横担侧开始排序，则第（$m+1$）号绝缘子上的分布电压为

$$\Delta U_{m+1}=\frac{(U_m-U_{m-1})\omega C_0+U_m\omega C_1-(U_0-U_m)\omega C_2}{\omega C_0}\tag{12-24}$$

式中　U_m、U_{m-1}——第 m 号、（$m-1$）号绝缘子靠近导线端的对地电位；

U_0——导线对地电位。

第（$m+1$）号绝缘子靠近导线端的对地电位为

$$U_{m+1}=\Delta U_{m+1}+U_m\tag{12-25}$$

令

$$C_1/C_2=K_1,\ C_2/C_0=K_2,\ K=1+K_1+K_2$$

则式（12-24）和式（12-25）可分别改写为

$$\Delta U_{m+1}=KU_m-K_2U_2-U_{m-1}\tag{12-26}$$

$$\Delta U_{m+1}=(K+1)U_m-K_2U_0-U_{m-1}\tag{12-27}$$

若已知 C_0、C_1 和 C_2 的值，由以上两式可算出电压分布。

当串联绝缘子的片数为 n 时，串联总电容为 C_0/n。如果 C_0/n 远大于 C_1 和 C_2，则绝缘子串电压只由 C_0 决定，电压分布是均匀的。事实上只要 $n\geqslant 2$，C_1、C_2 的影响就不可忽略，就存在着电压分布不均匀的问题。例如，当 $n=3$、$C_0=50$pF、$C_1=5$pF、$C_2=0.5$pF 时，则可算得 ΔU_1、ΔU_2 和 ΔU_3 分别为 $30U_0$、$32\%U_0$ 和 $38\%U_0$。可见，C_1、C_2 的存在已显著影响绝缘子串的电压分布。

如果只考虑 C_1，则由于 C_1 的分流将使靠近导线的绝缘子流过的电流最大，故其承受的电压也最高，而使靠近横担的绝缘子承受的电压最低。如果只考虑 C_1 的影响，则情况正好与 C_1 相反。在 $C_1>C_2$ 的情况中，靠近导线的绝缘子承受的电压最高，随着绝缘子离开导线的距离增加，其承受的电压逐渐减小；但当接近于横担时，由于 C_2 的影响绝缘子上的电压又会略有升高。现场实测表明，线路的电压等级越高、绝缘子片数越多时，其电压分布越不均匀。若以 ΔU_{max}表示绝缘子串中分布电压的最高值（通常总是出现在靠近导线的那一片上），以 ΔU_{min}表示绝缘子串中分布电压的最低值（曲线 A 在第 3 片上），令 $\alpha=\Delta U_{max}/\Delta U_{min}$ 定义为电压分布不均匀系数，则随电压等级的升高而增加。

12.4.3　劣质绝缘子的检测

若某一绝缘子串上有损坏的绝缘子，则损坏绝缘子上就会无电压降或压降小于规定值，

原应由其承受的电压将分配在其他良好绝缘子上，造成良好绝缘子上的分布电压增高。判定零值（低值）绝缘子的标准是其分布电压低于 2.5kV 或绝缘电阻小于 300MΩ。

检测劣化绝缘子的方法主要有测分布电压，测绝缘子的绝缘电阻，测绝缘子的表面温度等。

一、绝缘子串分布电压测量法

劣质绝缘子的特征是绝缘降低，分布电压低，甚至为零。利用这一特征测量绝缘子串上的电压分布，可辨别运行中的绝缘子是否保持良好状态、将绝缘子的实测电压值与良好绝缘子串的标准分布电压相比较，可以检测出劣质绝缘子。当某一元件空气间隙承受的电压低于标准分布电压值的1/2时，可以认为该元件已经损坏。该方法需带电测量，35～220kV 输电路上常用的工具有短路叉、电阻分压杆、电容分位杆和火花间隙操作杆等，均属接触式测量。该方法同测量绝缘电阻一样，需在良好的天气下进行。

火花间隙法测杆有两种类型：固定测杆（又称短路叉）和可调间隙测杆。二者结构相似，均由绝缘杆及金属叉组成，不同的是间隙的可调与不可调。

固定火花间隙检测杆是检测劣化绝缘子最简单的工具，其为一个长 3～5m 的绝缘杆，末端有一个金属叉头。当测试绝缘子串上的每一个绝缘子时，叉的一端 b 与被试绝缘子的铁帽相接触，而另一端 a 逐渐靠近被测绝缘子的铁脚。在叉与绝缘子两端相碰之前，形成的间隙上作用的电压，就是被测绝缘子的分布电压。若该绝缘子完好，则在间隙比较大的时候，就开始产生火花放电；如果绝缘子有缺陷，分布电压降低，则只有在金属叉靠近绝缘子时，才会产生火花放电；若金属叉和铁脚相碰也不产生火花放电，则表明此绝缘子已被击穿，为零值绝缘子。因此可以根据火花声音的大小，判断绝缘子的好坏。由于是通过火花放电检出零值绝缘子，其金属叉头又是固定的，故称为固定式火花间隙测杆。这种检测方法简单，使用工具轻便，操作灵活。

当某一绝缘子串中的零值绝缘于片数达到表 12-2 中的数值时，应立即停止检测。针式绝缘子、少于 3 片的悬式绝缘子串不准使用这一方法。

表 12-2　运行中零值绝缘子的允许片数

电压等级/kV	35	63（66）	110	220	330	500
串中绝缘子数	3	5	7	13	19	28
零值数	1	2	3	5	4	6

可调式火花间隙测杆，其工具简单，调整一对小球间隙达到某一固定距离，使间隙放电电压等于被测量绝缘子最低分布电压的一半。检测时根据间隙是否发生放电来判断绝缘子是否损坏。这种检测方法操作简便、效率高、工具制造容易、便于携带，但它只能选出零值绝缘子，不易检出低值绝缘子。当操作人员经验丰富，并能根据绝缘子在串中的位置调节间隙时，可以测得一部分低值绝缘子。由于绝缘子串的电压分布，基本上是靠近导线侧电压高，当中的绝缘子电压低，而靠近横担侧电压稍高。因此，在测量长串中间的绝缘子时，须将可调间隙缩小，若测量绝缘子串两端绝缘子时，须将可调间隙放大。

当被检测绝缘子串零值绝缘子超过被测绝缘子总数 70%时，应当更换全部绝缘子。

二、自爬式零值绝缘子检测仪

自爬式零值绝缘子检测仪专用于 330～500kV 线路的检测。它将绝缘子的分布电压转变为光声信号，当测到某片绝缘子时，检测器发出声和光，则说明该片绝缘子完好；若无声无光，则说明该片绝缘子为零值绝缘子。该检测仪的使用方法如下。

（1）首先握紧两球头手柄，使双头弹簧销脱离框架销紧孔，检测器即可打开，将其套在耐张绝缘子串上，然后松开球头手柄，双头弹簧销自动将框架关闭。

（2）拉开滑板控制销，使左右滑板控制杆固定孔对正，松开滑板控制销，将其固定，此时滑板是工作状态，两触爪分别搭在第一、第二片绝缘子的钢帽上。

（3）启动电源开关，检测器便开始工作。此时操作者要集中精力密切注意光声信号。在逐个检测绝缘子中，若光、声信号消失则认为该片绝缘子为零值绝缘子，并作记录。当前部触爪进行到最后一个绝缘子的连接金具上时，立即拉动绝缘绳，使滑板控制销脱开，在控制销的作用下，两滑板自动向中心翻转呈水平状态。此时电源被切断，并使旋轮与绝缘子串脱离。

自爬式零值绝缘子检测仪利用电动螺旋装置实现自爬功能，可以大大减轻操作人员的劳动强度；其检测速度也较快，检测一串 28 片的耐张绝缘子串仅需 90s，是超高压线路上颇为适用的检测工具。

三、高电阻地缘测量法

良好绝缘子的绝缘电阻一般在数千兆欧以上，劣质绝缘子的绝缘电阻降低，甚至为零。用高电阻配合微安表直接测量绝缘子的对地电压时，可停电也可带电测量，属接触式。测量时，空气相对湿度不能太大，否则易误判。另外，输电线路的大量检测不易进行。为了不影响原电压分布，其阻值应足够大，一般按 10～20kΩ 选取，每个电阻的容量为 1～2W，电阻表面爬距按 0.5～1kV/cm 考虑；整流器可采用普通的锗或硅二极管；电位器的阻值为 2～15kΩ，微安表量程为 100μA。

测量时从母线到接地端逐级测试各层对地电位，其值是递减的，大小可通过微安表的读数求得，并据此判断某层元件的瓷体有无开裂或击穿现象。

测量时，应注意探针必须可靠地与瓷裙胶面接触，以免测试值不准造成误判断。如果要得到各层对地电位的数值，应事先将电阻杆电压—电流关系曲线校准好，也可将微安表表盘直接刻成电压值。

当用电阻杆测量悬式绝缘子串各个绝缘子的电压时，电阻杆两端要跨接到被测绝缘子的上、下金具上，此时电阻杆两端均处于高电位。因为微安表处于电阻杆的中部位置，所以它的对地电位是 $(U_1+U_2)/2$。

用高电阻杆配合微安表直接测量各绝缘子的对地电压。检查绝缘子的顺序是从靠近横担绝缘子开始，直至把这一串绝缘子测完为止。测量时必须做好记录，在测量过程中需要特别谨慎地注意电压分布较低和火花间隙小（1～2mm）的一些绝缘子。

四、超声波绝缘子检测仪

超声波劣质绝缘子检测仪主要由高压探头、接收传感器和接收器以及数字式电压显示仪、绝缘操作杆等几部分组成。高压探头接触被测绝缘子，高压传感器进行信号取样，经超声波换流器将交流信号转换为超声信号，经绝缘操作杆传至接收传感器，将超声信号还原为电信号送给接收器，接收器内的识别电路、计算电路将交流信号数字化，由数字电压表显示出被测绝缘子的分布电压。

由于该装置的抗干扰能力较强，且输入电容量较小（实测为 1～2pF），因此可在 500kV

线路上进行测量，并能保证测量的精度。

五、红外线热像仪检测劣化绝缘子

红外热像仪检测绝缘子是根据绝缘子串的分布电压在各片绝缘子上反映出来的热分布，进行成像处理来检测绝缘子的。该方法采用非接触式检测，可在距绝缘子相当远的地面上进行，也可航空检测，并不受高压电磁场的干扰。近年来，我国华北电力科学研究院及华东、河南等地已经开展这方面的工作，取得了可喜的成绩。红外热像随着红外热像技术的进步，空间分辨率和温度分辨率高、质量轻、体积小的便携式热像仪的使用，为绝缘子检测的准确、方便及安全提供了必备的条件。

12.4.4 绝缘子测试注意事项

一、测量时的安全要求

（1）在一串绝缘子中，若发现不良绝缘子接近半数，则应停止测量，再不能继续对电压分布高的绝缘子进行测试了，以免造成事故。

（2）在雨、雾、潮湿天气或大风时，禁止进行绝缘子电压分布的测定。

（3）操作人员在操作时，应对带电部分保持足够的安全距离。

（4）当用约300MΩ的高电阻经过一个桥式整流电路与一端接地的微安表串联进行测量时，必须手执测杆接地端，并用高电阻杯从高压端开始逐个去碰绝缘子的金属帽。

（5）使用高电阻测杆时，应严格检查串联电阻的完好状况，以防止因沿面放电或击穿而造成电网接地故障，甚至危及测量人员安全。

二、绝缘子电压分布的检测周期规定

按我国规程规定，悬式绝缘子串的检测周期为1～3年。可根据情况和条件，如所用绝缘子的质量、线路的重要性、是否双回路和劳动力等，来确定具体的检测周期。

三、判断绝缘子是否劣化的方法

当绝缘子串中或支柱绝缘子具有劣化件时，沿绝缘子串（柱）各元件的电压分布与正常分布不同。根据试验，劣化绝缘子分布的电压大多在正常值的50％以下。此外劣化绝缘子还有一个显著的特点，即其电压降明显低于两侧良好绝缘子的电压降。因此，当用分布电压法来判断零（低）值绝缘子就应有两个标准：①当被测绝缘子上电压值低于标准规定值的50％时；②电压降同时低于相邻两侧良好绝缘子的电压值时，均可判定为零值或低值绝缘子。由此可见，根据分布电压标准及实测的电压分布曲线，即可以直观判断绝缘子是否劣化。

四、检测零值绝缘子

在使用短路叉检测线路上的零值绝缘子时，要防止由于检测而引起的相对地闪络事故。当使用带有可调火花间隙的检零工具时，作业前还应校核火花间隙的距离，间隙距离为1、2、3mm时，放电电压的参考值分别为2、3、4kV。

12.5 绝缘子等值附盐密度测量

12.5.1 等值附盐密度的定义及测量目的

等值附盐密度（Equivalent Salt Deposit Density，ESDD），简称盐密度是衡量绝缘子表模污秽物导电性能的一个重要指标。它是用一定量的蒸馏水清洗绝缘子瓷表面的污秽物质，然后测量该清洗液的电导，并以在相同水量产生相同电导值的氯化钠作为该绝缘子的等值盐量W，将W除以被清洗绝缘子的瓷表面积A，其结果即为等值盐密W_0。等值盐密的表达式为：

$$W_0 = \frac{W}{A}$$

式中　W_0——等值盐密，mg/cm^2；

W——绝缘子等值盐量，mg；

A——绝缘子的瓷表面积，cm^2。

各种绝缘子的瓷表面积，可参考表12-3选用。

表12-3　各种绝缘子的表面积/cm²

绝缘子型式	X-4.5	XP-6	XP-10	XP-16	XP-21	XP_3-16（人爬距）	XWP-16
表面积	1450	1290	1450	1548	1858	2075	2265

测量绝缘子等值盐密度的目的是掌握绝缘子的污秽程度和等级，以便采取相应的措施提高绝缘子的耐污特性，决定是否对绝缘子进行清扫和确定清扫周期，同时也为今后设计线路提供可靠资料。

12.5.2　等值附盐密度的测量方法

一、等值盐量测量

等值附盐密度的测量应在实际使用的绝缘子上进行。为了比较不同地区的污秽程度，一般都采用标准盘型绝缘子（254mm×146mm）的悬垂串，规定测量用水量为300mL。

1. 测试点的选择要求

根据污源调查的结果，结合线路路径的情况和测试点的选择要求，以线路单元确定测试点。确定的测点要有一定的代表性和准确性，测试周期一般按年度进行，每年雨季来临之前要完成测试。选择测试点应满足下列要求：

（1）在污源点附近每一条线路应选择2～3个测试点。一般选择直线杆型，特别是发生过污闪故障的杆型。

（2）在污源范围内每条线路至少选择两个测试点。

（3）交叉污源附近应以污源性能选择适当数量的测试点。

（4）在污秽最严重的地段内，应选具有代表性的杆型作为测试点。

（5）一般地区应每5km左右选一直线悬垂绝缘子的杆型作为一个测试点。

2. 等值盐量的测试方法

测试所用的器具有YLK-2型直读式盐量表、蒸馏水、洗污盘量管、毛刷及测试记录本等。操作程序如下：

（1）先将300mL蒸馏水倒入洗污盘，再将污秽的绝缘子放在洗污盘内，用毛刷清洗绝缘子的全部瓷表面，包括钢脚周围以及不易清扫的最里一圈表面；

（2）将洗污盘中的污水搅合均匀后装满100mL的量管，并把盐量表上的测量棒与量管的两端进行牢靠连接；

（3）启动盐量表开关，表针旋转，待表针不动时指针所指的数值即为该绝缘子的等值盐量值。

(4) 将所测量的盐量值记录在测试表格内，保存备查。

3. 测量要求及注意事项

(1) 等值盐量的测试应取电力线路停电检修时现场拆下的绝缘子或带电更换下的绝缘子进行现场测量，时间最好选择在污秽严重的季节，以确保测量数据的准确性。

(2) 测试绝缘子串的等值盐密时，应取上、中、下绝缘子的混合液，取其平均值。

(3) 测试样品应以当地污秽季节所达到最大积污量为准。

(4) 被测试的绝缘子（也称为样品），在拆、装、运输等环节中要尽量保持绝缘子瓷表面的完整性。并注意样品在拆取前认真记录线路名称及杆号，样品绝缘子在三相中的位置，绝缘子的规格和拆取日期（含试验日期）数据等。

防污型绝缘子也可按上述方法测试，测出的盐密值乘以 2 即为普通绝缘子的等值盐密。

4. 盐密值的测量计算

(1) 单片绝缘子等值盐密测量。从盐量表上读出 100mL 的盐量，查表 12 - 4 直接得出单片绝缘子的等值盐密。但应注意表 12 - 4 中污秽 0 级中：①盐量读数 0～14.5 对应的盐密值为 0～0.3（弱电解质）；②盐量读数 0～29 对应的盐密值为 0.06（弱电解质）。

表 12 - 4 盐量与等值盐密换算表

<table>
<tr><td rowspan="2">项　目</td><td colspan="5">污 秽 等 级</td></tr>
<tr><td>0</td><td>Ⅰ</td><td>Ⅱ</td><td>Ⅲ</td><td>Ⅳ</td></tr>
<tr><td rowspan="2">直读式盐量表读数 /mg/100ml</td><td>0～14.5</td><td rowspan="2">14.5～24.2</td><td rowspan="2">24.2～48.3</td><td rowspan="2">48.3～120</td><td rowspan="2">>120.8</td></tr>
<tr><td>0～29</td></tr>
<tr><td rowspan="2">等值盐密 /mg/cm²</td><td>0～0.3</td><td rowspan="2">0.03～0.05</td><td rowspan="2">0.05～0.10</td><td rowspan="2">0.10～0.25</td><td rowspan="2">>0.25</td></tr>
<tr><td>0～0.06</td></tr>
</table>

(2) 三片绝缘子等值盐密测量。使用 YLB-2 型直读式等值盐量表读取的 100mL 水中的盐量 W' 乘以水量倍数即可求得等值盐量，计算式为

$$W = 3W', W_0 = \frac{W}{A}$$

式中 W'——100mL 水中 NaCl 的含量，mg；

W_0——单片或平均盐密值，mg/cm²；

W——300mL 水中的盐量，mg；

A——一片 X-4.5 型绝缘子的瓷表面积 1450cm²。

一片绝缘子用蒸馏水 300mL 的盐量，取上、中、下 3 片绝缘子，需用水 900mL，水量倍数=900/100=9。以 3 片 X-4.5 型绝缘子混合液平均盐量为例，单片或平均 ESDD 为

$$W_0 = \frac{W'K}{1450B} = \frac{3W'}{3 \times 1450} = \frac{W'}{1450} \tag{12 - 28}$$

式中 K——水量倍数；

B——绝缘子片数。

在污秽季节中，用一段时间内的等值盐密来推算全年的等值盐密，可按下式考虑

$$\text{年归算盐密值} = (120 \sim 200)\text{天} \times \text{实测盐密值} / \text{实际运行天数} \tag{12 - 29}$$

若要确定一测试绝缘子的污秽等级，可将所测得的盐量与表 12-4 中数值进行比较即可确定出相应污秽等级。例如，所测等值盐量为 56.6mg/100mL，该值包括在污秽等级中Ⅲ级中规定数 48.3～120mg/100mL，对应的等值盐密为 0.10～0.25mg/cm，故可确定为Ⅲ级。又如，所测等值盐量为 139.6mg/100mL，此时它大于表中所列值，对应的盐度大于 0.25mg/cm^3，同样可确定为Ⅳ级。

二、电导法

污层的电导率是反映绝缘子表面综合状态（污层的积污量和湿润程度）的一个重要参数，表面综合状态决定了绝缘子的性能。因此可以认为，测量污层导电率是确定现场污秽等级的一个适宜办法。电导法是指用 DDS-11 型和 DDS-114 型电导仪来确定污秽等级的方法。

电导法测试要求及注意事项与等值盐密测量方法基本相同。要求样品在拆、装、运输等工艺环节中要装在特制的木盒内，以保证测试结果准确可靠。10kV（有效值）的电压仅施加两个周波。通过模拟峰值储存器检出 50Hz 泄漏电流。一般每隔 15min，重复测量一次，测量结果记录在磁带上。

（1）清洗绝缘子注意事项：

1）清洗一片普通型（X-4.5）悬式绝缘子，用 300mL 蒸馏水（电导率不超过 10μS），盛入盆中，水量可以分两次使用。用干净的毛刷将瓷件的污秽物全部清洗于水中，将洗下的污秽物全部收集在容器内，毛刷扔浸在污液内，以免毛刷带走污液。将污液充分搅拌，待污液充分溶解后，用电导仪测量污液的电导率，并同时测量污液的温度。

2）清洗一片防污悬式绝缘子的所用的蒸馏水量 Q_A(mL) 为

$$Q_A = \frac{S_F}{X_P} \times 300 \tag{12-30}$$

式中　S_F——防污悬式绝缘子的瓷表面积，cm^2；

X_P——清洗普通（X-4.5）悬式绝缘子表面积，cm^2；

Q_A——防污悬式绝缘子用蒸馏水量，mL。

（2）测量时间要求：

1）若为了划分架空线路的污秽等级。应测全年最大积污量，一般需要根据各地的气候条件来确定；

2）若为了决定闪污等级以指导线路清扫，则应按等值严密的增长速度进行测算来决定测量盐密的时间；

3）如果是为了探索线路清扫日期以掌握积污规律，测试时间可按具体规定全年进行。

（3）温度换算。

1）将在温度 t℃下测得的污液电导率换算 20℃时的值，其换算公式为

$$\sigma_{20} = \sigma_t K_t \tag{12-31}$$

式中　σ_{20}——20℃时污液的电导率，μS/cm；

σ_t——t℃时污液的电导率，μS/cm；

K_t——温度换算系数。

根据换算后的电导率，查出与 20℃标准温度时 300mL 蒸馏水清洗液电导率相对应的含盐量 W，再按式（12-32）算出被测瓷件表面的等值盐密为

$$W_0=\frac{W}{A} \tag{12-32}$$

式中 W_0——被测瓷件表面的等值盐密，mg/cm^2；

W——查得300mL蒸馏水时全部瓷件上总含盐量，mg；

A——被测瓷件表面积，cm^2。

关于被测瓷件表面积，可根据金具手册或由厂家提供的产品说明书确定，也可按实际情况自行计算得出。

若被测瓷件的蒸馏水量是由式（12-30）计算出的，在计算等值盐密时总盐量的计算式为

$$W_t=\frac{WQ}{300} \tag{12-33}$$

式中 W_t——被测瓷件总盐量，mg；

Q——实际用蒸馏水量，mL；

W——总盐量，mg。

按式（12-33）计算出总盐量值后，再按式（12-32）计算出瓷件上的盐密值。等值盐量以表12-4所列数值为准。根据等值盐量除以悬式绝缘子表面积，就得出其等值盐密值，用等值盐密值与表12-4所列数值对比，即可初步确定该线路的污秽等级。

2）污层电导率 K_t（μS）的计算式为

$$K_t=\frac{I}{U}f\left[1-b(t-20)\right] \tag{12-34}$$

式中 I——经湿污流过的电流有效值，mA；

U——施加电压有效值，kV；

f——绝缘子形状因素，计算方法见GB/458.2；

t——绝缘子湿污层表面温度，℃；

b——取决于温度 t 的因素，根据表12-5确定。

表12-5 因素 *b* 的值

t(℃)	5	10	20	30
b	0.031 56	0.028 17	0.022 77	0.019 05

悬浮液的体积电导率 σ_θ(S/m) 和悬浮液温度日 θ(℃) 的关系，可按下式计算，将 σ_θ 校正到20℃时值 σ_{20}，即

$$\sigma_{20}=\sigma_\theta\left[1-b(\theta-20)\right] \tag{12-35}$$

式中 b——取决于温度 t 的因素，见表12-5。

等值附盐密度为

$$W=\frac{W_d V}{A}(mg/cm^2) \tag{12-36}$$

式中 W_d——根据悬浮液电导率查得的悬浮液盐度（mg/cm^3），根据GB/T 4585.2或IEC 5076（1991）、IEC60—1（1989）确定；

V——悬浮液的体积，cm^3；

A——清洗表面的面积，cm^2。

三、最大泄漏电流法

(1) 泄漏电流的特性。沿绝缘子表面流过的泄漏电流是随绝缘子的污秽程度适度增加的，其值可以是几毫安至几百毫安。研究表明，泄漏电流不仅能够全面反映作用电压、气候条件、绝缘子表面污染程度等综合因素的影响，而且临界闪络电流（临闪电流）I_c 与闪络梯度 E_c 有着十分确定的关系。其 E_c—I 关系曲线，在绝缘子表面污秽成分不同，污秽分布均匀、甚至绝缘子串长不等，都能够较好地吻合。即使绝缘子的结构形式不同，E_c—I 关系也无多大差别，其表达式可用幂函数表示，即

$$E_c = AI_c^{-b} \tag{12-37}$$

式中　E_c——闪络电压梯度；

I_c——临界闪络电流；

A、b——常数。

此处 I_c 是临闪前的最大泄漏电流，代表着将要闪络的临界污秽度，所对应的电压也就是运行电压。如果利用泄漏电流作为监测手段，必须选取一个比临闪电流 I_c 低得多的电流 I_p 来代表当地必须报警的污秽度，以便及时采取措施，防止污闪。I_p 应该远小于临闪电流 I_p，同时应该是最大值，但是泄漏电流是脉冲值，是一个忽大忽小的统计量。只好在规定的时间内，在测得的许多电流脉冲中，取其中的最大值来代表当时当地的污秽度，以此来作为报警电流。

(2) 泄漏电流的测量方法。测量泄漏电流用的测试仪器有以下几种。

①磁钢棒。这是结构简单的仪器，它是将磁钢棒插入线圈中测量运行期间流过绝缘子的最大电流。磁钢棒磁化后，取下来用磁针偏转仪测量其磁化程度，然后查有关曲线确定流过磁钢棒的电流值。所以测试结果不直观。

②纸带记录仪。这种仪器理论上可记录泄漏电流连续变化规律，但灵敏度和精度偏低，且由于记录液不能连续供给，若在运行中若无人监视很难应用。

③磁带记录仪。这种仪器对纸带记录仪的缺点进行了改进，使其在无人监视的情况下也能连续记录电流的变化，并可存储及回放，但成本较高。

④线示波器。它是试验室中长期使用的记录设备，灵敏度及测量范围都很适宜。

⑤智能型记录仪。它是最新推出的记录仪，将微电脑技术应用于绝缘子污秽监测中。其重要特点是：数字化记录泄漏电流的变化，自动打印、存储输出泄漏电流的波形及最大值数据，操作简单，根据需要可随时整定报警值。

(3) 等值附盐密度、表面电导率及局部表面电导率以及运行电压下最大泄漏电流之间的关系。用于表征绝缘子污秽程度的参数有等值附盐密度、表面电导率、局部表面电导率、运行电压下最大泄漏电流等。了解这些参数之间的关系，以便准确掌握绝缘子的污秽程度，作出正确的判断。

局部表面电导率 γ 和运行电压下的最大泄漏电流 I_{max} 之间的关系为

$$\gamma = \frac{2I_{max}}{\pi U}\frac{L}{\sqrt{2I_{max}/1.45\pi}} \tag{12-38}$$

式中　γ——局部表面电导率，μS；

L——绝缘子公称爬电距离，m；

π——常数；

I_{max}——运行电压下最大泄漏电流，mA；

U——系统工作线电压，kV。

局部表面电导率 γ 和等值盐密 W_0（mg/cm^3）之间的关系为

$$\gamma = 800W_0 \tag{12-39}$$

式（12-38）和式（12-39）说明，通过局部表面电导率可建立起在正常运行电压下，离污闪较远时，最大泄漏脉冲电流值 I_{max}（即在一定污秽程度且适宜于污闪发生的气象条件下，流过绝缘子的最大泄漏脉冲电流）与等值盐密之间的对应关系。此时测量等值盐密，可避免因大量溶解污物的测量方法所造成的缺陷。由于它是溶液接近饱和程度下测得的，测得的代表了真实的污秽程度。

采用闪络电压梯度 E_c 和闪络前一个周波的泄漏电流的关系式为 $E_c = KI_cb$。由此推出闪络最小梯度 E_{cmin} 和污闪前一周波最小临界电流值。E_{cmin} 计算公式为

$$E_{cmin} = k\frac{U_m}{\sqrt{3}L} \quad [kV(off)/m] \tag{12-40}$$

式中 k——多串并联总体闪络概率增加的因素，k 可取 1 或 1.33；

U_m——系统最高工作线电压，kV；

L——绝缘子爬电距离，m。

最小临闪电流值 I_{cmin}（mA）计算公式为

$$I_{cmin} = \frac{1476L^2}{U_m^2} \tag{12-41}$$

当采用上述几式计算 110kV 各种标准绝缘子（X-4.5 型）的结果与近似公式为

$$I_s = 32\lambda^2 \tag{12-42}$$

式中 I_s——近似信号电流值，信号电流值取最小临闪电流值的一半；

λ——泄漏比距离，cm/kV。

应用于 XW2-4.5 型防污绝缘子，其计算式为

$$I_s = 23\lambda^2 \tag{12-43}$$

12.6 雷电流幅值及接地电阻测试

12.6.1 雷电流幅值测试

一、测量雷电流幅值的基本原理

根据电磁学原理，一根导线通电流 I 时，则在导线周围产生磁场。如果将一根磁钢棒放在导线附近并沿着电流的磁力装设，则电流 I 通过导线时磁钢棒就被磁化。当电流消失后，磁钢棒中有剩磁，剩磁的大小与电流成正比，而与距离成反比。磁钢棒的极性（即 N 或 S）取决于电流方向。因此，只要测量磁钢棒中的剩磁的大小，并考虑距离 r 的大小就可以求得电流 I 的大小。

磁钢棒的剩磁大小可用正切检磁计求得，即把带有剩磁的磁钢棒放进检磁计中，用剩磁的大小来改变检磁计的指南针的偏角。然后利用事先在实验室做出的电流 I 与偏角 α 的关系校正曲线，即可查出电流值。如果检磁计上的指南针按顺时针方向偏转，则表示电流正极性；反之，为负极性。

根据上述原理，把磁钢棒安放在避雷线上就可以测得雷电流通过避雷线是的幅值（最大值）和极性。

二、雷电流的检测

1. 磁钢棒的安装

磁钢棒的一段应涂颜色，然后放入专用支架的小孔内，再把支架安放在避雷线上或塔顶测针上。在塔顶安装的测针约2m长，直径为16mm的圆钢，测针下端应良好接地，支架与杆塔接地部分的距离应不小于0.8m，支架与防振锤的距离不小于0.2m。

为便于判断雷电的极性，装在测针上的磁钢棒，从塔顶向下俯视时，磁钢棒涂色一端一律指向顺时针方向。

安装磁钢棒的支架应牢固可靠，同时支架与测针（或避雷线）应保持垂直，为了防止磁钢棒周围有铁磁物质，影响磁场强度，固定支架和封堵磁棒的绑线用钢绑线。另外，在同一测量地点，应采用同一厂家同一型号的磁钢棒，并用同一 α—I 曲线和同尺寸的支架。

2. 雷电流的检测

当已知某杆塔被雷击后，应将杆塔前后及其相邻前后各两基杆塔上的支架及磁钢棒取回并检测。同时装上新的支架及磁钢棒。对于没有发现雷击的杆塔，每年雷季过后也应将磁钢棒及支架取回检磁，换上新的磁钢棒和支架。

检测雷电流的幅值及其极性，使用正切检磁计，其上部是一个专用的指南针，下部是有几个小圆孔（A、B、C、D）的基座。圆孔方向与指南针垂直，指针的方向是地磁场 H_d 的方向。测量前转动基座使指针与0°重合，然后将由塔上拆回的磁钢棒放进A、B、C、D，这时磁钢棒的剩磁 H_0 方向与 H_d 的方向垂直，两者的合成磁场为 H_x。在 H_x 的作用下，指针偏转角度 α 由 $\tan\alpha=H_0/H_x$ 得出，从而由 α—I 曲线图便查得电流 I 值，该电流即为雷电流幅值。当指针偏转时，若指针的S端偏离磁钢棒涂色端，根据同性相斥的原理，可知涂色端是S极；若指针S端向涂色端转，则说明涂色端是N极。因为安装支架对磁钢棒的涂色端是按顺时针方向放置的，而今又知道涂色端的极性，则根据右手定则可以知道雷电的极性。从一基或两基杆塔上各磁钢棒雷电流幅值可分析出雷击点，即雷击点处的磁钢棒剩磁大，雷电流幅值也大。当雷电流的方向指向雷击点时，则说明雷云是负电荷的，反之则说明雷云是带正电荷的。

3. 磁钢棒测量的注意事项

（1）用正切检磁针检测时，应选择周围及地下没有铁磁物体及电流的空旷地点；

（2）最好面向南将检磁计放在面前的平面上，转动刻度盘使指针与0°重合；

（3）在检测过程中，检磁计周围及其安放桌面的抽屉内不应堆放磁物或磁钢棒；

（4）如指针摆动快而频繁，应拧开注油螺栓，注入干净的煤油，以阻尼其摆动速度；

（5）每个被测的磁钢棒，均应分别在A、B、C、D孔内各测一次，取 $\alpha=40\sim50$ 范围内相应孔的数值，以防止出现较大误差；

（6）由于各地区的地磁场强度不同，检测计的构造不同以及磁钢棒的制造配方不同等因素，所以应当使用同型号的磁棒及检磁计在本地区测得的 α—I 曲线，即 α—I 曲线不能全国通用，也不能将任何型号的磁钢棒、检磁针和支架等通用。

12.6.2 接地电阻测试

接地装置的接地电阻值，直接影响线路的耐雷水平和人身安全。安装接地装置的目的是：导泄雷电流入地，以保持线路有一定的耐雷水平。因此，应尽可能将接地体埋设在土壤电阻率低的土层内。

测量接地电阻的仪器有很多，如ZC系列仪表、MC系列仪表、L型比率计。测量方法有电桥法和电压电流表法。依准确度而言，电桥法最为精确；电压电流法需计算才能得出结果。ZC、MC系列仪表均可直接读出测量结果。各种测量方法的原理基本相同，以下仅以ZC仪表为例介绍接地电阻的测量方法。

1. 接地电阻测量的接线

接地电阻测量仪表，最常用的是国产ZC-8型、ZC-7型接地电阻测试仪（接地摇表），以及国外进口的MC-07型（前苏联）、L-9型（日本）接地电阻测量仪。测量时将接线端子与接地装置点连接，距接地装置被测点为Y处打一钢棒（电压极）并与接地端子连接，再距点为Z处打一钢棒B（电流极）并与接地端子连接。电压极和电流极的布置距离分别满足：Y≥2.5L，Z≥4L，L为放射型接地体长度。一般取Y=80m，Z=120m。

2. 接地电阻测量的要求

（1）测量前应掌握被测杆塔接地装置的施工资料，熟悉被测杆塔接地装置的情况。

（2）由于架空线跨山越岭，用于测量杆塔接地电阻的仪表要求体积小，重量轻，携带方便，以适应于野外作业；同时，精度应能满足工程需要。

（3）选择好仪表后，测量接线形式的布置是关键。注意测量线的布线方向不能与架空高压线路平行，应尽可能与线路垂直，避免电磁干扰。

（4）布线尽量不要与附近的河道、湖塘、地下金属管道平行，以防旁路。

（5）测量用的电流线与电压线极间的平行间距不能过小，至少在5～10m以上。且截面积一般不应小于1～1.5mm^2。

（6）采用直线型布线，应取电流接地棒到杆塔塔脚距离为4L，电压极接地棒到杆塔塔脚距离为2.5L。L为接地体最长射线长度。

（7）测量时要将人工接地装置与杆塔联接卸开，否则，通过避雷线应将全线杆塔接地电阻并联在一起。

（8）对于被测量的射线长度大，根数多的杆塔接地装置，d_{13}切忌偏小，否则无意义。

（9）直线型布线，在土壤电阻率均匀的条件下，可取$d_{12}=0.168d_{13}$。

3. 土壤电阻率的测量

土壤电阻率是指单位立方米土壤的电阻，以单位Ω·m或Ω·cm表示。接地电阻的大小与土壤电阻率有很大的关系。土壤电阻率测量方法有三极法和四极法。

用三极法测量时，接地体附近的土壤起决定性作用。用此法测出的土壤电阻率主要反映接地体附近土壤情况，必要时要多选几个测点。

四级法测得的土壤电阻率反映的范围与电极间距离a有关。即随深度的增大而增大，较小时所得土壤电阻率仅为大地表层的电阻率，测量时应选3～4点操作，取多次测量数值的平均值作为测量值。

四极法测量土壤电阻率的接线如图12-6所示。测量时用四根均匀的直径为1.0～1.5cm、长0.5cm的圆钢作电极，埋深h为0.1～0.15m，电极间距离a保持为埋深h的20倍，即a为2～3m，被测土壤电阻率计算式为

$$\rho = 2\pi aR \tag{12-44}$$

式中　ρ——被测的土壤电阻率，Ω·m；

　　R——所测的电阻值，Ω；

　　a——电极间距离，m，一般取 $a=4\sim7$m。

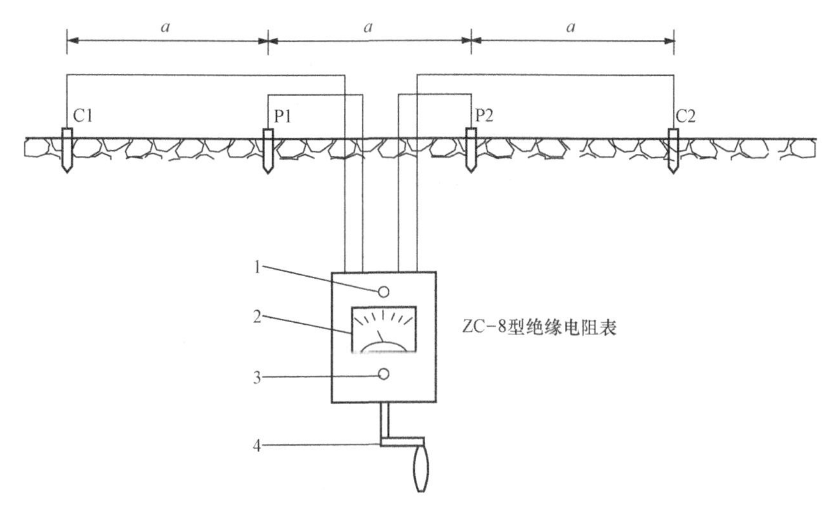

图 12-6　土壤电阻率测量示意图

1—指针调零旋钮；2—检流计；3—倍率及电阻值旋钮；4—摇柄

测量电极埋深 $h=a/20$，电极可用 ϕ10mm 的钢棒。测量时应选 3～4 点进行测量，取多次测量数值的平均值作为测量值。这里应指出，上述方法测量的土壤电阻率不一定是一年中的最大值，土壤电阻率与季节、天气等有关，应按下式（12-4）进行校正，即

$$\rho = k\rho_0 \qquad (12-45)$$

式中　ρ_0——设计所应用的土壤电阻率 Ω·m；

　　k——考虑季节及土壤的季节干燥系数，见表 12-6，测量时大地比较干燥则取表中的较小值，反之取较大值。

表 12-6　　季节系数 k 值

埋深/m	k 值	
	水平接地	2～3m 的垂直接地体
0.5 以下	1.4～1.8	1.2～1.4
0.8～1.0	1.25～1.45	1.15～1.3
2.5～3.0	1.0～1.1	1.0～1.1

第13章　架空输电线路检修及抢修

13.1　概　　述

13.1.1　架空输电线路检修及抢修的概念

检修也称维修，指对线路在正常巡视及各种检查中所发现的缺陷进行的处理，如更换老化、损坏的元件，修理破损的和有缺陷的零部件，使其恢复正常水平的正规预防性维修。其目的是在消除事故隐患和异常情况，保证设备处于完好的状态，从而实现安全运行的工作。事故检修是由于自然灾害（如地震、洪水、风暴及外力的袭击）使输电线路发生倒杆、断线、金具或绝缘子脱扣等事故，为保证线路尽快恢复供电，不能坚持到下一次检修，而被迫停电抢修的工作。这种抢修工作也被称之临修。

13.1.2　架空输电线路检修分类

输电线路的检修即输电线路断维护，是在有关运行规程规定的要求和周期原则指导下进行的维护检护检修工作。其一般包括常规检修、带电检修两大类，统称输电线路检修。

一、常规检修

架空线路的常规检修包括小修（也称日常维修）、大修、改进工程和事故抢修。检修工作的项目和内容由定期巡视检测（或预防性试验）的结果确定。

（1）小修。为了维持输、配电线路及附属设备的安全运行和必须的供电可靠性而进行的工作，也除大修、改建工程、事故抢修以外的一切维护工作。例如定期清扫绝缘子和并沟线夹紧螺栓、铁塔刷漆、杆塔螺栓紧固、金属基础防腐处理、木杆根削腐涂油、混凝土杆内排水、钢圈除锈、杆塔倾斜扶正及防护区伐树砍竹、巡线道桥的修补等。大部分的小修作业都不需停电进行。

（2）大修。其主要任务是对现有运行线路进行修复，或使线路保证原有的机械性能或电气性能和标准，并延长使用寿命而进行的检修工作。大修的主要包括以下内容：①更换或补强杆塔；②更换补修导线、架空地线并调整其弧垂；③为了加强绝缘子水平而增加绝缘子或更换防污型绝缘子；④改善接地装置；⑤加固杆塔基础；⑥更换或增设导线、地线防振装置；⑦处理不合格的交叉跨越段，根据防汛等反事效措施要求调整杆塔位置等。

（3）改进工程。凡属提高线路安全运行性能，提高线路输送容量，改善劳动条件，而对线路进行改进或拆除的检修工作均属改进工程。改进工程包括：①更换大容导线及进行升、降压改造；②增建或改建部分线路等。

（4）事故抢修。这是指计划外的检修工作。抢修工作通常由组织好的事故抢修队伍接收命令后完成。

事故抢修也属于维修工作，但事故抢修考虑的关键是想尽一切办法迅速恢复供电，但一定得注意抢修质量必须符合标准。

二、带电检修

为减少因检修造成用户停电，而进行的带电检修作业。带电作业法有间接作业法、等电位作业法和中间电位作业法三种。带电作业项目包括：带电水冲洗及更换绝缘子，绝缘子等值盐密度测试验，补修导线，接入或拆除空载线段，调整导线弧垂，更换腐蚀架空地线，带电加高杆塔，更换杆塔、导线等。

13.1.3　电力线路检修及抢修工作的组织措施

线路检修工作的组织措施，包括制定计划、检修设计，准备材料及工具，组织施工及竣工验收等。

一、制定计划

检修计划一般在每年的第三季度进行编制。编制的依据，除按上级有关指示及按大修周期确定的工程外，主要依靠运行人员提供的资料来编制计划，并根据检修工作量的大小、轻重缓急、检修能力、运输条件、检修材料及工具等因素综合考虑，制定出切实可行的检修计划，报主管部门审批。

二、检修设计

1. 检修设计的主要内容

（1）杆塔结构变动情况的图纸。

（2）杆塔及导线限距的计算数字。

（3）杆塔及导线受力校验。

（4）检修施工方案的比较。

（5）需要加工的器材及工具的加工图纸。

（6）检修施工达到的预期目的及效果。

2. 检修设计依据

线路检修工作是一项复杂而仔细的工作，必须进行检修设计。即使是事故抢修，在时间允许的条件下，也要进行检修设计。只有当现场情况不明的事故抢修，而时间又极其紧迫需马上到现场处理的检修工作，才可不进行检修设计，但也应由有经验的、工作多年的检修人员到现场决定抢修方案，指挥检修工作。检修工作完成后，还应补画有关的图纸资料，转交运行单位。每年的检修工作计划，经上级批准后，设计人员即按检修项目进行检修设计。

检修设计的依据是：①缺陷记录资料；②运行测试结果；③反事故技术措施；④采用的新技术和新方法；⑤上级颁发的有关技术指标。

三、准备材料及工具

线路检修前，应根据检修工作计划的检修项目和材料工器具计划表，准备必要的材料和备品。此外，还应作好检修工作的现场准备。

四、组织施工

根据施工现场情况及工作需要组织好施工队伍，明确施工检修项目、检修内容。制定检修工作的技术组织措施，采用成熟的先进施工方法，施工中在保证质量的基础上提高施工效率，节约原材料并努力缩短工期或工时。制定安全施工措施，并应明确现场施工中各项工作的安全注意事项，以确保施工安全。

五、竣工验收

线路的检修或施工在竣工后或部分竣工后，要进行总的质量检查和验收，然后将有关竣工后的图纸转交运行单位。验收时，要由施工负责人会同有关人员进行竣工验收。对不符合施工质量要求的项目要及时返修，以保证其检修质量。

检修工程的竣工验收工作是一项确保检修质量的关键工作。检修部门或施工单位应贯彻执行三级检查验收制度，即自我验收、班组检查验收、部门检查验收。根据线路施工、检修的特点一般验收可分下面三个程序检查：

（1）隐蔽部分验收检查。隐蔽部分指竣工后难以检查的工程项目，其完成后所进行的验收即称为隐蔽工程验收。

（2）中间验收检查。这是指施工和检修中完成一个或数个施工部分后进行的检查验收。

（3）竣工验收检查。这是指工程全部或其中一部分施工工序已全部结束而进行的验收检查。关于线路施工、检修验收程序及检查要求，请参看《架空电力线路施工及验收规范》的规定，此处限于篇幅，不作列举。

13.2　检修周期及安全技术

13.2.1　电力线路的维护项目、运行标准和周期

电力线路的维护项目、运行标准和周期，应按照线路元件的运行状态及巡视和测量的结果确定。其标准项目及周期参见附录B。

13.2.2　输电线路检修安全要求

线路的检修工作大多在运行线路已经停电情况下进行，多为高空作业。高空作业往往因作业人员的失误，而造成高空坠落及触电事故。另外，输电线路在检修过程中会因线路杆塔强度降低及导线磨损等而造成人身伤害事故。所以，线路检修的安全措施是一个不可忽视的极其重要的内容。在进行线路各项检修工作中，应注意以下安全要求，以便保证检修工作的顺利进行和人身及设备的安全。

一、断开电源和验电

对于停电检修的电力线路，首先必须切断电源。对于配电系统还要注意防止环形供电、低压侧用户备用电源的反送电和高压线路对低压线路的感应电压。为此，对检修的线路必须用合格的验电器，在停电线路上进行验电，以确保待检修线路确实是停电线路。检验电气设备、导线上是否有电的专用安全用具是验电器，这种验电器分高压、低压两种。GHY型高压验电器是利用带电导体尖端放电产生的电风驱动指示叶片旋转来确定是否有电。GHY型高压验电器具有直观、明显和易于识别、判断的优点。除GHY型高压验电器外，常用的还有发光型高压验电器和声光型直压验电器。

GHY型验电器共有3种型号，适用于不同的电压等级。低压验电器又称验电笔，是用于检验低电气设备和低压线路是否带电的一种安全用具，只能在100～500V范围内的设备上使用。

对于330kV以上的线路，在没有相应电压等级的专用验电器的情况下，可用合格的绝缘杆或专用绝缘绳验电。验电时，绝缘棒的验电部分逐渐接近导线，听其有无放电声。有放电声则表明线路有电，否则线路无电。验电时应注意逐相进行，并戴绝缘手套操作，同时派专人监护。对同杆塔架设的多层电力线路进行验电时，先验低压线，后验高压线，先验下层导线，后验上层导线。

输电线路停电维修，必须严格执行有关输电线路停电工作的规定。

二、挂接地线

经过验电器证明线路上无电压时，即可在工作地段的两端或有可能来电的分支线上，使

用具有足够截面（不小于25mm²）的专用接地线将线路三相导线短路接地。若有感应电压反映在停电线路上时，应加挂地线，以确保检修人员的安全。

携带型接地线由专用线夹、多股软铜线接、绝缘棒和接地电阻组成。专用线夹用于接地与导线连接，并要求接触良好。为了保证在短路电流的短时作用下不至烧断，接地线必须使用软铜线，而接地线的接地端则要用金属棒做临时接地，金属棒直径应不小于10mm，打入深度不小于0.6m。

接地地线和拆地线的步骤：挂接地线时，先接好接地端；然后再接导线端；拆接地线的顺序与挂接地线的顺序相反。接地线的连接要可靠，不得缠绕，同时注意以下两点：①若在同一杆塔的低压线和高压线均应接地时，则先接低压线，后接高压线；②若同杆塔的两层高压线均须接地时，应先接下层，后接上层。

用铁塔或混凝土杆塔横担接地时，允许各相分别接地，但必须保证铁塔与接地线连接部分接触良好。

挂、拆接地线时，应有专人监护，且工作人员应使用绝缘棒或绝缘手套，人体不得触碰接地线。恢复送电之前（检修完毕后）必须查明所有工作人员及材料工具等，确实已全部从杆塔、导线及绝缘子上撤下，并拆除接地线后，检修人员不得再登杆进行任何工作。在清点接地线组数无误并按有关交接规定作好交接后，可向调度汇报，联系恢复送电，严禁约时送电。对有绝缘避雷线的线路，也必须挂接地线。

三、登杆检修及注意事项

(1) 在双回路并架的线路或变电所、发电厂进出线走廊及多回线路地段内检修时，最容易出现误登杆塔的情况。要求在检修线路每一基杆塔时，要有专人监护，每次登杆之前必须判定线路名称和杆塔号，并确认线路已停电并挂好接地线后，在专人监护下才能登杆塔。当绕过河流或树林离开线路较远再回到线路上时，更应仔细辨认线路名称和杆塔号。

(2) 对导线特殊排列的杆塔，进行每一相检修工作时，都必须与杆下监护人相呼应，取得联系。

(3) 登杆之前先检查杆根牢固情况，新换的电杆应待基础及拉线安装牢固后方可登杆。

(4) 如检修工作是松开导线、避雷线或更换拉线时，应将电杆打好临时拉线。

(5) 登带有脚钉的杆塔时，应注意脚钉固定是否牢固，可先用手搬动脚钉，证实牢固后再登塔。

(6) 更换绝缘子金具等需将导线、避雷线脱离线夹时，宜在杆塔上绑挂放线滑车，将导线暂时放在放线滑车内，避免导线拖地或与杆塔相碰磨损导线。

(7) 拆除导线、避雷线之前，应先将其划印，以便线夹握住原位置，避免邻档导线弧垂改变造成导线对地距离过小。

(8) 用火花间隙法检测零值或劣质绝缘子时，应自横担侧开始逐片检测。如果发现零值和劣质绝缘子总和接近每串绝缘子数的1/3时，应停止检测，以免绝缘子串闪络放电。

(9) 检查铁塔基础时，在不影响铁塔稳定的情况下，可在对角线的两个基础同时挖开检查，检查电杆和拉线基础时，应安装临时拉线后方可挖土检查。

(10) 利用旧杆起立新杆时，或拆除导线和避雷线之前，应检查杆根是否牢固，否则应安装临时拉线。

(11) 利用飞车检修导线间隔或接头时，应先验算飞车与交叉跨越物对地的安全距离是否满足要求。一般飞车与通信线的距离不小于1.0m，与电力线路的最小垂直距离不小于表13-1的危险距离，与地的距离不宜低于3.0m。

（12）在市区、交通路口、居民来往频繁的地区进行线路检修工作时，应设专人监护。除工作人员外，所有人员应远离电杆1.2倍杆高的距离。

（13）在砍伐树木和剪枝工作中，应用绳索或撑杆将树枝脱离导线和配电设备，不得砸撞导线和配电设备。

（14）当需在带电杆塔上刷油漆、除鸟窝、紧杆塔螺丝、检查避雷线、查看金具绝缘子时，检修人员活动范围及其所携带工具、材料等与带电导线的最小距离不小于表13-2的规定。

（15）停电检修的线路与另一线路邻近或交叉的安全距离，应符合表13-1的规定。

表13-1 邻近或交叉电力线路的安全距离

电压等级/kV	10及以下	35	60～110	220	330	500
安全距离/m	1.0	2.5	3.0	4.0	5.0	6.0 8.5（低压线）

表13-2 在带电线路杆塔上工作的安全距离

电压等级/kV	≤10	20～35	44	60～100	154	220	330	500
安全距离/m	0.70	1.00	1.20	1.50	2.00	3.00	4.00	6.2 8.5（低压线）

（16）双回路杆上吊物体的应使用无极绳并不使其飘荡或用绝缘绳索。

（17）停电登杆检查项目有如下内容：

1）检查导线、避雷线悬挂点、各部螺栓是否松扣或脱落；

2）绝缘子串开口销子、弹簧销子是否齐全完好；

3）绝缘子有无歪斜、裂纹或硬伤等痕迹，针式绝缘子的芯棒有无弯曲；

4）防振锤有无歪斜、移位或磨损导线；

5）护线条卡有无松动或磨损导线；

6）检查绝缘子串的连接金具有无锈蚀、是否完好；

7）瓷横担、针式绝缘子及用绑线固定的导线是否完好可靠。

13.2.3 电力线路检修规定

一、铁塔和铁塔横担检修

在铁塔大修及刷油漆时，须将铁塔全部螺栓检查并复紧一次。当铁塔构件锈蚀超过其剖面面积30%以上，或因其他原因损坏降低了机械强度，应更换或用镶接板补强。在不影响构件运行的情况下补强一般采用焊接，当不能焊接时，则可用螺栓连接。所有未镀锌的零部件及油漆脱落和锈蚀处都应清除铁锈，补刷油漆。所刷油漆应符合下列要求：①刷漆前，铁件上铁锈及旧油漆应彻底清除；②涂刷的油漆要均匀，不起泡、不堆起；③刷油漆应在白天进行，受潮未干部分不得刷油漆；④0℃以下及35℃以上天气不得进行刷油漆工作。

二、水泥杆的检修

对于用钢圈连接的水泥杆，焊接时应遵守下列规定：①钢圈焊口上的油脂、铁锈、泥垢等污物应清除干净；②钢圈应对齐，中间留有2～5mm的焊开间隙，如钢圈有偏心现象时，应将钢圈找正；③焊口符合要求后，先点焊3～4处，点焊长度为20～50cm，然后再行施焊，所用焊条应与正式焊接用焊条相同；④电杆焊接必须由持有合格证的焊工操作；⑤在雪、大风天气中只有采取妥善防护措施后方可施焊，如在气温低于－20℃时焊接，应采取预热措施（预热温度为100～120℃），焊后应使温度缓慢下降；⑥钢圈焊接后的焊接缝尺寸应符合表13-3规定，当钢圈厚度为6mm及以上时应采用多层焊接，焊缝中严禁堵塞焊条或其他金属，且不得有严重的气孔咬边等缺陷；⑦焊完的水泥杆其弯曲度不得超过杆长2/1000，如弯曲度超过此规定时，必须割断调直后重焊；⑧接头焊好后，应根据天气情况，加以遮盖，以免接头未冷却时突然受雨淋而变形；⑨钢圈焊接完毕须将熔渣去掉，并在整个钢箍外露部分，涂防锈漆；⑩施焊完成并检查后，应在规定的位置打上有焊工代号的钢印。

表13-3 钢圈焊接焊缝尺寸/mm

钢圈厚度	焊缝高度	焊缝宽度
6	1.5	11～13
8	2.0	14～18
10	2.5	18～21

13.3 导线、避雷线的检修

13.3.1 导线、避雷线损伤的处理标准

下面介绍GB 233—1990《110～500kV架空线路施工及验收规范》（以下简称《验收规范》）第7.1.4条～第7.1.7中有关导线、避雷线损伤处理标准的规定。

一、导线在同一处的损伤处理标准

导线在同一处的损伤同时符合以下情况时可不作补修，只将损伤处棱角与毛刺用0号砂纸磨光即可：

(1) 铝或铝合金单股损伤深度小于直径的1/2；

(2) 钢芯铝绞线及钢芯铝合金绞线损伤截面为导电部分截面的5%及以下，且强度损失小于4%；

(3) 单金属绞线损伤截面积为4%及以下。

二、导线在同一处损伤需要补修的标准

导线在同一处损伤需要补修的标准，见第6章相应的规定。

三、导线损伤采用缠绕处理标准

采用缠绕处理时应符合下列规定：

(1) 将受伤处处理平整；

(2) 缠绕材料应为铝单丝，缠绕应紧密，其中心应位于损伤最严重处，并应将受伤部分全部覆盖。其长度不得小于100mm。

四、采用补修预绞丝处理的标准

用补修预绞丝处理时应符合以下规定：

(1) 将受伤处线股处理平整；

(2) 补修预绞丝长度不得小于3个节距，或符合GB/T 2314—2008《电力金具通用技术条件》中预绞丝的规定；

(3) 补修预绞丝应与导线接触紧密，其中心应位于损伤最严重处，并应将损伤部位全部

覆盖。

五、采用补修管补修的标准

采用补修管补修时应符合下列规定：

(1) 将损伤处的线股先恢复原绞制状态；

(2) 补修管的中心应位于损伤最严重处，需补修的范围应位于管内 20mm 内；

(3) 补修管可采用液压或爆压，其操作必须符合《验收规范》中的有关规定。

六、导线在同一处损伤需采用割断重接处理标准

导线在同一处损伤符合下述情况之一时，必须将损伤部分全部割去，重新以接续管连接：

(1) 导线损失的强度或损伤的截面积超过《验收规范》中的采用补修管补修的规定时；

(2) 导线损伤的截面积或损失的强度都没有超过《验收规范》中以补修管补修的规定，但其损伤长度已超过补修管的补修范围；

(3) 复合材料的导线钢芯有断股；

(4) 金钩、破股已使钢芯或内护层铝股形成无法修复的永久变形。

13.3.2 导线、避雷线的连接方法

一、导线、避雷线连接的一般要求

导地线连接接头的质量对保证线路的可靠运行，确保供电安全，有着极其重要的意义。导、地线连接的一般要求，操作时要按照有关规程、规范执行。对于 110～500kV 架空电力线路导线或避雷线连接的一般要求，应符合《验收规范》中的规定，此处限于篇幅，不予介绍。

二、导、地线的连接方法

导线通过直线管的连接、导线与耐张线夹的连接及导线和跳线连接管的连接等，均称之为导线的连接。此外，因导线损伤、修补（没有断开）所进行的连接处理，也称之为导线连接。

导线的连接按其所用的工具和作业方式分为钳压连接、液压连接和爆压连接。避雷线（钢绞线）的连接，一般采用液压连接或爆炸压接两种方法。

(1) 钳压连接，是指用钳压型连接管、钳压设备与导、地线进行直接接续的压接操作。适用于 LJ-16～LJ-185 型铝线和 LGJ-10～LGJ-185 型钢芯铝绞线的连接。

下面介绍钳压连接的压口位置及操作顺序。钳压的每模压下后应停 20～30s 后才能松取压力，钳压最后一模必须位于导线切端的一侧，以免线股松散。钳压管口数及压后尺寸的数值必须符合《验收规范》中的规定。压后尺寸允许偏差应为±0.5mm。

(2) 液压连接，是指使用液压机和钢模将导线的接续管或耐张线夹进行压接的一种方法。其压接主要工序为：用汽油清洗导线、地线、接续管，划印割线，穿管。液压连接与钳压连接一样适用于镀锌钢绞线和 LGJ-240 型以上的钢芯铝绞线。采用液压导、地线的接续管、耐张线夹及补管修等连接时，必须符合 SDJ 226—1987《架空输电线路导线及避雷线液压施工工艺规程》规定。各种液压管压接后对边距 S 的允许最大值的计算式为

$$S = 0.866 + 0.993D + 0.2 \quad (13-1)$$

式中 D——管外径，mm；

S——对边距，mm。

但 3 个对边距只允许一个达到最大值，超过规定时应查明原因，割断重接。

（3）爆压连接，简称爆压法，其原理是：在直线接续管、耐张线夹、补修管的外壁沿其轴线方向敷（缠）炸药，利用炸药爆炸反应的瞬间所产生的巨大爆炸压强（数万大气压），在数十毫秒的时间内，迫使压接管产生塑性变形，将管内的架空线握紧，爆炸反应结束时全管表面压接随之完成，达到连接的目的。爆压常用太乳炸药或普通导爆索施传压媒介，这种压接方式适用于所有钢芯铝线和钢绞线。

为了保证导线、地线干燥，避免由于导线、地线潮湿或积水使爆压后出现鼓包，降低连接处的机械强度，雨天不得进行爆压连接操作。

采用爆压连接所用的接续管、耐张线夹及补修管，必须与所连接的导线或避雷线相适应，爆压后的质量必须符合国家现行标准的规定。

13.3.3　导线的修补

根据《验收规范》的规定，在一个捻距内钢芯铝绞线断股、损伤总截面占铝股面积的 7%～25%时，可以用补修管补修。修补管是由铝制的大半圆管组成。补修时将导线套入大半圆管中，再把小圆管插入后用液压机（所用钢模即为相同规格的导线连接的导线连接管钢模）压紧，或缠绕一层导爆索进行爆压。用预绞式补修条（或称补修预绞丝）也可补修被损伤的导线。预绞式补修条是由铝镁硅合金制成的，对 LGJ-35-400、LGQ-300-500 型钢芯铝绞线均适用。方法是将导线清洗干净后涂一层 801 电力脂（或中性凡士林），再用钢丝刷子清除氧化膜，用手沿着导线的扭绞方向一根一根地缠绕在导线上。导线损伤补修处理标准应符合《验收规范》第 7.1.5 条的规定。

13.3.4　局部换线

局部换线是指当导线损伤长度超过一个补修管的长度或损伤严重，已不可能采用补修管补修时，将导线损伤部位锯断后重接的方法。按照导线损伤的部位不同，可以分为更换耐张杆侧的导线及更换档中的导线两种不同的施工方案。

一、耐张塔上导线的局部换线方法

如果操作部位靠近耐张杆塔，可将旧导线锯断，局部换线，其施工程序如下。

（1）打临时拉线。如图 13-1 所示，首先把相邻耐张杆塔上打临时拉线 1；再在耐张杆塔上挂一紧线滑车 3，牵引绳 2 通过紧线滑车将导线卡住，并在耐张杆塔上打好临时拉线；紧接着塔上操作人员在塔上将引流线 7 拆开。

（2）松落导线。用牵引绳 2 将导线拉紧，使得耐张绝缘子串 6 承松弛状态，摘下横担悬挂处的连接销子，从横担上拆下绝缘子串并绑在牵引绳上，慢慢放松牵引绳使耐张绝缘子串同导线缓缓落地。

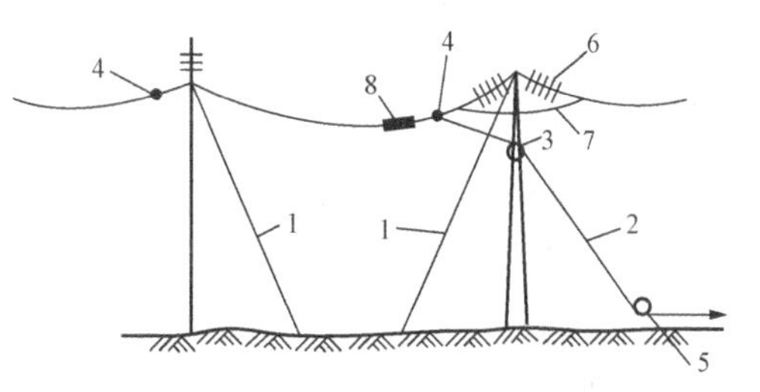

图 13-1　更换耐张杆塔侧导线
1—临时拉线；2—牵引绳；3—紧线滑车；4—卡线器；5—地锚；6—耐张绝缘子串；7—导线牵引线；8—导线接头

（3）换新导线。锯断损伤导线并将一段新导线的一端与旧导线连接好，新导线的长度应等于换去的旧导线长度（注意留有一定的连接用的长度）。在将新导线的另一端与耐张线夹连接好后，拉紧牵引绳将导线连同耐张绝缘子串一起吊上杆塔，当耐张绝缘子串接近横担时，再稍微拉紧牵引绳以便杆塔上的安装人员在杆塔上较顺利地将耐张绝缘子串挂在杆塔横担上，同时接好导线的引流线。

(4) 完成上述工作后，就可拆除临时拉线和牵引绳等设备，换线工作结束。

二、更换直线杆塔档距中导线

当损伤部位在直线杆塔的档距中，导线切断后需要换一段新导线，这时将出现两个导线接头。根据规程规定，一档内只允许有一个接头。此时的换线施工方法可按以下程序进行。

(1) 首先在损伤导线位置两侧的 1 号直线杆，3 号直线杆上将拟换线的导线打好临时拉线 2，如图 13-2 所示。

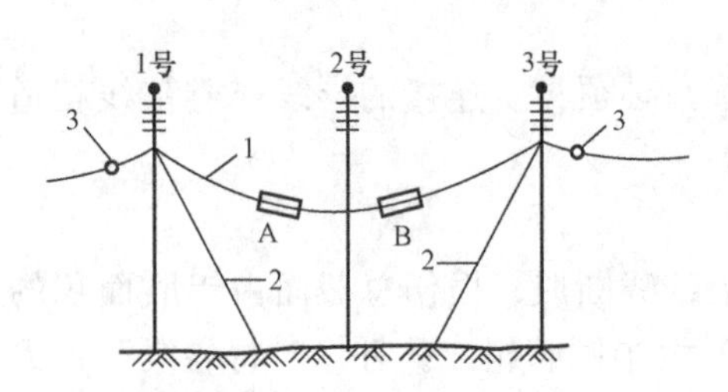

图 13-2 更换直线杆档中导线
1—导线；2—临时拉线；3—卡线器

(2) 将 2 号杆塔上的导线从悬垂线夹中拆除，并回落到地面上。再从导线损伤处 A 和距离 2 号杆塔 15m 左右 B 处将导线分别切断，换上与所切导线等长的新导线，并应考虑两端连接时所需要的长度，连接好新旧导线。

(3) 作好导线升空准备。

(4) 提升导线并挂在 2 号杆塔的悬垂线夹（注意控制绝缘子串保持垂直状态）内，最后拆除拉线完成局部换线作业。

13.3.5 运行线路更换新线的检修施工

运行线路更换新线的检测与上述局部换线差别较大。它是线路检修工作中的改建工程，有两大类的施工程序：拆除旧导线和更换新导线。

一、拆除旧导线

拆除旧导线的施工程序为：搭设跨越架—悬挂放线滑车—在耐张杆塔上打临时拉线—拆旧导线—放线滑车回收—回收旧导线。

1. 搭设跨越架

当运行线路通过公路、铁路或与输电线路、通信线路等交叉跨越时，在对其运行线路进行换线时，为了不影响被交叉跨越线路的正常运行，必须在被跨越处搭设各种不同型式的跨越架，以便导线、避雷线从其上面通过，防止电力线触及被跨越物、行人、车辆及带电线路等。

(1) 跨越架的基本形式。跨越架也称越线架，有如下一些基本形式。

1) 单面单片，只在被跨越物的一侧搭设一片单架，常用于要求宽度不大，高度较低的被跨线路，如广播线路、一般通信线路、低压配电线路或乡村公路等。

2) 双面单片，主要用于跨越一般公路、通信线路、低压电力线路等，在被跨越物的两侧各搭设两片单架，并在架顶作封顶的跨越架。

3) 双面双片，多用于被跨物为铁路、主要公路、高压电力线、重要通信线路等重要目标。为了提高跨越架在搭设及使用过程中的稳定性和承载能力，在被跨越物两侧各搭设两片单架，并联而成的立体结构，称之为双面双片跨越架。

跨越架可用杉篙、毛竹等材料搭设，大型跨越架可采用钢或角钢桁架结构。跨越架应有足够的安全强度，一般来说跨越架的两侧都应装有拉线或撑杆补强。

电力建设研究所为了满足带电线路跨越施工的需要，还专门研制了用于 220kV 及以下带电线路的跨越架。该型跨越架的主要技术参数为：允许水平负荷为 20kN，垂直负荷为

15kN，跨越距离为30～60m，封顶高度为8～30m，封顶宽度为5m，自重为6.5t。

(2) 搭设跨越架的要求。施工线路相间距离较小时，可将三相连成一体搭设跨越架。但500kV线路，因相间定在边相与地线的等分线上，跨越架的计算如下。

500kV线路的中相跨越架的宽度L_1为

$$L_1 = \frac{4}{\sin\theta} \tag{13-2}$$

500kV线路的边相跨越架的宽度L_2为

$$L_2 = \frac{A+4}{\sin\theta} \tag{13-3}$$

式中 θ——施工线路与被跨越物的交叉角，°；

A——边相与地线横线路方向的水平距离，m。

式(13-3)也适用于500kV以下线路搭设跨越架的跨越宽度计算，这时A为输电线路两边相导线间的距离。

500kV线路跨越架的跨度（前后两主排架之间的水平距离）W为

$$W = W_1 = 2(X_1 + X_2) \tag{13-4}$$

式中 W_1——铁路、公路的宽度，电力线、通信线两边线距离，m；

X_1——跨越架与被跨越物之间的最小距离，m；

X_2——通信线、电力线风偏距离，m，对一般档距的110kV线路取0.5m，对大档距的110kV线路及220kV线路取1m。

500kV线路跨越架的高度H为

$$H = h + h_1 + h_2 \tag{13-5}$$

式中 h——跨越物的高度，m；

h_1——跨越架顶最低点与被跨越物之间的最小垂直距离，m；

h_2——高度裕度，m，对没封顶的跨越架，当跨越架跨度小于5m时取0.5m，当跨度大于5m时取跨度的10%。

(3) 跨越架与被跨越铁路、公路、通信线或低压线的最小安全距离与电力线路的最小安全距离见附录B。

(4) 当跨越架高于15m，原则上由设计部门确定设计方案后方可施工。

综上所述，搭设跨越架时除严格执行上述规定外，还必须做到：①保证被跨越物不被破坏，不降低使用寿命和使用性能，不增加检修、维护工作量；②保证架线施工安全（包括人身、设备、器材等）；③保证施工质量一次合格，其施工质量应高于一般施工段；④综合考虑跨越施工方法，以便不受或少受被跨越物的限制，不影响或少影响施工综合进度和综合经济指标等。

2. 悬挂放线滑车

放线滑车是为输电线路展放导地线而制造的，导地线放在滑轮上不仅可避免其磨损，也可减少放线阻力。按滑轮数分单轮、三轮和多轮放线滑车。按制造的材质分钢质、铝质和胶滑车及M_C尼龙放线几种。一般情况下，钢质滑车用于避雷线放线，铝质滑车及M_C尼龙用于悬放导线。

展放导地线时，选择放线滑车应注意以下事项：放线滑车的滑轮数应与展放导线的方法及导线根数相适应，即展放单导线用单轮放线滑车；展放两根导线用三轮放线滑车，其中一个轮用于牵引绳通过，另两个轮（一般都挂胶）用于导线通过；展放四分裂导线，则要用五轮放线滑车，其中一个轮用于牵引绳通过，另4个轮用于导线通过，滑轮槽宽度应能顺利通过导地线的接续管和保护接续管的钢套、牵引绳、导引绳的连接金具和牵引板（也称走板）、平衡锤（抗扭锤）等，有轮槽的底直径应大于导线直径的10倍，以防导线附加弯矩过大损伤导线。

悬挂放线滑车的方法与架设新线路施工挂滑车相同，此处不再重复。

旧导线的拆除施工与架设新线路导线的施工工序相反，即在直线杆塔上，先松卸悬垂线夹的U形螺丝，然后用双钩紧线器或其他提升工具将导线稍稍提起，使导线离开线夹并拆除悬垂线夹、防振锤等。在耐张杆塔上，可用牵引绳将导线拉紧，使耐张绝缘子串呈松弛状态，拆除绝缘子串或耐张线夹，然后慢慢放松牵引绳使导线落地。同样，在换线区段内的另一端的耐张杆塔上，采用同样的方法拆下绝缘子串或耐张线夹。完成上述工作后，就可用人力或机械设备回收导线并将其绕在线轴上。

二、运行线路更换新导线

运行线路更换新导线时，可以借助旧导线的拆除来牵引新导线到位，具体施工程序与架线施工相同。

1. 布线

将导线、避雷线的线轴，每隔一定距离沿换线区段放置在线路上，以便顺利展放。布线的目的是经济合理地使用导线材料，施工方便，施工质量优良、降低工程的投资，导线接头最少，不剩线或少剩线。

常用的布线施工方法分逐相布线法和连续布线法。

逐相布线法即选出累计长度等于或基本接近施工段所需线长的轴（盘），以使其每相线放完时线轴（盘）的导线都正好够，即用完或剩余量极少。

2. 导线展放

导线展放是把线轴上的导线沿线路方向展开的工作，与新建线路架设导线基本一样。采用地面拖放线法，利用人力或畜力、机械等沿线随接将导线展放在地上的施工。人力拖地展放线，可以按平地人均负重约30kg，山地人均负重20kg考虑。也可以利用旧线换新线，即将要展放的新导连接在旧导线上，利用旧导线将新导线沿滑车展放在滑车内进行展放。

拖地放线的牵引力与档距、地形、地貌、悬挂点高差、架空线自重、放线长度及沿车等诸多因素有关，很难作出精确计算。通常是进行估算，以便调配人员选用机械设备时参考。放线牵引力估算时，假设开始展放的1500m架空线是拖地的（也可试验确定拖地长度），而后导线才开始离地，紧接着随放线距离的增长及通过滑车次数的递增，牵引力逐渐增大。拖地放线的牵引力的计算式为

$$T = T_0\varepsilon^n + \gamma\sum h\frac{\varepsilon(\varepsilon^n - 1)}{n(\varepsilon - 1)} \tag{13-6}$$

式中 T——放线牵引力，kN。

T_0——导线开始离地面时的张力，kN。

$$T_0 = \frac{\gamma l_2}{8f} \tag{13-7}$$

式中　γ——导线单位长度重力，N/m。

l_2——放线档内最大档的档距，计算档距可近似取代表档距，m。

f——导线离地面时的弛度（可近似取放线滑车的悬挂高度值），m。

ε——单个放线滑车的摩阻系数，对滚珠型滑车，取1.02～1.03；对滚柱型滑车，取1.05；一般取1.01～1.05；

n——从1500m后导线通过放线滑车个数。

h——放线起点到终点的高差累计值，当终点较高时为正值，否则为负值，m。

当放线区段不太长时，将 T_0 值乘以一个系数作为牵引力的最大值，通常取该系数为1.1。

3. 紧线

（1）紧线准备。在耐张段的耐张杆塔上紧线，均需用钢丝绳（或钢绞线）在横担及地线顶架挂线处进行临时补强，临时补强线的下端通过拉线调节装置与拉线地锚相连。为了安全起见，必须计算临时拉线的受力，即

$$Q=\frac{KT_0}{\cos\gamma\cos\beta} \tag{13-8}$$

式中　Q——临时拉线受力，N；

T_0——紧线时导线的张力，N；

K——临时拉线安全系数，一般不小于0.3；

β——临时拉线对地的夹角，°；

γ——拉线与导线在水平方向夹角，°。

若杆塔已有永久拉线，当拉线点不在相应挂线处时，则在横担端的挂线处仍应安装临时拉线补强，当架空地线与拉线点在同一位置时，可不加补强拉线。

对于耐张杆塔来说，另一端架空线是已紧好的架空线时，可以不再补强。对已放好的导地线应作全面检查，如果有损伤，应全部按规定处理，直到合格为止。

紧线施工准备除上述要求外，还应有完好的通信设备。

（2）紧线方式的选择及紧线张力计算。运行线换线后的紧线工作与架设新线路的导线紧线方法基本类似。换线施工紧线一般采用单线紧线法和双线紧线法，也有采用三线紧线方式的。

1）单线法，是最普通常用的紧线方式，尤其在线路检修中使用最为广泛。其施工特点是钢绳布置简单清楚，不会发生混乱，所需绳索工器具少，适用于较大截面导线的施工。但紧线时间长，三相之间的弧垂不易协调控制。这种紧线方法，在施工术语中称之为“一牵一”紧线法。

单线收紧时的紧线张力的大小为

$$P=\varepsilon\varepsilon_1(\varepsilon^{n-1}\sigma+\gamma f_m)S \tag{13-9}$$

式中　ε——放线滑车的摩阻系数，ε=1.02～1.05；

ε_1——起重滑车的摩阻系数，ε_1=1.05；

σ——导地线挂线过牵引时，最末一档的水平应力，MPa；

γ——导地线的自重比载，N/(m·mm²)，或MPa/m；

S——架空导地线的计算面积，mm²；

f_m——操作杆塔处相邻档导地线的弧垂，m。

2）双线法，即一次同时收紧两根架空线的紧线操作方法，施工中用于收紧两根架空线或两根边导线以及双分裂导线。双线收紧时的紧线张力的大小为

$$P=\frac{1}{2}\varepsilon\varepsilon_1^2(\varepsilon^{n-1}\sigma+\gamma f_m)S \qquad (13-10)$$

式中各符号的含义同前。

三线法，即一次同时收紧三根导线。一般线路的三相导线同时进行紧线，三分裂导线的收紧即采用此种紧线方法。这种方法首先将其余导线抽完，并使导线处于悬空状态，为保证导线一次收紧可靠，在选择临锚地点及临线与滑车之间的距离时应留有余地。三线法施工不仅施工速度快，同时也减小了三相导地线弧垂的不平衡度。但这种紧线方式要求施工场地大，紧线工多，施工准备时间长，紧线所用劳力多。

三线收紧时的紧线张力大小为

$$P=\varepsilon\varepsilon_1^2(\varepsilon^{n-1}\sigma+\gamma f_m)S \qquad (13-11)$$

式中各符号的含义同前。

式（13-9）、式（13-10）、式（13-11）中，均未考虑高度对牵引力的影响，如果高差较大，则需在上述各牵引力的计算公式的括弧中加一项附加牵引力，即

$$P_{ad}=\frac{\gamma\sum h(\varepsilon^{n-1}-1)}{n(\varepsilon-1)} \qquad (13-12)$$

式中　$\sum h$——前端耐张塔与紧线杆塔挂线点间累计高差，m，当紧线塔悬点高时取“+”，反之取“-”。

（3）紧线操作步骤。紧线顺序是先紧避雷线后紧导线，先紧边导线后紧中相。紧线器握住导线时，应防止导线损伤或滑动；当车线离开地面时，如有杂草等应停止紧线，待清除后紧线；紧线时发现耐张杆塔有倾斜变形现象时，应立即停止紧线，查出原因并进行处理后再进行紧线。

1）收紧导线。将导线用人力收紧离地2～3m左右后，再用牵引设备（如人力绞磨或机动绞磨）。当导线截面较大、较长时可用拖拉机带绞盘等动力大的机械牵引钢绳将导线收紧。

2）观测各档弧垂。由于导线受拉时易产生跳动，应在导线收紧并处于稳定后进行弧垂观测。观测弧垂应注意以下几点：①当换线区段的另一端导线及耐张绝缘子串挂在杆塔的横担上时，则一边收紧导线一边观测弧垂，待弧垂快要接近规定数值时，慢慢收紧导线并观测弧垂；②观测一档弧垂时，在紧线中应控制该弧垂值略小于规定值，再放松使其略大于规定值，反复一两次，让导线的弧垂稳定在规定值，以便能保证前后各档弧垂的控制要求；③观测几档弧垂时，首先使离紧线杆塔最远的一个观测档的弧垂达到规定值，然后放松导线，再使其他各观测档的弧垂达到规定值。

3）划印。当弧垂达到规定值，且等待1min后无变化时，可在紧线杆塔上划印，即在杆塔上标出耐张绝缘子串的挂点在导线上的位置。也就是由绝缘子的挂点悬挂一根垂线，用一直角三角板一边贴紧导线，另一边与垂线相接触，则三角板的直角与导线接触的点A即为绝缘子串挂线点在导线上的位置，然后在导线A处用红铅笔划印作标记。划印后将导线放松落到地面上，并根据绝缘子串长度λ和导线长度调长ΔL，自划印点A沿箭头方向量取$\lambda+\Delta L$距离，即可得出耐张线夹卡导线的位置。将耐张线夹卡住导线并组装好绝缘子串。

最后留出引流线的长度，将余线剪去。

4）挂绝缘子串。耐张绝缘子串与导线连接好后，用挂线钩或其他工具钩住绝缘子串的U形环或联板。挂线钩连接牵引绳，用牵引绳将绝缘子串同导线牵引至横担，把绝缘子串挂在横担上。

假定紧线杆塔的绝缘子串挂点与相邻直线杆塔的导线在滑车上的悬挂点高差为 h，紧线滑车与耐张绝缘子串挂线点的高差为 Δh。当紧线档悬挂点无高差时，则线长调减量 ΔL 为

$$\Delta L = \frac{\Delta h^2}{2l} \tag{13-13}$$

耐张杆塔挂线点低于相邻杆塔挂线点时，则线长调减量 ΔL 为

$$\Delta L = \frac{h\Delta h + \frac{1}{2}\Delta h^2}{l} \tag{13-14}$$

耐张杆塔挂线点高于相邻杆塔挂线点时，则线长调减量 ΔL 为

$$\Delta L = \frac{h\Delta h - \frac{1}{2}\Delta h^2}{l} \tag{13-15}$$

式（13-15）中 ΔL 为正值时，为线长增量，反之则为线长减量。

导线在杆塔上划印后，若绝缘子串较轻，可不将导线落至地面，而直接在杆塔上将耐张绝缘子串与导线连接。若必须将导线落地连接绝缘子串时，为了避免整个紧线段导线松弛，可在耐张杆塔处用手搬葫芦将导线拉住，仅使一段导线落地，待一段导线落地后与耐张绝缘子串连接好，再挂在横担上。

4. 弧垂观测和运行线路的弧垂调整（略）

5. 运行线路更换新线施工注意事项

（1）当换线区段两端是耐张杆塔时，换线前除应在耐张杆塔上打好临时拉线外，还应在其上悬挂一个紧线滑车，以便牵引绳通过放线滑车拉住导线。临时拉线对地夹角不宜小于45°，并且在拉线下端串接双钩紧线器来调节拉线的松紧程度。

（2）当换线区段两端为直线杆塔时，一般先在两端直线杆塔上将不换的导线用临时拉线拉住，然后将所换的旧导线由放线滑车取出放在地上，把旧导线剪断回收绕在线轴上。

13.4　拉线、叉梁和横担的更换

13.4.1　拉线的检修和更换

一、拉线的检修和更换要求

输电线路杆塔的拉线连接型式。拉线的上端用楔形线夹，简称上把；拉线下端用UT型线夹与拉线棒连接，简称下把。

拉线的更换步骤比较简单，此处就不予以介绍。拉线检修和更换时应注意以下几点：

（1）拉线棒应按设计要求进行防腐，拉线与拉线盘的连接必须牢固。采用楔形线夹连接拉线的两端，在安装时应符合有关规程的规定。

（2）拉线断端应以铁线绑扎。

（3）拉线弯曲部分不应有松股或各股受力不均现象。

(4) 换拉线时，上下杆塔时应注意高空作业及施工安全。

二、强度计算

拉线材料均采用镀锌钢绞线，拉线棒采用 Q235A 型圆钢。一般拉线对地夹角取 45°或 60°，这是因为角度过大则拉线受力大，需要较大的拉线材料；反之角度过小，虽能节约材料，但拉线占地面积过大，不仅增加征地费用，也不利于耕作。

一般耐张杆拉线的设计为考虑一侧导线承受另一侧导线的张力，拉线受力计算式为

$$T=\frac{F}{\cos\beta} \tag{13-16}$$

式中 T——拉线承受的张力，N；

F——导线最大张力，N；

β——拉线对地的夹角，°。

终端杆拉线的设计则为承受一侧全部导线的张力，拉线受力计算式为

$$T=\frac{FH}{h_2\cos\beta} \tag{13-17}$$

式中 T——拉线的张力，N；

F——导线最大张力，N；

β——拉线对地的夹角，°；

H——拉线最大张力作用点的高度，m；

h_2——拉线力点（拉线悬挂点）的高度，m。

拉线（或拉线棒）的截面面积为

$$S=\frac{T}{[\sigma]} \tag{13-18}$$

式中 S——拉线（或拉线棒）的截面面积，mm^2；

T——拉线的拉力，N；

$[\sigma]$——拉线或拉线棒材料的容许应力，对于 Q235 型钢取 157MPa。

13.4.2 叉梁的更换与安装

更换或安装叉梁时，施工方法和步骤如下。

(1) 安装滑轮。在电杆上安装单滑轮，在地面上合适位置处安装转向滑轮、平衡滑轮，同时在地面上组装好新叉梁。

(2) 拆除旧叉梁。用吊绳和牵引绳拉住上叉梁和下叉梁，拆除旧叉梁与叉梁抱箍连接的螺栓；放松牵引绳，使下叉梁靠拢并保持垂直状态；放松吊绳使叉梁慢慢落至地面。

(3) 安装新叉梁。将吊绳绑在已组装好的新叉梁的上端，牵引绳绑在新组装叉梁的下叉梁上。启动牵引设备将新叉梁吊上，并将其上叉梁安装在上叉梁抱箍上，再拉紧牵引绳并将其下叉梁安装在下叉梁抱箍上。

(4) 拆除设备。一切安装完毕后，拆除所有起吊设备。更换叉梁的工作可带电进行，但应注意带电作业安全，并设专人监护。

13.4.3 横担的更换和检修

铁质横担必须热镀锌或涂防锈漆，对已锈蚀的横担应除绣后涂漆。固定横担的螺栓必须拧紧，以防止横担倾斜或落下等故障。

横担的更换分直线横担的更换和耐张横担的更换两种，下面介绍具体方法。

一、直线杆横担更换

（1）把导线放到地面或通过放线沿车暂时挂在电杆上，同时在电杆顶部安装一个起吊滑车，起吊钢丝绳通过转向滑车和起吊滑车后，绑扎在拟拆除的边导线横担上。

（2）拆除直线横担和安装直线新横担。利用起吊钢绳慢慢将边导线从横担上拆除并放到地面上；起吊（先两边导线的横担、再中间导线的横担，或先中间导线的横担、再两边导线的横担）新横担。在安装中间导线横担时，横担抱箍的孔眼与横担的连接孔可能对不正，这时可在杆顶绑大绳，在地面拉动大绳使连接孔对正。

（3）拆除所有安装设备。

二、耐张杆塔上的横担更换

更换耐张杆塔横担时，应尽量不拆除导线放至地面上，以减少检修施工的工作量。其施工方法如下。

（1）先用双钩紧线器（或手扳葫芦）临时将横担吊住，然后拆除横担吊杆。拆除横担抱箍（可用小锤轻轻敲打抱箍）与电杆的螺栓，则横担与抱箍就会慢慢向上滑动；对转角杆，为了便于拆除横担向上移，可在外角侧的横担上加装临时拉线，以抵消角度合力，拉线随横担上移缓缓放松。

（2）待所拆除的横担移动 200mm 左右时，在杆顶部安装起吊绳，将新横担和横担抱箍吊起并安装在电杆上。

（3）利用双钩紧线器将两边导线拉紧，这时可从旧横担上拆下耐张绝缘子串，并把它挂在新横担上。

（4）一切安装完毕后，利用起吊钢绳将旧横担等吊放到地面，并拆除临时拉线，施工结束。

三、横担更换的材料应力计算

轴心受拉杆件的应力计算方法如下。

圆钢受拉时的应力为

$$\sigma = \frac{P}{S} \leqslant [\sigma] \tag{13-19}$$

角钢受拉时的应力为

$$\sigma = \frac{P}{m(A - ndt)} \leqslant [\sigma] \tag{13-20}$$

式中　P——杆件所受的轴心拉力，N；

σ——杆件受拉力作用时的应力，N/mm^2；

A——杆件横截面积，mm；

n——同一横截面处的螺栓孔数；

d——螺栓孔直径，mm；

t——杆件厚度，mm；

$[\sigma]$——杆件材料的容许应力，N/mm^2；

m——工作条件系数，$m=0.75$。

杆塔的横担（含铁塔杆件等）绝大部分都是轴心受压的长直杆件，其杆件越长则受地稳定性越差。当已知杆件的受力时（轴心压力），其稳定强度的计算式为

$$\sigma=\frac{P}{m\varphi A}\leqslant[\sigma] \tag{13-21}$$

式中　P——杆件所受的轴心压力，N；

A——杆件截面积，mm^2；

σ——杆件轴心压应力，N；

$[\sigma]$——杆件材料的容许压应力，N/mm^2；

m——工作条件系数，校验塔身主材时 $m=1.0$，塔身斜材 $m=0.9$，塔腿及横担斜材 $m=0.75$，横担主材 $m=0.8$；

φ——纵向弯曲系数。

在进行横担更换和检修时，为安全起见应对横担主材、斜材及吊杆的材料规格作选择性校验计算。

【例 13-1】 图 13-3 所示为导线横担，设垂直负荷 $G=3000N$，张力 $T=15\ 000N$，试选择横担主材、斜材及吊杆所需要的材料规格。

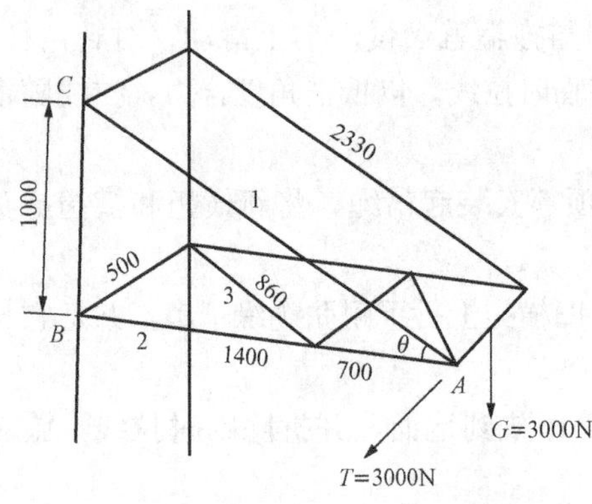

图 13-3　导线横担尺寸及负荷图

解：在垂直负荷的作用下，其吊杆及横担主材承受的力，根据力平衡原理得

$$S_1\sin\theta-\frac{G}{2}=0, S_2+S_1\cos\theta=0$$

于是有

$$S_1=\frac{0.5G}{\sin\theta}=0.5\times3000\times\frac{2.33}{1.0}=3495(N)$$

$$S_2=S_1\cos\theta=-3495\times\frac{2.1}{2.33}=-3150(N)$$

由计算结果知，S_1 为拉力，S_2 为压力。

在拉力 T 的作用下横担的力为

$$S_3=-\frac{15\ 000\times2.1}{0.5}=-63\ 000(N)$$

在拉力 T 的作用下斜材的力为

$$S_4=-\frac{15\ 000\times0.86}{0.5}=-25\ 800(N)$$

检修工人在横担上工作时，对主材产生的最大弯曲力矩为

$$M_1=\frac{Pl}{4}=\frac{100\times10\times210}{4}=525(N\cdot m)$$

检修工人在横担上工作时，并考虑工人及附带工具总重量为 100kg，此时对斜材产生的最大弯曲力矩为

$$M_2=\frac{100\times10\times86}{4}=215(N\cdot m)$$

假定吊杆选用钢 3∟45×45×4，截面面积为 $A=3.486cm^2$，按两个 $\phi17.5mm^2$ 螺栓考虑，根据式（13-20）得吊杆应力为

$$\sigma=\frac{P}{m(A-ndt)}=\frac{3495}{0.75(3.486-2\times1.75\times0.4)}=1295(N/cm^2)<15\ 680(N/cm^2)$$

假设横担主材为锰钢（16 锰钢允许压力为 22 540N/cm^2）∟80×80×6，截面积 $A=$

9.397cm²，平行轴回半径 $r_x=2.47\text{cm}$，断面抗弯惯性矩$=9.87\text{cm}^3$，计算长度 $l=210\text{cm}$，长细比 $\lambda=210/2.47=85$，$\varphi=0.579$，此时主材的最大应力 σ 为

$$\sigma=-\frac{P}{m\varphi A}+\frac{M_{max}}{W}=\frac{3150+63\,000}{0.8\times0.579\times9.397}+\frac{52\,500}{9087}=20\,511(\text{N/cm}^2)<(22\,540\text{N/cm}^2)$$

斜材为钢 Q235A（允许压力为 1680N/cm²）∟63×63×5，$A=6.143\text{cm}^2$，最小回半径 $r_{y0}=1.25\text{cm}$，$W=5.08\text{cm}^2$，$l=86/1.25$，$\lambda=86/1.25=68.8$，$\varphi=0.79$，得斜材应力 σ 为

$$\sigma=\frac{25\,800}{0.75\times0.79\times6.143}+\frac{21\,500}{5.08}=11\,316(\text{N/cm}^2)<15\,680(\text{N/cm}^2)$$

13.5　绝缘子、金具的更换

13.5.1　更换不良绝缘子

更换输电线路的不良绝缘子和金具的关键是如何转移导线荷重及导线张力，使绝缘子串、金具不承受负荷。

（1）用绳索或滑车组更换不良绝缘子。对 LGL7—95 以下导线，垂直档距不超过 300m 的线路，可用绳索或滑车组更换，即把导线荷重转移到绳索或滑车上，然后取下绝缘子串与磨夹间的连接销子，使绝缘子串脱离导线。再用另外一套单滑轮绳索将旧绝缘子串落下，新绝缘子串递上。

（2）用双钩紧线器或手扳葫芦更换绝缘子与金具。方法与（1）相同。

（3）使用换瓶卡具更换单片绝缘子。在大截面导线的线路上，绝缘子受拉力较大，如仍用双钩紧线器更换单片绝缘子就会觉得很笨重，劳动强度大。这时使用换瓶卡具更换单片绝缘子就较为方便，即把换瓶卡具的两个卡夹具分别装在绝缘子串的上下侧，使其承受的负荷转移到夹具上，取出上、下的销子，摘下不良绝缘子并换上新的绝缘子。换瓶卡具不仅能用于更换悬垂绝缘子串，也能用于更换耐张绝缘子串；但当需要更换端部第一片绝缘子时，则需换上一个专用卡具。

13.5.2　更换金具

金具在线路上与其他设备一样要经受设备张力、荷重及风、雨、雷电的袭击，也会出现各种缺陷。这些缺陷主要表现为：锈蚀、脱落（漏装）、开裂、变形。这些缺陷要视具体情况考虑，要有计划、有组织、有秩序地停电维修，更换有缺陷的线路金具。更换检修金具的具体要求如下：

（1）金具有镀锌剥落者应补刷红丹及油漆。

（2）固定旁钉的开口销子，每个都必须开口 60°～90°，并不得有折断、裂纹等现象。

（3）禁止用线材代替开口销子。由旁钉呈水平方向安装时，开口销子的开口侧应向下。

（4）金具上各种连接螺栓均应有防止因振动而自行松扣的措施。例如加弹簧垫，用双螺母或在露出丝扣部分涂以铅油。

13.6　接地装置检修

接地体的腐蚀主要决定于周围的氢离子的浓度、pH 值及氧气的通过量。土壤溶液呈中

性时，腐蚀的速度与 pH 值无关；呈酸性时，则腐蚀速度将随 pH 值的减小而迅速增大；呈碱性时，腐蚀的速度随 pH 值的增加反而有所下降。

接地体的电阻随着接地体的腐蚀而逐渐增大的现象是人们所不希望的。为了经常掌握其变化情况，应定期进行接地电阻测量。规程规定的周期是 5 年 1 次。但对配电的接地装置而言，因防雷电接地、工作接地及保安接地共用，所以应缩短周期。尤其是当接地装置所处位置为人口稠密的市区时，从防止接触电压与跨步电压的角度出发，应该缩短测量周期。

接地装置属于隐蔽工程，所以应该有详细的施工图，并应妥善保存在运行单位，以备运行中检查接地装置的腐蚀程度时，便于开挖检查。

13.6.1 接地体的敷设方法及要求

(1) 水平接地体。水平接地体一般采用圆钢或扁钢。

接地体的长度和根数根据接地电阻值的要求确定。

接地体的埋深不应小于 0.6～0.8m，为减少相邻接地体的屏蔽作用（即当电流经各个单一接地体时，接地体之间所受的散流影响），接地体之间的距离不宜小于 5m。这种接地体一般用在 35kV 以上输电线路上，常见的形状有“一”、“H”、“口”及放射形。10kV 线路也有采用这种水平方式接地的。

(2) 垂直接地体。垂直接地体垂直敷设于地中，一般采用角管或钢管。为了使接地体与大地连接可靠，接地体的长度不宜小于 2m。为减小接地电阻，确保接地可靠，接地体不宜少于两根。为减少接地体之间的屏蔽作用，提高利用系数，接地体之间的距离一般为其长度的两倍。为充分发挥接地体的散流作用，接地体顶端距地面不应小于 0.6m（一般地面 0.6m 以下为不冻土层，土壤电阻率比较稳定）。垂直接地体主要用于 10kV 变压器台架、柱上油断路器接地。

(3) 复合接地体。当个别杆塔因土壤电阻率等不能满足要求时，而采用上述两种接地方式进行组合接地的方式。

(4) 接地线。接地线是电气设备、避雷线（针）、避雷器或架空电力线路杆塔与接地体连接的金属导体。接地线的规格既要满足热稳定的要求，又要能耐受一定年限的腐蚀。

13.6.2 接地装置常见缺陷及处理

一、常见缺陷

(1) 接地体锈蚀，包括杆塔接地引下线、埋入地中的地网出线、接地网。

(2) 外力破坏，如撞击、人为破坏及被盗等。

(3) 假焊、地网外露。

(4) 接地电阻超过规定值。

二、接地装置缺陷处理

(1) 接地体锈蚀的处理。外露接地体的锈蚀，先用钢丝刷将所有锈蚀部分擦除，并用棉纱布揩净锈尘，再在接地体上涂上红丹或黄油。

埋设地下的接地体，则要挖去表层泥土，并视接地体锈蚀程度除锈或驳焊钢筋处理，再覆土整平并做好记录备查。对于锈蚀严重的接地体，应按有关规程要求及时进行更换。

(2) 外力破坏、假焊和地网外露。外力破坏变形不大，可作矫正复位处理，必须时可设置警示标志。

接地网假焊，可采取补焊办法处理。处理后要重新测量接地电阻，并做好记录备查。地网外露是因水土流失或人为的取土所致，应及时进行覆土，必要时设置保护电力设施的警示标志。

三、降低接地电阻方法

降低输电线路杆塔和避雷线的接地电阻，可选择以下方法之一：

（1）尽可能利用自然接地，如杆塔金属基础，钢筋混凝土基础，钢筋混凝土电杆的底盘、卡盘、拉线盘等。

（2）尽可能利用杆塔基础坑埋设人工接地体，这样既减少了土方施工，又能深埋，还可避免地表干湿的影响。

（3）使用降阻剂，即将降阻剂（如丙烯酸按、脲醛树脂、碳素粉等）与土壤混合，对降低杆塔的接地电阻有较好的作用。但因有的降阻剂腐蚀性较强，目前有些地方采用热镀锡的方法，以降低对金属的腐蚀。但在使用降阻剂时，添加一些缓蚀剂可以使接地体腐蚀速度人为减缓，收到更加令人满意的效果。

13.6.3　接地装置的维护

接地装置埋在土壤中，易受土壤的腐蚀，严重者可将接地体腐蚀断，失去作用。为此对接地装置应进行定期检查和测量，检查项目一般是：接地线与接地装置的连接点是否接触牢固严密，接地装置覆盖的土壤是否被挖掘流失，接地体的锈蚀情况以及焊接点是否良好。特别是位于化工厂附近的接地装置，易被排放的废渣、废液腐蚀，尤应加强检查出现问题及时维护。

13.7　杆　塔　检　修

13.7.1　检修起吊杆塔受力计算

运行线路常因出现新的被跨越物和导线对地距离不够而需要加高杆塔或换立新杆塔，以满足安全距离的要求。在增立新杆塔之前，必须根据不同的起吊方法计算起吊系统的受力大小，以便选用设备，如抱杆、牵引钢绳、拉线等。

一、杆塔的重心及自重计算

（1）锥形电杆重心位置计算。锥形电杆重心位置距杆距的距离为

$$H=\frac{l}{3}\,\frac{D-2d-3\delta}{D+d-2\delta}\approx 0.45l \tag{13-22}$$

式中　H——锥形电杆重心位置距杆根的距离，m；

δ——电杆壁厚，m；

l——长度，m；

D——电杆根径，m；

d——电杆梢径，m。

锥形电杆杆段的质量为

$$G=\frac{\pi l\delta}{2}\left[2(d-\delta)+\frac{l}{75}\right]r \tag{13-23}$$

式中　G——电杆的质量，kg；

δ——拔梢电杆的壁厚，m；

l——电杆的长度，m。

其余符号含义同前。

（2）等径杆重心位置计算。其计算式为

$$H = l/2$$

式中 l——等径杆段长度，m。

等径环形钢筋混凝土电杆的质量为

$$G = 0.785(D^2 - d^2)\gamma l$$

式中 γ——钢筋混凝土的容重，对离心法制造的电杆取 2600kg/m；对振捣离心法制造的电杆取 2500kg/m；

d——等径电杆的内径，m；

D——等径电杆的外径，m。

（3）铁塔塔身重心位置计算。假定塔身分若干段，每段塔重量集中于各段的中央，则得出铁塔塔身重心至塔根部的距离为

$$H_0 = \frac{G_1H_1 + G_2H_2 + G_3H_3 + G_4H_4}{\sum G} \tag{13-24}$$

式中 H_0——塔身重心至塔根部的距离，m；

$\sum G$——塔身总重，$\sum G = G_1 + G_2 + \cdots + G_n$，kg；

G_1、G_2、…、G_n——各段塔身的质量，kg；

H_1、H_2、H_n——各段塔身重心至塔根部的距离，m。

二、倒落式抱杆整体起立杆塔受力计算

图 13-4 所示为整体杆塔吊点布置图。抱杆与地夹角为 α（又称初始角），它的大小对抱杆的有效高度、本身强度、脱帽早迟和抱杆受力有直接关系，一般取 α=60°～65°。抱杆的有效高度，主要考虑钢筋混凝土电杆的难易程度和抱杆失效的时间来确定，一般取抱杆的 0.4～0.45 倍或杆重心高度的 0.8～1.1 倍，人字抱杆的根开取抱杆高度的 0.35～0.4 倍。

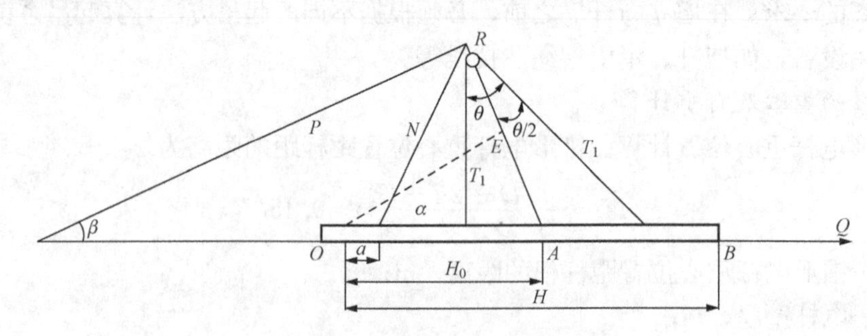

图 13-4 整体杆塔吊点布置图

下面仅介绍两点吊倒落式人字抱杆整立杆塔受力计算。

（1）吊绳受力 T_1 的计算。自 R 点作两吊绳的合力作用线$\overline{RA}$并与电杆交于 A 点，自支点 O 做$\overline{RA}$垂线$\overline{OE}$，根据力的平衡原理得

$$T = \overline{OE} - 1.2G_0H_0 = 0$$

解得

$$\sum P_x = 0$$

每根吊绳受力为

$$T = \overline{OE} - 1.2G_0H_0 = 0$$

$$T = \frac{1.2G_0H_0}{\overline{OE}} \tag{13-25}$$

$$\overline{OE} = H\sin\alpha \tag{13-26}$$

$$P\sin(90^\circ - \beta - \alpha) - T\sin(\varphi + \alpha) = 0$$

$$N - T - P\cos(90^\circ - \beta - \alpha) - T\cos(\varphi + \alpha) = 0$$

$$P = \frac{T\sin(\varphi + \alpha)}{\sin(90^\circ - \beta - \alpha)} \tag{13-27}$$

$$N = T + P\cos(90^\circ - \beta - \alpha) + T\cos(\varphi + \alpha) \tag{13-28}$$

上述各式中　N——吊绳合力，N；

T——每根吊绳的受力，N；

H_0——杆塔负荷合力重心高度，m；

G_0——杆塔负荷合力，N。

其余符号见图。但在计算时应注意$\overline{OE}$及α要经过实际测量。

（2）抱杆受力。现以抱杆的受力N为纵坐标轴y，根据吊绳的合力T、牵引钢绳受力P与抱杆受力N的关系可给出图13-5。根据力的平衡原理，取$\sum x=0$、$\sum y=0$，可得

$$P\cos\alpha_1 - T\cos\theta_1 = 0$$

$$N + (P\cos\beta_1 - T\cos\alpha_1) = 0$$

故解得

$$P = \frac{T\cos\theta}{\cos\alpha_1} \tag{13-29}$$

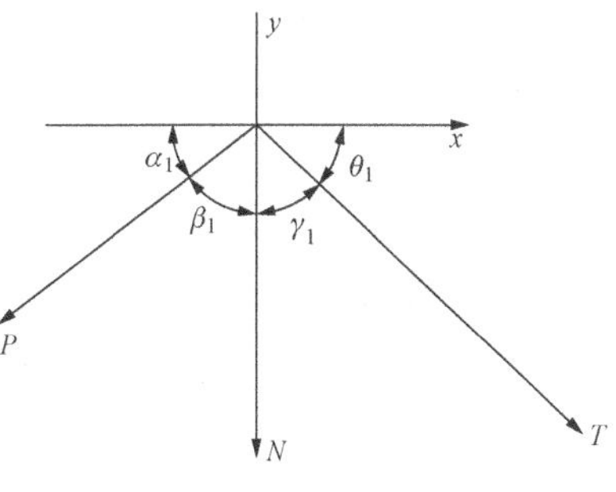

图13-5　抱杆受力分布图

式中　T——吊绳合力，N；

α_1、β_1、θ_1——分别为各力之间的夹角，°。

（3）总牵引绳受力。两点起吊时制动钢绳受力Q，可按下式求得

$$Q = 1.2(T\cos\alpha + G_0) \tag{13-30}$$

由于电杆落入底盘的角度不同，所以制动钢绳受力也有差别，为简化计算，通常Q的最大值为

$$Q_{max} = 1.7G_0 \tag{13-31}$$

三、双固定“门”型抱杆起吊杆塔受力计算

抱杆的倾角α一般取5°～10°，吊绳与抱杆的夹角为$\varphi+\alpha$，拉线与地面的夹角为β，杆塔荷重力为W（kN）。

（1）起吊绳受力计算。根据力平衡原理，得起吊绳受力为

$$T = \frac{G}{2\cos\varphi} \tag{13-32}$$

式中　T——起吊绳的受力，N；

G——杆塔总重力，N。

（2）抱杆受力 N 和拉线受力 P 的计算。根据力的平衡条件，取 $\sum P_x=0$，$\sum P_y=0$，得

$$P\sin(90^\circ-\beta-\alpha)-T\sin(\varphi+\alpha)=0$$

$$N-T-P\cos(90^\circ-\beta-\alpha)-T\cos(\varphi+\alpha)=0$$

解得

$$P=\frac{T\sin(\varphi+\alpha)}{\sin(90^\circ-\beta-\alpha)} \tag{13-33}$$

$$N=T+P\cos(90^\circ-\beta-\alpha)+T\cos(\varphi+\alpha) \tag{13-34}$$

13.7.2 杆塔更换

杆塔更换与杆塔移位有本质区别，杆塔更换多数是在原线路上拔除旧杆立新杆的施工，而杆塔移位则分以下几种情况：对于线路中直线杆塔的移位，则是将杆塔在原塔位处移动一定的距离；对于转角塔，由于其位置在不同线路方向的交点上，不能随意移动；直线耐张杆塔移位将影响前后两档导线（避雷线）长度（一档发生线长缩短，另一档线长势必接长）。因此常对于耐张杆塔移位，均采用原地拔杆再立杆，即旧杆依然在线路中起支持作用。

一、换直线杆塔

运行中的电力线路需要更换直线杆塔的原因是：①线路巡视中发现杆塔损坏无法修复，必须更换杆塔；②档距中导线对地距离不够，采取调整弧垂或弧垂再不能调整时，必须调换更高的杆塔；③档距中导线对地距离不够，原档距较大，必须增加一基直线杆塔，同时要将杆塔移位。

施工方法及步骤如下。

（1）在杆塔上拆除导线的悬垂线夹，使导线呈松弛状态。为了避免妨碍立新杆，用棕绳将导线向两边拉开；此时架空地线暂不拆除，可起支持作用，待新杆立好后再拆。

（2）利用原旧杆（视为直立抱杆）挂起吊滑车，整立杆，并填土夯实地基。待换的新杆一般距离旧位置前后约为1～2m。若新杆距离旧杆较远，不便使用上述方法时，也可用倒落式人字抱杆或其他整立杆（塔）的方法整立。

（3）应将导、地线组装至新杆上，可凭目测确定新杆前后两档弧垂相等即可，再固定导、地线。

（4）在新杆上挂起吊滑车，拔去旧杆，拔杆前先将旧杆前方泥土挖成斜槽（如同立杆时的马道），直挖至杆根，然后将钢丝绳绑扎在旧杆横担附近，并牵引至绞磨，再慢慢松出牵引绳，使电杆徐徐下降并平稳落地。

二、换耐张杆塔

由于耐张杆塔的移位，要将待移位杆塔原地拔起再立杆，施工方式较为复杂。一般施工流程为：打临时拉线—耐张杆塔的落线—原地拔起待移杆塔—组立杆塔—紧线。

（1）打临时拉线。对带拉线的转角混凝土电杆，应先在转角内侧打好下风方向的临时拉线。当耐张杆的前后均为直线杆塔，应先将前后直线杆塔的导、地线用临时拉线锚定。地锚设在靠耐张杆的一侧约距直线杆塔两倍高处。若待移杆塔邻近的第一基杆塔是耐张杆塔，可将临时拉线上端直接拉在横担挂线处。

（2）耐张杆塔落线。耐张杆塔落线与挂线程序相反。

（3）原地拔待移杆塔。耐张杆塔的落线施工完成后就可进行拔杆施工。

1）拔待移位的水泥单杆方法。可用固定人字抱杆上的滑车组起吊，固定钢丝绳采用单点结扎在水泥杆重心处，此时可以拆除全部拉线，推动绞磨使杆身拔出地面。

2）拔待移锥形杆的方法。在杆端绑好拉绳，再挖空杆根部四周泥土，若基础中装有卡盘，则应将卡盘上所埋的土层全部挖空清除，再用杆端拉绳摇晃杆身，使地下四周发生松动，然后按上述方法拔除杆塔。

3）拔待移双水泥杆的方法。挖去沿基础倒杆方向的一部分泥土使之成为斜坡形坑口，采用倒落式人字抱杆，以倒杆立杆法的还原方式使抱杆处于脱帽前的位置，放松绞磨牵引绳使杆身随着缓缓倒地。如果认为此法不方便或施工条件不允许，也可以先拆下横担，再按上述方法拔除电杆。

上述所采用的拔杆法，一般仅用于杆塔高度较小的施工条件。如果电杆是在18m以上的杆时，可选用双绞磨交替牵引拔杆。

按上述方法组立好待拔杆塔后，在新起立的杆塔上安装拉线，并拆除立杆工具后，恢复安装导线及避雷线。但应注意，恢复安装导线及避雷线时，若杆形均无变化，导线及避雷线可不更动；若线间距改变，除中相导线可以照常安装外，其他两相要根据弧垂缩短或放长处理；若杆型加高，则导线及避雷线均需改变，因此要作好紧线工作。

13.7.3　杆塔加高

一、混凝土杆的加高检修施工

混凝土杆的加高大多都是在其电杆顶部加装一段由角钢组成的平面或立体的流架、简称铁帽子。

（1）准备工作。首先在混凝土电杆顶部装好固定铁帽的抱箍，同时在距混凝土电杆顶部300mm附近安装一个起吊滑车，并将起吊钢丝绳穿过起吊滑车后再穿过转向滑车至牵引设备。

（2）混凝土杆的加高施工。为了加高电杆，安装前在电杆顶部固定好铁帽抱箍及在距杆顶300mm附近安装一个起吊滑车，将起吊钢丝绳穿过起吊滑车后，再穿过转向沿车至牵引设备。将用于起吊的抱杆的顶部安装一个起吊滑车。完成这些准备工作后，即可进行混凝土杆的加高操作。其具体步骤如下：

1）先用起吊钢绳将边导线稍稍提升，待全部导线重量作用在钢丝绳上后将导线由悬垂线夹中移出，并临时挂在电杆上，松除起吊钢丝绳。为了不损伤导线及安全起见，本工序最好在电杆上绑一放线滑车，将导线放在放线滑车内进行为宜。

2）在抱杆顶部已安装的起重滑车中穿入另一根钢绳，以备起吊铁帽之用。

3）利用起吊钢丝绳起吊抱杆（钢丝绳应在抱杆重心以上，以便起吊抱杆时保持垂直上升）到合适的位置后，再将抱杆根部绑在电杆顶部附近，并要求抱杆高出电杆顶的最低高度不低于铁帽高度的2/3。

4）将铁帽起吊至杆顶处与抱箍连接牢固，铁帽安装完成后，利用抱杆将横担起吊在设计图规定的位置进行安装；再将导线吊起放在悬垂线夹内卡紧。

5）利用滑车和钢丝绳拆除抱杆。

二、铁塔的加高施工

铁塔的加高方法一般是加接一段塔腿而不是接身，这种方法不仅保证铁塔强度，而且便于施工。铁塔加高的施工和步骤如下。

(1) 准备工作。首先将导线及避雷线从杆塔上拆除至地面，对于酒杯型塔中相导线可不放下，以便减轻起吊重力；然后在塔身瓶口处打好 4 条拉线，并通过滑车与地面地锚连接，以便调节拉线保持铁塔平稳。

(2) 起吊铁塔和安装新塔腿。在施工现场条件较好、汽车可以进入的塔位，用吊车将铁塔吊起后，再连接原塔与新安装的塔腿。安装时应注意新接塔腿与塔的连接及塔与基础螺栓的连接，安装好后调正铁塔。

还可在铁塔的四周各立独立的抱杆一根，利用起吊滑车组（或用 GYT-50 型液压千斤顶代替起吊滑车组起吊）提升铁塔，将接腿安装在基础上。

加高耐张塔或转角塔的方法与上述相同，但放松导线及避雷线，应在耐张塔两侧相邻直线杆塔处将导线及避雷线打好临时拉线后，再放松导线耐张塔上的导线及避雷线。

13.7.4　杆塔的改建

架空线路在运行期间往往出现新的交叉跨越物，或因农田建设、水文地质条件变化，需要对线路中的个别杆塔进行一些改建工作（移动杆塔位置、加高杆塔高度、增设杆塔等）。这些杆塔改建工作带来不少技术问题，如被改建段导线弧垂的重新调整，导线强度的安全程度，杆塔的受力等是否符合原设计要求。因此，线路的改建又成为一个导线设计安装的问题了。特别是改建后的耐张段按新的情况重新紧线，需卸开耐张段中所有悬垂线夹，并将导线移至沿车中，紧线完毕后还需要重新安装。这不仅工作量大而且也费时，在停电作业中往往是不允许的。下面介绍一种不需要耐张段重新紧线，而只需窜动少数几基杆塔的悬垂线夹位置就可达到杆塔改建设计目的的施工计算。

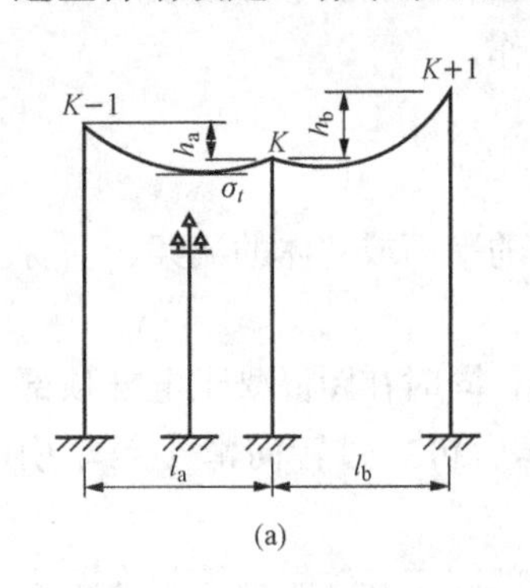

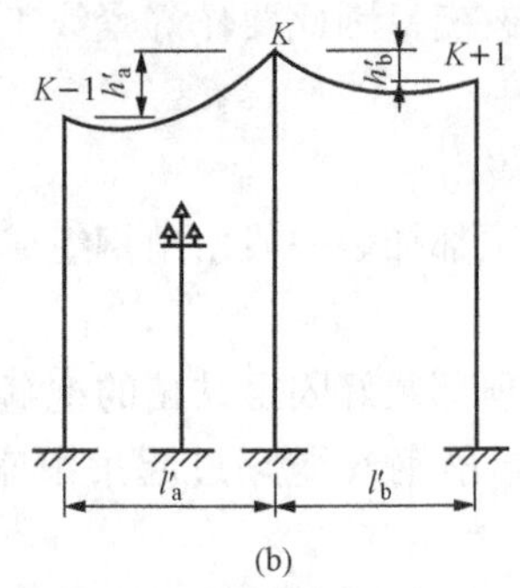

图 13-6　杆塔位移及加高示意图

(a) 增加高度前；(b) 增加高度后

一、移动杆塔及杆塔加高后导线调整量的 ΔL 计算

已知输电线路改建前后在气温 t℃下的应力均为 σ_t，将 K 号杆塔移动了一段距离，并将其加高。图 13-6 为杆塔移位及加高布置示意图。

改建前在已知耐张段 $K-1$ 号和 $K+1$ 号杆塔间的线长为

$$\sum L=\left(\frac{l_a}{\cos\varphi_a}+\frac{l_b}{\cos\varphi_b}\right)+\gamma^2\left(\frac{l_a^3\cos\varphi_a+l_b^3\cos\varphi_b}{24\sigma_t^2}\right) \tag{13-35}$$

改建后在已知耐张段 $K-1$ 号和 $K+1$ 号杆塔间的线长为

$$\sum L'=\left(\frac{l_a'}{\cos\varphi_a'}+\frac{l_b'}{\cos\varphi_b'}\right)+\gamma^2\left(\frac{l_a'^3\cos\varphi_a+l_b'^3\cos\varphi_b'}{24\sigma_t^2}\right) \tag{13-36}$$

式中　l_a、l_b——K 号杆塔两档档距，m；

l_a'、l_b'——K 号杆塔移动后相邻两档档距，m；

φ_a、φ_b——K 号杆塔移动加高前相邻两档的高差角，°；

φ_a'、φ_b'——K 号杆塔移动加高后相邻两档的高差角，°；

γ——导线比载，N/mm^2；

σ_t——导线在气温为t℃时的应力，MPa。

改建前后已知耐张段$K-1$号和$K+1$号杆塔间线长的增量ΔL为

$$\Delta L = \sum L' - \sum L \tag{13-37}$$

ΔL说明线长需减少，同时还需移动K号杆以前几基偏斜较严重的悬垂绝缘子串的位置。

二、增设一基杆塔

已知耐张段的代表档距为l_{db}，在气温t℃时进行改建，要求改建前后的导线应力均为σ_t。现需要在K号塔和$K+1$号杆塔之间增设一基杆塔，使档距l_k分为l_a及l_b两档。求改建前后档距的布置。

改建前在已知耐张段K号塔和$K+1$号杆塔的线长为

$$\sum L = \frac{l_k}{\cos\varphi_k} + \gamma^2\left(\frac{l_k^3\cos\varphi_k}{24\sigma_t^2}\right) \tag{13-38}$$

改建后在已知耐张段K号塔和$K+1$号杆塔之间增设一基杆塔的线长为

$$\sum L' = \left(\frac{l_a}{\cos\varphi_a} + \frac{l_b}{\cos\varphi_b}\right) + \gamma^2\left(\frac{l_a^3\cos\varphi_a + l_b^3\cos\varphi_b}{24\sigma_t^2}\right) \tag{13-39}$$

上述各式中的符号含义同式（13-36）。

改建后在已知耐张段K号塔和$K+1$号杆塔之间增设一基杆塔的线长增量ΔL为

$$\Delta L = \sum L' - \sum L \tag{13-40}$$

经计算，检修时根据ΔL值将导线予以调整，一般采用窜动两杆塔悬垂线夹的方法处理。

三、同时出现杆塔移位、杆塔加高和杆塔增设的改建工作

线路改建工作中有可能同时有杆塔移位、杆塔加高和增设杆塔等工作，其改建前后的增量可用前述方法分别计算后再进行综合。由于上述关于杆塔改建段的导线长度重新调整量ΔL值的计算属一种近似方法，而线长计算则采用抛物线法近似公式计算。因此，它只适用于$h/l<100$的情况。通过误差分析知，当耐张段中档数越多，其误差就越小。结合导线机械特性曲线，分析得出低误差的重要的措施为：当改建耐张段的代表档距值在导线机械特性曲线图上，位于应力受年平均气温或最低气温气象条件控制的代表档距区段中时，线路改建时气温越接近应力控制气象条件的气温，应力受档距变化的影响就越小，改建后的误差也越小；否则气温越高，应力随档距的变化越小，则在最高气温时改建线路可减少。

13.7.5　杆塔移位和倾斜扶正检修施工

一、杆塔移位

杆塔处于地表面层发生移动时，往往使得杆塔偏离其线路中心线，或使双杆的两根电杆彼此不在垂直线路的方向线上（俗称迈步），如图13-7（a）所示。两杆偏离Δl，出现这种情况，必须将电杆移到正确的位置，这种检修工作称之为移位。

杆塔移位施工方法如下：

（1）施工时为保持杆身稳定，先将电杆打好临拉线，再将埋置电杆周围土壤挖开，即挖一个能移动电杆的通道。

（2）按图13-7（b）所示，如将电杆向右移，则沿左坑壁和底盘2侧直立一块垫板4，并在两垫板4之间横置千斤顶3。

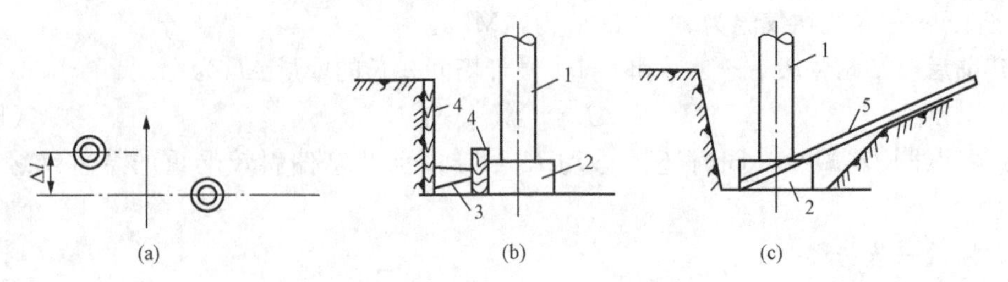

图 13-7 电杆移位示意图

(a) 杆位图；(b) 电杆移出；(c) 电杆移入

1—电杆；2—底盘；3—千斤顶；4—垫板；5—牵引钢绳

(3) 摇动千斤顶摇柄，活塞杆推动向垫板 4 和底盘将电杆向右侧移动至所要求的位置。当要求电杆移动距离较大时，可用牵引钢绳套在底盘上由牵引设备牵移电杆，如图 13-7 (c) 所示。

二、杆塔倾斜扶正

杆塔由于基础下沉，使顶部偏离了正常位置，称之为杆塔倾斜。杆塔顶部偏离值与杆塔地面高度比值的百分数称为倾斜度。在运行的线路中，当其倾斜度超过运行标准规定时，须将杆塔扶正，这种施工方法就称之为扶正（或正杆）。

扶正杆塔前要判明查清造成杆塔倾斜的原因。造成杆塔倾斜的主要原因是：基础下沉、拉线松弛、外力破坏等。

杆塔倾斜后如不及时修复，倾斜将逐渐增加，引起电杆裂缝、附加负荷增加，最后引起倒杆事故。因此必须测量杆塔倾斜程度并观察其倾斜发展情况，以便采取措施。

测量杆塔倾斜（或挠曲）时，应分别测出垂直线路方向和顺线路方向的偏移量，其合成值为总偏转移量。测量杆塔偏转的方法，一般用重锤或经纬仪。

重锤测量杆塔偏转的方法是在杆塔顶部中心用细绳吊一重锤至地面，量出锤尖触地点至杆塔中心的距离，即为该杆塔地面以上部分的倾斜，如图 13-8 中的 S。

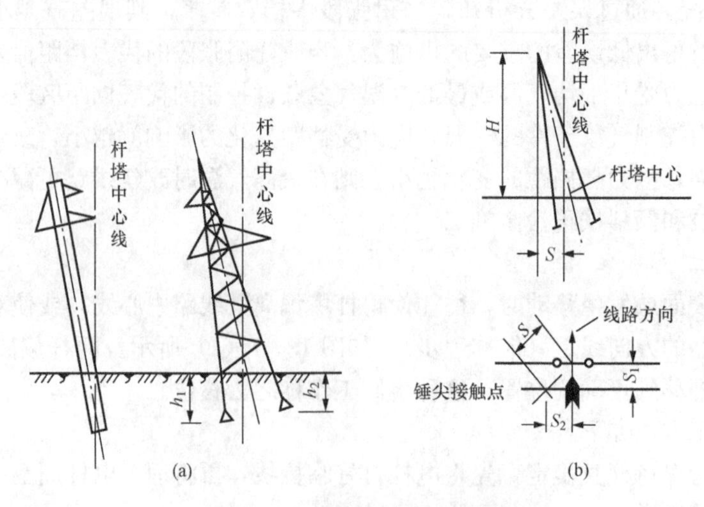

图 13-8 重锤测量杆塔偏转

(a) 杆塔倾斜值；(b) 顺线路、横线路方向倾斜值

杆塔倾斜斜度 q 为

$$q=\frac{S}{H}\times 100\% \tag{13-41}$$

测量顺线路或垂直线路方向的倾斜度方法：先如图13-5（b）所示，在地面上画出顺线路 S_1 和垂直线路方向的倾斜值 S_2 即可。

用经纬仪测量时，先在塔脚间找出杆塔中心，在垂直线路方向摆好培尺，然后把经纬仪架在顺线路方向距杆塔高两倍以远（可用目测选定）的线路中心上，仪器调平后将镜筒内的十字线交点对准杆塔顶部中心，固定水平度盘，将镜筒往下对准地面上的塔尺；读出横垂直线路方向的倾斜值 S_2。采用同样的方法，将经纬仪架在横线路方向，测出顺线路的倾斜值 S_1，则总倾斜值为

$$S'=\sqrt{S_1^2+S_2^2}$$

再用经纬仪测出杆塔对地面的高度，按式（13-41）算出杆塔的倾斜斜度。

（1）电路沿垂直线路方向倾斜的处理。因设计考虑不周或两季长时间的积水，致使土壤抗压不够引起杆塔倾斜时，若倾斜不太严重可采取加固的方法扶正杆塔：①带拉线的单杆基础在基础下沉时必然造成拉线松弛，对下沉量不大，导线对地距离尚能满足要求的，可只调紧拉线并用拉线拉正。②对于带双线的拉杆，基础下沉时也会造成某一根拉线松弛，这时可先拆开叉的抱箍，在调紧拉线并扶正后把横担扶平再装好叉梁抱箍。③对于转角杆，杆向转角合力方向倾斜时，用杆塔本身的拉线调正电杆。④对无拉线电杆，常因埋深不够或土壤松软所造成电杆倾斜时，无卡盘时，可待电杆调正后加装卡盘，有卡盘的电杆扶正后，在垂直线路方向加装人字拉线；导线对地距离尚能满足要求，则可只调紧拉线并用拉线将电杆扶正。

（2）电杆沿顺线路方向倾斜的处理。由于架空线路相邻两杯塔的导线、避雷线的张力相差太大，而导致电杆顺线路方向倾斜时，最有效的扶正处理措施是顺线路方向加装拉线。

（3）铁塔扶正。对因地基下沉而引起的铁塔倾斜，进行扶正处理的一般方法如下：

1）基础操平，找出下落高腿或上起低腿。

2）为了保持铁塔在扶正过程中的稳定性，在塔上设置好临时拉线。

3）立一个人字抱杆在要起落的塔腿（或电杆）处，并在抱杆顶吊一拉链葫芦。在安装抱杆时，要注意抱杆两腿的宽度及基础土壤的稳定。

4）挖开基础，操作拉链葫芦，使塔腿上起或下落到所要求的位置。

5）待基坑加固或采取其他措施保持基坑真正稳固后，松开拉链葫芦，检查倾斜值不超过允许值后，即可回填并拆除工具。

在此工序中如果已确定基础不继续上拔或下沉时，还可用换主材背铁（即接头）的办法，对自立式铁塔的倾斜，应采用经纬仪进行观测并记录（观测铁塔顶中心与铁塔中心点的偏移值）；然后在塔中心点定一个桩，经过3～6个月后，再进行观测。当塔身倾斜无发展，可不进行处理，倾斜还在继续发展，就应该按设计要求进行加固，但在未加固前，应采取加装临时拉线的应急措施。

13.7.6　混凝土电杆检修

运行中的混凝土杆常见的损伤形式有：杆端连接处缺陷、杆身裂纹、混凝土酥松或脱落；钢筋外漏，杆塔积水等。部分损伤的相应处理方法如下。

（1）混凝土杆裂缝处理。混凝土杆出现裂缝后，不仅会影响钢筋混凝土结构的整体性，

而且强度也会减弱。钢筋失去保护层与空气中的氧气化合，加速腐蚀过程。因此，混凝土杆出现裂缝后应及时采取措施，阻止或延缓其发展。

混凝土杆裂缝宽度在0.5mm以下，且道数不多，裂缝不长者可涂刷环氧树脂水泥浆防水层，以防钢筋与大气接触，减少其锈蚀速度；当裂纹的深度小于2mm时，可用水泥浆填缝并抹平；靠近地面处的裂纹除用水泥浆填补外，还应在地面上下1.5m段内涂沥青。

(2) 排出混凝土杆内的积水。运行的混凝土杆内部往往有积水，其水面有时高出地面达2m以上。尤其是冬季，电杆内积水就有可能结冰而导致混凝土杆胀裂破坏，因此应在冬季到来之前将杆内积水排出。检查判断杆内是否积水，可凭外观检查，积水部分的颜色深于无水部分，且水面处有环状水印。排水方法是先挖开基础，在冻土深度以下的电杆上凿一个小洞放水，放完水后再回填土夯实，该放水洞不必堵塞，一般有孔电杆可几年以内不再放水。

(3) 钢筋外露的修复。对外露的钢筋进行彻底除锈后，用1∶2的水泥浆涂1～2mm后，再浇混凝土补强。此工作不宜在5℃以下的天气进行。

(4) 杆面上的混凝土被侵蚀剥落或松动时的补强。一般是凿去酥松部分，用清水冲洗干净后，用高一级的水泥进行补强。

13.8 基 础 检 修

13.8.1 混凝土基础裂缝处理

混凝土基础裂缝在1m以上并离地面较高时，可采用喷水泥砂浆法进行修补，其硬化后缝隙结合紧密，再添一层沥青或用水泥砂浆涂抹，以使其表面紧密、光滑、不透水。对于基础表面的一般干缩缝可不作处理。

混凝土基础裂缝严重并距地面不高时，可采取打混凝土套的办法，先将杆面打磨、洗净，然后装好钢板制成套筒，再浇混凝土，养护后拆模，混凝土深度应在地层以下，地下水位高的要设放水孔。

对于要求提高塔基保护层的渗透性的地方可采取喷砂处理，条件允许应提早处理。另外，用环氧树脂修补塔基混凝土的裂纹，也已证明是一种切实可行的廉价方法，修补后的塔基很牢固，并证明还能工作若干年。

13.8.2 铁塔混凝土基础酥松

混凝土基础因腐蚀发生酥松，应除去酥松部分，重新浇注。

13.8.3 铁塔基础地脚螺栓松动及误差

铁塔基础地脚螺栓，因浇筑不良而有松动时，应凿开重新浇筑。

重新浇混凝土基础，应注意以下事项。

(1) 对于地脚螺栓式基础，铁塔地脚螺栓在安装前应除锈，并将螺纹部分包裹，在安装和浇制时应保持地脚螺栓的牢固和正确。

(2) 主角铁插入式基础，应连接铁塔最下端结构。组装找正，然后再浇注混凝土，找正位置的主角铁应加以临时固定，并在浇制过程中随时注意检查其位置的正确性。

(3) 对于混凝土基础的浇筑，每个基础的混凝土应连续浇成。如因故中断，其中断时间不得超过2h；中断后再浇注混凝土时，要求已浇混凝土基础抗压强度不低于1.2MPa，并在其表面打毛，用水清洗再浇注与原混凝土同成分的混凝土。

第14章 带 电 作 业

通常把采用绝缘杆、等电位、水力冲洗等操作方法在带电设备上进行工作称为带电作业。我国自20世纪50年代制造带电作业工具，间接接触带电体操作，先在63kV线路上进行。于20世纪60年代试行等电位作业，成立带电作业组，绝缘梯直接进入110kV电场。20世纪70年代在220kV线路上进行自由带电作业，采用均压服，沿220kV耐张绝缘子串逐一短接绝缘子，而进入强电场。

带电作业的优点如下：

(1) 保证不间断供电是带电作业最大优点；

(2) 可及时安排检修计划，有的缺陷可及时处理；

(3) 可节省检修时间，更换220kV绝缘子直线串仅30～50min，耐张串绝缘子不超过1h，比停电操作联系时间还短；

(4) 能简化设备，某些线路本来怕停电影响用户而架设双回线，实行带电作业后可以不设双回线，同时还减少线损。

带电作业的操作方法有下列两种：

(1) 间接法，保持一定安全距离，利用绝缘杆操作或机械手操作；

(2) 直接法，操作人员穿均压服由绝缘梯台上下，直接接触带电体操作，人体与带电体等电位。

14.1 带电作业的安全距离和绝缘工具的长度

14.1.1 带电作业对安全距离的要求

在考虑带电作业的安全距离时，不仅要考虑到线路正常工作电压下带电作业人员的安全，而且要考虑在各种过电压作用下保证工作人员的安全。DL409—1991《电业安全工作规程》规定：当遇雷电时，应停止检修工作；在特殊紧急情况下，必须冒雨、雪、雾和风力在五级以上的恶劣天气进行带电抢修时，应采取可靠的安全措施，并经认真研究批准后，方可进行；若在夜间带电抢修，还应有足够的照明；当考虑过电压作用于带电作业工作点时，除考虑操作过电压外，一般可不考虑工作点的直击雷过电压。但由于天气预报不可能十分准确，故远方落雷的过电压波有可能传到带电作业工作点。但这时应考虑到雷电波沿线路传播时的衰减，对输电线路，可考虑雷电波由20km外的地方击于线路，幅值经衰减传到工作点。至于操作过电压，对于中性点不接地系统或经消弧线圈接地系统，一般不超过4～4.5倍相电压；而对中性点直接接地系统，不超过3～3.5倍相电压。

带电作业中，人体与带电体的最小空气距离，应以内部过电压和大气过电压两种情况下，人体与带电体不发生闪络放电为准则。为了作业安全，应选用其中较大者作为带电作业的最小空气距离。

1. 在内部过电压下的最小安全距离

在内部过电压下作业人员与带电体的最小空气间隙操作冲击50%的放电电压应满足

$$U_{50\%} \geqslant U \tag{14-1}$$

$$U = \frac{K_0 K_1 \sqrt{2} U_N}{\sqrt{3}} \tag{14-2}$$

式中　U——操作过电压峰值，kV；

U_N——线路额定电压，kV；

K_0——内部过电压倍数；

K_1——额定电压升高系数，取1.1。

按式（14-1）求出操作过电压，便可由图14-1的曲线查得相应的最小空气间隙，再将该间隙值增加20%的裕度，即可作为带电作业中内部过电压下的最小安全距离。

2. 外过电压下的最小安全距离

带电作业遇有雷电时应停止工作，所以在外过电压情况下，不考虑工作点的直击雷过电压，而是按远方落雷时的过电压波传播到工作点的过电压来确定最小安全距离。远方落雷沿线路传播到工作点的最大外过电压U为

$$U = \frac{U_0}{U_0 xk + 1} \tag{14-3}$$

式中　U_0——起始雷电电压峰值，一般取线路绝缘子串的雷电冲击50%放电电压峰值$U_{50\%}$，kV；

x——远方落雷处距工作点的距离，一般取5km；

k——雷电波衰减系数，取0.16×10^{-3}。

且最大外过电压应满足

$$U \leqslant U_{50\%} \tag{14-4}$$

棒板空气间隙的雷电冲击放电电压峰值，如图14-2所示。根据式（14-3）求出工作点的雷电压后，可由图14-2查得相应的空气间隙值，再增加20%的裕度即为外过电压下带电作业时最小安全距离。根据上述，目前我国在带电作业时，人身与带电体间的安全距离不应小于表14-1所列数值。

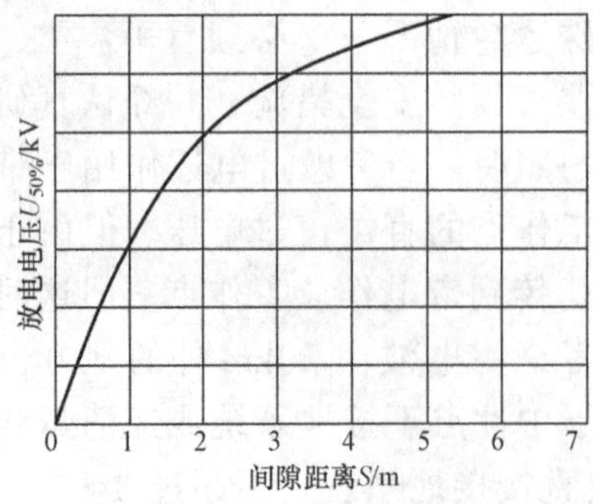

图14-1　棒板间隙的操作冲击$U_{50\%}$

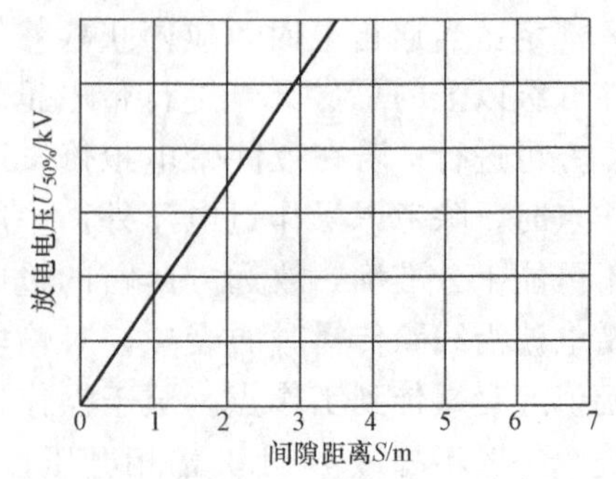

图14-2　棒板空气间隙的雷电冲击$U_{50\%}$

表14-1　　人身与带电体间的安全距离

线路电压/kV	10及以下	35	60	110	154	220	330	500
安全距离/m	0.4	0.6	0.7	1.0	1.4	1.8	2.6	3.6

14.1.2 工具的最短有效绝缘长度

带电作业用绝缘工具的最短有效绝缘长度，应不小于绝缘工具总长减去手握部分及金属接头部分的长度。根据试验知道，绝缘工具有效长度在3.5m以下时，其沿面放电电压约等于等长的空气间隙放电电压。因此，绝缘工具的有效长度可取空气间隙的距离。即取表14-1的安全距离作为绝缘工具的最短有效长度。对操作杆的有效绝缘长度，考虑到操作人员手握操作杆时有可能超越手握部分，故操作杆的有效绝缘长度较表14-1的安全距离增加0.5m。基于上述情况，绝缘工具、绳索和绝缘操作杆的有效绝缘长度不应小于表14-2所列数值。

表14-2　　绝缘工具、绳索和绝缘操作杆的有效绝缘长度

电压/kV	有效绝缘长度/m		电压/kV	有效绝缘长度/m	
	绝缘工具和绳索	绝缘操作杆		绝缘工具和绳索	绝缘操作杆
10及以下	0.4	0.7	154	1.4	1.7
35	0.6	0.9	220	1.8	2.1
60	0.7	1.0	330	2.8	3.1
110	1.0	1.3	500	3.7	4.0

14.2 带电作业方法

14.2.1 间接作业法

1. 间接作业法含义

间接作业法是用绝缘工具代替人的双手去接触带电导线或设备进行作业，即地—绝缘工具—带电设备。

2. 间接作业法的适用范围和重要性

间接作业法适用于35kV及以下电压等级的线路，因为这些设备的间隙距离比较小，工作人员如果不采取措施就进行带电作业，则可能招致放电或接地，甚至会造成人身或设备事故。绝缘工具在间接作业法中占有极其重要的地位，绝缘工具的好坏，直接影响作业人员的安全，所以在选择和配备绝缘工具时，必须慎重考虑。绝缘工具是直接接触带电设备进行操作的工具，它除了必须具备绝缘性能高的要求外，还必须具备足够的机械强度。因为要利用这些工具按一定的方式将带电体挪离待修设备，使待修设备脱离电源进行检修，不但要受电场力的作用，也要承受操作时机械力的作用。间接作业法所用的绝缘工具，主要有绝缘操作杆、支线杆、吊线杆、拉线杆等。在进行各种操作时，还要配合适当的附属工具。将带电体挪离原来位置的操作法，归纳起来，可用升、降、支、拉、紧、吊、张、缩八个字来表示。

3. 组装工具和操作时的注意事项

组装工具和操作时应注意的事项有如下几点：

(1) 用支、拉、吊线杆操作导线时所用的铁钩、固线夹等，必须能够夹牢导线，以防止在支、拉、吊导线时沿导线滑动；

(2) 各种卡具和电杆固定器，必须能够牢靠地紧固在电杆上，其安装位置应适应受力方向，以防止受力后歪扭；

(3) 复式滑车丝绳组的安装位置，必须符合工作上的需要，滑车挂钩应用绑线封缠上，以防止脱钩；

(4) 支、拉线杆支出或拉回后，应立即拧紧电杆固定器上的绝缘杆杆夹的螺帽，以防止跑杆和受力缩回；

(5) 根据检修性质和设备结构情况，应在电杆的中部或适当位置打上临时拉线，以防止电杆摆动过大。

14.2.2 直接作业法

1. 直接作业法含义

直接作业法是采取各种有效措施，保证工作人员安全地进入高压线路的静电场内，直接接触带电设备，进行检修工作。它比间接作业操作方便、灵活、检修质量好、效率高，但必须有措施能保证作业人员的安全。

2. 等电位作业

在高压带电设备上有很多缺陷，采用间接作业法是很难处理的。这就需要作业人员进入带电设备的静电场直接操作，这时人体与带电体的电位差必须等于零，因此称为等电位作业。一般认为，人去直接接触高压带电设备，肯定会有触电危险，但是事实并非如此。人接触带电导体是否有危险，并不取决于人体接触的是高电位还是低电位，而是取决于通过人体的电流，当通过人体的电流达到一定数值时，人就会感到麻电以致造成死亡。如果人体与带电体的电位差等于零，即使接触的是高压带电导体，因为没有电流通过人体，也不会有麻电感觉，更不会造成死亡。电流流经过人体时，人体的反应情况见表 14-3。从表中看出，在带电作业时把流经人体的电流限制在容许范围内，对人身是安全的。

表 14-3 电流流经人体时人体的反应情况

电流/mA	交流电（50Hz）	直流电
0.6～1.5	开始有感觉	没有感觉
2～3	手指强烈震颤、发麻	没有感觉
5～7	手掌内部痉挛	感到麻、灼热
8～10	手掌难于脱开电极，手指和手掌剧痛	灼热剧增，肌肉产生强烈收缩
20～25	手指麻痹，不能脱离电极，强烈剧痛，呼吸困难	感到高热，手肌肉痉挛，呼吸困难
50～80	呼吸麻痹，心脏开始震颤	感到高热，手肌肉痉挛，呼吸困难
90～100	呼吸困难；持续时间 3s 及以上，心脏麻痹，停止跳动	呼吸困难

等电位的原理就是带电作业人员的身上带有与带电导体相等的电位（使电位差等于零）。首先让作业人员穿上全套均压服，借助于绝缘软梯、硬梯或绝缘台等绝缘工具与大地绝缘。这是作业人员从零电位过渡到高电位之间的桥梁。因为当作业人员与大地绝缘起来后，就可以直接接触带电导线，这时人体就带有与带电导线相等的电位。但当人体在接触带电导线的瞬间，有一个较大的突变的充电电流向人体充电，而且充电电流主要在均压服中流动，于是流经人体的电流就降低到人不能感觉的数值。所以，在《电业安全工作规程》中规定等电位工作人员必须穿合格的均压服。

3. 带电自由作业

带电自由作业就是由作业人员穿上均压服，自由进出高压电场，在带有不同电位的 220kV 及以上电压线路的耐张绝缘子串上作业。在超高压线路上运行的绝缘子串，每片绝缘子都承受着很高的电压。220kV线路用14片X-4.5型绝缘子时，靠近导线的一片，电压分布为31kV；靠近横担的一片，电压分布为8kV。但每片绝缘子都在很高的绝缘水平中（如X-4.5型绝缘子干弧放电电压为75kV，湿弧放电电压为45kV，击穿电压为10kV）。而220kV线路正常运行时每相对地电压只有127kV，按3倍相电压考虑内部过电压时还不足400kV，所以，线路的绝缘水平裕度很大。当带电作业人员进出电场时，只要穿上全均压服，逐一将绝缘子所分布的电压短接，步步进入，逐步过渡，就可从接地处经过绝缘子串进入到带高压的导线上，或在绝缘子串中某一部分进行工作。由于所穿的全均压服是全屏蔽的，所以可以起到分流保护作用，人身舒适，工作安全方便，比等电位作业又有了进一步的发展。

4. 等电位作业应该注意的安全事项

（1）在等电位的条件下，人与带电体的绝缘不是越强越好，而是要求有良好的接触以免人体与带电体存在电位差而发生火花放电，引起刺痛感觉。

（2）挂绝缘软梯的等电位作业，能挂软梯的导线、避雷线的截面应满足下列数值：钢芯铝绞线≥120mm²；铜绞线≥70mm²；钢绞线≥50mm²。

带有电位的作业人员，接触或接近接地部分或接触线路的其他部位，也是非常危险的。因为导线对接地部分或对其他部分、其他导线之间的电位差，等于线路相电压或线电压。所以应严禁杆塔上的电工与带电工作人员直接传递一切工具和物件。必要时应有人监护，用绝缘绳索上下传递工具。接触带电导线的工作人员在接用绝缘绳索传递的金属工具时要遵守规定，即金属工具未与带电作业人员处在同一电位之前，带电作业人员不能接触此金属工具，以免触电。

（3）带电作业人员在带有带电导线的电位后，不要在支持绝缘梯或绝缘支架上随意移动。因为此时绝缘支架分布有导线对地之间的全部电压，在绝缘支架上移动，会使部分支架短路，引起导线对地沿支架的闪络。同时，若均压服穿得不得当，也会因人体串接于导线与地之间的绝缘中而形成电容，有充电电流和泄漏电流流过人体，使人有刺痛感觉。

5. 带电自由作业的基本要求

（1）必须采用合格的全均压服，即作业时必须戴均压帽和均压手套、穿均压衣裤、穿均压袜子，并用导线连接起来，而且要连接紧密、牢固、可靠。要防止均压服因老化而导致电阻值增大。因此，在每次使用之前，必须测量其电阻，全套均压服的电阻值不得大于10Ω。

（2）带电自由作业前，必须用测量杆或其他测量方法确定零值绝缘子的片数，要保证绝缘子串中有足够数量的良好绝缘子。《电业安全工作规程》规定，在220kV及330kV设备或线路上，沿绝缘子串进入强电场工作时，除应采取安全技术措施（如装临时保护间隙）外，扣除人体短接的绝缘子成零值绝缘子后，良好的绝缘子片数为220kV应不少于9片，330kV应不少于16片。若耐张绝缘子串原来片数少或良好绝缘子片数不能满足有关规定时，则不得采用带电自由作业法。

（3）采用全均压服逐步短接绝缘子时，还带来了绝缘子串的空气间隙减小的问题。如果空气间隙过小，在过电压状态下，超高压静电场可能对全均压服发生尖端放电，危及人身安全。当短接220kV线路绝缘子时，要求保持有效空气间隙的组合距离（即绝缘子串长度减去约0.5m的作业人员工作宽度）为1.6m，并要求不能同时接触不同相别的两相导线。前面所述，在带电作业中应避免大挥手、大摆动以及前倒后仰等动作，就是要防止空气间隙过分减小。

(4) 带电自由作业使用的工具要十分牢固可靠，经过电气及机械试验合格，使用时安全系数可取 2.5～3。

(5) 在带电自由作业时，必须停用自动重合闸装置，严禁用棉纱、汽油、酒精等擦拭带电体及绝缘部分，防止起火。

(6) 带电自由作业一般应在晴天进行。

14.2.3 雨天带电作业

在雨季和高湿度的气候中，电力系统的绝缘比较薄弱，设备缺陷和故障比较集中，因此在雨天进行带电作业意义很大。在雨天实现高压线路上的带电作业，主要在于带电作业工具的改进，使它能在雨天中使用。因此，在雨天使用的绝缘工具应能满足湿弧的要求，要选用湿弧放电电压（淋雨条件下沿绝缘的表面放电的电压）值较高的材料来制造绝缘工具，还要增大工具表面的放电距离，即强迫放电路径沿着特制的绝缘工具表面曲折地爬行。例如，用聚乙烯制成的雨罩，就可达到增大沿表面放电距离的目的。用两端密封的环氧树脂管制成的操作杆，根据使用电压等级分别套入不同数量的雨罩，就可以提高总的湿弧放电电压水平，见表 14-4。

表 14-4 操作杆的雨罩数量、有效长度及湿弧放电电压值

使用电压/kV	雨罩数量/个	有效长度/mm	湿弧放电电压/kV
6～10	3	400	45
35	5	600	90
110	9	1200	220

注 加电压前预淋雨 5min。

雨罩套入绝缘杆后可用聚胺树脂黏合成一体，也可在雨罩顶部另加装固定的绝缘小帽，再用环氧树脂黏合，但绝缘小帽的材质必须与绝缘操作杆相同。用绝缘小帽加在雨罩顶部的示意图如图 14-3 所示。

14.2.4 带电水冲洗作业

一、水冲洗工具

根据喷嘴直径大小，一般可分为小型（喷嘴内径 2.5mm 以下）、中型（喷嘴内径 3～7mm）和大型（喷嘴内径，8～12mm）水冲洗三种。目前广泛使用短水枪长水柱的小型冲洗工具，如图 14-4 所示。水枪短活动范围小，既便于操作又不容易碰到带电体，使用比较安全。喷嘴的结构和形状光洁度及锥度应能保证喷出的水柱长度紧密而不散花。水泵的水压力以满足冲洗效果为准。对中型、大型水冲洗时的喷嘴及水泵应可靠地接地，其接地电阻不宜大于 10Ω。

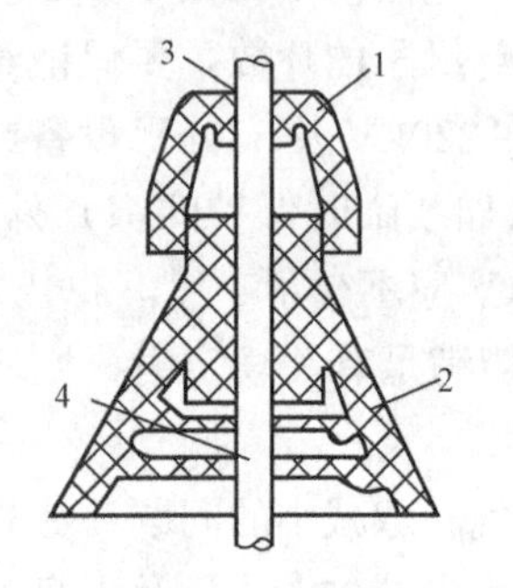

图 14-3 绝缘小帽加在雨罩顶部的示意图

1—绝缘小帽；2—雨罩；3—黏合处；4—绝缘操作杆

二、带电水冲洗应具备的技术条件

(1) 冲洗时的天气良好，风力不宜大于 3 级（风速在 4～5m/s），湿度不大于 80%，温度不低于 0℃。

(2) 冲洗用水的水电阻率，一般不宜低于 1500Ω·cm。当水电阻率为 1000～1500Ω·cm 时，水柱长度应比表 14-5 中数值增

加10%。当水电阻率低于1000Ω·cm时不得使用，以免泄漏电流过大危及人身安全。

（3）通过试验知道，水柱愈长其耐压愈高，水的电阻率愈高其耐压也随之增加。在水柱长度和水的电阻率不变的条件下，水柱的耐压随喷嘴内径的增大而降低。此外，水柱愈长，水电阻率高、泄漏电流也愈小。一般要求在最高运行相电压下，经水柱流经人身体的泄漏电流不得超过1.0mA。同时水柱、绝缘操作杆和导水管的组合绝缘湿闪耐压不应低于操作过电压。因此，喷嘴与带电体间的水柱长度应符合表14-5所列规定数据。

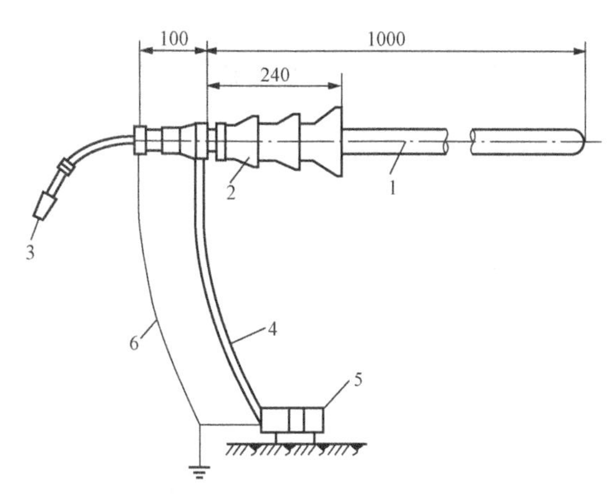

图14-4 短水枪长水柱小型冲洗工具示意图
1—绝缘操作杆；2—雨罩；3—喷嘴；4—尼龙导水管；5—水泵；6—接地引线

表14-5 喷嘴与带电体之间的水柱长度

喷嘴直径/mm		3及以下	4～8	9～12	13～18
电压等级/kV	63（66）及以下	0.8	2.0	4.0	6.0
	110	1.2	3.0	5.0	7.0
	220	1.8	4.0	6.0	7.0

（4）带电冲洗绝缘子的临界盐密值，不得大于表14-6所列数值，以免发生闪络。

表14-6 带电水冲洗绝缘子的临界盐密值（仅使用于220kV及以下）

爬电比距/mm/kV	14.8～16（普通型绝缘子）				20～31（防污型绝缘子）			
水电阻率/Ω·cm	1500	3000	10 000	50 000及以上	1500	3000	10 000	50 000及以上
临界盐密值/mg/cm^2	0.05	0.07	0.12	0.15	0.12	0.15	0.2	0.22

注 1. 330kV及500kV等级的临界盐密值尚不成熟，暂不列入。
2. 爬电比距是指绝缘子的爬电距离与线路最高工作电压之比。

（5）被冲洗的电气设备或绝缘子等，其绝缘应良好，无裂缝、漏油、渗油等缺陷。

（6）避雷器及密封不良的电气设备，不得进行水冲洗。

三、冲洗时的安全操作要求

（1）操作人员应穿戴高压绝缘鞋和手套，设监护人并集中精力进行监护。

（2）水压达到正常时，方可将喷嘴对准被冲洗的绝缘子或套管等电气设备。

（3）冲洗之前应测量水电阻率，并检查冲洗工具是否完整良好，接地是否良好。

（4）对垂直悬挂的绝缘子串，棒式绝缘子等应由下（导线侧）向上（横担侧）逐片冲洗，对耐张绝缘子串，应由导线侧向横担侧逐片冲洗。

（5）在有风天气冲洗时，先冲洗下风侧后冲洗上风侧。

（6）一般水柱长度已满足过电压的要求，故水枪的有效绝缘长度可取1.0m左右。

（7）水柱与绝缘子串中心的夹角，在冲洗下半截时尽量成90°，冲洗上半截时不宜小于90°。

(8) 冲洗时尽量避免水溅到邻近设备的绝缘子或套管上，以免引起污闪。

(9) 冲洗双串绝缘子时，相应位置的两片绝缘子应同时冲洗完成，不得冲洗完一串后再冲洗另一串，对导线垂直排列的杆塔，应按下相、中相到上相的顺序冲洗绝缘子串。

(10) 在带电水冲洗作业时，导水管上端静电分布电压较大，所在1.5m范围内不得触及人体或接地体，以防发生设备和人身事故。

(11) 进行小型冲洗时，小水泵宜良好接地。

(12) 在进行冲洗时，注意喷嘴接地线不得摆动过大，以防接地线触碰导线引起接地短路故障。

14.3 带 电 作 业 工 具

14.3.1 保管带电作业工具

带电作业使用的绝缘工具和仪表设备是专用工具，应设专人管理、列册登记，并应保持完好待用状态；禁止在停电线路及设备上使用，或当作一般工具使用。带电作业绝缘工具、仪表及绝缘材料应有专门工具室存放。工具室必须通风良好，经常保持清洁、干燥。在空气比较潮湿的时候，可采用红外线照射干燥。

在运输工具时，应将工具装入特制的防水帆布工具袋内，并放置在专门制造的工具箱中，以防止工具表面擦伤损坏，箱子外面应涂防水或包防水帆布。但在工具室存放工具及在工作场所使用时，则不能把工具放在工具袋中，应将工具整齐地平铺于干燥地方的防水帆布上，并用清洁的帆布把工具可靠地遮盖起来。使用工具时必须戴手套，防止工具受潮及受污。若绝缘工具在现场偶尔被泥土黏污时，可用清洁干燥的毛巾抹净或用无水酒精清洗，对严重黏污或受潮的绝缘工具，经过处理后须进行试验方可再用。对均压服的保管，应整件平放，不得折叠，以防止铜丝折断。平时应经常检查，定期测定，如发现电阻值显著增加时，应停止使用，并查明原因，设法修好。

绝缘棒表面受潮较重时，其放电电压与绝缘电阻将相应降低；而未受潮的绝缘部分，即使在相对湿度高达90%～100%的空气中，其2cm长的绝缘电阻一般也能保持在1000MΩ以上。为了鉴定绝缘工具的电气强度，除了定期进行试验外，也可用2cm长的绝缘电阻值来鉴定其受潮程度，从而判定该绝缘工具是否能继续使用。严重受潮的绝缘棒，将因木层膨胀及层间开裂等导致截面变形。以往经验表明，若将直径为20～35mm的圆形绝缘棒浸水90余小时，发现直径约增加1%～8%，虽经干燥，也因产生裂纹而不能使用。因此维护中应特别注意防止绝缘棒严重受潮。如果受潮，应尽快地在30～38℃的通风箱中予以干燥。此时应特别注意其干燥速度，以免干燥过快而使木质开裂。

14.3.2 带电工具的安全技术

一、绝缘绳的机电性能

带电作业常用的绝缘绳有蚕丝绳（分生蚕丝绳和熟蚕丝绳）和尼龙绳（分尼龙丝绳和尼龙线绳）等。在带电作业中绝缘绳用作牵引、提升物体、临时拉线，制作软梯和滑车绳等。绝缘绳不但有较高的机械强度而且还应具有耐磨性。各种绝缘绳的机械特性见表14-7。使用绝缘绳时，机械强度安全系数不应低于2.5。绝缘绳所允许的拉力的计算式为

$$T = \sigma A \tag{14-5}$$

式中 σ——绝缘绳的允许使用应力，N/mm^2；

A——绝缘绳的允许截面积，mm^2。

表 14-7 **绝缘绳的机械特性**

名 称	抗拉强度/N/mm^2	耐磨次数/次/mm^2	伸长率/%
熟蚕丝绳	87	8.0	65
生蚕丝绳	62	3.99	40～50
尼龙丝绳	112	3.3	60～80
尼龙线绳	108	1.59	40～60

由此给出了各种绝缘绳的允许使用应力见表 14-8。

表 14-8 **绝缘绳的允许使用应力** (N/mm^2)

名 称	使 用 应 力	名 称	使 用 应 力
熟蚕丝绳	24.7	尼龙丝绳	43
生蚕丝绳	34.8	尼龙线绳	43

上述绝缘绳的工频放电电压基本一致。图 14-5 所示为长为 1～5m 各种绝缘绳（不论直径大小）的工频放电电压（平均值）曲线。

绝缘绳受潮后，其绝缘强度显著降低，故应保持绝缘绳干燥。实践证明，尼龙绳受潮后，由于泄漏电流增加，往往产生明火烧断，所以在阴雨天不得使用尼龙绳。生蚕丝绳较熟蚕丝绳容易受潮且耐磨性差，采用熟蚕丝绳较为安全。

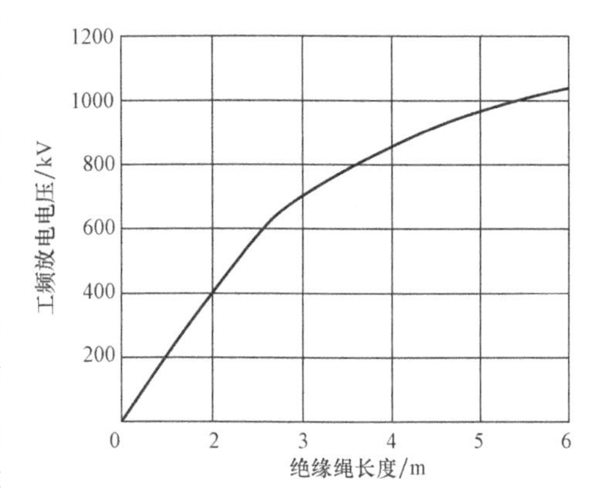

图 14-5 长为 1～5m 各种绝缘绳工频放电电压曲线

二、对绝缘梯的安全要求

绝缘梯是等电位作业时操作人员进入电场的常用工具。绝缘梯分为绝缘软梯和绝缘硬梯两种。绝缘软梯用绝缘管和绝缘绳连接制成，使用时挂在导线上，操作人员攀登软梯进入带电工作区，与带电体接触后进行作业。绝缘硬梯由绝缘棒（管）组成。使用绝缘梯时应注意下列安全事项。

（1）攀登软梯时容易摆动，所以悬挂软梯后需用人工将软梯下端固定以便攀登。

（2）绝缘梯本身的连接以及与导线、塔身等的连接必须牢固可靠，经检查无误后方可攀登。

（3）在运输、使用过程中防止绝缘梯各部受潮、磨损或绝缘绳断股、绝缘管裂纹等现象。使用后的绝缘梯应放在隔潮、干净的垫毯上或支架上。

（4）悬挂绝缘梯的导线、横担、塔身构件或其他杆件部位，必须满足机械强度的要求。在导线或避雷线上悬挂软梯时，其截面应满足下列数值：钢芯铝绞线≥120mm；铜导线≥70mm；钢绞线≥50mm。

(5) 在导线或避雷线上悬挂软梯时，应验算导线、避雷线及交叉跨越物之间的安全距离是否满足要求。

(6) 当操作人员与带电体接触后，不得在绝缘梯上任意移动，以免减少绝缘梯的绝缘距离，引起放电故障。

(7) 当绝缘硬梯垂直使用时，为防止梯子折断并增加稳定性，一般10m高的硬梯应安装两层四方拉线（使用绝缘绳）。拉线下端的固定，不得用人代替。工作者在梯子上不准调整拉线松紧。

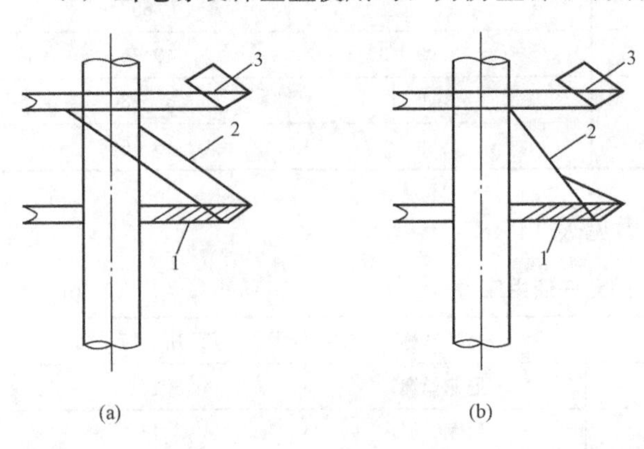

图 14-6 绝缘硬梯的固定
(a) 用两条绝缘绳固定；(b) 用一条绝缘绳固定
1—绝缘梯；2—绝缘绳；3—横担

(8) 配电线路由于线间距离小，导线截面也小，所以不允许采用悬挂软梯等电位作业，以免发生相间短路和人身故障。

(9) 利用绝缘硬梯进入电场时，绝缘硬梯的悬臂端必须用两条绝缘绳固定，如图14-6（a）所示；不得用一条绝缘绳固定，如图14-6（b）所示。

(10) 对瓷横担线路，不得使用悬挂软梯等悬重作业。

三、对绝缘操作杆的安全要求

绝缘操作杆是间接带电作业使用的主要工具，用它可以取递绝缘子，拔递弹簧销子，解、绑扎线等。使用绝缘操作杆时需注意以下安全技术要求：

(1) 制作绝缘杆，应尽量减少金属接头，因金属接头周围电场集中，场强大容易引起绝缘杆放电。一般对110kV及以下者不得有金属接头，对220kV及以上者允许有一个金属接头。

(2) 绝缘操作杆端部和金属接头处须做成圆弧形，以减少电场集中。

(3) 绝缘操作杆管内须清洗干净并堵封，防止潮气侵入。堵头可采用环氧酚醛玻璃布板，堵头与管内壁用环氧树脂黏牢密封。

(4) 在使用绝缘操作杆之前，应详细检查是否有损坏、裂纹等缺陷，并用清洁干燥的毛巾擦净，以消除使用时引起的泄漏电流。对绝缘操作杆可用2500V的摇表测其绝缘电阻，其值不得低于10 000MΩ。

(5) 手握绝缘操作杆进行操作时不得超出手握范围，以免减少绝缘有效长度，而引起闪络放电故障。

(6) 操作者应戴干净的线手套，以防手出汗降低绝缘操作杆的表面电阻，使泄漏电流增加，危及人身安全。

四、对绝缘高架斗臂车的安全要求

利用绝缘高架斗臂车（简称斗臂车）进行等电位作业时，应符合以下安全要求。

(1) 斗臂车须由交通部门进行性能检验合格，由带电作业专业人员检验确认液压传动、回转和升降系统工作正常，并操作灵活、制动装置可靠后，方准使用。

（2）斗臂车的绝缘臂有效长度不得少于表 14-9 所列数值。

表 14-9　　斗臂车的绝缘臂有效长度

电压/kV	10	35	110	220
有效长度/m	1.0	1.5	2.0	3.0

（3）斗臂车的金属臂在仰起、回转运动中，对带电体的安全距离（绝缘有效长度）不得小于表 14-9 的要求。

（4）斗臂车的操作台和车体应可靠接地。

（5）工作人员在绝缘斗中系好绝缘安全带。

（6）在工作过程中，操作斗臂车人员不得离开操作台，发动机不得熄火，以使当遇有特殊意外情况时，能迅速脱离带电体。

五、屏蔽服种类和作用及其穿戴的安全要求

1. 屏蔽服的种类

屏蔽服又称均压服，它是带电作业不可缺少的装备。屏蔽服是用均匀分布的导线材料和纤维材料等编制成的服装。作业人员穿上这种服装之后，便使处于高电场的人体外表各个部位形成一个等电位屏蔽面，从而可保护人体免受高压电场和电磁波的影响。成套的屏蔽服包括上衣、裤子、帽子、手套、短袜和鞋子，以及相应的连接线和连接头。根据使用条件的不同，屏蔽服分为 B、C、D 三种类型。B 型屏蔽服，其衣料屏蔽效率高，载流量较小，适用于 110～500kV 的电压等级；C 型屏蔽服，它有适当的屏蔽效率，载流量较大，适用 10～35kV 的电压等级；D 型屏蔽服的屏蔽效率高，载流量又较大，适用于所有电压等级。

2. 屏蔽服的作用

（1）屏蔽作用。通过试验知道，把一个空心的金属盒放在电场中，金属盒的表面场强很高而盒内的场强则近于零，这种效应称为法拉第原理。屏蔽服就是基于法拉第原理制作的。当人们穿戴屏蔽服在电场中工作时，由于电场不能全部穿透屏蔽服，故屏蔽服内的电场很小，从而消除了静电感应影响，使工作人员不会产生不舒适的感觉。良好的屏蔽服，其屏蔽系数（即衣服内的场强与衣服外的场强之比的百分数）为 1.0%～1.5%。如外部的场强为 30kV/m 时，而屏蔽服内的场强仅为 6.3～0.45kV/m，远远低于人们能感觉到的场强 2.4kV/m。因此良好的屏蔽服，能起到屏蔽作用，对人体不会产生危及安全的静电感应影响。

（2）分流作用。等电位作业时，作业人员在等电位之前，对导体和大地都存在着电容。等电位之后，人体与大地和其他相导线也存在着电容。因此，等电位作业人员无论是接触导线还是脱离导线的一瞬间，都有电容电流通过人体。所以在线路上进行等电位带电作业时，必须采取措施减少流过人体的电流，而穿屏蔽服则是一种最有效的分流措施。作业人员身穿屏蔽服后，相当人体与屏蔽服并联。若人体电阻为 R_1，流入人体的电流为 I_1，屏蔽服的电阻为 R_2，流入屏蔽服的电流为 I_2（见图 14-7），根据欧姆定律可得

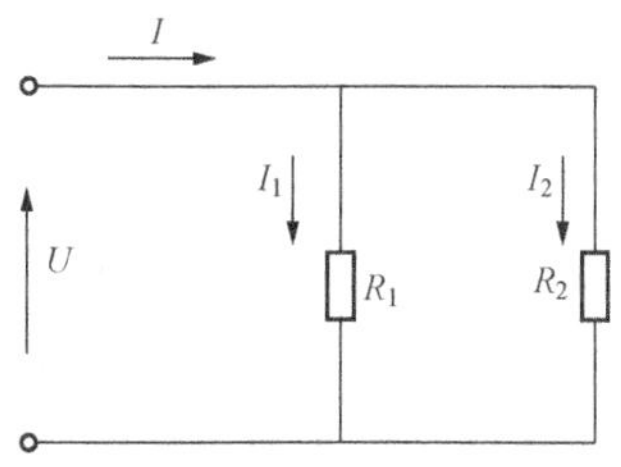

图 14-7　人体和屏蔽服并联回路

$$\begin{cases} I_1 = \dfrac{U}{R_1} \\ I_2 = \dfrac{U}{R_2} \\ \dfrac{I_1}{I_2} = \dfrac{R_2}{R_1} \end{cases} \tag{14-6}$$

由式（14-6）可知，电流之大小与电阻成反比，屏蔽服的电阻很小，一般全套屏蔽服的最大电阻平均值不大于20Ω，而人体电阻约为1500Ω。因此，绝大部分电流流经屏蔽服，而流经人体的电流仅为流经屏蔽服电流的1/75。这样小的电流对人体不会产生危险或不舒服的感觉。

六、穿戴屏蔽服的安全要求

（1）通过试验可知，当在110kV线路上进行等电位带电作业时，由于电场效应使空气中的离子游离，因此没有屏蔽的脸部就会感到像风吹一样的感觉。所以带电作业人员还必须头戴屏蔽帽，帽舌外露部分可以避免脸面产生不舒服的感觉。

（2）屏蔽服各个连接部分必须连接良好，以保证良好的屏蔽效果。例如手套与上衣连接不良，当手离开导线时，就会有麻电或电击的感觉。

（3）屏蔽服断丝严重时电阻增大，屏蔽效果就显著降低，可能引起局部电位差过热烧毁屏蔽服，甚至引起人身事故。所以在穿用之前必须认真检查屏蔽服是否有损坏现象。

（4）冬季穿棉衣时，必须将屏蔽服穿在棉衣外面。

（5）在线间距离比较大的110kV及以上线路上进行等电位作业时，不易发生短路接地故障，但其场强高，因此可选用屏蔽效果高、载流量小的屏蔽服。在配电线路上进行等电位作业时，容易引起相间短路或接地短路，这时流过屏蔽服的电流很大，因此宜选用屏蔽效果小、载流量大的屏蔽服。这里应当指出，屏蔽服的载流量虽然较大，但并不能保证在短路电流作用下的人身安全，所以不能把屏蔽服当作保险的万能服，在工作中应特别注意切勿发生相间或接地短路故障。

（6）屏蔽服使用完毕应卷成筒形放入专用箱内，不得挤压，以免断丝。

（7）洗涤屏蔽服时，不得过分折褶、揉搓、拧扭，应自然晒干。

（8）穿戴的屏蔽服宜比身体宽松一些，以使人身与屏蔽服之间有一定裕度，一旦发生故障可减少流入人体的电流，以免烧伤身体。

（9）有孔洞的屏蔽服不得穿用。

（10）穿戴屏蔽服也必须穿内衣（即使夏天炎热也应穿内衣），避免发生故障时烧伤身体。特别是配电线路容易发生短路，最好穿防火内衣，以免烧伤身体。

（11）进入等电位之前，应将屏蔽服上的等电位连线与导线连接好，以便使导线与屏蔽服等电位。

14.3.3 带电作业工具应做的试验

带电作业人员的安全主要依靠所用工具的电气强度与机械强度来保证。为了使带电作业工具经常保持良好的电气性能和机械性能，除了出厂的验收试验外，还必须定期进行预防性试验，以便及时掌握其绝缘水平和机械强度，做到心中有数，确保作业人员的安全。对带电作业工具的机械试验每1年1次，金属工具每2年1次。电气试验每1个月进行1次，试验记录应由专人保管。现将带电作业工具的预防性试验方法与标准分述如下。

一、机械性能试验

（1）静负荷试验。静负荷试验时，将带电作业工具组装成工作状态，加上2.5倍的使用荷重，持续时间为5min。如果在这个时间内各部构件均未发生永久变形和破坏、裂纹等情况时，则认为试验合格。

（2）动负荷试验。动负荷试验时，将带电作业工具组装成工作状态，加上1.5倍的使用荷重，然后按工作情况进行操作。连续动作3次，如果操作轻便灵活，连接部分未发生卡住现象，则认为试验合格。

二、电气性能试验

对于用绝缘材料制成的工具（如吊线杆、拉线杆和操作杆），经机械性能试验合格后，还应对其进行下列电气性能的试验。

（1）工频耐压试验。其试验方法如下。

1）绝缘杆。现场模拟试验表明，将一根直径为20mm、长2.5m以上的金属杆水平悬挂以代替带电导线，再将绝缘杆接触此模拟导线，进行试验，这样效果好。同时在出厂试验和预防性试验时，在设备条件许可的情况下，最好采用整体试验（即整根一端加电压、一端接地），如预防性试验受设备条件所限，可分段试验，但分段数目不可超过4段。

2）绝缘梯和绝缘绳。绝缘梯或绝缘绳的电气试验可用锡箔纸包在试品的表面，再用裸铜线缠绕，作为电极，按表14-2的有效长度进行试验。

3）绝缘服。对绝缘服的试验，可在绝缘服的里边各套上一套均压服作为电极，然后试验。

4）绝缘手套及绝缘鞋。对绝缘手套及绝缘鞋的试验，一般用自来水作电极进行试验。此外，模拟淋雨时的状态进行试验，可按如下的条件：①在淋雨试验时，试品的安放位置与其工作状态一致；②在试品上降下均匀的滴状雨，每分钟降雨量为3mm，同时雨滴的作用区域超过试品外形尺寸范围；③淋雨方向与平面垂线成45°。对绝缘杆和绝缘绳来说，将这些工具与地平面夹角成45°，这样淋雨方向与绝缘操作杆在平面适成90°；对吊线及绝缘梯来说，因为这些工具使用时是垂直地平面放置的，这时淋雨方向适与工具成45°夹角；对绝缘平梯来说，使用时是水平放置的，淋雨方向也与工具成15°夹角。试品在淋雨10min后才能湿透，因此，试品必须淋雨10min后才能加压。

（2）各电压等级带电作业工具工频试验电压的标准如下：

1）35～63kV线路上用的绝缘工具，其预防性试验电压为4倍相电压。

2）110kV线路上用的绝缘工具，其预防性试验电压为4倍相电压。

3）220kV线路上用的绝缘工具，其预防性试验电压为3倍相电压，出厂试验电压为3.7倍相电压。

4）330kV线路上用的绝缘工具，其预防性试验电压为2.75倍相电压。工频耐压试验持续的时间为5min。

在全部试验过程中，被试工具能耐受所加电压。而当试验电压撤除后用手抚摸，若无局部或全部过热现象，无放电烧伤、击穿等，则认为电气试验合格。绝缘杆进行分段试验时，每段所加的电压应与全长所加的电压按长度成比例计算，并增加20%。小型水冲洗操作杆的绝缘试验，要求每3个月进行一次工作状态的耐压试验。耐压标准为：中性点直接接地系统为3倍相电压；非直接接地系统为3倍线电压，耐压5min不闪络、不发热者为合格。

三、机电联合试验

绝缘工具在使用中经常受电气和机械的共同作用，因而要同时施加1.5倍的工作荷重和两倍额定相电压，以试验其机电性能，试验持续时间为5min。在试验过程中，如绝缘设备的表面没有开裂和放电声音，且当电压撤除后，立即用手摸，没有发热的感觉及裂纹等现象时，则认为机电联合试验合格。

14.4 带电作业的安全要求

本章14.2中曾对等电位作业、带电自由作业、水冲洗作业的安全注意事项作了介绍。但是，带电作业毕竟是接近高电压、强电场的作业，稍有失误，就会发生重大的人身和设备事故。因此，在工作中务必要按照规程要求，注意操作的安全。本节对其他的作业项目的安全要求再次给予必要的叙述。

14.4.1 带电作业安全的一般要求

在进行带电作业时应遵守下列一般要求：

(1) 作业人员须经过专门培训，不但能熟练地进行工作，而且还应具备一定的技术理论水平，并经考试合格发给合格证，才能允许正式参加带电作业工作。

(2) 带电作业的负责人，必须是从事多年带电作业、有一定理论基础知识和工作经验，并具有组织能力和事故处理能力。

(3) 带电作业应由专门的带电作业班（队）担任。带电作业班（队）应长期从事本专业的工作，以便树立牢固的带电作业习惯动作和带电感觉，避免分散精力对带电作业生疏。

(4) 工作之前有关负责人和作业人员要详细讨论工作任务和操作方法，制定安全措施，并进行技术交底。

(5) 在作业过程中，工作负责人应集中精力监护杆塔上操作人员的每个动作和意图，发现不安全现象时要及时向工作人员提出。当发生不安全情况时，要冷静及时作出正确判断和处理方法，以免故障扩大。

(6) 掌握各种绝缘工具的特点和使用方法。对这些工具要经常检测、维护，妥善保管。

(7) 设计的杆塔型式和线间距离应满足带电作业的需要。

(8) 工作前必须有工作票并得到调度部门的同意。必要时将接地保护改为瞬时跳闸装置，退出重合闸装置，且不得强行送电。这样，一旦发生接地或短路故障，可立即切断电源，避免人员连续触电。

(9) 夜间带电作业只能在发电厂或变电所内进行，必须有足够的照明。

(10) 带电作业的绝缘工具不得沾有污秽油泥，不得用汽油、棉纱、稀料、酒精等擦拭绝缘体，以防由于泄漏电流起火。

(11) 工作人员不准穿用合成纤维纺织品材料的工作服和内衣，以免烧伤身体。

(12) 遇有雨或大雾及风力大于5级及以上的天气，应停止工作。

(13) 在杆塔上作业，安全带与各部位的连接必须牢固可靠，以免断裂造成人员坠落。对复杂的操作或在高杆塔上作业时，地面监护有困难，应增设杆塔上的监护。

(14) 工作现场应设围栏防护，严禁非工作人员进入防护区内。

(15) 在使用转动横担或释放线夹的线路上进行带电作业时，应在作业前采取加固措施。

14.4.2　检测零值绝缘子的安全要求

（1）在杆塔上用检测杆检测绝缘子时，身体移动、手臂动作范围不得过大，以免手臂碰触导线。

（2）准确地判断零值绝缘子，以便掌握良好绝缘子数量，确定是否继续检测，避免绝缘子串发生闪络造成接地故障。

（3）针式绝缘子和少于3片的悬式绝缘子串，不得用火花间隙法检测零值绝缘子。

（4）检测导线垂直排列的绝缘子串时，身体站立应注意头顶距上导线或跳线的安全距离。

（5）在耐张塔上检测绝缘子时，应特别注意身体与跳线的距离。

（6）检测绝缘子用的绝缘杆，最好采用能够伸缩的结构，以免在杆塔上改变作业点时，绝缘杆的另一端触碰导线，引起绝缘距离过小，发生闪络放电故障。

（7）检测绝缘子时，当发现同一串绝缘子中的零值绝缘子片数达到表14-10的规定，应立即停止检测。如绝缘子串的总片数超过表14-10的规定时，零值绝缘子片数可相应增加。

表14-10　一串绝缘子中允许零值绝缘子片数

电压等级/kV	35	63（66）	110	220	330	500
绝缘子串片数	3	5	7	13	19	28
允许零值片数	1	2	3	5	4	6

（8）检测330kV及以上线路的绝缘子时，工作人员应穿全套屏蔽服，以防静电感应影响。

14.4.3　带电清扫绝缘子的安全要求及注意事项

带电清扫绝缘子串，一般可采用间接作业方式，即将绝缘子串放到地面，清扫后再悬挂在横担上。清扫绝缘子时，将导线用绝缘绳吊挂着；另一方法是采用水冲洗的方法。

清扫绝缘子时应注意以下事项：

（1）需配备足够的人员，不能为了抢时间、抢进度而忽视安全，引起触电故障；

（2）夏季炎热带草帽时，应注意草帽与带电体的安全距离，并将草帽系牢，防止风吹草帽触碰导线；

（3）用尼龙绳悬吊导线时，遇有雨天应立即将导线悬挂于绝缘子串的线夹内，以免尼龙绳受潮，泄漏电流增大烧断尼龙绳。

14.4.4　更换绝缘子的安全要求带电

进行更换或增加绝缘子时，须注意以下安全事项：

（1）对高低压同杆并架的配电线路，最好将低压线路停电或将低压线用绝缘管遮蔽后，工作人员再穿过低压线，以免身体接触低压线造成故障。

（2）若在配电线路上更换针式绝缘子，当拆除或绑扎导线的绑线时，因针式绝缘子高度较矮，绑线容易触碰横担，故应将针式绝缘子的底脚和铁横担之间用绝缘板遮盖，或将绑线随解开剪短，以防绑线碰横担引起短路接地故障。

（3）利用斗臂车等电位作业时，坐在绝缘斗的等电位人员，切勿一手触及导线后，另一手触碰横担杆塔或拉线，避免发生人身事故。对配电线路，用手拆除导线的绑线时，手很容易碰触横担造成接地故障，因此须将横担用绝缘物遮盖。半臂车移动时，注意监视，切勿使斗上作业人员碰及导线。

（4）遇有上下层排列的双回路杆塔，在下层横担工作过程或工作完毕后，切勿站立，以防头碰上层导线或跳线。最好将上层横担外加装绝缘挡板，以限制工作人员的活动范围。

14.4.5　更换杆塔、拉线和横担及其安全要求

（1）需丈量杆件长度或拉线长度时，必须用绝缘绳或绝缘杆丈量，而且应拉紧防止大风吹摆触碰导线。绝不可用皮尺丈量，以免风吹皮尺碰导线造成故障。

（2）使用的起重滑车应绝缘，起吊牵引时的机械安全系数不应小于2.5。

（3）杆塔上有两处同时工作时，必须增设监护人。

（4）更换横担或起吊电杆时，应注意横担吊杆或杆塔各部分不得碰及导线，最好将导线用绝缘筒管绝缘。起吊电杆的钢丝绳应串以绝缘子，以防钢丝绳碰导线造成接地和人身事故。

（5）所有工作人员应穿戴绝缘手套和绝缘鞋。立杆后如发现杆身距导线太近，应将导线用绝缘板与杆身隔开，以防导线摆动碰及电杆。

（6）导线上等电位工作人员不得与杆塔上的人员传递工具或接触。

（7）拆除一端横担吊杆后，必须将吊杆固定在横担上，以防止吊杆自行下垂碰及导线。

（8）在档距中间起立电杆时，为防止杆顶碰导线，可在杆顶加装四方拉线，控制电杆。四方拉线宜使用熟蚕丝绝缘绳，不宜使用尼龙绝缘绳。因尼龙绝缘绳伸长率大，受力后无法控制，往往造成电杆倾斜碰及导线。

（9）所有牵引设备，如牵引绳、地滑车、抱杆、绞磨等均应接地。

（10）在有绝缘避雷线的杆塔上作业时，应先将避雷线良好接地，接地引线用10mm^2的软铜线与杆塔的接地装置连接。接地时先将接地引线一端与接地装置连接后，再将另一端与避雷线连接。拆除接地引线时、应先拆除与避雷线连接的一端后，再拆除与接地装置连接的一端。使用绝缘杆连接接地引线时，绝缘杆的有效绝缘长度不小于400mm。

（11）在档距中央立杆时，可用绝缘绳将中间和两边导线拉开，增大线间距离，以防电杆碰导线。

（12）带电作业一般不得使用非绝缘绳（棉纱绳、白棕绳、钢丝绳），若必须使用时，须沿顺线路方向牵引，且牵引机具应可靠接地。

14.5　触电急救措施

在带电作业、运行检修、施工安装工作或使用电气设备时，由于种种原因，有时引起人身触电事故。如果处理不当，就会导致触电事故进一步恶化，造成人身死亡。因此，本节着重介绍触电急救的一般措施，急救的原则和方式，现场心肺复苏法以及抢救过程的再判定。

14.5.1　触电急救一般措施

当发现人身触电后，应立即采取如下急救措施。

（1）首先尽快使触电者脱离电源。如电源开关或刀闸距触电者较近，则尽快切断开关或刀闸。如电源较远时，可用绝缘钳子或带有干燥木柄的斧子、铁铣等切断电源线，也可用木杆、竹竿等将导线挑开脱离触电者。

(2) 在电源未切断之前，救护人员切不可直接接触触电者，以免发生触电的危险。

(3) 当触电者脱离电源后，如触电者神智尚清醒，仅感到心慌、四肢麻、全身无力或曾一度昏迷，但未失去知觉时，可将触电者平躺于空气畅通而保温的地方，并严密观察。

(4) 发生触电事故后，一方面进行现场抢救，一方面应立即与附近医院联系，速派医务人员抢救。在医务人员未到现场之前，不得放弃现场抢救。

(5) 抢救时不能只根据触电者没有呼吸和脉搏，就擅自判断触电人已死亡而放弃抢救。因为有时触电后会出现一种假死现象，故必须由医生到现场后作出触电人是否死亡的诊断。

(6) 判断触电人呼吸和心跳的情况，一般可在10s内用看、听、试的方法进行判断。如图14-8所示，看触电者胸部、腹部有无起伏动作，用耳贴近触电者的口鼻听有无呼吸声音。用两个手指轻轻按在触电者左侧或右侧喉结旁凹陷处，测试颈动脉有无搏动，如图14-9所示。

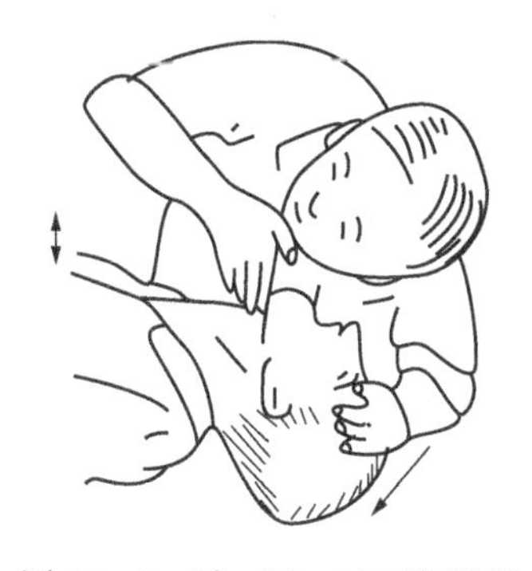

图14-8 看、听、试判断呼吸

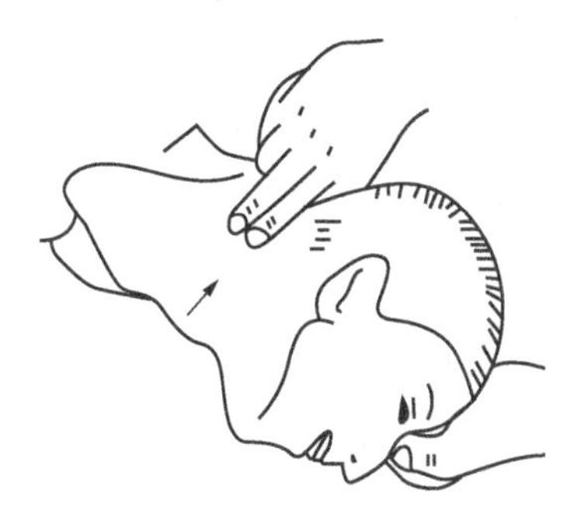

图14-9 测试颈动脉搏

(7) 未经医生许可，严禁用打强心针来判断呼吸动脉搏动进行触电急救。因为触电人处于心脏纤维颤动状态（即强烈地收缩状态），强心针是促进心脏收缩的，故打强心针将造成恶果。

14.5.2 触电急救的原则和方法

触电急救可按以下原则，视触电者状态而采用不同方法。

(1) 当触电者神志不清、有心跳，但呼吸停止或轻微呼吸时，应即时用仰头抬颏法使气道开放，并进行口对口人工呼吸。

(2) 当触电者神志丧失、心跳停止；但有极微弱的呼吸时，应立即用心肺复苏法急救。不能认为还有极微呼吸就只做胸外按压，因为轻微呼吸不能起到气体交换作用。

(3) 当触电者心跳和呼吸均停止时，也应立即采用心肺复苏法急救，即使在送往医院的途中也不能停止用心肺复苏法急救。

(4) 当触电者心跳和呼吸均停止并有其他伤害时，应先立即进行心肺复苏法急救，然后再进行外伤处理。

(5) 当人遭雷击心跳和呼吸均停止时，应立即进行心肺复苏法急救，以免发生缺氧性心跳停止而造成死亡，不能只看雷击者瞳孔已放大而不坚持心肺复苏法急救。

14.5.3 心肺复苏法

心肺复苏法的主要内容是开放气道、口对口（或鼻）人工呼吸和胸外按压。该方法可提高心跳和呼吸骤停的触电者的抢救存活率。从前使用的仰卧压胸法、俯卧压胸法及举臂压胸法只能进行人工呼吸，不能维持气道开放，不能提高肺泡内气压，效果难以判断。采用心肺复苏法抢救心跳呼吸均停止的触电者的存活率较高，是目前有效的急救方法。

一、开放气道

触电者由于舌肌缺乏张力而松弛，舌头根下坠，堵塞气道，也会堵住气道入口，造成呼吸道阻塞，所以首先应开放气道，使舌根抬起离开咽后壁。另外，触电者口中异物、假牙或呕吐物等应首先去除。开放气道的方法有仰头抬颏法和托颌法。

仰头抬颏法的操作方式如图 14-10 所示。其具体做法是，将触电者仰面躺平，急救者一只手放在触电者头部前额上并用手掌用力向下压，另一只手放在触电者颏下部将颏向上抬起，使触电者下边牙齿接触到上边牙齿，从而使头后仰放开气道。抬颏时不要将手指压向颈部软组织深处，以免阻塞气道。

托颌法的操作方法如图 14-11 所示。其操作步骤如下。

（1）使触电者仰面躺平，急救者跪在触电者头部，两手放在触电者下颌两侧，如图 14-11（a）所示。

（2）用手将下颌抬起即可，如图 14-11（b）所示。

（3）操作注意事项。不得使触电者头部左右扭转，以免扭伤颈椎；双手用力应均匀，如图 14-11（c）所示。

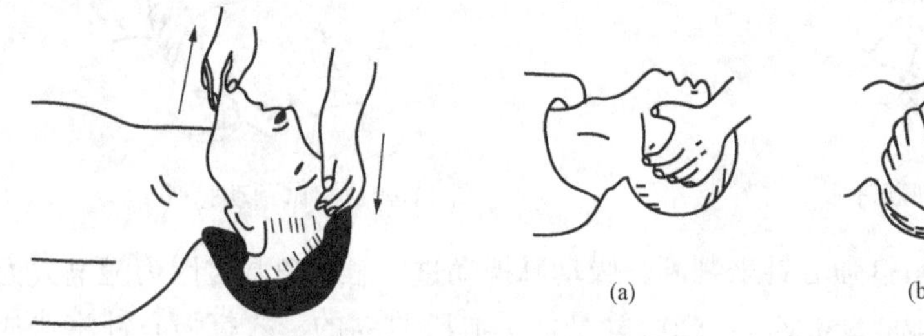

图 14-10 仰头抬颏法

(a) (b) (c)

图 14-11 托颌法

(a) 两手放在触电者下颌两侧；(b) 将下颌抬起；(c) 双手均匀用力

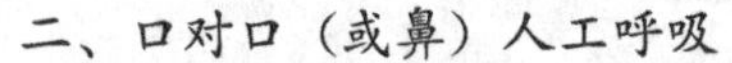

二、口对口（或鼻）人工呼吸

口对口进行人工呼吸的方法是急救者一只手捏紧触电者的鼻孔（防止气体从触电者鼻孔放出），然后吸一口气用自己的嘴对准触电者的嘴，向触电者作两次大口吹气，每次 1～1.5s。然后检查触电者颈动脉，若有脉搏而无呼吸则以每秒一次的速度进行救生呼吸。口对口人工呼吸操作如图 14-12 所示，吹气时用眼观看触电者胸部有无起伏现象。当触电者有下颌或嘴唇外伤时，牙关紧闭不能进行口对口密封进行人工呼吸时，可用口对准鼻孔进行人工呼吸。急救者一只手放在触电者前额上使其头部后仰，用另一只手抬起触电者的下颌并使其口闭合，以防漏气。然后深吸一口气用嘴包封触电者鼻孔向鼻内吹气，然后急救者的口部移开，让触电者将气呼出。

三、胸外按压

胸外按压的目的是人工迫使血液循环。通过胸外按压，增加胸腔压力，并对心脏产生直接压力，提供心、肺、脑及其他器官血液循。图 14-13 所示为胸外按压正确位置图。进行胸外按压时，首先要找出正确的按压部位。正确按压部位的确定法是：急救者右手找到肋弓下缘；正确按压部位的食指和中指沿触电者肋弓下缘向上找到肋骨和胸骨接合处的切迹，将中指放在切迹之上（即剑突底部），食指在中指旁并放在胸骨下端；急救者左手掌根紧挨食指上缘放在胸骨上，即为正确的按压部位，如图 14-13 所示。

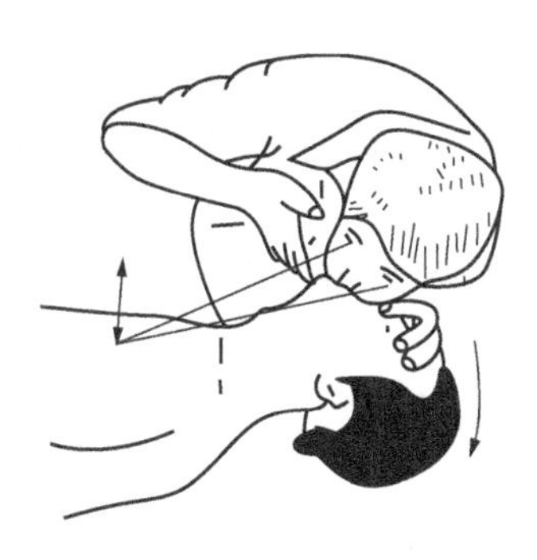

图 14-12 口对口人工呼吸

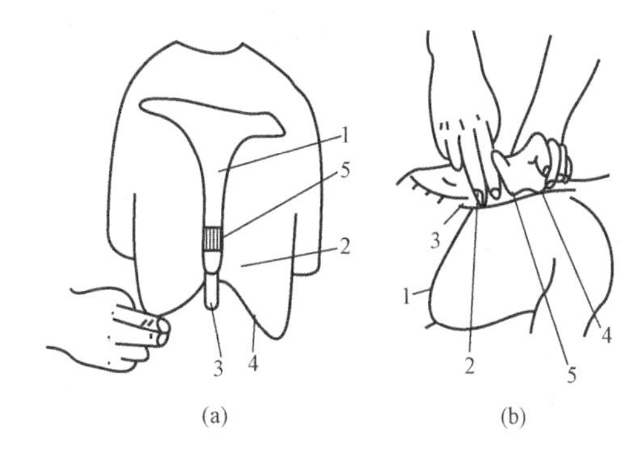

图 14-13 胸外按压正确位置图

（a）找出正确按压部位；（b）胸外按压

1—胸骨；2—切迹；3—剑突；4—肋弓下缘；5—正确按压部位

进行胸外按压操作方法如下。

（1）急救者双手掌重叠以增加压力，手指翘起离开胸壁，只用手掌压住已确定的按压部位，如图 14-14 所示。

（2）急救者立或跪在触电者一侧肩旁，腰部稍弯、上身向前两臂垂直于按压部位上方，如图 14-15 所示。

图 14-14 双手掌重叠按压法

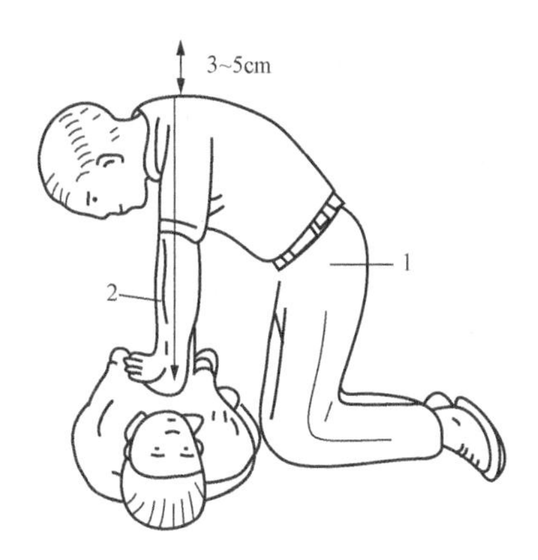

图 14-15 胸外按压正确姿势

1—髋节支点；2—双臂垂直

（3）以髋关节作支点利用上身的重力垂直将正常成人的胸骨向下压陷 3～5cm（儿童和瘦弱者酌减）。

（4）压到 3～5cm 后立即全部放松，使胸部恢复正常位置让血液流入心脏（放松时急救人员的手掌不得离开胸壁也不准离开按压部位）。

（5）胸外按压要以均匀速度进行，每分钟 80 次左右，每次按压和放松时间要相等。

（6）胸外按压与口对口（鼻）人工呼吸同时进行时，若单人进行救护则每按压 15 次后，吹气两次，反复进行。若双人进行救护时，每按压 5 次后，由另一人吹气 1 次，反复进行。

14.5.4 抢救过程的再判断

在抢救过程中还应对触电者状态进行再判断，一般按以下要求进行判断。

(1) 按压吹气1min后，应用看、听、试方法在5～7s内对触电者的呼吸和心跳是否恢复进行判断。

(2) 若颈动脉已有搏动但无呼吸则暂停胸外按压，而再进行两次口对口（鼻）人工呼吸。如脉搏和呼吸均未恢复则应继续进行心肺复苏法抢救。

(3) 在抢救过程中每隔数分钟，应再判断一次。每次判断时间不得超过5～7s，以免判断时间过长时造成死亡事故。

(4) 如触电者的心跳和呼吸经抢救后均已恢复，可暂停心肺复苏法操作。但在心跳呼吸恢复的早期有可能再次骤停，故应严密监护，随时准备再次抢救。

(5) 在现场抢救时不要为了方便而随意移动触电者，如确需移动触电者时，其抢救时间不得中断30s。

习 题

一、填空题

1. 通常把采用（ ）、（ ）、（ ）等操作方法在带电设备上进行工作称为带电作业。

2. 保证（ ）是带电作业最大优点。

3. 带电作业的操作方法有下列两种：（ ）法和（ ）法。

4. 带电作业中，人体与带电体的最小空气距离，应以（ ）过电压和（ ）过电压两种情况下人体与带电体不发生闪络放电为准则。为了作业安全，应选用其中（ ）者作为带电作业的最小空气距离。

5. 带电作业时，人身与带电体的最小安全距离，对于220kV应为（ ）m。

6. 所谓间接作业法是用（ ）代替人的双手去接触带电导线或设备进行作业，即地—人—（ ）—带电设备。

7. 直接作业法是采取各种有效措施，保证工作人员安全地进入高压线路的（ ）内，直接（ ）带电设备，进行检修工作。

8. 等电位作业是在高压带电设备上，进入带电设备的静电场直接操作。这时人体与带电体的（ ）必须等于零，因此称为等电位作业。

9. 等电位的原理，就是带电作业人员的身上（ ）相等的电位。

10. 带电自由作业，就是由作业人员穿上（ ），自由进出（ ），在带有不同电位的220kV及以上电压线路的耐张绝缘子串上作业。

11. 带电自由作业一般应在（ ）进行。

12. 水冲洗工具根据（ ）大小，一般可分为（ ）型、（ ）型和（ ）型三种。

13. 对中型、大型水冲洗时的喷嘴及水泵应可靠的接地，其接地电阻不宜大于（ ）。

14. 带电作业绝缘工具、仪表及绝缘材料应有（ ）存放，且应经常保持（ ）、（ ）、（ ）。

15. 带电作业用绝缘工具的最短有效绝缘长度，应不小于绝缘工具（　　）减去（　　）的长度。

二、判断题

1. 间接作业法适用于 35kV 及以下电压等级的线路。

2. 绝缘工具是直接接触带电设备进行操作的工具，必须绝缘性能高，还必须具备足够的机械强度。

3.《电业安全工作规程》中规定等电位工作人员必须穿合格的均压服。

4. 挂绝缘软梯的等电位作业，能挂软梯的钢芯铝绞线截面应不小于 $90mm^2$。

5. 带有电位的作业人员，接触或接近接地部分或接触线路的其他部位，是非常危险的。

6. 均压服在每次使用之前，必须测量其电阻，全套均压服的电阻值不得大于 20Ω。

7. 带电自由作业前，必须确定零值绝缘的片数，要保证绝缘子串中有足够数量的良好绝缘子。

8.《电业安全工作规程》规定，在 220kV 及 330kV 设备或线路上，沿绝缘子串进入强电场工作时，良好的绝缘子片数为：220kV 应不少于 5 片；330kV 应不少于 10 片。

9. 冲洗时的天气良好，风力不宜大于 3 级，风速在 4～5m/s，湿度不大于 80%，温度不低于 0℃。

10. 冲洗用水的水电阻率，一般不宜低于 1500Ω·m。

11. 避雷器及密封不良的电气设备，可进行水冲洗。

12. 水压达到正常时，方可将喷嘴对准被冲洗的绝缘子或套管等电气设备。

13. 冲洗之前应测量水电阻率，并检查冲洗工具是否完整良好，接地是否良好。

14. 在有风天气冲洗时，先冲洗下风侧后冲洗上风侧。

三、简答题

带电作业的要求有哪些？

附录一 常用架空线的规格

附表 A-1 **常用架空线的规格**

标称截面（mm^2）	导线型号														
	LJ 型			LGJ 型			LGJQ 型			LGJJ 型			GJ 型		
	计算外径	计算截面	单位质量	计算外径	计算截面	单位质量	计算外径	计算截面	单位质量	计算外径	计算截面	单位质量	计算外径	计算截面	单位质量
35	7.5	34.36	94	8.4	43.11	149							7.8	37.15	31.87
50	9	49.48	135	9.6	56.3	195							9	49.49	42.37
70	10.65	69.29	190	11.4	79.39	275							11	72.19	61.5
95	12.5	93.27	257	13.68	112.04	401							12.5	93.22	79.45
95(1)	12.42	94.23	258	13.68	112.04	398							12.6	94.11	79.39
120	14	116.99	323	15.2	138.33	495							14	116.38	98.1
120(1)				15.2	138.33	492									
150	15.75	148.07	409	16.72	167.37	598	16.44	161.39	537	17.5	181.62	677			
185	17.75	182.8	504	19.02	216.75	774	18.24	198.49	661	19.6	227.83	850			
240	19.9	236.38	652	21.28	271.11	969	21.88	285.55	951	22.4	297.57	1110			
300	22.4	297.57	822	25.2	377.21	1348	23.7	335	1116	25.68	389.57	1446			
300(1)							23.72	355.74	1117						
400	25.9	387.83	1099	27.58	454.62	1626	27.36	446.6	1487	29.18	302.99	1868			
400(1)							27.4	448.34	1491						
500	29.98	498.97	1376				30.16	538.5	1795						
600	31.95	601.78	1699				2175	652.83	33.2						
700							36.24	778.18	2592						

注 1. 表中计算外径的单位为 mm，计算截面的单位为 mm^2，单位质量的单位为 kg/km。

2. LJ—铝绞线，LGJ—钢芯铝绞线，LGJQ—轻型钢芯铝绞线，LGJJ—加强型钢芯铝绞线，GJ—钢绞线。

附录二 《架空输电线路运行规程》

中华人民共和国电力行业标准

架空输电线路运行规程

Operating code for overhead transmission line

DL/T 741—2001

中华人民共和国国家经济贸易委员会 2001.02.12 批准 2001.07.01 实施

1. 范围

本标准规定了架空输电线路运行工作的基本要求、技术标准，并对线路巡视、检测、维修、技术管理等提出了具体要求。

本标准适用于交流 35～500kV 架空输电线路。直流架空输电线路可参照执行。

2. 引用标准

下列标准所包含的条文，通过在本标准中引用而构成为本标准的条文。本标准出版时，所示版本均为有效。所有标准都会被修订，使用本标准的各方应探讨使用下列标准最新版本的可能性。

GB 233—1990　　电气装置安装工程 110～550kV 架空输电线路施工及验收规范
GB/T 16434—1996　　高压架空线路和发电厂、变电所环境污区分级及外绝缘选择标准
DL 409—1991　　电业安全工作规程（电力线路部分）
DL 558—1994　　电业生产事故调查规程
DL/T 5092—1999　　110～500kV 架空输电线路设计技术规程
JB/h 737—1998　　高压线路用复合绝缘子使用导则

3. 基本要求

3.1 线路的运行工作必须贯彻安全第一、预防为主的方针，严格执行 DLA09 有关规定。运行单位应全面做好线路的巡视、检测、维修和管理工作，应积极采用先进技术和实行科学管理，不断总结经验、积累资料、掌握规律，保证线路安全运行。

3.2 运行单位应参与线路的规划、路径选择、设计审核。杆塔定位、材料设备的选型及招标等生产全过程管理工作，并根据本地区的特点、运行经验和反事故措施，提出要求和建议，力求设计（DL/T 5092）与运行协调一致。

3.3 对于新投运的线路，应执行 GB233，按有关规定把好验收移交关。

3.4 运行单位必须建立健全岗位责任制，运行、管理人员应掌握设备状况和维修技术，熟知有关规程制度，经常分析线路运行情况，提出并实施预防事故、提高安全运行水平的措施，如发生事故，应按 DL558 的有关规定进行。

3.5 运行单位必须以科学的态度管理输电线路，可探索依据线路运行状态开展维修工作，但不得擅自将线路分段维修或延长维修周期。

3.6 每条线路必须有明确的维修界限，应与发电厂、变电所和相邻的运行管理单位明确划分分界点，不得出现空白点。

3.7 新型器材、设备和新型杆塔必须经试验、鉴定合格后方能试用，在试用的基础上逐步推广应用。

3.8 严格执行《中华人民共和国电力法》、《电力设施保护条例》、《电力设施保护条例实施细则》，防止外力破坏，做好线路保护及群众护线工作。

3.9 绝缘子爬电比距的配置必须依据 GB/T 16434－1996 的规定（可参见附录 B），按照各网、省电力

公司审定后的污区分布图进行，并适当提高绝缘水平。

3.10　导线、地线应采取有效的防振措施，运行中应加强对防振装置的维护，以及对防振效果的检测。

3.11　220kV及以上架空输电线路必须装设准确的线路故障测距、定位装置，低电压等级的重要线路或巡线困难的线路也应装设故障定位装置。

3.12　线路的杆塔上必须有线路名称、杆塔编号、相位以及必要的安全、保护等标志，同塔双回、多回线路应有色标。

3.13　运行单位可根据本规程编制现场规程或补充规定，由本单位总工程师批准后实施。

4. 运行标准

设备运行状况超过下述各条标准或出现下述各种不应出现的情况时，应进行处理。

4.1　杆塔与基础

(1) 杆塔基础表面水泥脱落、钢筋外露、装配式基础锈蚀、基础周围环境发生不良变化。

(2) 杆塔的倾斜、横担的歪斜程度超过表1的规定。

表1　　杆塔倾斜、横担歪斜最大允许值

类　别	钢筋混凝土杆	铁　塔
杆塔倾斜度（包括挠度）	1.5%	0.5%（适用于50m及以上高度铁塔） 1.0%（适用于50m以下高度铁塔）
横担歪斜度	1.0%	1%

(3) 铁塔主材相邻结点间弯曲度超过0.2%。

(4) 钢筋混凝土杆保护层腐蚀脱落、钢筋外露，普通钢筋混凝土杆有纵向裂纹、横向裂纹，缝隙宽度超过0.2mm，预应力钢筋混凝土杆有裂缝。

(5) 拉线棒锈蚀后直径减少2～4mm。

(6) 镀锌钢绞线拉线断股，镀锌层锈蚀、脱落。

4.2　导线与地线

(1) 导、地线由于断股损伤减少截面的处理标准按表2的规定。

表2　　导线、地线断股损伤减少截面的处理标准

类型	缠绕或护线预绞丝	用补修管或补修预绞丝补修	切断重接
钢芯铝绞线 钢芯铝合金绞线	断股损伤截面不超过铝股或合金股总面积7%	断股损伤截面占铝股或合金股总面积7%～25%	①钢芯断股 ②断股损伤截面超过铝股或合金股总面积25%
铝绞线 铝合金绞线	断股损伤截面不超过总面积7%	断股损伤截面占总面积7%～17%	断股损伤截面超过总面积17%
镀锌钢绞线	19股断1股	7股断1股 19股断2股	7股断2股 19股断3股

注　如断股损伤减少截面虽达到切断重接的数值，但确认采用新型的修补方法能恢复到原来强度及载流能力时，亦可采用该补修方法进行处理，而不作切断重接处理。

(2) 导、地线表面腐蚀、外层脱落或呈疲劳状态，应取样进行强度试验。若试验值小于原破坏值的80%，应换线。

4.3　绝缘子

(1) 瓷质绝缘子伞裙破损，瓷质有裂纹，瓷釉烧坏。

(2) 玻璃绝缘子自爆或表面有闪络痕迹。

(3) 合成绝缘子伞裙、护套、破损或龟裂，黏接剂老化。

(4) 绝缘子钢帽、绝缘件、钢脚不在同一轴线上，钢脚、钢帽、浇装水泥有裂纹、歪斜、变形或严重锈蚀，钢脚与钢帽槽口间隙超标。

(5) 盘型绝缘子绝缘电阻小于 300MΩ，500kV 线路盘型绝缘子电阻小于 500MΩ。

(6) 盘型绝缘子分布电压零值或低值。

(7) 绝缘子的锁紧销不符合锁紧试验的规范要求。

(8) 绝缘横担有严重结垢、裂纹，瓷釉烧坏、瓷质损坏、伞裙破损。

(9) 直线杆塔的绝缘子串顺线路方向的偏斜角（除设计要求的预偏外）大于 7.5°，且其最大偏移值大于 300mm，绝缘横担端部偏移大于 100mm。

(10) 各电压等级线路最小空气间隙及绝缘子使用最少片数，不符合附录 C 的规定。

4.4 金具

(1) 金具发生变形、锈蚀、烧伤、裂纹，金具连接处转动不灵活，磨损后的安全系数小于 2.0（即低于原值的 80%）。

(2) 防振锤、阻尼线、间隔棒等防振金具发生位移。

(3) 屏蔽环、均压环出现倾斜与松动。

(4) 接续金具出现下列任一情况：

1) 外观鼓包、裂纹、烧伤、滑移或出口处断股，弯曲度不符合有关规程要求；

2) 接续金具温度高于导线温度 10℃，跳线连板温度高于导线温度 10℃；

3) 接续金具的电压降比同样长度导线的电压降的比值大于 1.2；

4) 接续金具过热变色或连接螺栓松动；

5) 接续金具探伤发现金具内严重烧伤、断股或压接不实（有抽头或位移）。

4.5 接地装置

接地装置出现下列任一情况：

(1) 接地电阻大于设计规定值；

(2) 接地引下线断开或与接地体接触不良；

(3) 接地装置外露或腐蚀严重，被腐蚀后其导体截面低于原值的 80%。

4.6 导、地线弧垂

(1) 一般情况下设计弧垂允许偏差：110kV 及以下线路为 +6%、−2.5%，220kV 及以上线路为 +3.0%、−2.5%，而导、地线弧垂超过上述偏差值。

(2) 一般情况下各相间弧垂允许偏差最大值：110kV 及以下线路为 200mm，220kV 及以上线路为 300mm，而导、地线相间弧垂超过允许偏差最大值。

(3) 相分裂导线同相子导线的弧垂允许偏差值：垂直排列双分裂导线为 +100mm、−0，其他排列形式分裂导线 220kV 为 80mm，330、500kV 为 50mm，而相分裂导线同相子导线弧垂超过允许偏差值。

(4) 导线的对地距离及交叉距离不符合附录 A 的要求。

5. 巡视

线路的巡视是为了经常掌握线路的运行状况，及时发现设备缺陷和沿线情况，并为线路维修提供资料。

5.1 巡视种类

(1) 定期巡视：经常掌握线路各部件运行情况及沿线情况，及时发现设备缺陷和威胁线路安全运行的情况。定期巡视一般一月一次，也可根据具体情况适当调整，巡视区段为全线。

(2) 故障巡视：查找线路的故障点，查明故障原因及故障情况，故障巡视应在发生故障后及时进行，发生故障的区段或全线。

(3) 特殊巡视：在气候剧烈变化、自然灾害、外力影响、异常运行和其他特殊情况时，及时发现线路的异常现象及部件的变形损坏情况。特殊巡视根据需要及时进行，一般巡视全线、某线段或某部件。

(4) 夜间、交叉和诊断性巡视：根据运行季节特点、线路的健康状况和环境特点确定重点。巡视根据运行情况及时进行，一般巡视全线、某线段或某部件。

(5) 监察巡视：工区（所）及以上单位的领导干部和技术人员了解线路运行情况，检查指导巡线人员的工作。监察巡视每年至少1次，一般巡视全线或某线段。

5.2　巡视方式

为弥补地面巡视的不足，应采用登杆塔检查或乘飞机巡视等方式，500kV线路应开展登塔、走导线检查工作。

5.3　注意事项

线路发生故障时，不论重合是否成功，均应及时组织故障巡视，必要时需登杆塔检查。巡视中，巡线员应将所分担的巡线区段全部巡视完，不得中断或遗漏。发现故障点后应及时报告，重大事故应设法保护现场。对所发现的可能造成故障的所有物件应搜集带回，并对故障现场情况做好详细记录，以作为事故分析的依据和参考。

5.4　巡视的主要内容

5.4.1　检查沿线环境有无影响线路安全的情况

(1) 向线路设施射击、抛掷物体。

(2) 擅自在线路导线上接用电气设备。

(3) 攀登杆塔或在杆塔上架设电力线、通信线、广播线，以及安装广播喇叭。

(4) 利用杆塔拉线作起重牵引地锚，在杆塔拉线上拴牲畜，悬挂物件。

(5) 在杆塔内（不含杆塔与杆塔之间）或杆塔与拉线之间修建车道。

(6) 在杆塔拉线基础周围取土、打桩、钻探、开挖或倾倒酸、碱、盐及其他有害化学物品。

(7) 在线路保护区内兴建建筑物、烧窑、烧荒或堆放谷物、草料、垃圾、矿渣、易燃物、易爆物及其他影响供电安全的物品。

(8) 在杆塔上筑有危及供电安全的巢以及有蔓藤类植物附生。

(9) 在线路保护区种植树木、竹子。

(10) 在线路保护区内进行农田水利基本建设及打桩、钻探、开挖、地下采掘等作业。

(11) 在线路保护区内有进入或穿越保护区的超高机械。

(12) 在线路附近有危及线路安全及线路导线风偏摆动时，可能引起放电的树木或其他设施。

(13) 在线路附近（约300m区域内）实施爆破、开山采石、放风筝。

(14) 线路附近河道、冲沟的变化，巡视、维修时使用道路、桥梁是否损坏。

5.4.2　检查杆塔、拉线和基础有无缺陷和运行情况的变化

(1) 塔倾斜、横担歪扭及杆塔部件锈蚀变形、缺损。

(2) 杆塔部件固定螺栓松动、缺螺栓或螺帽，螺栓丝扣长度不够，铆焊处裂纹、开焊、绑线断裂或松动。

(3) 混凝土杆出现裂纹或裂纹扩展，混凝土脱落、钢筋外露，脚钉缺损。

(4) 拉线及部件锈蚀、松弛、断股抽筋、张力分配不均，缺螺栓、螺帽等，部件丢失和被破坏等现象。

(5) 杆塔及拉线的基础变异，周围土壤突起或沉陷，基础裂纹、损坏。下沉或上拔，护基沉塌或被冲刷。

(6) 基础保护帽上部塔材被埋入土或废弃物堆中，塔材锈蚀。

(7) 防洪设施坍塌或损坏。

5.4.3　检查导线、地线（包括耦合地线、屏蔽线）有无缺陷和运行情况的变化

(1) 导线、地线锈蚀、断股、损伤或网络烧伤。

(2) 导线、地线弧垂变化、相分裂导线间距变化。

(3) 导线、地线上扬、振动、舞动、脱冰跳跃，相分裂导线鞭击、扭绞、黏连。

(4) 导线、地线接续金具过热、变色、变形、滑移。

(5) 导线在线夹内滑动，释放线夹船体部分自挂架中脱出。

(6) 跳线断股、歪扭变形，跳线与杆塔空气间隙变化，跳线间扭绞；跳线舞动、摆动过大。

(7) 导线对地、对交叉跨越设施及对其他物体距离变化。

(8) 导线、地线上悬挂有异物。

5.4.4 检查绝缘子、绝缘横担及金具有无缺陷和运行情况的变化

(1) 绝缘子与瓷横担脏污、瓷质裂纹、破碎，钢化玻璃绝缘子爆裂，绝缘子铁帽及钢脚锈蚀，钢脚弯曲。

(2) 合成绝缘子伞裙破裂、烧伤，金具、均压环变形、扭曲、锈蚀等异常情况。

(3) 绝缘子与绝缘横担有网络痕迹和局部火花放电留下的痕迹。

(4) 绝缘子串、绝缘横担偏斜。

(5) 绝缘横担绑线松动、断股、烧伤。

(6) 金具锈蚀、变形、磨损、裂纹，开口销及弹簧销缺损或脱出，特别要注意检查金具经常活动、转动的部位和绝缘子串悬挂点的金具。

(7) 绝缘子槽口、钢脚、锁紧销不配合，锁紧销子退出等。

5.4.5 检查防雷设施和接地装置有无缺陷和运行情况的变化

(1) 放电间隙变动、烧损。

(2) 避雷器、避雷针等防雷装置和其他设备的连接、固定情况。

(3) 管型避雷器动作情况。

(4) 绝缘避雷线间隙变化情况。

(5) 地线、接地引下线、接地装置、连续接地线间的连接、固定以及锈蚀情况。

5.4.6 检查附件及其他设施有无缺陷和运行情况的变化

(1) 预绞丝滑动、断股或烧伤。

(2) 防振锤移位、脱落、偏斜、钢丝断股，阻尼线变形、烧伤，绑线松动。

(3) 相分裂导线的间隔棒松动、位移、折断、线夹脱落，连接处磨损和放电烧伤。

(4) 均压环、屏蔽环锈蚀及螺栓松动、偏斜。

(5) 防鸟设施损坏、变形或缺损。

(6) 附属通信设施损坏。

(7) 各种检测装置缺损。

(8) 相位、警告、指示及防护等标志缺损、丢失，线路名称、杆塔编号字迹不清。

6. 检测

检测工作是发现设备隐患、开展预知维修的重要手段。检测方法应正确可靠，数据准确，检测结果要做好记录和统计分析。要做好检测资料的存档保管。检测计划应符合季节性要求。检测项目与周期规定见表 3。

表 3 检测项目与周期

项目		周期（年）	备注
杆塔	钢筋混凝土杆裂缝与缺陷检查		根据巡视发现的问题
	钢筋混凝土杆受冻情况检查： (1) 杆内积水 (2) 冻土上拔	1	根据巡视发现的问题进行 在结冻前进行 在解冻后进行
	混凝土构件缺陷检查	1	根据巡视发现的问题进行

续表

项　　目		周期（年）	备　　注
杆塔	杆塔、铁件锈蚀情况检查	3～5	对杆塔进行防腐处理后应做现场检验
	杆塔地下金属部分（金属基础、拉线装置、接地装置）锈蚀情况检查	5	抽查，包括挖开地面检查
	杆塔倾斜、挠度及基础沉降测量		根据实际情况选点测量
	钢管塔		应满足钢管塔的要求
绝缘子	盘型绝缘子绝缘测试	2	投运第1年开始，根据绝缘子劣化速度可适当延长或缩短周期。但要求检测时应全线检测，以掌握其劣化率和绝缘子运行情况
	盘型绝缘子盐密测量	1	根据实际情况定点测量，或根据巡视情况选点测量
	绝缘子金属附件检查	2	投运后第5年开始抽查
	瓷绝缘子裂纹、钢帽裂纹、浇装水泥及伞裙与钢帽位移		每次清扫时
	玻璃绝缘子钢帽裂纹、闪络灼伤		每次清扫时
	合成绝缘子伞裙、护套。黏接剂老化、破损、裂纹；金具及附件锈蚀	2～3	根据运行需要
导线地线	导线接续金具的测试： （1）直线接续金具 （2）不同金属接续金具 （3）并沟线夹、跳线连接板、压接式耐张线夹	 4 1 1	应在线路负荷较大时抽测
	导线、地线烧伤、振动断股和腐蚀检查	2	抽查导、地线线夹必须及时打开检查
	导线、地线振动测量： （1）一般线路 （2）大跨越	 5 2	对一般线路应选择有代表性档距进行现场振动测量，测量点应包括悬垂线夹、防振锤及间隔棒线夹处，根据振动情况选点测量
	导线、地线舞动观测		在舞动发生时应及时观测
	绝缘地线感应电压测量		投运后检测，以后根据情况抽测
	导线弧垂、对地距离、交叉跨越距离测量		线路投入运行两年后测量1次，以后根据巡视结果决定
金具	金具锈蚀、磨损、裂纹、变形检查	3	外观难以看到的部位，要打开螺栓、垫圈检查或用仪器检查
	间隔棒（器）检查	2	投运1年后紧固两次，以后进行抽查
	绝缘地线间隙检查 防雷间隙检查	1 1	根据巡视发现的问题进行
防雷设施及接地装置	杆塔接地电阻测量： （1）一般线段 （2）发电厂变电所进出线段1～2km及特殊地点	 5 2	
	线路避雷器检测	2	根据运行情况或设备的要求可调整时间

续表

项　　目		周期（年）	备　　注
其他	防冻、防冰雪、防洪、防风沙、防水、防鸟设施检查	1	清扫时进行
	气象测量		选点进行
	雷电观测	1	选点进行
	无线电干扰测量		根据巡视发现的问题进行
	感应场强测量		根据反映进行

注 1. 检测周期可根据本地区实际情况进行适当调整，但应经本单位总工程师批准。
2. 检测项目的数量及线段可由运行单位根据实际情况选定。

7. 维修

7.1 维修项目应按照设备状况，巡视、检测的结果和反事故措施的要求确定，其主要项目及周期见表4和表5。

表4　　线路维修的主要项目及周期

序　号	项　　目	周期/年	备　　注
1	杆塔紧固螺栓	5	新线投运两年后需紧固两次
2	混凝土杆内排水，修补防冻装置	1	根据季节和巡视结果在结冻前进行
3	绝缘子清扫	1	根据污秽情况、盐密测量、运行经验调整周期
4	防振器和防舞动装置维修调整	1～2	根据测振仪监测结果调整周期进行
5	砍修剪树、竹	1	根据巡视结果确定，发现危急情况随时进行
6	修补防汛设施	1	根据巡视结果随时进行
7	修补巡线道、桥	1	根据现场需要随时进行
8	修补防鸟设施和拆巢	1	根据需要随时进行

表5　　根据巡视结果及实际情况需维修的项目

序　号	项　　目	备　　注
1	更换或补装杆塔构件	根据巡视结果进行
2	杆塔铁件防腐	根据铁件表面锈蚀情况决定
3	杆塔倾斜扶正	根据测量、巡视结果进行
4	金属基础、拉线防腐	根据检查结果进行
5	调整、更新拉线及金具	根据巡视、测试结果进行
6	混凝土杆及混凝土构件修补	根据巡视结果进行
7	更换绝缘子	根据巡视、测试结果进行
8	更换导线、地线及金具	根据巡视、测试结果进行
9	导线、地线损伤补修	根据巡视结果进行
10	调整导线、地线弧垂	根据巡视、测量结果进行
11	处理不合格交叉跨越	根据测量结果进行
12	并为线夹、跳线连板检修紧	根据巡视、测试结果进行

续表

序 号	项 目	备 注
13	间隔棒更换、检修	根据检查、巡视结果进行
14	接地装置和防雷设施维修	根据检查、巡视结果进行
15	补齐线路名称、杆号、相位等各种标志及警告指示、防护标志、色标	根据巡视结果进行

7.2 维修工作应根据季节特点和要求安排，要及时落实各项反事故措施。

7.3 维修时，除处理缺陷外，应对杆塔上各部件进行检查，检查结果应在现场记录。

7.4 维修工作应遵守有关检修工艺要求及质量标准。更换部件维修（如更换杆塔、横担、导线、地线、绝缘子等）时，要求更换后新部件的强度和参数不低于原设计要求。

7.5 抢修与备品备件。

(1) 运行维护单位特别是维护重要线路、超高压线路或网间联络线路的单位，必须建立健全抢修机制。

(2) 凡属须建立抢修队伍的单位必须配备抢修工具，根据不同的抢修方式分类配备工具，并分类保管。

(3) 抢修队要根据线路的运行特点研究制定不同方式的抢修预案，抢修预案要经过专责工程师审核并经总工程师的审定批准，批准后的抢修预案要尽早贯彻到抢修队各工作组，使抢修队员每人都清楚预案中的每一项工作环节，以备抢修时灵活应用。

(4) 运行维护单位应根据事故备品备件管理规定，配备充足的事故备品，抢修工具、照明设备及必要的通信工具，一般不许挪作他用。抢修后，应及时清点补充。事故备品备件应按有关规定及本单位的设备特点和运行条件确定种类和数量。事故备品应单独保管，定期检查测试，并确定各类备件轮回更新使用周期和办法。

7.6 线路维修检测工作应广泛开展带电作业，以提高线路运行的可用率。

8. 特殊区段的运行要求

输电线路的特殊区段是指线路设计及运行中不同于其他常规区段，它是经超常规设计建设的线路，维护检修必须有不同于其他线路的手段，因此运行中所要求做的工作也有所不同。

8.1 大跨越

(1) 大跨越段应根据环境、设备特点和运行经验制订专用现场规程，维护检修的周期应根据实际运行条件确定。

(2) 宜设专门维护班组，在洪汛、覆冰、大风和雷电活动频繁的季节，宜设专人监视，做好记录，有条件的可装自动检测设备。

(3) 应加强对杆塔、基础、导线、地线、拉线、绝缘子、金具及防洪、防冰、防舞、防雷、测振等设施的检测和维修，并做好定期分析工作。

(4) 大跨越段应定期对导、地线进行振动测量。

(5) 大跨越段应做好长期的气象、覆冰、雷电、水文的观测记录和分析工作。

(6) 主塔的升降设备、航空指示灯、照明和通信等附属设施应加强维修保养，经常保持在良好状态。

8.2 多雷区

(1) 多雷区的线路应做好综合防雷措施，降低杆塔接地电阻值，适当缩短检测周期。

(2) 雷季前，应做好防雷设施的检测和维修，落实各项防雷措施，同时做好雷电定位观测设备的检测、维护、调试工作，以便及时投入使用。

(3) 雷雨季期间，应加强对防雷设施各部件连接状况、防雷设备和观测装置动作情况的检测，并做好雷电活动观测记录。

(4) 做好被雷击线路的检查，对损坏的设备应及时更换、修补，对发生闪络的绝缘子串的导线、地线线夹必须打开检查，必要时还须检查相邻档线夹及接地装置。

(5) 组织好对雷击事故的调查分析，总结现有防雷设施效果，研究更有效的防雷措施，并加以实施。

8.3 重污区

(1) 重污区线路外绝缘应配置足够的爬电比距，并留有裕度。

(2) 应选点定期测量盐密，且要求检测点较一般地区多，必要时建立污秽实验站，以掌握污秽程度、污秽性质、绝缘子表面积污速率及气象变化规律。

(3) 污闪季节前，应确定污秽等级、检查防污闪措施的落实情况，污秽等级与爬电比距不相适应时，应及时调整绝缘子串的爬电比距、调整绝缘子类型或采取其他有效的防污闪措施，线路上的零（低）值绝缘子应及时更换。

防污清扫工作应根据盐密值、积污速度、气象变化规律等因素确定周期及时安排清扫、保证清扫质量。污闪季节中，可根据巡视及检测情况，临时增加清扫。

(4) 应建立特殊巡视责任制，在恶劣天气时进行现场特巡，发现异常及时分析并采取措施。

(5) 做好测试分析，掌握规律，总结经验，针对不同性质的污秽物选择杆应有效的防污闪措施，临时采取的补救措施要及时改造为长期防御措施。

8.4 重冰区

(1) 处于重冰区的线路要进行覆冰观测，有条件或危及重要线路运行的区域要建立覆冰观测站。研究覆冰性质、特点，制定反事故措施，特殊地区的设备要加装融冰装置。

(2) 经实践证明不能满足重冰区要求的杆塔型式、绝缘子串型式、导线排列方式应有计划地进行改造或更换，做好记录，并提交设计部门在同类地区不再使用。

(3) 覆冰季节前应对线路做全面检查，消除设备缺陷，落实除冰、融冰和防止导线、地线跳跃、舞动的措施，检查各种观测、记录设施，并对融冰装置进行检查、试验，确保必要时能投入使用。

(4) 在覆冰季节中，应有专门观测维护组织，加强巡视。观测，做好覆冰和气象观测记录及分析，研究覆冰和舞动的规律，随时了解冰情，适时采取相应措施。

9. 技术管理

9.1 技术管理资料

运行单位必须存有有关资料，并保持完整、连续和准确。要逐步应用微机进行技术管理。

9.2 运行单位应有的标准、规程和规定

(1) 中华人民共和国电力法。

(2) 电力设施保护条例。

(3) 电力设施保护条例实施细则。

(4) 架空输电线路运行规程。

(5) 送电专业生产工作管理制度。

(6) 电业安全工作规程（电力线路部分、热力机械部分）。

(7) 电业生产事故调查规程。

(8) 电业生产人员培训制度。

(9) 110～500kV 架空电力线路施工及验收规范。

(10) 110kV 及以上送变电基本建设工程启动验收规程。

(11) 110～500kV 架空输电线路设计规程。

(12) 交流电气装置的过电压保护和绝缘配合。

(13) 带电作业技术管理制度。

(14) 电网调度管理规程。

(15) 电网调度管理条例。

(16) 电网调度管理条例实施办法。

9.3 运行单位应有的图表

(1) 地区电力系统线路地理平面图。

(2) 地区电力系统接线图。

(3) 相位图。

(4) 污区分布图。

(5) 设备一览表。

(6) 设备评级图表。

(7) 安全记录图表。

(8) 年定期检测计划进度表。

(9) 抢修组织机构表。

(10) 反事故措施计划表。

9.4 运行单位应有的生产技术资料

9.4.1 线路设计、施工技术资料

(1) 批准的设计文件和图纸。

(2) 路径批准文件和沿线征用土地协议。

(3) 与沿线有关单位订立的协议、合同（包括青苗、树木、竹林赔偿，交叉跨越，房屋拆迁等协议）。

(4) 施工单位移交的资料和施工记录。

①符合实际的竣工图（包括杆塔明细表及施工图）。

②设计变更通知单。

③原材料和器材出厂质量的合格证明或检验记录。

④代用材料清单。

⑤工程试验报告或记录。

⑥未按原设计施工的各项明细表及附图。

⑦施工缺陷处理明细表及附图。

⑧隐蔽工程检查验收记录。

⑨杆塔偏移及挠度记录。

⑩架线弧垂记录。

⑪导线、避雷线的连接器和补修管位置及数量记录。

⑫跳线弧垂及对杆塔各部的电气间隙记录。

⑬线路对跨越物的距离及对建筑物的接近距离记录。

⑭接地电阻测量记录。

9.4.2 设备台账

9.4.3 预防性检查测试记录

(1) 杆塔倾斜测量记录。

(2) 混凝土电杆裂缝检测记录。

(3) 绝缘子检测记录。

(4) 导线连接器测试记录。

(5) 导线、地线振动测试和断股检查记录。

(6) 导线弧垂、限距和交叉跨越测量记录。

(7) 钢绞线及地埋金属部件锈蚀检查记录。

(8) 接地电阻检测记录。

(9) 雷电观测记录。

(10) 绝缘子附盐密度测量记录。

(11) 导线、地线覆冰、舞动观测记录。

(12) 绝缘保安工具检测记录。

(13) 防洪点检查记录。

(14) 缺陷记录。

9.4.4 维修记录

9.4.5 线路维修技术记录

9.4.6 线路跳闸、事故及异常运行记录

9.4.7 事故备品清册

9.4.8 对外联系记录及协议文件

9.4.9 工作日志

9.4.10 线路运行工作分析总结资料

(1) 设备健康状况及缺陷消除情况。

(2) 事故、异常情况分析及反事故措施落实情况与效果。

(3) 运行专题分析总结。

(4) 年度运作工作总结。

9.5 设备缺陷分类

运行单位应加强对设备缺陷的管理，做好缺陷记录，定期进行统计分析，提出处理意见。设备缺陷按其严重程度分为3类。

(1) 一般缺陷：是指对近期安全运行影响不大的缺陷，可列入年、季度检修计划中消除。

(2) 重大缺陷：是指缺陷比较重大但设备在短期内仍可继续安全运行的缺陷，应在短期内消除，消除前应加强监视。

(3) 紧急缺陷：是指严重程度已使设备不能继续安全运行，随时可能导致事故发生的缺陷。必须尽快消除或采取必要的安全技术措施进行临时处理，随后消除。

9.6 线路运行图表及资料应保持与现场实际相符（略）

9.7 线路设备评级

线路设备评级每年不少于一次，并提出设备升级方案和下一年度大修改进项目。

附 录 A

A1 导线与地面、建筑物、树木、道路、河流、管道、索道及各种架空线路的距离，应根据最高气温情况或覆冰无风情况求得的最大弧垂和最大风速情况或覆冰情况求得的最大风偏进行计算。计算上述距离，应计算导线初伸长的影响和设计施工的误差，以及运行中某些因素引起的弧垂增大。大跨越的导线弧垂应按实际能够达到的最高温度计算。线路与铁路、高速公路、一级公路交叉时，最大弧垂应按导线温度为+70℃计算。

A2 导线与地面的最小距离，在最大计算弧垂情况下，不应小于表A1所列数值。

表A1　　导线与地面的最小距离

线路电压/kV	35～110	154～220	330	500
居民区/m	7.0	7.5	8.5	14.0
非居民区/m	6.0	6.5	7.5	11.0(10.5)
交通困难地区/m	5.0	5.5	6.5	8.5

注 1. 居民区是指工业企业地区、港口、码头、火车站、城镇、乡村等人口密集地区，以及已有上述设施规划的地区。

2. 非居民区是指除上述居民区以外，虽然时常有人、车辆或农业机械到达，但未建房屋或房屋稀少的地区。500kV线路对非居民区11m用于导线水平排列，10m用于导线三角排列。

3. 交通困难地区是指车辆、农业机械不能到达的地区。

A3 导线与山坡、峭壁、岩石之间的净空距离，在最大计算风偏情况下，不应小于表 A2 所列数值。

表 A2 导线与山坡、峭壁、岩石最小净空距离

线路电压/kV	35～110	154～220	330	500
步行可以到达的山坡/m	5.0	5.5	6.5	8.5
步行不能到达的山坡、峭壁和岩石/m	3.0	4.0	5.0	6.5

A4 线路导线不应跨越屋顶为易燃材料做成的建筑物。对耐火屋顶的建筑物，亦应尽量不跨越，特殊情况需要跨越时，电力主管部门应采取一定的安全措施，并与有关部门达成协议或取得当地政府同意。500kV 线路导线对有人居住或经常有人出入的耐火屋顶的建筑物不应跨越。导线与建筑物之间的垂直距离，在最大计算弧垂情况下，不应小于表 A3 所列数值。

表 A3 导线与建筑物之间的最小垂直距离

线路电压/kV	35	66～110	154～220	330	500
垂直距离/m	4.0	5.0	6.0	7.0	9.0

A5 线路边导线与建筑物之间的最小水平距离，在最大计算风偏情况下，不应小于表 A4 所列数值。

表 A4 边导线与建筑物之间的最小距离

线路电压/kV	35	66～110	154～220	330	500
最小距离/m	3.5	4.0	5.0	6.0	8.5

A6 线路通过林区时，应砍伐出通道，通道内不得再种植树木。通道宽度不应小于线路两边相导线间的距离和林区主要树种自然生长最终高度两倍之和。通道附近超过主要树种自然生长最终高度的个别树木，也应砍伐。

A7 对不影响线路安全运行，不妨碍对线路进行巡视、维修的树木或果林、经济作物林，可不砍伐，但树木所有者与电力主管部门应签定协议，确定双方责任，确保线路导线在最大弧垂或最大风偏后与树木之间的安全距离不小于表 A5 所列数值。

表 A5 导线在最大弧垂、最大风偏时与树木之间的安全距离

线路电压/kV	35～110	154～220	330	500
最大弧垂时垂直距离/m	4.0	4.5	5.5	7.0
最大风偏时净空距离/m	3.5	4.0	5.0	7.0

A8 线路与弱电线路交叉时，对一、二级弱电线路的交叉角应分别大于 45°、30°，对三级弱电线路不限制。

A9 线路与铁路、公路、电车道以及道路、河流、弱电线路、管道、索道及各种电力线路交叉或接近的基本要求，应符合表 A6 和表 A7 的要求。

跨越弱电线路或电力线路，如导线截面按允许载流量选择，还应校验最高允许温度时的交叉距离，其数值不得小于操作过电压间隙，且不得小于 0.8m。

表 A6 输电线路与铁路、公路、电车道交叉或接近的基本要求

项　目	铁　路	公　路	电车道（有轨及无轨）
导线或避雷线在跨越档内接头	不得接头	高速公路，一、二级公路不得接头	不得接头

续表

项目		铁路		公路		电车道（有轨及无轨）	
最小垂直距离/m	线路电压/kV	至轨顶	至承力索或接触线	至路面		至路面	至承力索或接触线
	35～110	7.5	3.0	7.0		10.0	3.0
	154～220	8.5	4.0	8.0		11.0	4.0
	330	9.5	5.0	9.0		12.0	5.0
	500	14.0 16.0 （电气铁路）	6.0	14.0		16.0	6.5
最小水平距离/m	线路电压/kV	杆塔外缘至轨道中心		杆塔外缘至路基边缘		杆塔外缘至路基边缘	
				开阔地区	路径受限制地区	开阔地区	路径受限制地区
	35～220	交叉：30m； 平行：最高杆塔高加3m		交叉：8m； 平行：最高杆塔高	5.0	交叉：8m； 平行：最高杆塔高	5.0
	330				6.0		6.0
	500				8.0(15)		8.0
邻档断线时的最小垂直距离/m	线路电压/kV	至轨顶	至承力索或接触线	至路面		至承力索或接触线	
	35～110	7.0	2.0	5.0		2.0	
	154			6.0			
备注		不宜在铁路出站信号机以内跨越		①M、四级公路可不检验邻档断线 ②括号内为高速公路数值，高速公路路基边缘是指公路下缘的排水沟			

表 A7　输电线路与河流、弱电线路、电力线路、管道、索道交叉或接近的基本要求

项目		通航河流		不通航河流		弱电线路	电力线路	管道	索道
导线或避雷线在跨越档内接头		不得接头		不限制		一、二级不得接头	35kV 及以上不得接头	不得接头	不得接头
最小垂直距离/m	线路电压/kV	至5年一遇洪水位	至遇高航行水位最高船桅顶	至5年一遇洪水位	冬季至冰面	至被跨越线	至被跨越线	至管道任何部分	至管道任何部分
	35～110	6.0	2.0	3.0	6.0	3.0	3.0	4.0	3.0
	154～220	7.0	3.0	4.0	6.5	4.0	4.0	5.0	4.0
	330	8.0	4.0	5.0	7.5	5.0	5.0	6.0	5.0
	500	10.0	6.0	6.5	11 （水平） 10.5 （三角）	8.5	8.5	7.5	6.5

续表

项目		通航河流	不通航河流	弱电线路		电力线路		管道	索道
导线或避雷线在跨越档内接头		不得接头	不限制	一、二级不得接头		35kV 及以上不得接头		不得接头	不得接头
最小水平距离/m				与边导线间		与边导线间		与道线至管道、索道任何部分	
	线路电压/kV	边导线至斜坡上缘		开阔地区	路径受限制地区（在最大风偏时）	开阔地区	路径受限制地区（在最大风偏时）	开阔地区	路径受限制地区（在最大风偏时）
	35～110	最高杆塔高度		最高杆塔高度	4.0	最高杆塔高度	5.0	最高杆塔高度	4.0
	154～220				5.0		7.0		5.0
	330				6.0		9.0		7.0
	500				8.0		13.0		7.5
						不检验			不检验
附加要求及备注		①最高洪水时，有抗洪抢险船只航行的河流垂直距离应协商确定 ②不通航河流指不能通航也不能浄运的河流		输电线路应架在上方，三级线可不检验邻档断线		①电压较高的线路架在电压较低线路的上方 ②公用线路架在专用线路的上方 ③不宜在杆塔顶部跨越		①与索道交叉，如索道在上方，索道的下方应装保护设施 ②交叉点不应选在管道的检查井（孔）处 ③与管、索道平行、交叉时索道应接地 ④管、索道上的附属设施，均应视为管、索道的一部分	

附录B 线路环境的污区分级

B1 线路设备的污级共划分为0、Ⅰ、Ⅱ、Ⅲ、Ⅳ5级，并提出了各污级下相应的外绝缘爬电比距。

B2 外绝缘的污秽等级应根据各地的污湿特征、运行经验并结合其表面污秽物质的等值附盐密度（简称盐密）3个因素综合考虑划分，当三者不一致时，应根据运行经验决定。

运行经验主要根据现有运行设备外绝缘的污闪跳闸和事故记录、地理和气象特点、采用的防污措施等情况考虑。

B3 新建高压架空线路、发电厂、变电所时应考虑邻近已有线路，厂、所的运行情况，参考该地区的污秽度和气象条件，以及城市、工业区发展规划进行绝缘设计选择。

B4 对处于污秽环境中中性点绝缘和经消弧线圈接地系统的电气设备，其外绝缘水平一般可按高一级选择。

B5 划分污级的盐密值应是以1～3年的连续积污盐密为准。对500kV线路以3年积污盐密值确定污级。

B6 线路和发电厂、变电所的盐密均指由普通悬式绝缘子XP-70型（X-4.5型）及XP-160型所组成的悬垂串上测得的数值，其他瓷件应按实际积污量加以修正。变电设备取样应逐步过渡到以支柱绝缘子为主。

B7 线路设备外绝缘各污秽等级和对应的盐密按表 B1 规定划分。

表 B1　　线路污秽等级

污秽等级	污湿特征	线路绝缘子盐密/mg/cm²
0	大气清洁地区及离海岸盐场 50km 以上无明显污染地区	≤0.03
Ⅰ	大气轻度污染地区，工业和人口低密集区，离海岸盐场 10～50km 地区，在污闪季节中干燥少雾（含毛毛雨）或雨量较多时	>0.03～0.06
Ⅱ	大气中等污染地区，轻盐和炉烟污秽地区，离海岸盐场 3～10km 地区，在污闪季节中潮湿多雾（含毛毛雨）但雨量较少时	>0.06～0.10
Ⅲ	大气污染较严重地区，重雾和重盐地区，近海岸盐场 1～3km 地区，工业与人口密度较大地区，离化学污源和炉烟污秽 300～1500m 的较严重污秽地区	>0.10～0.25
Ⅳ	大气特别严重污染地区，离海岸盐场 1km 以内，离化学污源和炉烟污秽 300m 以内的地区	>0.25～0.35

B8 各污秽等级电气设备的爬电比距按表 B2 规定选择。

表 B2　　各污秽等级下的爬电比距分级数值

污秽等级	线路绝缘子爬电比距/cm/kV	
	220kV 以下	330kV 以上
0	1.39（1.60）	1.45（1.60）
Ⅰ	1.39～1.74（1.60～2.0）	1.45～1.82（1.60～2.0）
Ⅱ	1.74～2.17（2.0～2.5）	1.82～2.27（2.0～2.5）
Ⅲ	2.17～2.78（2.50～3.20）	2.27～2.91（2.50～3.20）
Ⅳ	2.78～3.30（3.20～3.80）	2.91～3.45（3.20～3.80）

注 1. 架空线路爬电比距计算时取系统最高工作电压。表中括号内数字为按额定电压计算值。
2. 计算各污级下的绝缘强度时仍用几何爬电距离。由于绝缘子爬电距离的有效系数需根据大量的人工与自然污秽试验的结果确定，目前难以一一列出。

附录 C　各电压等级线路的最小空气间隙

海拔不超过 1000m 地区架空输电线路绝缘子每串最少片数和最小空气间隙不应小于表 C1 所列数值。在进行绝缘配合时，考虑杆塔尺寸误差、横担变形和拉线施工误差等不利因素，空气间隙应留有一定裕度。

表 C1　　线路绝缘子每串最少片数和最小空气间隙

系统标准电压/kV	20	35	66	110	220	330	500
雷电过电压间隙/cm	35	45	65	100	190	230（260）	330（370）
操作过电压间隙/cm	12	25	50	70	145	195	270
工频电压间隙/cm	5	10	20	25	55	90	130
悬垂绝缘子串的绝缘子个数/个	2	3	5	7	13	17（19）	25（28）

注 1. 绝缘子型式一般为 XP 型；330kV、500kV 括号外为 XP3 型。
2. 绝缘子适用于 0 级污秽区。污秽地区绝缘加强时，间隙一般仍用表中的数值。
3. 330、500kV 括号内雷电过电压间隙与括号内绝缘子个数相对应，适用于发电厂、变电所进线保护段杆塔。

附录三 习题参考答案

第4章

4-1 在进行电力线路防雷设计时，必须考虑该地区雷电活动情况及该地区雷电活动频率，可用雷电日或雷电小时表示，雷电日是一年中有雷电的日数，雷电小时是一年中有雷电的小时数，不论每日雷电发生几小时均按一个雷电日计算，由于每年雷电日变化较大，所以我们一般用多年的平均数。

4-2 一般把平均雷电日不超过15日的地区称为少雷区，如我国西北地区；把平均雷电日超过40日地区叫多雷区，如长江一带和我国北方地区；把平均雷电日超过90日的地区叫强雷区，如我国南方地区。

4-3 雷电日和雷电小时虽然可反映出该地区雷电活动的频度，但它却未能反映出是云间放电、还是云对地的放电，人们关心的是云对地的放电。落雷密度表示每一个落雷日，每平方千米地区落雷次数，用Y（次/$km^2 \cdot a$）表示。

4-4 雷电流是指雷击于接地良好的杆塔泄入大地的电流。雷电流的幅值一般是在塔上或避雷针上用磁钢棒测出的，它与气象和自然条件有关，是一个随机变量。只有通过大量实测才能正确估计其概率分布的规律。雷电流的幅值与海拔及土壤电阻率大小关系不大。

4-5 雷击可简单地看成是一个电流行波沿空中通道流入雷击点，在击中地区后即分两路继续前进。此外，随着电流波前进的还有一个电压行波，它们构成了一个接近光速传播的电磁波，其阻抗一般取300Ω，对导线或避雷线可取300～400Ω。

在雷击塔顶时，由于塔脚电阻很小，如$R=0$则不出现对地电压；避雷线保护作用主要是将电压化成电流，经很低的塔脚电阻排泄出去，从而达到降压作用，即使塔脚电阻有一定值为$R=10\Omega$，也很小，很显然避雷线的降压作用完全依靠很低的接地电阻实现的。

4-6 避雷线保护角是指避雷线悬挂点与被保护导线之间的连线，与避雷线悬挂点铅垂方向的夹角。为防止雷电击于线路，高压线路一般都加挂避雷线，但避雷线对导线的防护并非绝对有效，存在着雷电绕击导线的可能性。实践证明，雷电绕击导线的概率与避雷线的保护角有关，所以相关规程规定：500kV的保护角为10°～15°，220kV为20°，110kV为25°～30°。另外，杆塔两根地线的距离不应超过地线对导线垂直距离的5倍。

4-7 避雷线是输电线路最基本的防雷措施，其功能如下：

(1) 防止雷电直击导线，使作用到线路绝缘子串的过电压幅值降低；

(2) 雷击杆顶时，对雷电有分流作用，可减少流入杆塔的雷电流；

(3) 对导线有耦合作用，降低雷击塔头绝缘上的电压；

(4) 对导线有屏蔽作用，降低导线上的感应过电压；

(5) 直线杆塔的避雷线对杆塔有支持作用；

(6) 避雷线保护范围呈带状，十分适合保护电力线路。

4-8 对一般高度的杆塔，降低接地电阻是提高输电线路耐雷水平、防止反击的最有效措施，降低接地电阻一般可采用增设接地装置（带、管），采用引外接地装置或连续伸长接地线。

4-9 运行经验表明线路遭受雷击往往集中于线路某些地段，称之为易击区，所以在选择路径时应避开下列地段：

（1）易雷电走廊，如山区风口、顺风的河谷和峡谷等；

（2）四周是山丘的潮湿盆地，如杆塔周围有鱼塘、水库、湖泊、沼泽地、森林或灌木；

（3）土壤电阻率有突变的地方，如地质断层地带，岩石与山坡、山坡与稻田交界处；

（4）地下有导电性矿的地面和地下水位较高处；

（5）当土壤电阻率差别不大时，雷电易击于突出的山顶，山的向阳坡。

4-10 电力系统中的电气设备正常运行时，绝缘承受的是电网的额定电压，但当系统遭受雷击时，设备上所出现的电压将大大高于系统的额定电压，这种由雷击引起的危及设备绝缘安全的电压升高，称为大气过电压，又称雷电过电压，这种电压幅值很高，可达数百千伏至数兆伏。

4-11 雷雨季节，地面水分比较充分，太阳光使地表温度上升，使地面部分水变为水蒸气，随变热空气上升，形成热气流，遇到高冷空气后，凝结成小水滴形成云雨，将会带上电荷而形成雷云，当雷云在局部区域的电场强度达到 20～30kV/cm 时，空气游离被击穿，成为导电通道，雷云的电荷可以沿着通道向下运动，当它距地面的高度达到一定范围时，与地面比较突出的部位形成一个电场，地面较为突出的部位或感应电荷集中部分将成为雷击点。我们将这种雷云对地放电称为雷电。

4-12 防雷接地是否完善，与防雷设备的防雷效果很有关系，如果接地电阻过大，则当避雷针落雷时，线路电位就会大幅度上升，导致避雷线与被保护物间电位悬殊而闪络（称为反击）特别在雷云在主放电阶段，放电速度平均为 6×10^{7}m/s，持续时间短（50～100ms），电流可达几十至几百千安。

4-13 雷击杆塔顶或附近的避雷线时，使杆塔顶部带有很高的电位，并随着雷电流的增大而增大，当杆塔顶部（即横担）的电位大于绝缘子冲击放电电压 $U_{50\%}$ 时，铁横担对导线放电而闪络，这种杆塔电位高于导线电位所发生的闪络现象，称为“逆闪络”，即反击。

4-14 输电线路落雷时，引起断路器的跳闸有两个条件，一是雷电流必须超过线路的耐雷水平，引起线路绝缘子串发生冲击闪络，由于雷电作用时间只有几十微秒，断路器来不及动作，也不会引起跳闸；二是冲击闪络后，沿闪络通道通过的工频短路电流，形成电弧稳定燃烧，这个时间若超过保护动作时间，将造成断路器的跳闸。

4-15 这种线路由于电压等级低，绝缘强度相对较高，其中性点采用小电流接地的工作方式，单相遭受雷击不会引起断路器的跳闸，三相遭受雷击的可能性很小。在雷电活动频繁的地区，3～10kV 也可能遭受雷击，防止办法是增加绝缘子、采用瓷横担、降低接地电阻，装设管型避雷器。对于 35kV 线路，一般只在进线段架设 1～2km 避雷线，保护角一般为 25°～30°；或者在线路上装设自动重合闸装置等。

4-16 保护间隙是一种原始避雷装置，两端称电极，电极在大气过电压作用下被击穿，放电雷电流入大地。66～110kV 线路保护间隙可装设在耐张绝缘子串上，多用球形棒间隙。35kV 线路装在横担上，多用角钢间隙。

4-17 防雷措施要根据电压等级、地形地貌、系统运行方式、土壤电阻率、负荷重要性、雷电活动的强弱条件进行选择，其措施如下：

（1）装设避雷线，降低接地电阻；

（2）增加耦合地线；

（3）加强线路绝缘，增加绝缘子片数；

（4）变电所进线档装设避雷线，减少进线段雷电发生绕击的机会；

（5）加强交叉档保护或尽量采用非直接接地方式；

（6）加强大档距特殊塔的保护；

（7）装设自动重合闸环网供电。

4-18 由于雷云放电而产生的过电压称为大气过电压，大气过电压分直击雷过电压和感应雷过电压。直击雷过电压是指雷击时流经被击物，它们对电气设备及输电线路绝缘最有危险性。感应过电压则是由于雷云在线路附近向地面进行主放电时，在输电线路上感应产生的过电压，实测证明感应雷过电压的幅值可达 300～400kV，足以把 60～80cm 的空气间隙击穿，或将 X-4.5 型的绝缘子串闪络，所以感应雷过电压对水泥杆的 35kV 及以下的线路会引起闪络事故，对 63kV 及以上的高压线路，由于冲击绝缘在 500kV 以上，所以感应过电压一般不会引起闪络。

4-19 （1）在土壤电阻率 $\rho \leqslant 100\Omega \cdot m$ 的潮湿地区，接地电阻不超过 10Ω，即可利用杆塔基础、底盘拉盘等自然接地。

（2）在土壤电阻率 $100\Omega m < \rho \leqslant 300\Omega \cdot m$ 地区，应采用人工接地装置，接地体埋深应大于 0.6～0.8m。

（3）在土壤电阻率 $300\Omega m < \rho < 2000\Omega \cdot m$ 的地区，应采用水平敷设的接地装置，埋深不小于 0.5m。

（4）在土壤电阻率 $\rho > 2000\Omega m$ 的地区，应采用 6～8 根总长度不超过 500m 放射形接地体或连续伸长接地体，埋深不小于 0.3m。

（5）居民区或水田中的接地装置，宜围绕杆塔基础敷设。

（6）在高土壤电阻率的地区，如在杆塔附近有土壤电阻率较低的地带，可采用引外接地或其他措施。

4-20 在钢筋混凝土杆中，所有地线横担、导线横担和横、斜拉杆等所有的铁件均应可靠地与接地引下线连接，普通电杆在横担处，设有穿孔（钢管），在下部有与内部钢筋焊接在一起的接地螺栓，以保证地线、导线横担能与接地装置可靠连接。

接地装置连接应严密可靠，除必须断开处以螺栓连接外均需焊接，采用搭接焊，搭接长度圆钢为直径的 6 倍；采用双面施焊，扁钢为带宽的 2 倍；或采用四面焊。

4-21 接地装置包括接地体及接地引下线两部分：

（1）接地体是指埋在地中并直接与土地接触的金属导体，分为单个接地体及多个接地体；

（2）引下线是指由杆塔电气设备的接地螺栓至接地体的连接线及多个接地体的连线。

4-22 接地装置对地电压是指当接地装置通过接地故障电流时，从接地螺栓起其接地部分与大地零电位之间的电位差。

接地电阻是指接地装置对地电压与通过接地体流入地中电流的比值，包括接地引下线电阻、接地体电阻、接地体与土地间的接触电阻和地电阻。

4-23 （1）工作接地，又称为技术接地，如杆塔接地、变压器中性点接地、电压互感器及电流互感器中性点接地等，主要是为了抽取某些需要的电气量及保护电气设备而装设的接地。

(2) 保护接地，又称为安全接地，如变电所架构接地、电气设备外壳接地、试验用仪器接地等，主要是防止设备因绝缘不良漏电时对人身的伤害。

4-24 接地装置由于敷设不同分为水平接地体和垂直接地体。

(1) 水平接地体，用圆钢或扁钢水平铺设在地面以下深约 0.5～1m 的坑内，长度不超过 100m。

(2) 垂直接地体，用角钢、圆钢或钢管垂直埋入地下，输电线路的防雷接地一般采用水平接地体，当单个接地体不能满足要求时，可采用多个接地体组合而成。

4-25 (1) 接地装置应耐腐蚀。

(2) 在冲击电流作用处能保持热稳定。

(3) 在强腐蚀地区应采用镀铜或镀锌接地装置。

(4) 相互间连接可靠。

(5) 除需断开部分用螺栓连接外，其余需焊接牢固。其焊接搭接长度：圆钢不小于直径 6 倍；双面焊，扁钢不小于宽度 2 倍；三面焊，接地引下线一般用 12mm×4mm 的扁钢。

4-26 (1) 尽可能利用金属基础及各种自然接地。

(2) 接地体尽可能埋在土壤电阻率较低的地层内，可以外引集中接地，但长度不应超过 60m。

(3) 更换土壤。

(4) 化学处理，如使用长效降阻剂。

(5) 延长接地体长度。

第 14 章

一、填空题

1. 绝缘杆；等电位；水力冲洗
2. 不间断供电
3. 间接；直接
4. 内部；大气；较大
5. 1.8
6. 绝缘工具；带电设备
7. 静电场；接触
8. 电位差
9. 带有与带电导体
10. 均压服；高压电场
11. 晴天
12. 喷嘴直径；小；中；大
13. 10Ω
14. 专门工具室；清洁；干燥；通风良好
15. 总长；手握部分及金属接头部分

二、判断题

1.✓ 2.✓ 3.✓ 4.× 5.✓ 6.× 7.✓ 8.× 9.✓ 10.✓ 11.× 12.✓ 13.✓ 14.✓

三、简答题

答：(1) 必须使用合格的均压服，全套均压服的电阻不得大于10Ω。

(2) 作业前必须确定零值绝缘子的片数，要保证绝缘子串有足够数量的良好绝缘子。

(3) 采用均压服逐步短接绝缘子应保持足够的有效空气间隙和组合安全距离。

(4) 作业时不得同时接触不同相别的两相，并避免大动作而影响空气间隙。

(5) 在带电自由作业时，必须停用自动重合闸装置，严禁使用电雷管及用易燃物擦拭带电体及绝缘部分，以防起火。

参 考 文 献

[1] 韩学山，张文．电力系统工程基础．北京：机械工程出版社，2008.
[2] 杨淑英．电力系统概论．北京：中国电力出版社，2007.
[3] 李光辉，高虹亮．架空输电线路运行与维护．北京：中国三峡出版社，2000.
[4] 胡毅．输电线路运行故障分析与防治．北京：中国电力出版社，2007.
[5] 蒋兴良，易辉．输电线路覆冰及防护．北京：中国电力出版社，2002.
[6] 王清葵．输电线路运行和检修．北京：中国电力出版社，2003.
[7] 广东省电力工业局．架空输电线路岗位技能培训教材（施工、运行和检修）．北京：中国电力出版社，1998.
[8] 甘风林，李光辉．架空输电线路施工．北京：中国电力出版社，2008.
[9] 山西省电力工业局．供电线路（电缆）施工运行检修．北京：中国电力出版社，1998.